農地與農村發展政策
——新農業體制下的轉向

李承嘉｜著

　　從二十世紀的後半世紀到二十一世紀的前十年，農村所扮演的角色與農業體制多所改變，包括全球性的轉變及我國的對策，約略可分成三個階段：

　　(一)第二次世界大戰後，因為戰時糧食恐慌、人口集中都市、二和三級產業發達及現代化思潮等因素的影響，農村在第二次世界大戰後的四十年間，所在處境總的寫照為：「農村是落後殘存的地區，但因為它是都市糧食的供應地，因此必須使農村持續地現代化，以維持其競爭力。」農村這樣的寫照代表的也是當時國家及社會對農村的觀點，當時國家與社會對農村的觀點有它的邏輯，亦即，儘管戰爭已經結束，但是第二次世界大戰時糧食恐慌，同時都市人口的擴張，更需要農村提供足夠的糧食衣物，農村被賦予的主要功能為糧食衣物的生產，在農業體制尚稱為「生產論」。不過，相對於都市的擴張，以及二級和三級產業的快速發展，農村顯得相對落後（在實質建成環境及所得上皆然），特別是與都市相對照，在空間上猶如殘餘地區。但是基於糧食生產的原因，農村仍然必要維持一定程度的發展，因此採取了套用都市現代化的模式，以提高農業生產及所得來做為農村發展的指標。在戰後的臺灣農村也是如此，包括進行土地改革、農地重劃、現代化耕作方式（機械、農藥及化學肥料等的使用）的引進，及農村衰敗，都是前述戰後農村處境的體現。

　　(二)隨著部分地區（特別是歐、美先進國家）的糧食生產過剩、環境意識的抬頭及後現代哲學的興起，從1980年代開始，農村成為現代性的避難所，被視為和諧、安靜、健康、和平，且可以反映社會、道德與文化價值的世界。同時，隨著新自由主義的崛起，農村為了競爭，逐漸成為居住、休閒、旅遊等的理想場所，這種改變，農村逐漸由「生產的空間」成為「消費的空間」，在農業體制上則有「後生產論」與之呼應。臺灣近年隨處可見的農村豪宅（農舍）、休閒農場及農村再生，允為這種農村觀點的展現。

　　(三)在農村逐漸被視為消費空間之際，為了對抗新保守主義所帶來的農業衝擊，以及隨後而來的全球性的氣候變遷及糧荒再起，農村所扮演的角色，自1990

中期開始，重新恢復到糧食生產上，只不過在生產糧食的同時，也附帶的具備其他功能，包括環境生態、文化景觀等，在農業體制上被稱為「多功能農業」或「多功能性」。我國在這方面採取的措施，諸如休耕獎勵、平地造林等都可視為多功能農業的一環。另外，對全球性的氣候變遷與糧荒問題，行政院農業委員會則透過全國性會議（例如「氣候變遷調適會議」、「全國農地研討會」及「全國糧食安全會議」）來凝聚解決問題的共識。不過，這些共識的具體實踐成果，還待觀察。

　　在上述的全球農村功能與角色的轉換過程中，我國似乎也嘗試同步調整國內農村的角色功能，不過社會對於農村事務的實際反映如何？卻有待觀察。若從日常見到的農村相關事件上來觀察，許許多多的事件顯示，社會對於農村有更多的意見與期待，諸如：無米樂──道盡一位老農在農業經營與農村生活上的無奈；楊儒門事件──則顯現出一位農村青年對政府農業政策的控訴；近二年農民及相關團體在總統府前的「凱稻」街頭運動──更凸顯出各階層對政府在農地政策（尤其是農地徵收）上的憤怒。凡此種種，都與農地和農村發展的有關，這一方面凸顯了在農村事務全球變遷、我國國家政策回應與社會大眾期待之間的落差，另一方面也顯現出對於農村的議題需要更多的理解與研究，特別是在全球農村事務變遷、國家政策回應與社會期待的面向上。因此，本研究旨在釐清下列問題：

　　(一)全球性的農業體制與農村功能角色轉變的具體內容是什麼？

　　(二)全球性農業體制與農村功能角色的轉變，對農村發展策略及農地政策有什麼影響？

　　(三)在全球性農業體制與農村功能角色改變下，我國國家的回應政策與民眾的想法又是如何？

　　(四)在回應國際局勢變遷中，我國農村發展有何特殊現象？農地政策有哪些問題？農地使用計畫要如何調整？

　　農村的問題甚為複雜，議題極為多元，本研究僅從上述的重點切入，期望能為臺灣農地與農村事務與研究，略盡棉薄之力，並希望有拋轉引玉之效。拋開純學術的論點，本研究出版成書還有二個原因：第一，對現今「重期刊、輕書籍」的研究與教育環境表達頑抗之意。第二，相對於都市空間與都市土地能夠吸引關注與獲取巨大的經濟利益，農村、農業、農地及農民的價值常被忽視，因此往往成為被剝奪、壓榨的對象，本研究希望能彰顯農村、農業及農地的價值，並且表達對農民的敬意。

　　本研究能夠完成，要從物質與人兩方面表達個人最誠摯的謝意：

　　(一)在物質方面：主要為來自行政院國家科學委員會多年來專題研究計畫經費的補助，計畫編號分別為：NSC 88-2415H-005A-009、NSC 93-2415-H-305-017、NSC 94-2415-H-305-017、NSC 95-2415-H-305-019、NSC 96-2415-H-305-019-MY3及NSC 99-2410-H-305-063-MY2；其次為行政院農業委員會提供下列研究計畫：94農管1.7-企-07、97農管-1.5-企-03及98農管-1.5-企-08。沒有這些計畫經費的補助，所有的實證調查都無法進行，也難有動力和壓力完成本研究；最後，感謝國立臺北大學，雖然教育部從未對這所學校有過好的「關愛」，經費也經常拮据，不過學校一直提供了很好的研究空間及自由的研究環境給師生。

　　(二)在人方面：首先，感謝本全、政新、玉真、逸之、欣雨、怡茹、怡婷、貞儀及國立臺北大學不動產與城鄉環境學系地政服務隊，分別擔任前述不同計畫的研究助理或臨時人員，協助田野研究、問卷調查、統計分析及校對等。沒有他們的投入與付出，許多一手資料和辛苦的田野調查根本不會完成，如今他們或已為人師、或繼續深造、或在公私部門發揮專業所學，昔日共同研究的點滴，今日回憶尤感珍貴；其次，感謝計畫的研究夥伴，徐主任世榮敦厚、陳主任立夫嚴謹、陳教授愛娥機敏、戴教授秀雄謙和，他們於研究議題討論中，亦師亦友，以各有之專業抒發己見，雄辯滔滔，於研究視野與論證，惠我實多；再其次，感謝守著農村、農業及農地的人，特別是實際從事耕作的偉大農民們，以及勇敢的站在第一線與體制抗爭的團體和個人，沒有他們就沒有研究素材和對象，沒有他們臺灣也不會有根和傳承；最後，要感謝寒舍中的兩個女人——太太與女兒，她們是永遠的精神支柱，這對上了年紀的人來說，最為重要。

　　特別感謝：本研究能夠迅速付梓，尤需感謝五南圖書公司劉副總編輯靜芬的熱心協助。

　　敝帚自珍。雖然，本研究獲得許多計畫的支助和許多人員的協助，並且力求完善，但疏漏難免，一切文責由作者自負，並祈宇內方家，不吝指正。

李承嘉 謹識

2012年3月1日

臺灣・新北市・三峽・臺北大・公院・808室

目 錄

表目錄

圖目錄

　　除了農地和農村發展之外，本書涉及的研究對象還包括農業、農地、農民，這是因為農村、農業、農地與農民之間關係密切。他們共同形塑了一個空間——「農村」，共同創造一個產業——「農業」，共同蘊含了一種土地型態——「農地」，也共同賦予一種職業、身分及階級——「農民」。所以，試圖將四者進行斷然的切割，實無可能。雖然如此，研究仍需有適切的對象，本書以「農村」做為研究對象的總概念。在此「農村」被視為一個空間的概念，在這個空間中具有特定的產業、有特殊的土地利用方式和景觀、也有從事固定行業的人群，而產業、土地利用方式和景觀，以及人群的某些特徵共構了這個空間——「農村」，當這些特徵改變時，就稱為農村發展。以空間觀念的農村來做為研究對象的總概念，還可以引用列斐伏爾（H. Lefebvre）空間三元辯證來呈現研究對象。列斐伏爾的空間三元辯證，可以透過索亞（Edward W. Soja）的解釋簡述如下：

　　一、物質空間（material space），索亞稱為第一空間，又稱為空間實踐。它被界定為生產出一種空間性，包含生產和再生產，以及每個社會形構特有的特殊區位和空間組。這種空間屬於物質化的、社會生產出來的經驗空間，因此又被描述為感知的（percieved）空間。它可以直接感受，而且在一定的範圍內，可以精確地加以測量和描述，這是所有空間科學傳統的關注重點，亦為索亞界定第一空間的物質基礎（引自Soja 2004: 88）。第一空間認識論及思考方式主宰了傳統空間知識的積累，其偏重於客觀性和物質性，人類對地表的占用、社會和自然關係、人類營造環境構造及其導致的地理形勢，這些都是第一空間知識積累的主要來源（以上Soja 2004: 99, 101）。

　　二、空間再現（representation of space），索亞稱之為第二空間，它是指概念化的空間，是科學家、規劃師、專業官僚及某些藝術家的空間。這些人認為，生活的空間（見下述第三空間）及感知的空間（即第一空間）就是構想的（conceived）空間。除了少數例外，這種構想空間偏向於語言的符號系統，是烏托邦思

想和視野的主要空間，是符號學家或解碼者的空間，以及某些藝術家的和詩人純粹創造的想像空間（引自Soja 2004: 88-89）。第二空間的認識論本質上是為了回應第一空間過度封閉和強制的客觀性，而以藝術家對抗科學家或工程師、唯心論對抗唯物論、主觀詮釋對抗客觀詮釋。由此而言，第二空間的認識論闡釋的重點放在構想的空間，而非感知的空間。因此，第二空間是藝術家和富有專業技術的建築師、規劃師、乃至哲學家等的詮釋場所（Soja 2004: 103-104）。

三、再現空間（space of representation或representational space），索亞稱為第三空間，它既與其他兩項空間不同，又包含前兩項空間。再現的空間體現了複雜的象徵論，這裡的空間是生活的（lived）空間，是「居住者」和「使用者」的空間，甚至也是藝術家、作家、哲學家等等的居住和使用空間（引自Soja 2004: 88-89）。

透過列斐伏爾的空間三元辯證來詮釋農村空間，農村就包括了農地使用、農地規劃、地景、農民、農產業，以及在此空間所有的日常生活（Phillips 2002；Halfcree 2006, 2007），也涵蓋了本研究的相關研究範疇。

本研究的研究主要對象包括了農村、農業、農地及農民，其中農業、農地及農民，依據農業發展條例第3條的界定分別如下：

一、農業：指利用自然資源、農用資材及科技，從事農作、森林、水產、畜牧等產製銷及休閒之事業。

二、農民：指直接從事農業生產之自然人。

三、農業用地：指非都市土地或都市土地農業區、保護區範圍內，依法供下列使用之土地：(1)供農作、森林、養殖、畜牧及保育使用者；(2)供與農業經營不可分離之農舍、畜禽舍、倉儲設備、曬場、集貨場、農路、灌溉、排水及其他農用之土地；(3)農民團體與合作農場所有直接供農業使用之倉庫、冷凍（藏）庫、農機中心、蠶種製造（繁殖）場、集貨場、檢驗場等用地。

四、耕地：指依區域計畫法劃定為特定農業區、一般農業區、山坡地保育區及森林區之農牧用地。

上述的各向名詞界定，本研究從之。但是對於「農村」[1]的意涵，不論在官方或學術研究上，都沒有一致的界定。因此，在第一章第一節開宗明義，進行農村意

---

[1] 「農村」它相當於英語中的「rural」或「countryside」，在我國日常用語上，「農村」與「鄉村」意涵相同，其使用純粹依據個人習慣，並無特定區別。為了用語的一致性，本研究一概使用「農村」一詞。

涵及農村類型的整理，以使對農村研究有基礎性的了解。第二節則介紹本研究的架構與各章節內容大要，以方便綜覽全書。

第一節　農村的界定及類型

農村做為一個空間及做為一個研究對象，已經具有相當長的歷史，研究相當豐富，也具有不同的研究取向（包括經濟學、社會學及地理學）（Ilbery 1998），因此造成了農村界定的歧異。本節先就相關文獻整理農村的界定，再就農村分類進行討論。農村的界定與農村分類放在一起討論的原因，則是由於新的農村界定方式涉及到了農村分類。

一、農村的定義

「農村」一詞雖然經常被人們習慣、流利的使用，但實際上難以具體敘述其定義（Roberts and Hall 2001）。在研究上，基於城鄉二元論的觀點，農村雖然具備許多不同於城市的特徵[2]，但農村仍是一個相對籠統的名詞（Tilt and Bradley 2007）。在實際生活上，我們都知道「農村」的存在，也不難指出農村所在的位置，但卻難以描述農村的面貌。由於主觀上可以清楚了解農村和城市有明顯的差異，卻又難以

---

[2] 在早期的研究中，把農村視為是一個社區組成，都市則為一個社會組成，這二者之間的差異構成了城鄉二元論的主軸。其中，杜尼斯（Ferdinad Toennies, 1855-1936）劃分的社區組成與社會組成的差異廣受後世引用，Toennies社區與社會的異比如下：

社區	社會
同質的	異質的
群體導向	個人導向
傳統宰制	生意與商業宰制
個人受到感情指引	個人受理性指引
每一個個人為整體文化的一部份	次文化的優越性
關係在人們之間是有價值的	關係不長久、表面化的
初級關係最重要	次級關係最重要

資料來源：Thorns 2002: 25: Tab. 2.1

言喻什麼是農村。因此，曾有研究嘗試以圖像式問卷（photo-questionnaire）的方式來了解人們心中所認知的農村，據以描繪農村特徵（rural characters）（Tilt and Bradley 2007），不過事實並不那麼單純。特別是在1980年代中期之後，農村多元的面貌使得農村的界定更加困難。依據Robinson（1990）的歸納，農村界定困難的原因主要有三項：

1.聚落的連續性（settlement continuum）：根據聯合國1955年人口年鑑的敘述，「從大規模聚集區到小群聚落，甚至到零星住宅，找不到何處是都市消失及農村開始的點，要區分都市與農村人口必須甚為專斷。」此一敘述支持聚落連續沿著線狀由農村逐漸變成都市的特性，其對於農村及都市社會的研究與應用，甚為重要。雖然這樣的敘述對於探討出一個嚴謹的農村解釋無所幫助，但是連續性的敘述已使社會學者足以花費許多時間來研究。

2.聚落特性的改變：蛙躍式的發展及城牆界線的消除等因素，對於清楚簡潔的界定農村極為不利。市郊已經遠遠超過早期的城市界線，而且入侵到早期都市可以直接影響以外的地區。其他的改變還包括，由市場功能轉向大中心式，以及方便小聚落在城外採購的發展方式，這些都破壞了原有極為緊密的城鄉市場網絡。

3.官方指定的差異：官方通常透過人口規模來劃分城市與農村，但是這些標準各國差異極大（更詳細的資料參閱下述）。因此，官方的指定通常無法作為有效的農村界定標準。

二、農村界定回顧

儘管有諸多的困難，但是在農村地理學、農村社會學及農村規劃上，一直希望能夠清楚地界定農村的意涵，這些農村的界定以不同的方式、角度及研究需要來詮釋。本研究嘗試將這些界定整理說明如下。

(一)以人口為標準的官方界定

依據人口多寡或人口密度做為農村界定的依據，可能是最簡單及最常見的農村界定。此種以人口指標為主的農村定義方式，主要從政府機關施政的方便性來考量。政府基於預算分配的公平性，以及政策擬定的需要，以人口指標來界定農村，

既簡單又有相當的說服力（Halfacree 1993）。根據聯合國的資料，許多國家以人口數來界定農村（如表1-1），但由表1-1可以發現，各國以人口來界定農村的標準，差異極大。

表1-1：各國界定農村的人口標準

國家	定義標準
澳洲	人口聚集數少於1,000人，但排除遊樂勝地
澳地利	社區人口低於5,000人
加拿大	人口低於1,000人且每平方公里人口密度低於400人的地方
丹麥	居民數少於200人
愛爾蘭	居民數少於1,500人的聚落
法國	房屋連續或間隔少於200公尺且居民低於2,000人之社區
希臘	社區最大人口中心低於2,000人之社區
盧森堡	社區中行政中心少於2,000居民者
荷蘭	人口少於2,000人且20%以上從事農業者（但排除通勤地區）
紐西蘭	少於1,000人口的行政區
挪威	居民數少於200人的地方
葡萄牙	少於10,000的聚集區及行政區
蘇格蘭	少於1,000人的聚集區及行政區
西班牙	人口數少於2,000人
瑞士	地方行政區人口數少於10,000人

資料來源：引自Robinson 1990: 3表1.2

(二)國際組織——歐盟及OECD

相較於都市，農村的特色包括：以初級產業為主，人口密度較低，民眾價值觀較為靜態、穩定而同質，環境富有自然風貌，居民具有強烈的自我認同與歸屬感。在經濟狀況多樣化的歐洲農業地區，歐盟LEADER計畫發展出九個農村常見的農村經濟型式，而這九個經濟型式可能單獨存在，也可能並存於農村（表1-2）。其次，在土地使用方面，經濟合作與開發組織（OECD）認為，農村主要的土地用於農、林、養殖、漁業，從事經濟和文化活動（像是手工業、工業、服務業等），非都市娛樂和休閒區的自然保護區，或是其他像是居住等目的（Roberts and Hall 2001）。

表1-2：LEADER農村（社會）經濟類型

類型	地區特徵
1	農業就業人口為主及仍為初級產業
2	富足，但不是高度密集的農業
3	傳統大規模土地地主仍佔優勢
4	自然或保護土地為主要訴求
5	準備走向小規模的旅遊業
6	大部分為休閒屋或是居住用的房屋（過時、殘破等等）
7	大多數是小公司
8	在接近都市的地區
9	多數是老年人口／或是多數依靠救濟的族群

資料來源：Roberts & Hall 2001: 12

(三)學術上的分類界定

隨著農村多元化與複雜化，單一指標的界定方式，已經無法滿足需要，特別是在學術研究上的需要。因此，許多研究嘗試將農村分類界定。採用此一方式來進行農村界定，好處是可以透過不同角度來理解農村的特徵，但過於複雜的農村界定，經常使人無所適從，而且所選擇的界定面向不一定能夠清楚地切割，反而使農村的界定更加混亂。對農村界定進行分類的研究列舉如下：

1.Robinson（1990）認為，既有的農村界定面向有三：

(1) 社會文化的界定：以居住在小聚落及大聚落者的行為及態度來劃分農村與都市，是常用的方法。例如強調農村社區具有較密集的互動，並且由共享價值（shared value）來組成日常生活，這與以階級差異及身分差別而形成的衝突和差異的另一種社區（都市）恰成對比。這種劃分與界定在美國及英國[3]有相當長久的傳統。

---

[3]　Flinn認為，在美國，對農村具有下列三個共同觀點：a.小城意識型態：民主來自產生「自然」生活方式的小城鎮；b.農業主義（agrarianism）：對家庭而言，農場生活為最好的養育方式，家庭農場可以理想地提供足夠及豐富的食物生產；c.農村主義（ruralism）：農村珍藏著開放空間、接近大自然及生命的自然秩序。英國也經常將農村視為國家力量泉源的代表，對浪漫右派（Romantic Right）而言，此一農村迷思（myth）已經融入到以鄉紳、牧師及不同勞動力為基礎的農村房舍、教堂及傳統的階層（hierarchical）農村社會中。對浪漫左派（Romantic Left）而言，此一迷思已被轉化為對農村人民社會（rural folk society）、村鎮社區（village community）、農村手工藝（rural craft）及對農場勞動價值的讚頌。此種

(2) 職業的界定：在社會文化的界定下，實際已經含有農村居民職業特性的觀念。此一界定，把農業與林業視為重要元素，不過在許多研究顯示，這些團體並非同質的團體，特別是農民為許多社會團體代表，而且態度上的差異極為顯著。職業的界定僅以初級產業為基礎，忽視了農村地區某些產業角色的重要性，特別是食品製造業、手工藝以及電力生產等產業，市場及服務功能在農村的重要性也被排除。因此，單獨以職業為界定，並非理想的變項。

(3) 生態的界定：這種界定認為，農村的環境生活圈與大都市之間總是存在著某些差異，此生活圈包括物理及人工的環境，例如人口、技術、價值、信仰及社會組織。這種差異還包括一些與農村問題有關的社會經濟重要項目，例如較高比例的男女性別差異、低所得、較多的家庭生活貧困中，在勞動市場中女性勞力比例較低，教育程度較低，以及老年人口較高等，其中Cloke在1977年建立的農村性指標變項，可以視為是當時生態性界定的典型，其指標變項如表1-3所示。

2.Halfcree及Woods：Halfacree於1993年提出四個定義農村的方法，來討論農村的地區問題。Woods（2005）則進一步將Halfacree的界定方式，延伸為四種農村定義形態。

(1) 敘述型定義（descriptive definitions）：這種定義方式主要依據社會空間（socio-spatial）特徵，來劃分城鄉的空間界線，透過可觀察（observable）和可測量（measurable）的社會情況，導引出敘述型農村的定義。目前世界各國在劃分城鄉地區時，通常採取此種描述性的界定方式，其中以人口規模或人口密度等為最重要的觀察與測量依據（Roberts and Hall 2001；李永展2005）。然而各國依據自身文化差異以及所需功能不同，或是劃分城鄉區域所採用的空間尺度不同，以致對於農村地區的劃分標準也有所差異，已如前述[4]。

認知呈現出的是對物質主義及都市發展的敵對，並且渴望著田園風光的黃金歲月（引述自Robinson 1990: 13）。

[4] 經濟合作與開發組織（OCED），也以人口指標作為農村定義的依據，並進一步根據不同的人口密度劃分成下列等級：居住人口在每平方公里低於150人以下的地區稱做農村社區（rural communities），再根據居住在農村社區人口比率，區分為主要農村區域（超過50%人口居住在農村社區）、中間型區域（15-50%人口居住在農村社區）、都市化區域（低於15%人口居住在農村社區）。有的研究認為，透過這樣不同密度設計規劃指導方針，可以更貼近實際地區情況，更可進一步達成保護農村的目的（Tilt and Bradley 2007）。但是，此種農村定義的敘述方式完全取決於變數定義（definitions of the variables）、以及所選擇變數（choice of variables）、資料品質以及統計技術（Halfacree 1993），並不一定能反映出不同地區對農村的實際認知。

表1-3：Cloke的農村生態界定指標

變項	「農村」地區的特性
每畝人口數	低
1951-61及1961-1971人口改變的%	減少
超過65歲者占總人口數的%	高
15-45歲男性人口占總人口數的%	低
15-45歲女性人口占總人口數的%	低
1.5人一房間所占人口的%	低
每一住宅的家計情形 不使用(a)熱水(b)固定浴室及(c)家庭廁所的家計%	高
屬於13/14農民的社經團體%	高
屬於15農場勞工的社經團體%	高
居民在農村區以外就業的%	低
居民居住時間低於5年的%	低
人口於前一年移出的%	低
移入／移出者的%	低
至最近50,000人口都市中心的距離	高
至最近100,000人口都市中心的距離	高
至最近200,000人口都市中心的距離	高

資料來源：引自Robinson 1990:15表1.6

　　(2) 社會文化型定義（Socio-cultural definitions）：第二個農村定義方法集中在人的社會文化特徵種類，以及他們生活地區所在的環境類型。簡言之，社會文化型的農村定義是指在某些層面上人口密度影響行為和態度。過去認為城市的生活方式是屬於比較動態、不固定的，相較於城市而言，農村是比較穩定的樣貌，在二十世紀的前半世紀，曾試圖透過這樣的社會文化差異，來區分城市和非城市。但是後來由於環境改變，城鄉之間越來越難以一分為二，使得研究者發現要切割農村和都市相當困難[5]。

---

[5]　Redfield於1941年指出農村都市（rural-urban）其實是一種連續體，這個範圍內會有城市、過度地區、農村區。這樣的想法，獲得Frankenberg（1966）及Duncan and Reiss（1976）的共鳴，根據一系列的觀察而提出連續體（continuum）概念，往後並將城鄉之間的過度地區稱之為「城鄉連續帶（desakota）」（Woods 2005；Moench and Gyawali 2008）。

(3) 農村為一種地方性（the rural as a locality）：於此農村被假設成一個不同的地方性型態（a distinctive type of locality）。若農村地方性要以其自然擁有的加以研究，則需根據能夠使其成為農村的特徵，予以小心界定。實際上，農村所在（rural place）並不完全相同，至為明顯。Halfacree指出，與其說工業的農村化（ruralization of industry）是工業遷移至農村，不如說是遷移至低工資地區（可能是都市或農村）。此意謂農村本身缺乏解釋的力量，應用此來解釋農村，須特別謹慎。（引自Ilbery 1998: 3）

(4) 農村為社會再現（the rural as social representation）：這種方法不是要定義出專屬於農村地區的社會特質與經濟結構，而是從社會再現的方向著手，了解人們想到農村的時候，會想像出怎麼樣的情境與形象。經由門外漢的言說（lay discourse）的方式來理解大眾日常所言的農村，因此其強調的是，農村如何被感知。在農村的消費功能日增之際，這種界定方式愈顯其重要性。因為透過民眾認知來理解農村，會使農村政策更貼近民眾所要的農村。（引自Ilbery 1998: 3）

3.Halfcree的農村三疊模型

由於前述四種類型的農村界定存有許多矛盾，特別是農村為一種地方性和社會再現之間，陷入了二元論的窠臼（Halfcree 2006）。因此，Halfcree利用前述提到的列斐伏爾空間三元辯證為基礎，提出「農村空間的三疊模型（three-fold model of rural space）」，在這個模型中農村具有三個互相作用的面向—農村地方性、形式的農村再現及農的日常生活。三個面向的內涵如下（Halfcree 2006: 51）：

(1) 農村地方性（rural localities）銘刻的是整個相對獨特的空間實踐，而這些實踐可與生產或者消費活動連接。

(2) 形式的農村再現（formal representations of the rural）就如同資本主義利益、官僚及政客所展現的，比較重要的是，此一再現所接受的農村路徑，框限在（資本主義）生產過程內。更特別的是，在交換價值的條件下，農村價值如何被商品化，而且在這裡，明示化（signification）及合法化（legitimation）的過程非常重要。

(3) 農村的日常生活（everyday lives of the rural）具有鬆散和斷裂（incoherent and fractured）的特性，這些把個人和社會元素（「文化」）組合在他們認知的詮釋和妥協中。形式的農村再現會試圖宰制這些經驗，一如他們意圖對農村地方性的影響一樣。

值得注意的是，一如列斐伏爾詮釋空間的觀念，Halfcree（2006）認為，上述

三個中的每一面向都不能孤立於其他二個面向之外來理解。每一面向形成一個三元辯證的元素，且因此每一面向經常「與其他兩者有關連」。然而，在固定的時刻（a given permanence），其中的一個或多個面向也許很突出，而另一個或多個也許幾乎是模糊的；相類似的，個別的諸面向與其他面向之間或許是互相支援、矛盾或者相對中立。更重要的是，Halfcree（2006: 51）接受了Merrifield的主張，強調空間三角必須經常「融入真實的血肉之軀及文化、真實的生活關係和事件」（be embodied with actual flesh and blood and culture, with real life relationships and events）。

　　Halfcree的農村空間三疊模型另外一項特色是，它並非以固定數據或範式來框架農村界定的模型。相反的，它是動態的界定模式，可以隨著農村的實際狀況，來調整農村的界定，例如，生產論下的農村地方性，它的空間實踐呈現的是生產的農村空間景觀；在後生產論下（參見下一章），它呈現的則是生產和消費混合的農村景觀。

(四)小結

　　農村與城市之間的差異或許容易辨別，但由於農村本身的特性改變及動態的發展（張小林1998），加上都市與農村之間存在著緊密而難以切割的「連續性」，農村變成是一種複雜而模糊的概念，所以難以用單一敘述來清楚簡潔的界定農村定義。甚至有研究認為，過去官方以人口規模來劃分城市與農村，根本毫無根據（洪文彥2004）。

　　經由前述相關文獻的整理分析，顯示出不僅學術上對農村定義各有不同的觀點，世界各國法令對農村的界定標準，亦各自不同。就國內現況而言，李永展（2005）曾經嘗試將國內對農村的定義區分為最廣義、廣義、狹義三個層次，此突顯出我國在法律與學界上，同樣也無一貫的農村定義。所以，Ilbery（1998）認為，鄉村是一個混亂的觀念（a chaotic concept），因為鄉村的界定參數各有不同，而且各有各的論據。Halfcree（1993）則認為，不同的農村界定，適合不同的農村研究議題，例如統計定義適合社會經濟（socio-economic）研究；行政定義屬於政治研究；區域定義偏向土地使用研究；農業定義偏向土地使用和社會相關研究；人口密度定義偏向服務供給研究等。無怪乎，Newby（1986）早就主張，農村的界定完全是一個方便性的問題（a matter of convenience）。基於此，本研究不在此對農村進行統一性的界定，而於有需要時在各章節分別界定說明。

　　上述農村界定的多元性與不一致性，除了早期城鄉二元觀點因城鄉的連續性而難於辨別城鄉的差異，使得以城鄉二元論為基礎所做的農村界定變得困難之外，更因近年農業體制的調整，以及社會對於農村期望的改變，使農村本身產生本質上的變化，這就是異質的鄉村，或多種的農村（Cloke et al. 1994；Ilbery 1998）。基於農村的多樣性，因此而有許多研究嘗試將農村加以分類，以便能更貼切地再現農村。

二、農村的類型

　　除了農村的界定外，每一個農村是由各自不同特性的居民組成，加上所在的環境與背景不同，各自擁有獨特的空間範圍。因此，農村實際上受到整體環境變動的影響而產生變化（Marsden 1998）。既然所受影響不同，所構成的農村的內涵也不盡相同，因此形成了異質的農村，在進行農村研究時，如能依據農村的差異加以類型化，對於農村的研究將更有幫助。農村類型化是將異質的農村劃分為幾種類型，將內涵相同者歸納為一類，如此一來可清楚看出異質的農村可劃分為哪些類型，又彼此之間究竟有何差異。這將更貼近於農村的實際樣貌，有助於解決過去農村研究者不易掌握農村特性的問題（劉健哲1997）。

　　1980年代後期，歐洲地區由於農糧生產過剩、市場寧適需求增加，以及對於環境保育的重視，提出強調永續農業經營與糧食品質的後生產論。因此造成對農村空間的異質（uneven）需求，形成超越生產的消費關係，開始講求高品質的糧食生產、公共舒適空間、住宅環境、環境保育、形成不同於以往的農村情懷（rural idyll）。對照於二次大戰後重視糧食供給的生產論觀點，在後生產論下，農村面臨新的環境產生新的變化。因此，宜重新思考進行新的農村差異化（differentiation），以及要採用何種指標進行類型區分（Marsden 1998）。

　　由於農村的差異化（這個差異化包括國別的差異），因此本部分將分別回顧早期臺灣農村分類、國外的重要農村分類方式及新農業體制觀點的臺灣農村分類。

(一)早期臺灣農村類型劃分

　　過去臺灣農村類型化的相關研究中,大多以產業考量為出發點,以產業發展情況作為臺灣農村類型化的依據(莊淑姿2001;藍逸之2006)。早期(1973年),蔡宏進將臺灣農村社區分為平地農村、山地農村、漁村、鹽村、礦村,之後(1993年),因應非初級產業的發展,又以產業結構為依據重新進行臺灣農村類型化,將臺灣農村社區分為農業社區、農工社區、農商服務業社區、工業社區、工商服務業社區,商業與服務業社區等六類,反映出其他非農業產業的發展對農村產業結構的影響。另外,羅啟宏透過統計分析將全省鄉鎮分為七個群組:(1)新興鄉鎮;(2)山地鄉鎮;(3)工商市鎮;(4)綜合性市鎮;(5)坡地鄉鎮;(6)偏遠鄉鎮;(7)服務性鄉鎮(引述自莊淑姿2001:12)。

　　隨著產業與科技的發展,農村產業結構與都市日漸趨同,農業(或是其他初級產業)不再是農村地區的重要指標,必須加上其他的社會關係(藍逸之2006)。因此,莊淑姿(2001)提出三種臺灣農村發展類型:

　　1.生活機能型:這類農村發展較早,過去早期就是農村功能與行政中心,生活機能完善,地方基礎建設、公共服務資源及地方發展規劃有不錯的發展,因而可服務當地居民也可以提供外圍農村的需求。產業結構以三級產業為主,農業或二級產業為輔,與工業發展型農村和發展停滯型農村比較起來,但是農業在其中仍占有固定的比例。這類農村有較悠久的歷史文化背景,形成村內較重視人文發展的風氣,這種非經濟性的良好特質,近年開始吸引部分都市的人口回流,再者村內固定的農業生產比例達到維護美好的自然環境效果,使這類農村擁有較佳的生活環境品質。都市人口回流部分有仕紳化的味道,偏向Marsden所說的保存型農村的中產階級(參閱後述)。

　　2.工業發展型:工業發展快速,帶動農村經濟發展,人口快速增加、人口遷入率高,基礎設施充足,但生活機能不足,與鄰近都會相依存。這類型農村多鄰近都會、地勢平坦的農村當開發工業區之處,並規劃完整的交通道路,以利工業運輸。面臨的危機是因為工業所帶來的空氣、水源等潛藏的環境污染問題。

　　3.發展停滯型:發展停滯型農村受限於自然資源條件,難以生產大量農業商品及製造事業,農業的表現上因為地理環境限制及臺灣農業萎縮的影響亦無法為農村帶來足夠的經濟利益,形成地方經濟發展的威脅。人口外流嚴重,地方基礎建設及公共服務資源嚴重不足。因為農業農村少有其他工作機會,以至於僅管農業發展條

件不佳，仍是地方居民不得已的選擇。

(二)歐盟農業指導綱領

歐盟農業指導綱領（Agriculture Directorate-General）針對其會員國所提出的農村發展政策構想，配合多元的農村類型需求，該指導綱領以地區類型劃分為三個類型的農村區域（李永展2005）：

1.緊鄰大都市的農村區域：土地面臨強大的開發壓力，以及農業因為高度現代化而造成環境耗損（例如：污染、景觀的侵蝕、自然地區的破壞等）。因此，緊鄰大都市的農村區域有較大的轉用壓力。

2.處於農村衰敗中的區域：農村由於人口不斷外移以及人口老化問題，以導致服務業消退，儘管具有自然與結構上的缺陷（例如規模小、缺乏利潤的農地所有權；農民退休後的繼承率過低等問題），農業仍為很重要的產業。此種農村位於第一類緊鄰大都市的農村區域與第三類特別偏遠地區之間，轉用壓力沒有第一類農村來的大，產業發展以農業為主。

3.特別偏遠地區：此種山區或離島特別偏遠地區的農村，其衰敗與人口減少非常明顯，難有多元化發展的機會，甚至連基礎的開發都有其困難度，近似於後述Marsden所提侍從型農村，所以這類農村的發展面臨很大的瓶頸。

(三)後生產論觀點下的英國農村分類

Marsden（1998）認為，藉由理論發展和不斷的實證工作，可以提升類型化所考量的農村不同本質，並且主張應該要從這些後生產論（參閱第二章第一節）地區的行動者（actors）互動關係，重新建構農村的概念與分類，用以描繪時代變遷下不同農村的特性。據此，提出四個新的理想類型（ideal types）：

1. 保存型農村（preserved countryside）

保存型農村的農民已經注意到，許多地方服務必須滿足非城市群體（ex-urban groups）的需求，因此發展出多樣化經營（diversification），以獲取利益。中產階級因偏好農村環境而進入這些農村，他們因秉持保護主義而反對開發，並且透過地方政治系統的運作來保護他們所重視的環境財。就土地使用面向來說，中產階級希望農村地區可以提供休閒產業及住宅使用。此類型農村出現在英國英格蘭低地，以

及風景優美與交通便利的高地地區。

2. 衝突型農村（contested countryside）

　　這類農村是核心通勤者（core commuter catchments）居住的通勤區，大部分位於大都市的外圍。這樣的地區可能沒有特別的環境，也不是風景優美條件良好的地區，但是這一類型農村的農人和開發商擁有政治優勢，他們希望推動農業多樣化發展和小型工業發展。不過，居住在通勤區的新移民會反對農民和開發商所主導的發展計畫，因此產生新舊居民之間的衝突。

3. 父權型農村（paternalistic countryside）

　　地方發展受到擁有私人產權的農民和所有人支配，土地所有權人面臨收入越來越少的壓力，因而尋找新的收入來源，所以嘗試賣掉不動產或將農地出租給農場經營公司，把農地生產資本轉換成新的資本形式。Marsden指出，這個類型的農村在進行開發轉型時，會比「保存型農村」和「衝突型農村」所引發的衝突少。

4. 侍從型農村（clientelist countryside）

　　專指偏遠（remote）的高地農村地區，這些地區的農作經營只能靠補貼（subsidy）維持，例如Environmentally Sensitive Area（ESA）環境敏感地區補貼。此類農村發展受農作、土地所有、地方資本和州政府支配，通常是親密的自治體關係（close corporatist relationships）。在偏遠的高地農村地區，發展遲緩缺乏開發條件，只能靠政府補貼維持農業運作。由於缺乏發展競爭力，容易因為資源提供者的要求而改變發展形態，可能成為廢棄物處理場所或是作為國土保育地等。

　　Marsden的農村分類呈現出先進國家的農村空間差異，也反映出在新農業體制下的多元性及農村土地利用的差異，有的農村容易保存及利用其風貌（如保存型與侍從型農村），有的則相對困難（如衝突型與父權型農村）。至於保存或變更？主要的關鍵在於群眾的需求與態度，特別是土地關係人的態度更為重要。在新農業體制浪潮下，臺灣群眾的態度如何？尚待調查。

(四)新農業體制觀點的臺灣農村類型劃分

　　前述各項農村分類各有其觀點與需求，Marsden（1998）以後生產論為基礎，從行動者互動關係提出農村類型劃分方式，此能夠突顯新農業體制下的農村多元性。歐盟係針對該會員國所提出的農村分類方式，敘述較為粗略，仍可看出其對開

發與環境條件的重視。另外，在臺灣農村類型化研究的發展上，蔡宏進、羅啟宏等人所進行的臺灣農村類型化，大多以產業與地形位置為主考量。莊淑姿的農村類型化的劃分，係依據人口特性、產業發展、地方財政、土地利用結構特性、公共設施及生活資源指標，以加強以往類型化缺乏的社會指標。

就臺灣而言，比較缺乏的是，從新農業體制及行動者的互動關係來展現可能的新的農村面貌。因此，中國土經濟學會（2008）以前述Marsden所提出後生產論的四個理想類型（ideal types）為基礎，輔以歐盟農業指導綱領與莊淑姿（2001）之農村分類，提出一套結合行動者互動關係並合乎臺灣農村發展現況之農村類型化模式，其內容如下：

1. 調適型農村

在新體制下，此類型農村中的農民意識到社會對農村新的服務與需求，因此尋求多元化發展以獲取利益，這些多元發展包括：農地作為生產使用時採取對環境友好的耕種方式（例如有機耕種）、農地不純粹用作生產，而是同時提供消費使用（觀光、休閒乃至住宅），或者將農地用作環境生態使用等。這種農村類型最大特色是，不論原有居民或新進的居民，都有保存農村及農業，並且維持其良好環境的共識。這類的臺灣農村例如花蓮縣富里鄉部分村里經營的有機農業，雲林古坑的休閒式農業（咖啡）的經營等。這類農村透過適度地獎勵，可使農村農地做完善的保存與經營。

2. 衝突型農村

部分農村地區持續有開發與保存的爭議，這些農村因位於交通便利區域，特別是在都會周圍的農村，由於都市蔓延效果，它們逐漸成為通勤族遷移的場所，造成了農地變更使用與否之間的角力，此類型的農村通常存在著居民之間開發與保守立場的衝突關係。臺灣都會區周邊的許多農村呈現出衝突型農村的特性，甚至不在都會區周圍的農村，因為交通的改善，也具備此類農村的特性，例如宜蘭縣部分的農村。這類的農村需有合理的土地使用計畫，部分農地應予釋出作為建成區的預備地，但因此而獲取之暴利，應予適度社會化。又都市計畫範圍內之農業用地，雖非屬農村空間範疇，但其具有極強的變更使用特徵，亦可劃歸屬此一類型。

3. 傳統農業型農村

此類農村涉及農民資產運作模式，儘管面臨農地收入越來越少的壓力，農民仍然堅守農地供作生產的本質，它們可能透過生產技術的改良或更集約地使用農地，

但也可能將自己的土地出售或出租給有力的農業經營者或組織，藉此獲得收入、亦使農場經營面積擴大，這些地區通常為糧食供應的核心地區。臺灣目前雲嘉南地區仍為傳統的農業生產地區，許多農村仍然以生產糧食為主，並且亦有部分地區透過中衛體系，擴大耕作面積及改善產銷體系。這類農村一方面應設法提高其經營效率，包括擴大農場經營規模，改善耕作技術與組織等，但另一方面需引導經營者於經營農地中避免產生負的外部性。

4. 發展受限型農村

　　無論觀點如何，大多數農村類型化的研究都認為的確有些農村地區，是處於發展困難的窘境。地處偏遠且缺乏發展條件的地區，可稱之為「發展受限型農村」。這些農村基本上無法透過自身的改善來維持農村發展，而且因為缺乏需求，農地所有者亦難以透過處理其土地（如出租或出售）來增加其收入。臺灣地區許多偏遠農村，特別是西部沿海地區農村，普遍具有此這種狀況。此類型農村唯有經由政府補貼才能維持，政府亦可將合適的農地轉變為國土保育地。

　　上述因應全球性農業體制的改變，以Marsden四個理想類型為基礎，參酌歐盟農業指導綱領、莊淑姿（2001）等人農村類型化研究，所提出的臺灣農村類型劃分，其實用性如何？雖然尚待檢驗，但對臺灣農村的多元性賦予不同的詮釋，實具有先導性的作用。本研究後續對於臺灣農村農民認知差異的觀察，將以此為基礎。

第二節　章節內容大要

　　農村空間做為研究對象，已經有相當的歷史，在不同的時間點，對於農村空間的研究，重點亦不相同。例如Pratt and Murdoch依據不同的現代主義形式，將農村的研究形態作如表1-4之區隔。時至今日，農村研究的面向已經非常廣泛，所採用的哲學和理論基礎越來越多元，路徑越來越細分，其中Panelli（2006: 67 and 80）劃分當代農村社會研究的哲學和理論，以及將農村社會改變的研究路徑為社會物質（socio-material）、社會／文化資本（social/cultural capital）、文化經濟（cultural-economic）及網絡（network）等四種，其內容分別如表1-5及表1-6。從表1-4、表1-5及表1-6的內容來看，研究要涵蓋所有的農村研究面向與路徑，實非可能。

表1-4：不同現代主義形式下的農村研究形態

現代主義的形式	實例	時間	相關的抽象的思想	空間秩序
早期現代	社區研究	視農村社區為前現代特性，被現代社會所破壞。	利用「社區」與「社會」的「形式化」觀念，由此製造了文化慣例（浪漫主義）……經常界定研究『發現』為理論的命題。	視農村社區為置於現代主義之外的社會空間。
現代主義	Essex學派（例如Newby等）	拒絕農村為前現代的結構。	嘗試「把現代主義者的社會理論（包括韋伯及馬克思主義者）完全地應用在農村研究，以及把「一組事先存在的範疇」應用在人們的「存活經驗上」。	拒絕農村的結構為超越現代主義的社會空間，把農村空間視為由農業財產關係宰制的空間。
高度現代	農業政治經濟	視農村被現代經濟型式（例如農業經營）所組織，此型式已經取代所有的前現代經濟。	「現代主義的社會科學在農村研究的全盛時期」，包括「馬克思主義分析的抽象範疇的應用」，由於新的經濟組織需要利用現代理論一需要社會學者發展新理論，以便掌握新的生產形式。	尋求根據一些「大的一總加起來的故事」，例如農業抗拒資本滲入的特徵，或在資本再結構情形下，農業和（或）農村的地方性重置了社會經濟空間。
晚期及後現代	地方研究；被忽視的其他農村研究	強調「後農村」，但拒絕時間遞移的概念；不認為我們剛剛進入後現代時期，因此所有我們的空間經驗是「後農村」。然而，Hafacree（1993）傳達了後現代農村性浮現的信號。	優先處理「『普遍』觀念在地方產生的研究」（例如農村與都市）。	地方具有「多重意義」及「多重認同」，必須檢驗「農村性」扮演的角色。

資料來源：引自Phillip 1998b：143

　　因此，本書把重點放在近年來因農業體制所導致的農地政策及農村發展的議題上，原因在於農業體制的改變屬於全球性共通趨勢，臺灣自也不能例外。特別是在加入WTO之後，我國農業體制、農村發展路徑、農地利用模式、農村結構、農地規劃都受到連動性的影響。本研究共計十二章二十七節，各章重點如下：

　　第一章為緒論，分為二節。第一節說明本書以農村空間做為研究對象，雖然農村一詞在日常生活及學術領域經常被使用，但當要清楚描述或界定農村的時候，卻發現農村的意涵相當模糊。這種農村的模糊性並不只出現在臺灣，而是世界各國所面臨的共同課題。因此，本書在第一節首先整理回顧農村的界定。在整理農村界定的過程中，發現農村界定的困難，與日益複雜多元的農村空間有密切關係。基於日漸複雜多元面貌的農村，許多研究認為要清楚地了解農村，需對農村類型加以分類。因此，第一節的另一部分，為對介紹國內外的農村類型劃分。農村的界定與類型劃分可以說是理解農村最基礎的部分。本章的第二節則進行本書章節安排與內容的說明，使讀者容易掌握本書的架構。

表1-5：農村社會研究的哲學和理論

	在農村社會內部或外部的範疇性影響	應用於農村社會學術的哲學焦點	農村社會研究的實踐
實證和量化	二戰後推動經濟發展及現代化； 農業的工業化； 農村服務、基礎設施及規劃的成長。	「實證」現象（例如人口）的調查； 目的在建立一般可以系統性測試的模式關係。	專注於物質／實體社會變項得觀察； 致力於農村社會現象的客觀紀錄； 農村社會地圖、統計和模型的生產（例如人口改變和聚落層級）。
詮釋學	不滿實證和量化的路徑； 現代社會的人文和田野／真實生活的大眾化； 增長農村（及其他）地方／社區的地方象徵和認同。	日常生活的物質和象徵面向的調查（例如工作模式和社區事件）； 目的在記錄農村（特殊非一般的）經驗的重要性和意涵。	專注於農村經驗和意涵的深度觀察、描述和解釋； 致力於收集日常生活、社會實踐、價值和意涵的真實及獨特紀錄； 人種誌、文本紀錄和象徵分析（例如社區含景觀研究）的生產。

表1-5：農村社會研究的哲學和理論（續）

	在農村社會內部或外部的範疇性影響	應用於農村社會學術的哲學焦點	農村社會研究的實踐
馬克思主義	擴大在已開發社會中的社會和政治抗爭（1960'- 1970'）；農村產業的工業化所導致的（農場經營）全球化及再結構。	歷史唯物論的政治經濟（例如資本主義）批判；目的在凸顯和挑戰在農村社會內外的不平等資本主義權力關係；利用辯證理性來記錄和挑戰不平等的資本主義產業的農村社會再生產（例如農場經營和礦業經營）。	專注於涉及不同生產模式的經濟和社會關係的觀念化（例如工業資本主義的階級關係）；致力於西方農村經濟和社會的激進批判；評論、統計分析和個案研究的生產（例如區域就業差別、再結構的社會衝擊）。
女性主義	婦女解放及第三波的女性主義運動；在公共部門的性別平等制度化；承認性別差異及在某一些情況存在不平等。	農村婦女的社會位置及經驗的研究；目標在批判屬於農村社會結構基礎的父權式性別關係；利用女性主義理論及解放方法論將婦女經驗連結到農村文學。	專注於婦女擁有之農村生活重要性；致力於記錄和挑戰不平等的性別關係及性別認同應用；性別農村生活的個案研究、批判評論的生產（例如低估婦女對農業的貢獻）。
後現代與後結構	對圍繞於過去的進步及現代主義的希望持漠視及懷疑的態度；提升文化屬性的重要性及沿著科學知識重估文化文本；增加保存及消費特殊農村環境和生活樣式的壓力。	關鍵觀念和後設敘述性的解構，以及農村社會的解構（例如「社區」及「農村」）；目標在凸顯社會的差異性及語言構成的重要性；利用解構和考古的策略來記載不同的交互論述及農村知識的政治面向和社會關係。	關注社會差異和農村社會及想像的論述建構；致力於解構農村生活的宰制性敘述（例如生產的、田園情懷的和諧／安全）；生產農村性的多元讀本，以及農村團體的差異性和其不同的經驗（例如兒童、無家可歸者及精神疾病者農村生活的紀錄）。

資料來源：Panelli 2006: 67

表1-6：農村社會變遷的研究路徑

路　徑	特　徵
社會物質	人口改變及（或）經濟應用於長期和農村居民的研究。
社會／文化資本	因變遷而受侵蝕或增長的社會及（或）文化知識、價值及關係的研究。
文化經濟	農村社會／單元如何經由地方經濟動員文化「資源」的研究。
網絡	當農村社會、社區或經濟部門重組時，網絡（包括政治及經濟的）如何被動員的研究。

資料來源：Panelli 2006: 80

　　第二章為農業體制變遷。第二次世界大戰之後的40年農業被賦予的主要功能為糧食衣物的生產，此稱為生產論。生產論之所以在戰後延續長達40年之久，主要原因是揮之不去的戰時糧食恐慌的陰影。不過，到了1980年代，因為部分地區糧食生產過剩、社會價值的改變等，農業體制產生了重大改變，新的農業體制主要包括後生產論及多功能農業，相繼被提出來。基本上，兩個新農業體制都是因為原有的生產論無法滿足1980年代之後的社會需求，而被提出來。不過兩者的內涵並不相同，因此本章分兩節，第一節介紹為後生產論，第二節介紹多功能性。第一節包括後生產論的形成背景、內容指標、農村（土地）價值與功能的種類、後生產論下價值功能的調查及實踐觀察；第二節則包括多功能的形成背景及意涵、多功能農業的驗證及各國農業功能的簡介。

　　第三章為新體制競爭及我國農業（地）政策走勢。雖然後生產論和多功能農業都是因生產論無法滿足1990年以後的農業發展而生，不過後生產論和多功能農業內容並不相同，因此產生何者較能再現現代農業的問題。對於這個問題，國際上的爭論迄未有定論。本書在第一節先介紹後生產論與多功能農業各自支持者的論點，再提出本書的觀點——後生產論與多功能農業在某些層面可以相互連結。其次，後生產論與多功能農業體制不僅是理論與觀點的層次而已，最重要的在於它們的實踐，既有的檢驗都以歐美國家為對象，臺灣農業是否已經有所調適，並未有相關檢驗。因此，本章第二節即透過戰後臺灣農業政策內涵的改變（包括全國性農業政策白皮書、方案等）來觀察臺灣農業（地）政策在全球農業體制光譜的位置。

　　第四章為我國農地功能與使用方案選擇。雖然在第三章中透過國家政策的宣示內容來檢驗新農業體制，結果發現我國農業政策已有邁向新農業體制的趨勢。不過，我國農業應該要具有什麼樣的功能，不論在國家法令上及學術研究上，都沒有具體規範及嚴謹的研究成果。另外，許多研究指出，農業體制的落實，與農業經營基本要素——農地使用密不可分。因此，在介紹新農業體制及檢驗臺灣農業政策走向之後，本章安排對臺灣農地功能及使用方案的選擇進行研究。本章分為二節，第一節介紹多功能性下的農地使用研究路徑與研究方法——AHP法，第二節說明AHP調查的結果。

　　第五章為民眾對農地功能認知及空間差異。一項體制或政策能否落實，除了國家決策選擇與制定之外，還需要行動者（民眾）在認知與行動上的配合。因此，在國家層級的農地功能與使用方案選擇（第四章）之後，本章進行民眾認知的調查。本章調查的對象分為一般民眾（非農民）及農民，並比較他們之間的認知差異；另

外，在新農業體制下，農村具有多元性，延續第一章農村類型的劃分，本章將臺灣農村簡化為二類——傳統型農村及調適型農村（邁向新農業體制的農村），選取臺南縣後壁鄉[6]菁寮社區（傳統型農村）及宜蘭縣三星鄉大洲村（調適型農村）為調查地區，並且透過李克特（Likert）態度量表問進行卷調查，本章分為二節，第一節為相關調查回顧及本研究調查方法的說明，第二節進行調查結果分析。

　　第六章為瑞士多功能農業與農地規劃。新農業體制不僅是一種觀念或理論，而是實踐的框架。在第二章中介紹了在後生產論與多功能農業，並整理了二種體制在全球實踐的情形，其中後生產論因為並非屬政策導向，透過檢驗顯示，實踐情形各國（區域）各有差異。相對於後生產論，多功能農業的提出目的，即在對抗新自由主義以保護本國的農業，因此歐盟、瑞士、日本、挪威等共同形成多功能性之友。不過各國如何落實的多功能農業並未細究，因此本章透過對瑞士多功能農業的介紹，來補充第二章第二節的不足，也可做為我國實施新農業體制的參考案例。本章分為三節：第一節為瑞士農業（地）政策變遷之介紹，說明瑞士邁向多功能農業體制的背景；第二節整理瑞士直接給付相關措施，特別是土地使用與給付額度之關係，第三節介紹農地規劃管理，包括瑞士農地規劃體制與農地分類等。

　　第七章為戰後農村發展路徑：外生、內生與第三條路。除了農業體制改變之外，農村發展路徑（或模式）也產生了改變，這二者之間存在著微妙關係，特別是實施多功能農業的國家，在2000年之後，整個策略有由純粹支持農業逐漸轉向支持農村發展的趨勢，所以農業與農村發展密不可分。因此，接在農業體制變遷與國內相關觀察研究之後，本章介紹農村發展路徑的轉變。第二次世界大戰之後的農村發展路徑，大致可分為外生、內生及第三條路來加以說明，其中外生及內生的路徑，相關研究較多，但對於第三條路的形成背景與哲學基礎相對少見，基於此本章分為二節，第一節說明農村發展策略，包括內生發展、外生發展及第三條路的主要內涵；第二節則專門介紹第三條路的理論構成，並把重點放在行動者網絡理論（ANT）上，最後則進行ANT與農村發展之間的連結，使ANT可以應用在農村發展上。

　　第八章為農村發展第三條路之觀察——以九份聚落1895-1945年發展為例。農村發展的第三條路是否真的存在？做為農村發展第三條路的理論依據，ANT是否真實可行？國際學術上僅有少數研究，亦未針對臺灣農村的發展進行觀察，因此本

---

[6] 現為臺南市後壁區，因調查研究時仍未改制，因此沿用原名稱。

章以九份聚落1895-1945年發展做為觀察檢驗的案例。本章分為二節，第一節為個案的研究架構及個案地區發展的說明，由於農村第三條路的研究相對少見，因此在個案觀察的部分首先建立研究架構，並對觀察地區的發展歷史進行簡要回顧，使個案觀察有所依據。第二節為「發展模式及ANT分析」，主要的重點包括：一、個案地區是否為外生及內生模式混合體——第三條路的觀察；二、個案地區行動者網絡組成份子（行動者）及網絡組構運作的詳細觀察；三、個案觀察發現及問題分析。

第九章為農村發展的權力分析——ANT與治理性的競爭。農村發展的第三條路似乎給農村帶來了新的希望，不過農村發展是否如第三條路的理論所言，透過行動者網絡的運作，即可順暢無阻？實際的情況並非全然如此，因為農村發展涉及到權力運作的問題，特別是地方（非政府）的行動者與政府之間的權力角力，更屬影響地方層級農村發展的關鍵因素，此即涉及ANT與傅柯（Foucault）所稱治理性（governmentality）之間的觀點競爭問題。所謂治理性是指，國家會透過一套的特殊機制、技術與程序來實踐和推動他們政治綱領。如果治理性運作得當，顯然地方行動者網絡的影響力將因此受阻，此在國家政治綱領與地方意見相左時，ANT與治理性之間競爭問題的釐清，更加顯得重要，本章即在探討及釐清此一問題。本章分為三節：第一節為ANT與治理性權力運作內涵與命題建立；第二節為個案觀察，選擇新竹市香山濕地與苗栗縣通霄鎮白沙屯二個地區的發展為例；第三節為個案觀察結果分析。

第十章為新體制下的農村空間轉變——農村仕紳化。第八章及第九章的內容顯示，農村發展似乎都是有意圖的安排結果，亦即經過行動者網絡或治理性運作的結果。但在許多情況下，農村的發展似乎是因為新體制而有的改變，這種改變是因為都市中上階層遷入或資本流入特定的農村所致，中上階層遷入或資本流入農村導致農村景觀、人口結構改變及農地價格上漲，這種現象稱為農村仕紳化（rural gentrification）。農村仕紳化使原來屬於生產的農村空間轉變成為消費空間或多元使用的空間，這與後生產論及多功能農業想像或實踐的空間一致。關於農村仕紳化的觀察仍以歐美地區為多，臺灣還沒有嚴謹的研究，基於第三章觀察臺灣農業體制變遷結論，認為臺灣農業已經逐漸邁向新農業體制，同時在第五章中將宜蘭縣三星鄉大洲村歸類為調適型的農村（邁向新農體制的農村型態），因此本章以宜蘭縣三星鄉的三個村（大洲、大隱及行健）作為農村仕紳化個案研究的對象，以進一步觀察新農業體制對農村空間的影響和衝擊。本章分為三節，分別為：第一節基礎文獻回顧，

第二節個案觀察，第三節個案研究發現與檢討發現。

　　第十一章為新農業體制下的農地使用規劃。土地規劃可以說是國家形塑空間最主要的工具之一，農村空間的形塑與土地利用規劃亦密不可分，此在第九章與第十章可以獲得說明，因此研究農村空間，不能不討論農地使用規劃。土地使用規劃的路徑深受規劃思潮影響，實際上規劃思潮與路徑一如農業體制和農村發展模式，在戰後不斷改變調整。因此，本章重點放在新農業體制與農村發展路徑調整下，農地利用規劃的路徑宜如何調整上面。本章分為二節，第一節「規劃理論」的演進，簡要地歸納第二次世界大戰之後規劃思潮演進的內容，包括規劃的起源、國家干預與規劃思潮的演進、以及現代與後現代爭論下的規劃理論等；第二節「地方農地利用規劃的理念」，將新農業體制與農村發展第三條路的內涵融入規劃理論中，提出屬於地方層級的農地利用規劃理念。

　　第十二章為臺灣當前農地政策評議與結論。本書引述了不同的農業體制、理論及觀點，並進行了臺灣的觀察及驗證。在最後一章，嘗試以前述成果為基礎，來分析臺灣當前農地政策問題。本章分為二節，第一節「臺灣當前農地政策評議」。在評議的時候，將臺灣農地政策分為基本矛盾、內部矛盾與外部矛盾，如此可以更透徹的解析當前農地政策問題的本質及責任歸屬。第二節為「結論」，係就本書相關成果做摘要的整理，作為本書的總結。

　　第二次世界大戰之後，世界各地的農業被賦予的責任主要為糧食、衣物、原料的生產與提供。但是，從1980年代中期開始，許多盎格魯－亞美利加（Anglo-American）的國家，開始從經濟、社會、政治及環境層面的差異，來討論現代農業體制（modern agricultural regimes）與農村空間的本質、變動和未來的發展進程。在這些討論中，以兩種論述最具代表性，一為「農業後生產論（agricultural post-productivism）」（或簡稱「後生產論」），二為「多功能農業（multifunctional agriculture）」或「多功能性（multifunctionality）」。這兩種論述被稱為「新農業體制（new agricultural regime）」。到了二十一世紀，新體制已經成為農業政策、農地利用與農村發展的主要支配方案。但是，新體制如何形成？其內容為何？以及理念是否與現實際狀況吻合？就研究當代的農村而言，須先行予以了解。

第一節　後生產論

　　本節就後生產論的形成背景、內容指標、農村土地價值與功能、功能與價值調查實際驗證等進行討論。

一、後生產論的形成背景

　　源自於城鄉二元論的觀點，農村長久以來被賦予的主要功能為糧食及衣物的生產。基於此種觀點，一方面，農村發展的目的在於滿足都市地區糧食及衣物的需求；另一方面，經由提高糧食及衣物的生產量，作為農村發展的手段。這種農村

發展策略，由於糧食生產過剩，糧價偏低，農民所得難以提升，以及與其他產業（如工、商及高科技產業）發展相比較，農產業的重要性逐漸降低[1]，農村經常被視為具有邊陲性（peripherality）的殘存地區（residual category），發展日益困難（Lowe et al. 1995: 81-91）。面對著這種情況，過去以糧食生產為主的農業體制，不得不有所調整。尤其在1980年代中期以後，這種調整在許多國家先進國家（如英、美、澳等）日益明顯。簡單來說，這種調整是指，農村空間由從事「物質生產（material production）」為主的「農業生產論（agricultural productivism）」（或簡稱「生產論」），轉變成「物質生產」與「服務提供（service provision）」並重的後生產論。此一轉向被認為是第二次世界大戰以來最具影響力的觀念改變（Burton and Wilson 2006: 95），甚至是一種典範轉移（paradigm shifts）（Mather et al. 2006: 451）。

　　第二次世界大戰後，隨著現代化腳步的加速，勞力與資本逐漸集中在都市，都市內集中大量的人口、商業及工業活動。相對於此，傳統農村的經濟活動以農業生產為主，在現代主義發展的進程中，農村被賦予提供都市糧食的任務（Lowe et al. 1995: 89-91），農村雖然落後，但因此仍具有存在及維持發展的價值。農村被賦予生產農糧及衣物的觀點稱為「農業生產論」，其發展特色是持續的現代化與工業化，並以追求經濟成長為目標（Ilbery and Bowler 1998）。在追求農村現代化的過程中，其最基本的觀念是把農村土地當作生產因素投入於商品的生產體系中。

　　農業生產論一方面採取古典經濟模型（例如邱念（von Thuenen）的農業區位理論）的觀點認為，透過市場的力量，土地會被分派到最合適的用途上，每一塊土地因此會達到其「最高價值的使用（highest valued use）」或利潤極大化[2]。另一方面，政府亦透過公共政策來支持土地生產商品的價值（Bergstrom 2005: 64-66），以便達成可估計的經濟成長目標。在缺乏農糧及日常生活必需品的社會中，生產論可以有系統地分派農村土地，並且有效率地解決物質缺乏的問題。不過，三項改變直接影響到農村土地使用：一、許多國家農糧生產過剩；二、在某些國家或地區，因市場需要而浮現的寧適導向土地使用[3]；三、社會價值改變——對環境保育的

---

[1] 這種計算方式主要是以農業生產占國民生產毛額的比例為基礎，臺灣農業生產毛額所占比例，亦越來越低，1986年還有5.41%，到2009年已降至1.55%（行政院農業委員會2009）。

[2] 如果土地的產出是市場上可以定價的產品（如食物、衣物等具私有財性質的商品），透過市場的力量，最高價值的土地使用分派，是可以達成的。

[3] 面對上述問題，農業生產主義體制所採取的解決辦法可以分成四類（Ilbery and Bowler 1998）：

重視。這些，促使兼顧農地實質生產與非實質生產使用的後生產論的形成（Berg-strom 2005: 66-67；Holmes 2006）。

在歐洲先進國家中，後生產論大約在1980年代中期展開（Wilson 2001）。由於之前的生產論——強調農業的現代化、工業化、商業化，集約、高投入─高產出的農業經營，並且以提高「糧食數量」為其政策主軸——造成了歐洲農糧生產過剩及生態環境的破壞，代之而起的就是屬於低投入─低產出、強調永續農業經營的體系及「糧食品質」的後生產體制。後生產體制雖已經有許多論述，但其實際所指內容為何，似乎並無一致的看法，因此需要進一步探討。

二、後生產論的內容（指標）

雖然一般認為，在農業政策上已經發生轉向（Bergstrom 2005: 66），但是農業生產論與後生產論具體內容與指標上，卻存在著非常不一致的觀點，而且相關的研究甚為豐富，以下就四篇較具代表性[4]的研究，整理其內容（指標）如後。此處之所以討論內容和指標，是因為這些研究，在呈現後生產論內容的時候，經常透過這些指標來與生產論的農業體制作比較，並藉此突顯後生產論的特徵。

（一）Ilbery and Bowler（1998）認為，從農業生產論轉化到農業後生產論有三個兩極的政策變化：

1.從集約到粗放：1980年代中期以後，農業政策在鼓勵以前集約經營的農場減少農業投入，並且在農業生產上越來越粗放，此對減少環境污染及自然棲息地的復原具有重大作用。

2.從集中到分散：歐洲的農產原集中在少數的大農場及區域（亦即大規模現代化的經營），現在則鼓勵細分成小經營單位（約20公頃），農業生產因而分散化。

・增加需求的手段：干預採購、輸出補貼、消費食品價格補貼等；
・減少供給的手段：生產配額、休耕、農民退休獎勵；
・減少生產成本以提升農民所得的手段：肥料補貼、提供資本投資獎勵金、赤字補貼等；
・自然環境保存的手段：提供種植林地獎勵金、減用肥料的金融措施。

[4] Mather et al.（2006: 443）認為，生產論與後生產論差別的相關研究中，以Ilbery and Bowler（1998）、Wilson（2001）及Evans et al.（2002）等人觀點較具代表性，本研究除此三篇研究外，另加入Wilson and Rigg（2003）等人的研究，因為本篇研究在農地利用上有獨特的討論。

3.從專業化到多樣化：農場分別透過農業及非農業的經營來開拓新的所得來源，亦即移除特殊產品大規模地在一農場生產，此一多樣化趨勢能夠產生更多樣的土地使用，以及多樣化的景觀。

(二)Wilson（2001）將2000年以前有關農業生產論與後生產論的內涵的研究彙整比較，在比較中，並區分成七個面向—意識形態、行動者、糧食體制、農業生產、農業政策、農場經營技術、環境衝擊—來進行說明。本篇研究可以說是2001年以前對於生產論與後生產論內容做最完整回顧的總結性研究，由於其內容極為豐富，其中生產論和生產論的差異分析（如表2-1），更值參考。不過，因為Wilson將生產論與後生產論的面向定義極為多元，因此在檢驗後生產論的實踐時，要達成其各個面向的要求，甚為不易，導致其檢驗結果，認為後生產論並未符合界定。

表2-1: Wilson所列生產論與後生產論在不同面向上的差異

生產論
意識形態：
＊農業處於社會中心支配的位置（Cloke and Goodwin 1992）
＊意識形態上的安全性（Marsden et al. 1993; Halfacree and Bolye 1998）
＊基於戰時艱困記憶的農業基值主義（fundamentalism）（Newby 1985; Bishop and Phillips 1993）
＊農業排他主義（exceptionalism）（Newby et al. 1978; Newby 1985）
＊堅信農民為最好的農村守護者（Newby 1985; Harvey 1997）
＊農村情愫特質／農村情愫（Mingay 1989; Hoggart et al. 1997）
＊感知都市及工業發展為農村的主要威脅（Ward 1993; Marsden et al. 1993）
＊農村被界定為農業的範疇（Halfcree and Boyle 1998）
行動者：
＊農業決策社群雖小但力量強大、關係緊密且具有極高的內部凝聚力（Cox and Winter 1987; Gilg 1991; Clark and Lowe 1992; Winter 1996）
＊農業部會與農民遊說團體間具有合作關係（Cox et al. 1988; Winter 1996）
＊處於決策核心外圍的保存遊說團體相對被邊緣化（Cox et al. 1988; Hart and Wilson 1998）
糧食體制：
＊由美國支配的大西洋糧食公約（Goodman and Redclift 1991; Le Heron 1993）
＊福特主義式的體制（Goodman and Redclift 1991; Ward 1993）
農業生產：
＊工業化（農業貿易）（Marsden et al. 1993; Whatmore 1995）
＊商品化（Ilbery and Bowler 1998）

表2-1: Wilson所列生產論與後生產論在不同面向上的差異（續）

＊確保國家農業產品的自足（Ward 1993; Lowe et al. 1993） ＊集約化（Marsden et al. 1993） ＊超量生產（Ilbery and Bowler 1998） ＊專業化（Ilbery and Bowler 1998） ＊集中化（Ilbery and Bowler 1998） ＊擴大合作範圍（Marsden et al. 1993; Lowe et al. 1993） ＊農民被困在農業的推動踏板上（treadmill）（Ward 1993）
農業政策： ＊強大的國家財政支持（Cloke and Goodwin 1992; Winter 1996） ＊保守忠誠於國家有能力規劃及整合農業的再生（Marsden et al. 1993） ＊鼓勵農民擴大糧食生產（Whitby and Lowe 1994） ＊政府介入（Marsden et al. 1993） ＊保護主義（Goodman and Redclift 1989、1991） ＊對農民有保證價格／金融的安全保障（Potter 1998） ＊農業在極大的範圍內免於規劃管制（Marsden et al. 1993） ＊財產權／使用權的保障（Whatmore 1986; Whatmore et al 1990; Marsden et al. 1993）
農場經營技術： ＊逐漸機械化（Ilbery and Bowler 1998） ＊減少勞動力的投入（Lowe et al. 1993; Whitby and Lowe 1994） ＊增加生物化學投入的使用（Potter 1998; Pretty 1998）
環境衝擊： ＊與環境保存的矛盾漸增（Knickel 1990; Clark and Lowe 1992; Potter 1998）
後生產論
意識形態： ＊農業失去在社會的中心位置（Lowe et al. 1993; Ward 1993） ＊拋棄農業基質主義及農業排他主義（Marsden et al. 1993; Winter 1996） ＊意識形態上與經濟上安全意識的式微；農民被烙印成為農村的破壞者（Shoard 1980; Body 1982; Potter 1998） ＊大眾對於農業的態度改變：農業被視為惡棍（Marsden et al. 1993; Harper 1993） ＊社會／媒體農村再現的改變（Harrison et al. 1986; McHenry 1996; Winter 1996） ＊農村情懷觀點的改變：有爭議的農村（Hoggart 1990; Hoggart et al. 1995; Pretty 1998） ＊認為農村最主要的威脅主要來自農業本身（Pratt 1996; Marsden 1999） ＊財產權保障的減少（Marsden et al. 1993） ＊農村逐漸地與農業分離；農村的新社會再現（Cloke and Goodwin 1992）
行動者： ＊農業決策社群擴大；把先前的邊緣行動者納入決策核心（Cox et al. 1988; Buttel et al. 1990; Hart and Wilson 1998） ＊農業部會與農民遊說團體間的合作關係弱化（Marsden et al. 1993; Lowe et al. 1993）

表2-1: Wilson所列生產論與後生產論在不同面向上的差異（續）

＊農業遊說團體的權利結構改變（Winter 1996） ＊反都市化：農村區域的社會與經濟重構（Cloke and Goodwin 1992; Lowe et al. 1993; Halfcree 1997; Halfacree and Boyle 1998） ＊屬於新製造與服務產業範疇的重組；都市資本對農村空間需求漸增（Lowe et al. 1993; Murdoch and Marsden 1994）
糧食體制： ＊1970年代初期對大西洋糧食公約的挑戰（Goodman and Redclift 1991; Marsden et al. 1993; Lowe et al. 1993; Goodwin and Watts 1997） ＊後福特主義的農業體制；非標準化的糧食與服務需求；垂直非總合性的生產（Marsden et al. 1993; Lowe et al. 1993） ＊對保護主義的批評；自由市場的自由化；自由貿易（Potter 1998） ＊市場不確定性的增加（Marsden et al. 1993） ＊農業的新消費導向角色（Marsden et al. 1993） ＊消費者行為的改變（Winter 1996; Potter 1998）
農業生產： ＊對農業工業化、商業化與商品化的批評；對合作擴充的批評（Lowe 1992; Lowe et al. 1993; Ward 1993） ＊減少國家對農業產品自足性的強調（Potter 1998） ＊粗放化（Ilbery and Bowler 1998） ＊分散化（Ilbery and Bowler 1998） ＊多元化；多元性（Ilbery 1991; Ivans and Ilbery 1993; Shucksmith 1993） ＊農民期望離開農業的推動踏板（Ward 1993） ＊從農業生產走向農村的消費（Marsden et al. 1993）
農業政策： ＊減少國家財政支持；離開國家維持的生產模式（Marsden 1999） ＊減少過於強調糧食生產優先性的國家支持農業生產模型（Lowe et al. 1993） ＊新的農村治理形式（Marsden et al.; Pretty 1993; Ray 2000） ＊地方規劃管控的增加（Munton 1995; Halfcree and Boyle 1998） ＊鼓勵對環境友善的農場經營；農業政策的綠化（Baldock et al. 1990; Clark et al. 1993; Potter 1998; Wilson et al. 1999） ＊經由自願性農業環境政策增加對農業實作的調節（Cloke and Goodwin 1992; Ward 1993; Hart and Wilson 1998） ＊放棄保證價格；去連結（decoupling）（Potter 1998; Pretty 1998） ＊增加農業的規劃管制（Cloke 1989; Marsden et al 1993; Lowe et al. 1993） ＊除去對財產權的保障（Cloke 1989; Whatmore et al. 1990; Marsden et al. 1993）
農場經營技術： ＊農業經營密度的減少（Munton et al. 1990; Potter 1998） ＊減少使用或完全不使用生物化學的投入（Ward 1995; Morris and Winter 1999）

表2-1: Wilson所列生產論與後生產論在不同面向上的差異（續）

＊轉向永續的農業（Pretty 1995、1998）
＊以知識投入取代物理投入於農場（Winter 1997; Ward et al. 1998）
環境的衝擊：
＊轉向農場的環境保育；批評生產極大化的觀點（Wilson 1996; Potter 1998; Morris and Winter 1999）
＊對失去的或受損的棲息地進行重建（Adams et al. 1992、1994; Mannion 1995）

（資料來源：Wilson 2001: 80-81表1）

說明：表中括弧及數字為原表中引用的文獻作者及其出版年代

上述七個面向的轉變內容約略如下：

1. 意識形態：指的是社會對農業或鄉村的認知，諸如農業的功能、在國家社會中的重要性等。

2. 行動者：農業政策遊說團體的特徵和屬性，以及國家農業主管機關與遊說團體之間的關係轉變，早期由少數農業基值主義者所壟斷，之後有其他團體進入。

3. 糧食體制：指區域性或世界性農業契約、政策或制度的轉變，如從大西洋公約、福特式的農業生產，到後福特式的體制。

4. 農業生產：指的是農業生產模式的轉換，如從支持工業化、商品化、集約化等轉變為對這些策略的批評。

5. 農業政策：其指國家對農業支撐策略和方向的調整，例如過去國家以強大的財政力量對農糧生產補貼、土地利用管制等，現在則以環境補貼為優先。

6. 農場經營技術：指生產技術的投入，生產論以機械化及增加生物化學投入使用為主，之後則為有機生產、永續農業及知識投入為主。

7. 環境衝擊：指的是對農業對環境衝擊所採取的態度，由環境破壞轉為環境保育。

(三)Evans等人（2002）以批判後生產論為出發點，從五個範疇來檢驗「從生產論轉向後生產論」觀點的妥適性，這五個範疇如下：

1. 糧食生產從產量轉移到品質：這種轉變是由五項互為關聯的因素所促成：(1)消費者關注到生產論的農業政策對環境、糧食安全、農場動物及農村經濟的衝擊；(2)購買優良品質糧食，提供了特殊消費群體本身與他人不一樣的機會，此使得良質食品成為一項文化資本的標記；(3)良質食品的生產形成生產者及其他糧食

系統行動者的行銷機會,藉此提供供給鏈差異與附加價值機會;(4)主要糧食銷售商邁向良質食品的運動,反映了先進資本主義經濟體的大貿易商普遍採取品質保證的成長;(5)由於一連串的糧食恐懼(food scares),糧食供給鏈的經營以品質為訴求焦點變成是主要糧食銷售者的重要保障策略。

2.多元性的成長:多樣化做為後生產論的要素有兩項主要理由:(1)農民已經逐漸放棄過去的農場經營系統,這使得很大比例的總產出被特殊的產品所取代;(2)多樣化(diversification)可以被界定為朝向開發新的農業所得資源方向邁進,而這些農業所得實際上來自於非農業與新穎農業企業所產生。

3.粗放化及因農業環境政策所促成的永續農場經營:這主要源自於1980年代(末期)歐洲共同農業政策(Common Agricultural Policy, CAP)的改變,CAP的改變主要有三:(1)減少農畜存量密度的措施;(2)經由自願性或強制性的農地休耕措施來限制穀類的生產;(3)提供農業環境的誘因來降低耕種密度。

4.生產型態的分散:這主要是指小規模農場的增加、不同種類的穀物及家畜在更多的區域及國家中生產,並且減少契約農場。

5.環境管制及政府支持農業的重構:1940年代開始,政府採取的是對農糧生產的補助與獎勵。但是,隨著環保意識的抬頭,1980年代開始,農業政策逐漸減少對農業生產的支持,並由鼓勵農村發展與環境保護的法律補償措施所取代。

(四)Wilson and Rigg(2003)則將生產論與後生產論差別分成六個面向:

1.政策改變:生產論考慮的是農糧生產、商品產量極大化及國家與區域的自給自足;後生產論則強調農村環境、粗放化(extensification)及多功能性。在政策的總體走向上,係由重視農業政策轉變為推動農村發展策略。

2.有機農場經營:在後生產論的農村注重的是高品質及零污染的農業經營,使農產品能迅速地與現代消費者的行為結合。

3.反都市化:反都市化減弱傳統的城鄉二元化觀念,傳統的農村區因受都市且進步的中產階級價值和環境觀念影響,使得農業經營活動產生改變,而且傳統農業社區及破壞環境的農村管理行為亦受質疑。

4.環境非政府組織被納入決策核心之重要性漸增。

5.農村消費:後生產論的主要內容為從農業生產走向農村消費。農村雖然仍扮演農糧生產的角色,但在農業經營多元化和強調保護生態多樣性的基礎下,農村亦具有新的消費性功能,如高爾夫球課程、農村步道、農場觀光等。

6.農場多元性活動:農場不為農糧生產,而為其他多元性活動使用,例如高爾

夫球場、馬術訓練學校、露營基地等。

上述各研究對於後生產論的內容和指標認定，一方面非常不一致；一方面卻如Mathers et al.（2006）所言，焦點幾乎都放在農業政策改變上，而忽視在土地使用上的研究。但是，這些後生產論的內容指標經常與土地利用有關，以Wilson and Rigg（2003）的研究為例，該研究中的1.政策改變；2.有機農場經營；5.農村消費和6.農場多元性活動與農村土地利用的關係極為密切，因為其促成了農村不同的土地使用可能，以及不同的農村景觀，亦使農村成為休閒、旅遊、環境保護及其他消費性的空間（Murdoch and Marsden 1995）。此時的農村既是生產的空間，也是大眾消費與環境保存的空間。這些觀念的形成，一方面使農村地區成為投資先鋒者的投資對象；另一方面，這些投資亦使得農村的多樣性（即不同的農村）（Cloke et al. 1994）或多功能性（multifunctionality）加速實踐[5]。這些吸引新移入者，並且增加非在地居民來訪及尋找休閒的機會，因此形成了「農村仕紳化（rural gentrification）」）（參閱Phillips 2002、2004及本研究第十章）。這些意味著，在後生產論下，大眾對農村土地價值的認知、國家對農村土地的使用分派，以及對農村空間形塑的影響等都有與以往不同。

三、農村的土地價值與功能

後生產論顯然地賦予農村（土地）多元的價值與功能，惟農村（土地）究竟有何價值？以及後生產論是否已經實現？本部分主要在回顧既有的研究結果。

對於農村土地價值（rural land values）的認知，經常與社會背景與經濟發展水平有關。一般而言，人們對於農村土地的價值的認知，係隨著社會及經濟的進展而有朝向多元化的趨勢。雖然1980年代以前的研究把農村土地的價值主要定位在生產或市場的價值，但已經提到農村土地的寧適性；到了1980年代，則有許多研究注重農村土地的非經濟價值及內在價值（intrinsic value），並且試圖將寧適價值加以量化。最近有關農村土地價值的研究傾向於探求多元化，並與農村土地的功能連結：

（一）Jongeneel and Slangen（2004: 185-186）指出農地的功能有五項，包括：生產功能、生態功能、文化功能、休閒功能，以及水涵養功能。

---

[5] 為了農地保存的理由，1990年代後期多功能性首次在歐盟被引用，參閱下一節。

　　(二)Bergstrom（2005）界定出後生產論下的農村的土地價值與功能，並透過圖式來呈現農村的土地功能與價值（圖2-1）。農村土地具有下列的價值與功能：

　　1.生產功能：傳統的農業生產論，著重於農村土地價值是指土地的產出為市場上可定價的產品。如此，土地功能主要為提供人們的物質消費價值（material consumption value）。

　　2.工作與生活功能：對居民來說，農村是提供居住和工作的地方。這些居民包括：(A)長期居民，其於當地從事傳統農作或其他工作；(B)新居民，其於當地或外地工作（主要從事旅遊、高科技和企業服務）；(C)已退休或靠其他非當地的收入來生活者。土地功能對工作者來說，提供了物質上的消費價值、工作滿足價值（job satisfaction values）、安全感和安穩價值（security and stability value）；對居住者來說，除了工作滿足價值、安全感和安穩價值以外，也提供了文化價值（cultural value）、歷史價值（historical value）、休閒使用價值（recreation and leisure use value）、美學價值（aesthetic appreciation value）和身心靈健康價值（mental, physical and spiritual health values）。

　　3.觀光功能：農村係提供觀光的地方。在農村地區，休閒旅遊方面大多是提供餐飲服務給觀光客。自然取向的休閒活動如打獵、釣魚、野餐、遠足、划船、游泳、滑水、越野、滑雪等；農業取向的旅遊如體驗採果及農場生活等。在觀光客方面，土地也提供文化價值、歷史價值、休閒使用價值、美學價值、身心靈健康價值。

　　4.空間功能：以人們互動的觀點來看，農村地區的「空間」（space）是指「你在我的空間」。在此，空間特別是指人們從事各種生活活動（如工作、娛樂）時的自然距離及從事這些活動時互相關係的頻率。人們在農村地區享受觀光和生活係因農村土地提供他們更多空間。農村土地功能在「空間」上，特別是「開放和綠色空間（open and green space）」，提供休閒使用價值、美學的價值、存在價值（existence values）、內在價值（intrinsic values）、生物中心（biocentric）和生態中心工具價值（ecocentric instrumental values）及身心靈健康價值。

　　5.生態功能（含景觀與水資源）：在生態方面，近幾年來，保護瀕臨絕種動植物棲息地為重要的農村政策議題。在景觀功能方面，如獨特的天然地形，包括山、丘陵、峽谷、山谷、平原、濕地和海岸等，天然地形面貌的利用及管理亦屬重要領域。農村地區另一重要功能是水的供應來源：在水量方面，農村支援水流量、表面儲存和地下水之供應；在水質方面，地表的土地（如植物、土壤）可幫助濾除地表

和地下那些潛在對人及動植物健康有害的化學物質。在農村和都市發展政策的觀點上，水的議題特別重要。生物棲息地、獨特天然地形和水源功能，在擁有價值上，都扮演重要的角色。

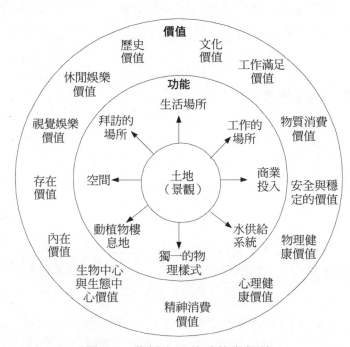

圖2-1：農村土地的功能與價值

資料來源：Bergstrom 2005: 72（圖6.2）

(一)de Groot and Hein（2007）把農地劃分成四項功能與四項經濟價值。

1.四項功能為：

　(1) 供養的功能，又分為生產功能和積載的功能；

　(2) 調節功能，指的是大自然自我調節與平衡的作用；

　(3) 棲息功能，又分庇護功能及養育功能；

　(4) 文化與寧適功能。

2.四項經濟價值為：

　(1) 直接使用價值，所有供養的功能及一部分文化功能都具直接使用價值；

　(2) 間接使用價值，調節的功能為間接使用價值的來源；

(3) 選擇價值，此與風險規避有關，前述四項土地功能都具有選擇價值；

(4) 非使用價值或內在價值，主要衍生自棲息地功能與文化功能。

　　上述這些研究顯示出，土地價值與功能在劃分上存在著差異性。此隱含價值與功能本身常因研究者、國家與社會的認知差異而變化，此構成了本研究進行臺灣農地價值認知調查的基礎（第五章）。

四、後生論的功能價值調查

　　後生產論的重點主要強調，農村（土地）的功能與價值已經與生產論時期有所差異。針對農村（土地）功能與價值的研究甚為豐富，研究主要以大眾的認知為基礎，Hall et al.（2004）彙整了近年關於農村與農業價值與功能的調查結果如表2-2。

表2-2：農村與農業價值和功能的調查結果

調查者與調查對象	主要議題	主要發現
Wildlife and Countryside Linka 1450人網路調查及RSPB農業會議 -2001年7、8月	在「保存良好」食物的生產上，英國農村應扮演什麼角色？	調查對象大部分偏好是： ・保存良好的食物 ・支持農民應有最低的環境標準 ・願支付農民進行保存工作的費用 調查對象想要看到： ・更多的有機農場經營 ・灌木籬笆與林地的保護 ・回到傳統的農場經營形式 ・繁榮農村經濟 調查對象的： ・50%會買保存友善農場生產的食物 ・75%願意多支付10%給保存友善的食物
Friends of the Earth 793人經由FoE網路調查 -2002年11月	在什麼情況下農民應接受政府預算資助？	回答者認為應資助農民來幫助他們： ・保護環境（36%） ・生產糧食（6%） ・二者皆是（47%） ・二者皆非（11%）

表2-2：農村與農業價值和功能的調查結果（續）

調查者與調查對象	主要議題	主要發現
Royal Society for the Protection of Birds 997人面對面訪談-2002年2月	英國的農村應該有什麼價值？ 政府應優先把錢花在農村哪一方面？	受訪者評估農村應有的價值為： ・迷人的景觀（71%） ・野生動植物生活的場所（70%） ・休閒的場所（63%） ・糧食的來源地（33%） 受訪者認為政府應優先把錢花在農村的： ・創造就業機會（63%） ・改善服務（60%） ・支付農民保護野生動物及環境（46%） ・支付農民生產糧食（32%）
Dorset Agenda 21 Forum 經由21世紀地方議程家庭及由超過100個社區與公共部門組織參加的21世紀地方議程會議調查1000人 -LA 21 Strategy published 1999	在廣泛的永續性議題中，對這個研究比較重要的是： Dorset糧食與農業未來的遠景為何？ 與Dorset糧食和農業有關的而應予強調的關鍵議題為何？	21世紀地方議程採取的與糧食和農業有關的陳述是： ・須支持永續農場的實踐 ・須促成農業環境綱領 ・須經由降低集約化來增加農業的就業機會 ・須擴大有機食品生產
Food Standards Agency 利用電話訪問1003人-2001年11月	大眾對糧食生產關心的是什麼？	受訪者關心： ・現在糧食生產的途徑（32%） ・動物如何被對待及飼養（23%） ・糧食生產時化學劑與殺蟲劑的使用情形（18） ・基因改造穀類（11%） ・大規模生產（8%）
Sustain and UK Food group(UKFG) 14個非政府組織網絡 - 2002年7月	共同農業政策（CAP）應如何改革？	UKFG要看到： ・現存的CAP資源調整為有益於環境與社會的農場經營和永續的農村發展 ・公共資金用來支撐市場無法適度提供的公共財 ・支持小規模與家庭農場
Department for the Environment, Food and Rural Affair 經由家庭訪問進行3,736位訪談 -2001年4月	在諸多生活品質的議題中，本研究關注的是： 大眾對某些環境議題感到憂心的情況； 大眾對於英國農村願意花時間情況；	受訪者回答情形： ・他們願意花時間於英國農村是因為景色（46%）、植物與野生動物（36%）及生活方式（9%） ・他們強烈或一般性地支持只對進行環境保護的農民支付農業補貼的政策（74%）

表2-2：農村與農業價值和功能的調查結果（續）

調查者與調查對象	主要議題	主要發現
Department for the Environment, Food and Rural Affair 經由家庭訪問進行3,736位訪談 -2001年4月	大眾對於支持不同環境政策選擇情況；	・他們強烈或一般性地支持給予進行景觀及動物棲息地保護與重建的農民特別給付的政策（69%） ・他們支持在可能的地方進行植樹與灌木圍籬的政策（92%）
Scottish Executive 4119家庭訪問 -2002年	在諸多關於蘇格蘭環境政策問題中，本研究關注的是： 大眾認為什麼樣的活動對野生動物及棲息地威脅最大？ 大眾認為誰應該對野生動物及棲息地的保護付最大責任？	受訪者回答情形： ・現在的耕種方式呈現對野生動物最大的威脅（22%） ・農民對保護野生動物及棲息地扮演重要角色（33%） ・農民應對保護野生動物及棲息地扮演重要角色（17%） ・給予進行野生動物及棲息地保護或改善的農民一定支付是一項很好或好的政策（60%）
Country Landowners Association 經由電話訪問1,001位受訪者 -2002年12月	耕種有多重要？ CAP的錢應該如何花費？ 是否值得對糧食生產的環境標準花更多錢？	受訪者回答情形： ・耕種為國家生命與經濟重要部分（92%） ・對於提供迷人與管理良好的農村農民扮演重要的角色（87%） ・CAP的經費應從補貼糧食生產移作支持環境與農村發展綱領之用（61%） ・以較高的福祉和環境標準來促成英國生產食物的品質，而支付較多是值得的（88%）
Eurobarometer 針對15個會員國調查16,041位對象 -2002年4月	針對下列各項的歐洲認知為何？ CAP對消費者與農民有何利益可言？ CAP的任務為何？ CAP如何完成其任務？ CAP應如何革新？	調查對象認為CAP應： ・確保你買來吃的食物的安全性（40%） ・確保購買食物的來源地訊息（25%） ・增進對環境的關心（88%） ・改善農村的生活（77%） ・鼓勵農業多樣化（73%） ・改善有機生產的方法（72%） 調查對象認為現在CAP成功的地方： ・增進對環境的關心（41%） ・改善有機生產的方法（37%） ・鼓勵農業多樣化（34%） ・改善農村的生活（31%）

表2-2：農村與農業價值和功能的調查結果（續）

調查者與調查對象	主要議題	主要發現
Eurobarometer 針對15個會員國調查 16,041位對象 -2002年4月		調查對象認為： ‧就CAP的發展而言，從農業生產補貼轉向農村經濟保護與發展是一項非常好的事（62%）

資料來源：Hall et al. 2004: 216-217, Table 2

另外，在英國的一項研究中指出，英國民眾願意以公共預算來支撐森林供作公共利益目標使用的項目順序如下（Mather et al. 2006: 453）：(A)供作野生動植物棲息的場所（72%）；(B)提供拜訪與訪問的好去處（62%）；(C)改善農村景觀（58%）；(D)幫助避免溫室效應及全球暖化（57%）；(E)支持農村區域的經濟（46%）；(F)協助農村的觀光業（42%）；(G)使城鎮周圍發展易於展開（41%）；(H)使所有的社區易於親近森林（40%）；(I)提供騎腳踏車與騎馬的場所（40%）；(J)儲存舊有的產業用地（35%）；(K)使英國減少從國外輸入木材（32%）；(L)提供作鋸木場所與木材工廠（28%）。如前述的研究或調查，在臺灣尚未有系統性的進行。因此，本書在第五章將對臺灣的民眾進行調查分析。

五、後生產論實踐的檢驗

農業後生產論作為一個專門術語、一種政策指導的路線，它的實踐情形，格外受到重視，因此已有許多檢驗，本研究將對這些檢驗作扼要彙整與分析。儘管1980年代中期已經有後生產論的提出，但對於後生產論的實踐或後生產論是否已經達成，迄今仍未有定論，本研究將相關檢驗的主要內容和結論，依據出版年期順序整理如表2-3。

表2-3：後生產論驗證研究彙整

作　者 出版年期	研究區域	主要內容與結論	是（＋） 否（－）
Shucksmith, 1993	Upland, Scotland	1987-1991年間調查300個農場的結構改變及農民家庭的行為。研究發現，雖然政策鼓勵多元經營（後生產論的政策），但是農民的行為是多樣性的，並且普遍不願意向新的法令調適。	－
Ward, 1993	Southwest, England	1991年對60個生產日常農產品的農戶進行調查。這些農戶感覺到，新遷入者或地方居民對他們的農場經營產生壓力；農民感覺到，農村的社會改變已經降低了他們的自主性。這些壓力的產生主要是對農村需求的改變，由糧食生產（生產論）轉變為對空間、休閒與保存（後生產論）的需求。	＋
Ilbery and Bowler, 1998	EU	把生產論走向後生產論歸納為三個兩極政策（參見前述），透過相關數據以耕地過多及休耕、多元生產收入、及對環境財的重視，說明歐盟已經進入後生產論的紀元。	＋
Holloway, 2000	38 English, Scottish and Welsh counties	利用1998年10月的"Smallholder"雜誌對62位讀者所做的問卷結果來分析「小農」形成在農村的意義，並以小農的形成與其經營模式來佐證後生產論已經在一些地區實踐，包括：a.小農拒絕一般的現代農業，而傾向經營具有特殊性的產品，例如有機或富於農村情懷的產品；b.小農也可能透過土地的出售與經營來獲取土地利潤；c.小農不一定以生產為主，有時他們的工作與休閒不可分。	＋
Wilson, 2001	England and Euroup	透過文獻回顧彙整生產論與後生產論在七個面向上的差異（參見前述），並認為後生產論的政策實踐應該是由下而上的行動者導向（actor-oriented）過程。在回顧相關文獻後，作者認為，農民的行為並沒有完全走向後生產論。此外，作者認為後生產論的說法太過以英國為中心，在英國以外的地區，不論在空間上或時間上，後生產論的實踐都有極大的落差。	－
Argent, 2002	Australia	借用Ilbery and Bowler所提的後生產論三個兩極政策─多元化、粗放化與分散化來檢驗澳洲的農地使用情況，以既有的研究及相關統計資料為基礎，作者認為後生產論並不能適用於澳洲，並且主張後生產論的說法流於二元論。	－

表2-3：後生產論驗證研究彙整（續）

作 者 出版年期	研究區域	主要內容與結論	是（＋） 否（－）
Holmes, 2002	Australia	透過對澳洲放牧地在a.經濟走勢、b.社會、經濟及基礎設施政策、c.土地政策與相關法律規範、d.意識形態、行動者及權力關係、e.不同的區域進程等面向的資料檢驗，認為澳洲放牧地的經營在效度與信度上都極符合後生產論的觀念。	＋
Evans et al., 2002	－	透過既有研究和數據資料來檢驗作者們所提的由生產論走向後生產論的五個範疇（參見前述），研究結果認為後生產論不符合現代農村發展趨勢，並認為後生產論在理論上已陷入死胡同（cul-de-sac）。	－
Rigg and Ritchine, 2002	Tailand	一些泰國農村已經適用後生產論，這可以證明後生產論不僅適用於北方的已開發國家，也適用於南方開發中國家。不過，從生產論到後生產論的轉化，在泰國與西方國家之間存在著質上的差異。第一，泰國的農家展現出能夠（且願意）積極地結合前生產、生產與後產論的體系；第二，儘管一些常用的後生產論指標—農村空間的消費、環境NGO的角色逐漸加重、農業的多樣化—亦在泰國的農村中發現，但是這些指標所隱含的意義與北方所設定的可能有所不同。	＋
Walford, 2002、2003	4 countries in south-east England	1998/1999冬天針對Kent、East Sussex、West Sussex及Surrey四個鄉的224個擁有300公頃以上土地的大規模企業農進行問卷調查及訪談，以休耕及環境農業綱領的實踐作為觀察後生產論是否已形成的基準。結過顯示。一方面，固然有一些經營在不妨礙其主要目標下配合新的政策調整，但另一方面，這些大企業農仍然持續的集約化及專業化，以便經由積累及擴張來集中其生產資源。	＋, －
Wilson and Rigg, 2003	Some developling states	透過六項指標（參見前述）的檢驗，作者認為後生產論在論述上有許多問題，並且進一步將生產論／後生產論拿來發展中國家做觀察（包括中國）。結果發現，在發展中國家，生產論與後生產論可以同時並存。最後，結論認為，雖然後生產論的觀念不是不可能引用於發展中的社會，但是不能完全毫不修改的輸入，並認為最好能與發展中社會為基礎發展出來的「去農業化（deagrarianization）」的觀念結合。	＋, －

表2-3：後生產論驗證研究彙整（續）

作者 出版年期	研究區域	主要內容與結論	是（＋） 否（－）
Bradshaw, 2004	Saskatchewan, Canada	以專業化及多樣化來分別代表生產論與後生產論的指標，檢驗1994-2000年加拿大Saskatchewan省的情況，結果發現多樣化的情形並不顯著。但是，作者認為這可能是檢驗的時間過短，以至不能顯示多樣化的趨勢。	－
Wilson, 2004	Australia	以澳洲的土地保護運動（Australian Landcare movement）做為檢驗後生產論的農村治理（post-productivist rural governance）是否已經達成的依據，澳洲的土地保護運動動員了政府、非政府組織、關係人、及草根農民等，旨在做好土地上的環境生態保護，以免地利退化。研究結果顯示，土地保護運動只能描繪一部分後生產論的農村治理特性。因此，作者認為後生產論只是存於學術界心中的理論建構，但不能在真實世界中呈現出來。	－, ＋
Kristensen et al., 2004	Central Jutland, Denmark	對研究地區（面積約5,000公頃）擁有2公頃以上農地的160個農民進行結構式訪談，訪談的問題主要聚焦在1990-1995年間景觀的改變上，然後將訪談獲取之資料進行多變項分析。分析發現，對環境友善的景觀的確增加，包括灌木籬笆、小型林地、輪種的耕地變更為永久的草地。此顯示，土地使用的粗放化，以及由生產論走向後生產論的趨勢。不過這些改變與農民的屬性，如年齡、擁有農場期間的長短等有關。	＋
Burton and Wilson, 2006	Marston Vale of Bedford-shire, England	認為從生產論走向後生產論或多功能性的檢驗可以採用Giddens的結構化理論為基礎，亦即這種改變需獲得總體與個體上的認同。作者認為，走向後生產論或多功能性多為總體運作的結果，缺乏草根個體（農民）是否認同的研究。作者對研究地區的60位農民進行結構式訪談，結果農民對於農業生產具有較高的認同，對環境生態保育及多樣性的認同度均低，此顯示農民在自我觀念（self-concepts）上並不具有後生產論或多功能性的認同。	－

表2-3：後生產論驗證研究彙整（續）

作　者 出版年期	研究區域	主要內容與結論	是（＋） 否（－）
Mather et al., 2006	England	以Ilbery and Bowler（1998）、Wilson（2001）及Evans et al.（2002）等人的生產論與後生產論比較的面向（指標）作為檢驗英國的林地與耕地政策，結果大部分的指標顯示出具有一定的後生產論傾向，特別是在林地政策上。此外，在農戶及一般社會大眾亦多認為林地應具有提供野生動物棲息場所、提供人們休閒的去處、改善農村景觀、避免溫室效應和全球暖化等的功能具優先性，認為林地應作為支撐農村地區經濟功能者相對較少，此顯示出後生產論已獲民眾認同。	＋

依據表2-3相關研究對後生產論實踐的檢驗，可以歸納其結果如下：

1.生產論實踐的檢驗，結果肯定與否定各約占一半，此顯示要論定後生產論已經完全來臨，尚言之過早。但值得注意的是，這些檢驗後生產論所採用的指標、觀察的空間大小、經濟發展狀況、標準的嚴寬（指達到後生產論的門檻，有的需所有指標都達成，有的只需部分達成），有很大的差異。

2.在已發展國家中的檢驗呈現不一致的結果，但意外的是，在發展中國家檢驗的結果卻幾乎肯定後生產論已經存在，只是發展中國家可能是前生產、生產、後生產並存，這一點與已發展國家缺乏前生產的農村有很大的差異。臺灣的情況如何，可藉由對臺灣觀察來驗證。

3.對於某些指標而言，似乎已普遍地走向後生產論（例如國家政策的推動方向及農戶對環境友善的生產行為）；但對某些指標而言，似乎仍屬於生產論的狀態（例如追求最大利潤的生產模式等）。

在長達四十年生產論的支配下，在1980年代，農村發展確實遭遇到了瓶頸，因此一個完全與生產論相反的後生產論農業體制被提出來。後生產論的提出，似乎是基於對農村與農業的想像，以及對當時以現代化為基調的生產論不滿而生。後生產論對於農地與農村的詮釋與影響，以列斐伏爾的三元辯證來看，似乎屬於第二空間的性質的居多，因為它主要由學者從理論角度賦予農村及農業新的角色，因而需要加以檢驗。檢驗的結果顯示出，後生產論固然有它的適用性，但也面臨難以全面適用的困境，不過他卻提供了新自由主義在農村與農業發展上著力的機會，此在下

一章將有更多的說明。在後生產論被提出的稍後，一個著眼於政策導向的新農業體制，在一些國家被開始實踐，此開啟了新農業體制之間的競爭紀元，這個新的農業體制就是「多功能農業」，下一節將詳細介紹之。

第二節　多功能農業

「多功能農業」做為一個專有名詞及新的農業體制，不管在界定、目的功能及政策的落實面向上都有非常不一樣的觀點。不一樣觀點的形成原因歸納起來主要有下列二項：第一，多功能性的提出係基於政策辯護，此使得不同政策主張者之間有非常不一致的論述；第二，多功能性落實為各國農業政策時，各國基於國情的差異，各有不同的詮釋內容及執行手段工具。由於多功能性日益受到重視，研究眾多，加上前述原因，多功能性變得極為錯綜複雜（Garzon 2005; Zander et al. 2007）。本節主要在釐清多功能性形成的背景、意涵、國際之間的爭議及主要國家推動的情形。

一、多功能農業的形成與意涵

本部分討論多功能農業形成的背景及其意涵。

(一)多功能農業的形成

「多功能農業」又稱「多功能性」，在歐洲討論最多，因此一般人常以為多功能性是歐洲的產物。實際上，其受國際層級的認可係在1992年里約熱內盧的永續發展宣言中[6]，稍後1996年世界農糧組織（FAO）的高峰會議進一步強調多功能性的重要性（Garzon 2005: 3; Zander et al. 2007: 1）。多功能性觀念的形成主要在回應大眾對農業與農村地區重大與廣大改變的關懷，例如農業雖然在農村的經濟上仍

---

[6] Groenfeldt（2005: 3）指出，在二十一世紀議程中，多功能性的原始意義係在描述生態友善農業（eco-friendly agriculture）的正面環境利益潛能。

然扮演重要的角色，但其重要性已經降低，社會對農業扮演的角色，另有期待，這些期待包括環境與景觀維護、水管理、洪汜管制、社會照顧及文化承襲等。因此，多功能性被認為是一種新的一統性典範（new unifying paradigm），用以引導符合新社會需求的後現代農業（post-modern agriculture）（van Huylenbroeck et al. 2007: 5-6）。

作為農業政策改革的過程，對於多功能性的討論其實起始於1980年代中期，當時對農業的支持與保護正處於最高峰期，國際農業貿易亦處於最緊張的階段。原因在於1980年代新自由主義（或稱新保守主義）抬頭，積極主張減少政府干預，回歸市場機制及自由貿易（李承嘉及廖本全2005），這一新的趨勢影響到全球農業政策。1986年烏拉圭談判，雖然已經影響到之後的農業政策方向，但更重要的是在1993年，農業重新被整合入關貿總協（GATT），在當年的烏拉圭回合談判的農業協定中，決定了二十世紀的農業改革。這個改革強調，國內農業政策與國際貿易不能分開，除了不妨礙貿易的補貼外，應減少國內補貼，此可被視為新自由主義農業政策（neoliberal agriculture policies）的開端。到了2000年3月，GATT的後繼機構世界貿易組織（WTO）特別成立了農業委員會（Agricultural Committee），以推動農業自由貿易。

歐盟的決策者為了回應前述的貿易自由化及重整東歐農業，早在WTO成立農業委員會之前（1990年代中期），就已開始發表一系列有關於「多功能的『歐洲農業模型』」（multifunctional "European Agricultural Model"）的論述。歐盟農業委員會（EU Agricultural Commissioner）並把多功能性界定為永續農業、糧食質的安全（food safety）、地域平衡與景觀和環境維護之間的接著劑，而此也連帶顧及到發展中國家的糧食量的安全（food security）（Potter and Burney 2002: 36；Hollander 2004: 302；Schmid and Sinabell 2004: 3）。歐洲委員會在其議程2000（Agenda 2000）中特別強調：「歐洲模型與主要競爭對手之間的最基本差異，在於歐洲的多功能農業本質，以及其在經濟和環境、在社會及在農村保存上所具有的角色；因此維持整個歐洲的農業及保護農民的「所得」是有必要的」（轉引自van Huylenbroeck 2003: xii）。至此，多功能性成為歐盟農業政策與農村發展的理念主軸，多功能性亦成為具有固定含義的專有名詞，並且廣受研究、討論與應用。二十世紀末，多功能性在全球化的辭典中，已經被界定為在國內或國際層級上用來做為與新

自由主義農業貿易爭辯與談判的觀念架構及論述策略（Hollander 2004: 302）[7]。

　　自從歐盟將多功能性定為歐盟成員國的農業政策，隨即引發其他國家的跟進，包括日本、南韓、瑞典及瑞士等與歐盟共同形成了「多功能性之友（Friends of Multifunctionality）」，在多邊談判中強調農業生產的「非貿易」觀點。這種主張顯然地影響到農業自由貿易，因此主張農業自由貿易的國家特別是凱因斯集團（Carins Group）[8]、美國等都對多功能性持保留態度，各國對於多功能性的立場特別呈現在WTO非貿易關切事項談判上，各會員國或集團的立場如表2-4所示。

表2-4：農業談判主要會員與集團談判立場

非貿易關切事項 國家	主要會員國或集團談判立場
歐盟	宜考量農業多功能性，並反應到境內支持。
日本、韓國	支持多功能性，並以糧食安全為優先。
美國	相關條文已涵蓋，不需再討論。
凱因斯集團	只有開發中國家可考慮多功能性。
G12[9]	糧食生產（增加農產品出口賺取外匯購買糧食）
印度	糧食安全宜加重視。

資料來源：修改自李舟生（2002）。

---

[7] 但是不只是貿易談判影響農業發展和農業生產體系，還有其他外部與內部改變發生，Durand and van Huylenbroeck（2003: 2-3）將這些改變歸納如下：(1)外部壓力有4項因素：經濟全球化和在供需鏈上新興國家的加入，導致世界經濟的改變；都市化型態和農村生活方式評價的改變、城鄉人口流動方向的反轉、對環境和獨特區域的保護日漸重要，以及消費、飲食習慣、僱傭及其他相關活動的改變；技術改變，包括資訊、通信技術暨生物科技的日漸重要；制度改變，包括CAP持續地改革（農業決策的去中心化、副業日增和農村展略地方化）。(2)內部改變亦有4項：因農業人口以及一般農村人口老化和生產模式及規模的修正所引發的結構改變；基於共同農業政策（CAP）改革及需求改變所引起的不同的農業生產革新；因新技術、自動機器和對經理技術需求日增，促成了農業專業的徹底改變；農糧網絡重組及糧食分配部門的集中化與國際化促成農糧鏈的改變。

[8] 為了促進農業貿易自由化，17個農業輸出國（阿根廷、澳洲、玻利維亞、巴西、智利、加拿大、哥倫比亞、哥斯大黎加、瓜地馬拉、印度尼西亞、馬來西亞、紐西蘭、巴拉圭、菲律賓、南非、泰國及烏拉圭）於1986在澳洲的Carins，組成凱因斯集團（Carins Group），這個集團的農業輸出占全世界總農業輸出額的三分之一（Hollander 2004: 302）。

[9] G12指十二個開發中國家，該集團包括古巴、多明尼克、宏都拉斯、巴基斯坦、印度、奈及利亞、肯亞……等十二個會員國，尤其重視開發中國家的特殊性與差別待遇、發展政策、綠色措施及市場開放（李舟生，2002）。

(二)多功能農業的意涵

　　如前所述，由於認多功能農業（或多功能性）的國家越來越多，加上豐富的論文及政策討論，它的意涵變得多元複雜（Delgado 2003: 28）。因此，何謂多功能性？有各種不同的界定被提出來[10]，而且也還沒有被共同接受的內容[11]，Hagedorn（2004）將多功能性分成八種不同的解釋（如表2-5），從表2-5可以理解多功能性的內涵常因解釋者的動機而定。

　　多功能性雖然未有一致共識的解釋，但是最常被引用的是經濟合作發展組織（OECD）1998年部長會議所做的界定：「除了糧食衣物生產的初級功能之外，農業活動亦可形塑景觀、提供環境利益，例如土地保護、可更新自然資源的永續經營及生物多樣化，以及有益於許多農村地區的社會經濟活力。如果除了其生產糧食衣物的初級功能外，還具有一種或多種功能時，農業就是多功能的。」（轉引自van Huylenbroeck 2007: 6）這種界定好處是簡單，但是過於簡單反而產生可以不同解釋的空間，但是卻無法成為有說服力與可操作的工作性定義。因此，OECD於2001年另外賦予多功能性的工作性定義（working definition），其強調，工作性的界定應符合各成員國已經認可的多功能性核心元素，多功能性的核心元素為：「1.多重商品與非商品產出的存在是由農業聯合產出的；以及2.某些非商品的產出呈現了外部性或公共財的特徵，市場不是無法提供這些財貨，就是提供能力不足。」（OECD 2001: 7）

---

[10] 例如在網站上有專門界定多功能性者：「Multifunctionality: A term used to indicate that agriculture can produce various non-commodity outputs in addition to food and fiber. Non-commodity outputs often mentioned in discussions about multifunctionality include landscape and open space amenities, rural economic viability, domestic food security, prevention of natural hazards, cultural heritage, and preservation of biodiversity.」(http://450.aers.psu.edu/glossary_search.cfm?letter=m) 或者：「Multifunctionality: The notion in agricultural policy that the policy can be used to serve a range of functions, including environmental protection and rural development.」(http://www.oup.com/uk/orc/bin/9780199281954/01student/flashcards/glossary.htm#M)[最後瀏覽日期：2008/01/26]

[11] 個中差異難以有共同的界定，與各國對於所要實施的農業多功能性認知有關，各國認知的差距，主要是因為各國農業特性與於社會環境不同所致。就此而言，統一見解的多功能性似乎無必要（Garzon 2005: 4）。

表2-5：多功能性的主要解釋

	解釋	基礎	動機
1	故事性的多功能性敘述	非基於理論觀念或分析架構	引發對多功能性重要性的注意
2	永續與環境關懷的觀點	非依賴於聯合生產的考慮	分析及強調永續性的重要議題
3	標示許多農業活動的多功能	保護政策合理化的產生	合理化對農民政策的支持與財政補償
4	多功能性在歐盟政策層級的策略應用	共同農業政策（CAP）的觀念、貿易協定與可行性的考慮	整合多功能性在政策決策中的觀點
5	國際間對於多功能性與非貿易關切事項的爭論	國際談判與國際貿易協定的理論	分析貿易自由化與非貿易關切事項之間的衝突，並且提出解決。
6	在農場層級的決策以改善多功能性	個體經濟理論及聯合生產的路徑（包括界定）	發展科學性的聯合生產解釋
7	支持多功能性理性決策的工具設計	關於市場失靈、外部性與公共財的傳統經濟理論	研究如何選擇藉由內部化來增加福利
8	使多功能性運作的制度改變	觀察財產權與治理結構的制度觀念	找出可以達成多功能性的永續性制度

資料來源：Hagedorn 2004: 4, Table 1

　　實際上，對多功能性的重視除了OECD外，還有世界農糧組織（FAO）及歐盟，此可視為探討多功能性的世界三大組織，不過他們的重點觀點並不一致。以OECD與歐盟為例，OECD對多功能性的界定比較偏好環境經濟的面向，在此一偏好下，農業多功能性觀念的假設基礎為，所有的經濟活動除了其主要功能外，還會產生許多功能。據此，農業除了糧食衣物及商品生產外，經常還具有不同的社會、環境及經濟功能，後者即包括了非商品的生產功能，非商品的產出因此是商品產出的副產物。這種仍然強調經濟功能的多功能性，並不為歐盟完全認同，在歐盟比較少強調糧食的生產（商品的產出），反而比較重視資源保育、復甦空間（recovering space）及文化景觀等（非商品的產出）（Wiggering et al. 2005: 6）。

　　多功能性的提出，其最初本為農業利益出發，屬政策導向，缺乏理論基礎，多功能性從規範性界定到工作性界定，其原因即在於給予多功能性理論基礎。在有了工作性界定後，多功能性被學者加以系統化，此一系統化可分為供給面與需求面來做說明。

1. 供給面

供給面的觀點大部分把多功能性界定為單一活動或活動組合的多重聯合產出（multiple joint outputs of an activity or of a combination of activities），聯合產出可以是私有財或公共財、主要或次要財貨，以及有意或無意的生產（by-product）。此一多功能性的界定，可回歸到傳統經濟學家關注的聯合生產（joint production），其意指一項經濟活動的兩產出之間具有固定或準固定的關係，不過在多功能性的聯合產出，產品間的產出比例是可以變動的。多功能性因此被理解為經由投入而有超過一項以上的產品產出，這些產出可能是互補性的（其指其中一項產品增加，另一項產品亦增加），也可能競爭性的（產品之間是替代性的），如圖2-2所示（Durand and van Huylenbroeck 2003: 5；van Huylenbroeck 2007: 8）。

依據OECD的分析，形成上述聯合性的成因一般有三項，分別是在生產過程中的技術互賴（technical interdependencies）、非可分配的投入（non- allocable inputs）及在廠商層次可分配投入（allocable inputs）是固定的。進一步說明如下（OECD 2001: 12；van Huylenbroeck 2007: 9）：

(1) 在生產過程中，技術互賴發生的情況是在不改變投入分配下，一項產出的增加或減少影響到其他產出。其意指，使用於一產出生產所投入的邊際生產力取決於其他產出的多寡。如果一種產品供給增加，其他產品的邊際投入生產力亦增加時，兩產品為技術互補；如果情況相反，則為技術競爭（或替代）。許多負的農業非商品產出（包括土壤侵蝕、化學殘餘及氮溶解等）的本因，溫室氣體排放及動物福利問題亦與生產的技術與生物特性有關；正的效果包括穀物輪種對氮平衡與土壤生產力的影響等。

(2) 如果多重產出得自於相同投入，則非可分配的投入可以在生產中創造聯合性（jointness）。傳統的例子是羊肉與羊毛是聯合取自飼養的羊隻；肉類與糞肥的生產及景觀與特殊生產系統的組合，則為另一個非可分配性投入引發的聯合生產案例。特殊農場經營體系創造出非商品的特殊景觀，經常係由其商品產出而生，雖然這些產出是聯合性的，但是它們甚少固定比例的產出，透過不同的生產方法可以調整其比例。

(3) 在農場層次可分配的投入是固定的，但是在生產過程當中，它可以被分配於不同的產出。一個產出的增加或減少會改變其他供給可獲得的固定因素數量，土地與自有勞動力對農民而言，尤屬重要。短期來說，這些生產因素是可分配的固定因素。

　　不過，上述的區隔經常與實際的情況並不相符，總的聯合性效果經常係因不同資源的組合而定，其相對重要性並不容易評估（Nowicki 2004；van Huylenbroeck 2007: 9）。

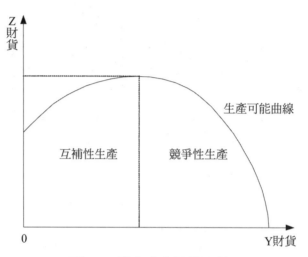

圖2-2：聯合產出間的關係

資料來源：修改自van Huylcnbroeek ct al. 2007: 8 fig. 2

　　除此之外，Piorr et al.（2005）透過圖2-3來呈現，多功能農業的概念，亦即多功能農業包括商品產出及非商品產出：(1)商品產出可以透過一般的市場機制，呈現它的收益；(2)非商品產出，則可進一步分成三種需求的滿足──公共需求、市場與準市場、私人需求，這些可以形成非商品產出的新市場收益。因此，多功能農業總所得應該為(1)及(2)的總合，與生產論只計算商品產出的收益不同。

2. 需求面

　　不同於供給面的觀點，需求面的多功能性源自於社會對農業功能的期望，農業的功能此時被界定為物質或非物質財貨與服務的實際或潛在性供給，這些供給係經由農業部門結構、農業生產過程與農業的空間範疇而得以符合社會期望與滿足社會的需求／需要。需求面的多功能性因此把重點轉變成農業所能提供滿足社會對其期望的價值與功能，基於此，多功能性有二項特性：其一，強調地域鑲嵌性，此把農村區域與消費空間連結在一起；其二，此一路徑的分析單元為土地，即強調土地的功能與價值。其中第一個特性顯示出，在農村空間上，多功能性與後生產論，有

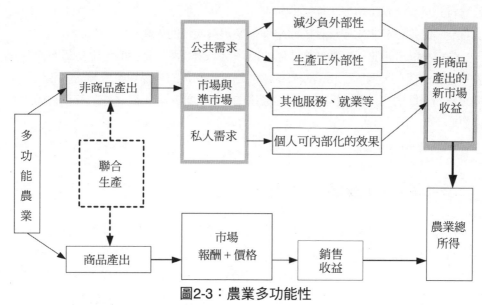

圖2-3：農業多功能性

資料來源：參考Piorr et al. 2007: 169修改

由生產空間轉變為兼具消費空間的共同觀點；第二特性則凸顯多功能性對農地功能與價值的重視，已有許多研究提出不同的功能或價值分類（van Huylenbroeck 2007: 9）：

(1) de Groot et al.從生態系統的觀點提出調節、棲息地、生產與資訊的功能，他們並且指出這些功能有三方面的價值：A.生態價值反應了生態體系的重要性，生態體系是由調節與棲息地功能的完整性及生態參數所決定；B.社會價值涉及教育、文化多元及遺產，因此關係到資訊的功能；C.經濟價值是某人能自市場財貨（其市場價格同於經濟價值）和非市場財貨（基於經濟活動賦予額外價值，此價值間接導致經濟利益）獲得之經濟利益。

(2) Bastian and Schreiber把景觀功能分成三個功能群組：A.生產功能（經濟功能）；B.調解功能（生態功能）；C.社會／人類棲息功能（社會功能）。

(3) Blandford and Boisvert認為，農業多功能性實際上涵蓋了非常廣的貢獻，在土地使用上包括諸如野生動植物棲息地的保護、生物多樣性、景觀寧適性，以及社會貢獻包括如農村社區的活力與糧食安全。

(4) Vatn認為，在功能評估上，量與質二者各自扮演一定的角色。實際上不只

是財貨的呈現（量）重要，產品的水準（質）也一樣重要。例如，景觀上的美學價值可能同時依賴於生物多樣性的水平與生態體系展現的差異。

　　(5) Mollard則進一步建議將外部性區分為二個類型：直接的外部性係來自於有農業生產的存在，例如生物的差異或水的品質；間接的外部性與農業的生產較不明顯，例如景觀的文化價值或農業生態體系的生態功能，除了農民外，其他行動者的參與亦不可忽視。

二、多功能農業的驗證

　　所謂多功能性的驗證是指農業對不同社會價值的實際貢獻，雖然對這方面既有的觀察與研究數量甚多，但並不全面，而且缺乏系統性。其主要原因在於，雖然不乏可應用的方法，但是在估計農業的非市場貢獻上缺乏合用的基礎資料，同時在方法上也相當困難、不方便，而且昂貴。儘管如此，一些研究仍然值得參考。

　　評估農業非商品價值的路徑主要可劃分成兩大類：其一為生態科學上所採取的比較直接的路徑，試圖評估實質結果（例如生物多樣性及寧適品質）；另一種為社會科學的路徑，嘗試估計對人類效用的貢獻，其又可分為直接詢問人們的方式與間接的方式（例如，特徵價格法（hedonic pricing））。在前述二種路徑中，社會科學的方法雖頗受批評，但卻最常被採用（van Huylenbroeck et al. 2007: 16）。這方面的驗證結果van Huylenbroeck et al.（2007: 16-21）已經進行極完善的整理與分類，依據他們的分類，既有的多功能性驗證可分為供給面與需求面，其中需求面又分為經濟功能、社會功能及環境功能的價值，其要點分別如下。

(一)供給面

　　在供給面（多功能性的驗證性路徑）上，（專業）農民從事更多功能活動的驗證不易獲得，主要是因為多功能性的界定甚為複雜所致，也因此在這方面的驗證較少。Van der Ploeg and Roep（2003）把農民經營多樣化分類（例如(1)農業旅遊、農場內部營運活動、自然與景觀的經營；(2)有機耕種、高品質生產與區域生產、或者經由短銷售鏈出售等）後，調查歐洲農民進行差異化經營的情形，結果發現成員國之間的差異極大，例如全英國的農民僅有30%進行多元化經營，德國則高達

59%。Vanslemeulen and van Huylenbroeck（2006）在比利時（布魯塞爾周邊與沿海區域）的研究顯示，全部農民的19%從事某些多樣化的經營，11%則積極從事自然與環境保存。（以上引自van Huylenbroeck et al. 2007: 16-21）

前述的研究也顯示出，農民走向多樣化經營的決定除了與區位及與區域特徵有關外，也與農場和農民本身的特性有關。部分研究顯示，某些農場型態較其他農場更適於走向多功能的活動。儘管如此，供給面的研究雖然與多功能性有關，但他們並未真正衡量出非商品產出所產生的數量，此必須自需求面來衡量。

(二)需求面

需求面雖然分為三種功能，但是他們之間有互相關聯，但是相關研究呈現的仍是個別的價值。

1. 經濟功能

此部分不包括糧食部門所產生的利益，僅聚焦在非商品產出的間接經濟利益，這些利益主要由其他關係人（如農村地區的居民、不動產業、旅遊業）或經紀人（如礦泉水業或其他在宣傳與行銷上利用農村區或印象的公司行號）獲取。驗證農業的存在具有外溢效果的研究，大部分聚焦在不動產和農村旅遊的價值上。

在不動產價值方面，許多研究指出，農業（特別是農業的寧適性）對住宅具有正面影響。這方面的研究大量應用特徵價格法，證明出距離農業開放空間越近的住宅，其價格越高。不過，這些研究結果得到的數據有極大的差異，這些差異與研究的方法、假設條件、研究地區、寧適性的界定、採用的資料不同有關聯。另外一項可以歸納的重要研究結論是，越粗放的農業經營型態對住宅價格的正面影響越顯著；相反的，在一定的距離內，集約經營（例如大型動物養殖場及蘑菇場）的農場對住宅價格有負面影響。

在農業與農村觀光之間的關係上，透過特徵價格法的驗證，農村住宿的價格與農業寧適性有正相關。例如，在以色列農村觀光的總消費剩餘估計10-20%來自於農村美好的景觀（van Huylenbroeck et al. 2007: 16-21）。特別值得重視的是，Chang and Ying（2005）利用條件評估法（CVM）估計，臺灣的民眾願意支付稻米3.57倍的價格，來保存稻田。

2. 社會功能

　　關於社會價值的實證研究大部分集中在農村活力上，一般相信，農業對農村活力與農村區域的復甦有正面貢獻。在這方面的研究不是經由總體衡量國民對農業的期望，就是經由更特殊的條件評估法估計民眾對維護農業的支付意願。這方面大部分的研究結果顯示，受訪者視農業具有提供環境財、文化襲產的功能，並且期待農業能提供糧食質的安全、環境保存、景觀能適性的功能。在美國有許多不同的研究，這些研究顯示，民眾對於農場經營的存在，平均的支付意願在7美元至252美元之間（引自van Huylenbroeck et al. 2007: 16-21）。在臺灣農業襲產價值的估計方面，史印芝（2009）利用CVM估計嘉義縣竹崎鄉紫雲社區的價值，包括當地居民願付價格為每年總計3,902,220元，遊客願付價格估計每年總計為1,179,680元。

3. 環境功能

　　永續農業不僅對經濟價值與社會價有所貢獻，尚可藉由農業生態或農業環境體系的保存提供環境價值，不過在這方面的研究尚不多見。僅有一些研究顯示，農業的集約化對外部性和生物多樣性有負面影響，以及減少農業對景觀和農業生態體系有不良影響。此外，有研究顯示，多功能性農業有益於解決碳化物隔離、洪氾管控；及水的涵養問題（de Groot and Hein 2007）。另外，依據李承嘉等人（2010）的估計，臺灣新北市與花蓮縣的受訪者，對於水梯田保育之願付價格平均值為321元，願付價格之中位數為265元；平均保育每公頃水梯田可能創造的效益，分別約為新北市748萬元與花蓮縣42萬元。

　　前述的研究顯示，農業對社會福利及農村維護都有正面貢獻。其中值得特別注意的是，集約與大規模生產體系對非商品生產的貢獻小於粗放和小規模的經營模式。

三、各國的農業（地）功能

　　在國際上，已有許多國家公開表態支持農業具有多功能性，並且加以落實，這些區域或國家包括歐盟諸國、瑞士、挪威、日本、中國大陸、韓國⋯⋯等。在前述已經提到過，在多功能農業中，農業究竟應有哪一些功能，並不具有放諸四海皆準的一致性，因此各個國家所實際執行的策略與方向，係依各國本身自然環境、文化背景及民眾認知加以訂定（參閱陳怡婷2008），現行各區域或國家賦予的農業功能如表2-6。

表2-6：多功能農業擁護國的農業功能認定與立場

地區或國家	農業多功能性內涵	非貿易關切事項
歐盟	◎永續發展 ◎環境保護 ◎農村地區維護 ◎貧困減少	◎食品安全性 ◎消費者關心（食品標示） ◎愛護動物
日本	◎國土保護 ◎水源涵養 ◎自然環境保護 ◎良好景觀形塑 ◎文化傳承 ◎保健休養 ◎地方社會維護與活化 ◎糧食安全保障	
中國（大陸）	◎糧食安全保障 ◎農村就業保障 ◎社會福利保障 ◎貧困消除 ◎文化傳承 ◎景觀維護	
瑞士	◎農村地區振興 ◎貧困減少 ◎天然資源永續利用 ◎環境保護（包括生物多樣性） ◎地方社會維護 ◎食品安全保障	◎地理標示 ◎食品標示 ◎食品安全性（包含預防原則） ◎動物權保護
挪威	◎農村地區振興 ◎糧食安全保障 ◎文化遺產 ◎農業景觀 ◎生物多樣性 ◎國土保安 ◎高水準的動植物衛生	
韓國	◎糧食安全保障 ◎環境保護 ◎農村地區振興	

資料來源：作山巧2006:14及本研究整理

　　由表2-6可以知道，各國或區域基於發展程度不同、文化傳統差異及農業條件不同等，各自提出符合自己國家農業發展需要的多功能性，此一方面顯示多功能性的多面性，另一方面也顯示多功能性具有區域獨特性，亦正可以突顯農業多功能性的「多功能」特質。但無論如何，這些國家提出多功能性的基本目的，都在保護本國農業及農民的利益。臺灣農業或農地應該有哪一些功能？將在第四章及第五章進一步探討。又，如果臺灣的農業需要新的出路，他國農業或農地功能的認定與實踐，值得我國參考。對於多功能農業的國外的實踐案例，將於第六章選擇瑞士作為介紹案例。

經由前一章的介紹，對後生產論與多功能性的形成與內涵等已有所了解，不過這二者之間的關係如何？以及我國在農業（地）政策上是否已有所轉向？將在本章進一步觀察。本章分為二節，第一節為新體制之間的競爭和連結的討論，第二節則觀察我國農業（地）政策的發展趨勢。

第一節　後生產論及多功能性之競爭與連結

後生產論與多功能性為對應生產論體制的產物，它們之間有何關係？此處所謂的關係是指，二者之間是競爭或互補。由於它們內容有所不同，最重要的是他們各有支持者，因此引發後生產論與多功能性之間的競爭。這項競爭主要的立足點為，何者的主張較能解釋轉型後的農業體制，國際上的研究多所爭論。大體而言，既有的研究大部分都將它們放在對立的位置來討論。不過，本研究認為它們之間存在有連結的可能，但亦有本質上的差異。本節除了回顧它們之間的競爭論點之外，並嘗試提出它們可能連結與差別的論點。

一、競爭的論點

後生產論與多功能性競爭的觀點，主要內容為何者較能呈現農村（或農業）的新體制，以下摘述不同論點於後。

(一)多功能性較優的觀點

由於後生產論的內容不一致，涵蓋的面向亦廣（參見第二章第一節），因此容易失焦，特別是在檢驗後生產論實踐的時候（參閱李承嘉2007），這使得後生產論的適用性產生爭議。這些驗證結果的爭議包括：(1)在空間上，就單以歐洲來看，北歐地區的大部分國家可能已進入後生產論、但在地中海地區的國家、西班牙及葡萄牙等仍然屬生產論。不但如此，在一些地區（例如巴黎盆地、荷蘭及以前東德的一些地區）甚至可稱為「超生產論的」（super-productivist），因為這些地區的農業生產仍然持續的密集化（Wilson 2001: 91-93）；(2)從經濟發展的角度來看，一般來說已開發地區或許已進入後生產論，但在發展中國家有些地區甚至還在前生產論（pre-productivsm）時期，但更重要的是，發展國家經常是前生產論、生產論與後生產論並存（Wilson and Rigg 2003: 698），這些似乎說明後生產論不能正確且清楚地描述現代農村及農業的特性。

由於在實踐層面上，後生產論無法清楚正確地再現農村，因此論者主張以多功能性來取代後生產論（Wilson 2001: 94；Holmes 2002: 381）。採取多功能性取代後生產論的主要原因是，既然現在的農村呈現多元面貌，這些多元面貌主要是指農村同時具有生產、消費及環境保護等的功能，因此多功能性較能適切地描述農村事實狀態。Holmes（2006: 145）認為，多功能性不僅精確、簡潔及普遍地把現在農村轉化觀念化，而且可以避免附加字首「後」的歷史性的短視（historicist myopia），勿須解釋前現代的多功能性，多功能性即可以便利地加以使用。Wilson（2001: 95）則指出，生產論與後生產論的轉化，太過突顯直線的二元對立改變，它所遭遇的問題就如生產方式上的福特主義與後福特主義一樣多，如果能採取多功能性來取代後生產論，將可使生產論與後生產論多元面向共存的事實獲得精確的再現。其次，多功能性可以給行動者或行動者群體去反思（類似反思現代性的觀點）他們本身究竟身處在生產論／後生產論的領域化光譜（the spectrum of productivism/post-productivism territorialization）中的那個位置上。

以後生產論作為描寫1990年以後農村的改變，除了前兩項問題之外，還有它在理論支撐上的爭議。Evans et al.（2002）認為，後生產論在理論上是一條死胡同（cul de sac）或錯誤的絕路（false blind alley），因為後生產論與生產論之間存在著社會組織二元理論化的問題（Wilson 2001: 95）。更重要的是，在後生產論所涵

蓋的廣泛不同面向中，都已有理論論述[1]被應用在農業的研究中，這些論述都可以用來改正後生產論的二元主義，甚至補足後生產論所忽略的議題。

(二)後生產論較優的觀點

相較於前述對於後生產論的批評，Mather et al.（2006: 441, 452）則認為，雖然後生產論一語的使用過於寬鬆，但並不因此就應予放棄。特別是他對於以多功能性來取代後生產論的論點，頗不以為然。其理由有四項：第一，多功能性永遠只顧及農業單一面向，此將持續地忽略其他農村的土地使用，特別是當部門之間的圍籬逐漸消失的時候，這會是一項很大的遺憾；第二，多功能性現在不能避免與貿易談判連結在一起，在此方面它已經有特別的意涵被發展出來；第三，儘管現在多功能性作為一個專門術語很時髦，但是這個觀念早就被建立起來，而且它含有前現代的農業與林業性格，因此在模糊性上，多功能性並沒有比後生產論改善多少；第四，多功能性並未能傳達現在農村遠離物質生產的內涵，而這正是後生產論的特徵。

二、互為連結的論點

前述二者互為競爭的觀點，使得在決定新農業體制的時候只能在後生產論與多功能性間二擇一。因此，部分學者認為這樣的觀點過度將二者的內容對立化，其中Burton and Wilson（2006: 95-97）和van Huylenbroeck et al.（2007: 7）進一步主張，後生產論與多功能性之間具有承繼關係。亦即，全球的農業政策係由生產論，到後生產論，再到多功能性，它們的承繼關係如圖3-1所示。不過，Brokhaug and Rich

---

[1] 這些被應用的理論包括：(1)調節理論（regulation theory）關注的是治理機制、經濟力與社會連帶，這些主要聚焦在農糧部門不均衡（包括空間與時間）發展上；(2)行動者網絡理論（actor-network-theory）指出，應該把自然因素納入農業理論的論述中，並且直接挑戰後生產論的二元論點；(3)文化知識的觀點（culturally informed perspectives）雖然在農業變遷上還不是有調理的理論，但是在語言、意義與再現的真實構成（institution of reality）與真實知識（knowledge of reality）上卻具有高度的反思性；(4)生態的現代化（ecological modernization）保留生產的中心性，但是承認生產關係與變動在市場上的不穩定性；承認經濟活動持續地引發環境傷害，但也呈現解決方法，例如以永續發展替代成長、預防重於治療、污染等於無效率、視環境調節與經濟成長為互利的、運用市場力量來維護下一代的權利（以上Evans et al. 2002: 326-327）。

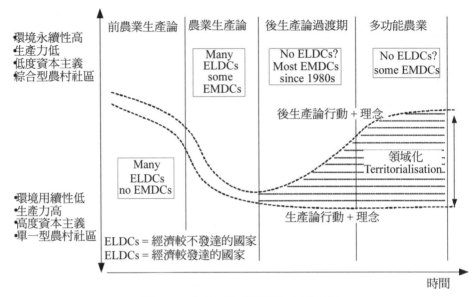

圖3-1：農業體制變遷與空間差異

資料來源：Wilson 2001: 89

ards（2008: 97-99）認為，這種看法還需要檢驗。上述對於後生產論與多功能性的比較討論，似乎目的多在爭論何者具有正統性，或者何者具有代表當下農業政策的正當性，結果導致二者必然互斥的結果。如果拋開正統性與正當性爭議的討論，另從二者異同的分析著手，或可得到不同的結論，以下從二者的形成及其預計達到的目標來進行比較。

(一)形成過程

此處所謂形成過程是指：「後生產論或多功能性的概念如何被提出來？」有關這方面的陳述，在第二章後生產論與多功能性形成背景中已經提到，此處僅稍加整理比較。

1. 後生產論的形成過程

後生產論基本上是研究者觀察農村功能改變所引起，農村功能的改變起源於大

眾認知的改變，或者說是孔恩（Thomas Kuhn）所指的群眾世界觀的改變[2]。因此，Mather et al.（2006: 451）將它視為一種典範轉移（paradigm shifts）。群眾對農村認知的改變，與城鄉發展策略及其發展結果有關。對於農村認知的改變影響到農村發展與農業政策，同時影響到大眾的行動，此促成了後生產論。「後生產論」也反映了後現代主義的思潮，揚棄了現代主義所崇尚理性的經濟決定論，走向多元主義。在此一情況下，賦予農村多元的功能與價值，應不難理解。

　　由於以認知改變為發想點，後生產論對成為一種「應然」。因此，即須對後生產論是否形成作檢驗，其檢驗的方式有二：其一，以不同地區或國家的農村與農業政策走向或實踐，來驗證後生產論是否取代了生產論；其二，以民眾（或行動者）是否具有後生產論所述的農村認知，來判定後生產論的正確性（參閱李承嘉2007）。

　　最後，由於後生產論關心的農村功能與價值，並將其重點放在檢討農村不應僅有生產功能，而是還有消費的功能。因此，其問題意識起自於農村能提供什麼樣的功能或服務。

2. 多功能性的形成過程

　　如前所述，多功能性最早正式的提出在1992年的地球高峰會議中，不過它成為普遍的農業政策概念，則起於部分國家（特別是歐盟及部分非農業產輸出國）對於過度強調自由貿易的憂慮。為了保護國內農業及農村的發展，並作為農產品貿易談判的籌碼，非農業輸出國引用了多功能性的概念，強調農業本身所產出的不僅是糧食衣物等商品，還有許多非商品的功能。對於農業非商品的產出進行補貼，並不影響農業商品的市場機制及破壞自由貿易的精神。由於與農產品輸出國之間的貿易衝突，多功能性的主張經常被質疑為農業保護主義（Garzon 2005；Potter and Tilzey 2005），也突顯了多功能性的形成係以農業政策辯護為起始點。亦即，它是為了解決某些國家或地區的農業問題（因自由貿易引起），而提出的對策。因此，某種程度而言，可以被視為問題導向的政策形成過程。這與後生產論係因民眾世界觀的改變而產生，有所不同。

　　由於多功能性的提出係以問題為導向，其關切的內容在於策略上如何落實多功能性、如何評估多功能性的價值，以及多功能性理論基礎的建立，這也是多功能性

---

[2] 此處是指群眾對農村認知的改變。

有不同的分析架構、評價方法被提出的原因。據此看來，多功能性一開始即認定農業應具有不同的功能與價值，只是如何去找出分析架構和精確地估計其價值，因此多功能性可認為是農業政策上的「實然」。

最後，農業多功能性提出的用意，主要係在農產品銷售模式上獲得反轉的機會。亦即，在新保守主義的自由貿易大纛下，為農業保護另尋出路，再從福利經濟學的聯合產出觀念建立起自己的理論基礎，並因此而回溯到關心農業能夠提供的價值與功能上。這一點與後生產論有很大的差別，它的差別是後生產論是從農業提供的功能價值著手，多功能性則以農業產出的貿易模式為起始點。

(二)預計達到目標

此處所謂預計達到目標是指：「後生產論或多功能性在其各自理念下想要達成的農業發展目標。」關於二者的目標，若回顧前述關於後生產論與多功能性的介紹，可以非常清楚地梳理出二者在目標上，具有相當的一致性。這個一致性就是要在大眾認知與國家政策執行上，建立起農業的多元價值與多種功能特徵。以下比較二者的目標：

1.在後生產論的目標方面，回到前述本研究對於後生產論的內容包括：A.對環境生態的重視超越以往；B.從糧食生產為主轉為與其他生產甚至消費並重；C.即使糧食生產仍然非常重要，但是對質的重視逐漸取代對量的重視。

2.在多功能性目標方面，以最常被引用OECD的界定為例：「除了糧食衣物生產的初級功能，農業活動亦可形塑景觀、提供環境利益，例如土地保護、可更新自然資源的永續經營及生物多樣會，以及有益於許多農村地區的社會經濟活力。如果除了其生產糧食衣物的初級功能外，還具有一種或多種功能，此時農業就是多功能的。」

比較二者的內容，儘管對於農業的價值與功能見解未盡一致，但可以確定後生產論與多功能性的目標均在賦予農業多元價值，以超越生產論下的單一功能──糧食衣物生產。後生產論與多功能性在目標上的一致性，使得它們二者之間不一定非互斥不可，這是因為：

1.在形成方面，從認知面感受到農業體制的改變，認為受第二次世界大戰後生產論影響，農業經營被束縛在糧食生產及採取福特式的生產模式，已經不能滿足

社會對農業及農村新的需求，這些需求包括生產（或經濟）之外的消費及服務的提供。相對於後生產論從農業經營認知著手，多功能性則係基於反對新自由主義所倡導農產品自由貿易而起，並為了要使多功能性具有理論基礎，重新界定農業功能的多元性[3]。雖然在起始點上後生產論與多功能性不同，但它們反對生產論下的某些農業體制則為一致[4]。

2.在目標（或目的）方面，後生產論與多功能性都試圖賦予農業多元價值與功能，包括商品價值及非商品價值；生產功能、消費功能及環境生態功能等。由於非商品價值及公共財功能非屬非市場所能衡量及提供，因此主張農業保護、補貼等措施仍屬必要，這又回到農業福利國的基礎上。既然後生產論與多功能性都強調農業的價值與功能，則農業價值與功能就成為新農業體制的核心問題。

雖然，後生產論與多功能性在反對農業生產論上及論述農業目標上具有一致性，不過在政略的本質上，二者仍有本質上的差異。這種差異主要來自對新自由主意的回應態度與方法，後生產論選擇的是服膺，多功能性採取的是對抗。在圖3-2中，首先將農業分為經營模式及貿易模式，不過這兩個模式是互相影響的。在農業經營模式下，首先為生產論，其次是後生產論。在生產論之下，先後分別產生了三種貿易模式——農業福利國、新自由主義及多功能性。後生產論的農業經營模式，則產生了新自由主義的貿易模式。如果回到後生產論與多功能性的關係上，可以發現，後生產論與多功能性都是接踵生產論而來的農業體制論述，不過後生產論側重在農業經營模式，多功能性則側重在農業貿易模式，它們論述及要解決的問題重點不同。後生產論在經營模式上與生產論對立，強調後福特式的經營方式、彈性多元，以及獨特性，最好將農業由原來的「生產性格」，轉變為具有更多的「消費性格」（在空間上，即把農村由生產轉變為消費的空間），不過在貿易模式上則仍服膺於新自由主義。多功能性在經營模式上，仍然主張農業的生產（生產論），但是強調，在生產過程中可以產生其他附帶價值，特別是環境生態的價值；同時，在貿易模式上，為了反對新自由主義，而有回到農業重商主義的傾向，因此而主張對農業進行補貼（但補貼對象為非貿易事項部分）。如果簡要歸納它們的影響，可以概要的說，後生產論所產生的影響為把農業轉變為消費性格或農村成為消費空間；多

---

[3] 不過許多研究認為，將自然的使用價值商品化是高度複雜、專斷與不可靠的程序，以此種策略來保護公共財，實際上是更方便新自由主義實現其霸權（McCarthy 2005: 779）。
[4] 特別是過度強調農業生產為唯一功能及農產品貿易自由化。

功能性的影響則在維護農業補貼措施的正當性。總體而言，後生產論將促成農村仕紳化（這一部分將在第十章處理），多功能性則技巧性地繼續維護農業的生產。至於我國農業政策走勢的情況如何，則在下一節討論。

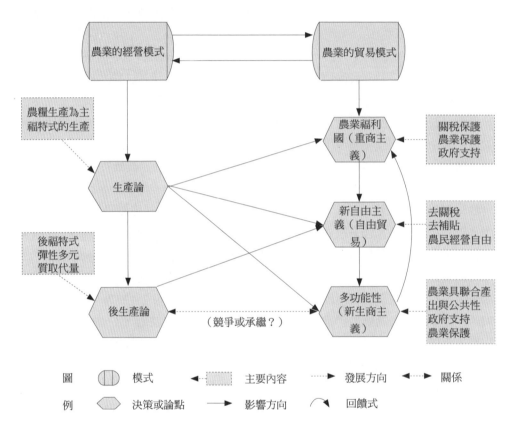

圖3-2：後生產論與多功能性的關係

第二節　臺灣農業（地）政策走向

這一節主要觀察第二次世界大戰後，臺灣農業政策的內容及其與本書所述後生產論與多功能性（以下或合稱為新農業體制）之間連結的狀況。這一方面的觀察，

可以從回顧國家採取的政策走勢著手。不過在觀察國家農地政策走向之前，須先界定本研究的觀察指標，才能據以評斷臺灣農業政策與國際農業政策走勢的關聯性。

一、後生產論與多功能性的政策檢驗指標

　　前文整理的後生產論與多功能性內容或有不一致，二者在回應新自由主義的態度亦有所差別，但要建立農業多元功能的想法則一致。因此，藉用後生產論指標概念與多功能性的內涵，來歸納出其共通的趨勢與觀點，以檢驗我國農業政策所在的光譜，仍有必要。所謂共通的趨勢與觀點，主要是指前述有關後生產論內容指標及多功能性中所論的政策內容的交集部分，這些交集代表的是大多數研究者及國家執行政策的時候的共同觀點，它們作為後生產論及多功能性的指標內容爭議將較少。歸納起來這些交集有三個——粗放化、多樣化及注重環境生態[5]——互有關聯的面向，表3-1為這些交集的整理結果。

　　在一般研究中，表3-1的三個面向均認為屬後生產論與多功能性的特徵，而且這三個面向互有關聯。因為，隨著糧食生產過剩及環境意識的抬頭，原先以生產最大量糧食為目標的土地利用方式產生改變，改變的方向有三：第一，減少資本與勞力的投入，使每一單位土地的糧食產量降低；第二，未減少資本與勞力投入，但資本與勞力的投入主要在提升農產品的質，而不是量；第三，直接將原先供作生產糧食的土地改為其他用途使用。第一項改變，減少資本與勞力的投入不只意味著粗放化，而且還可減少對土地的破壞與污染，因此有環境與生態的保護作用。第二項改變，在提升農產品的品質上，雖然資本與勞力的投入未見減少，但因為強調糧食安全，對環境與生態有害的投入（如化學肥料與殺蟲劑）亦因此減少，此亦對環境生態的維護保存有利。第三項改變，土地利用種類的改變，除了減少糧食生產的土地面積之外，主要促成了土地利用多元性（多功能性）的實踐，同時原先供生產使用的土地，也可能改做環境生態用地，因此與環境生態地保護亦有關聯。

　　上述三項土地利用方式面向的改變，顯現在具體政策措施上，歸納起來約略包括：

---

[5] 有關於生產型態的分散（只經營單位的細分）亦屬重要的指標，不過這項指標僅適合於原先農場大規模經營的國家，臺灣的農場經營規模已經過度細分，此一指標應不適用於臺灣，因此未列入指標。

表3-1：後生產論與多功能性的指標

面　向	粗放化	多樣化	注重質與環境生態
內　容	放棄以集約化來達到產量極大化的農業生產方式，反而以減少資本與勞力的投入為訴求。	農業不再以生產農糧為主，還包括供作其他消費性的使用，諸如旅遊、休閒、文化保存，甚至是環境生態維護之用。	打破農業當作追求經濟成長工具的迷思，環境生態友善的永續農業，以及提高產品「質」的觀念，逐漸超過對「量」的重視。
相關研究主張（後生產論）	1.Ilbery and Bowler主張從集約到粗放； 2.Wilson在農業生產面的粗放化； 3.Evans等人關注到粗放化及永續農場經營； 4.Wilson and Rigg在政策改變的面向上注意到粗放化的趨勢。	1.Ilbery and Bowler論及從專業化轉變為多樣化； 2.Wilson在農業生產上關注到多樣化與多元化； 3.Evans等人強調多元性成長為後生產論的五大範疇之一； 4.Wilson and Rigg在鄉村消費面向上提到農業經營多元化，並且提出農場多元性活動的面向。	1.Ilbery and Bowler在其粗放化的轉向中論及此對減少環境污染及自然棲息地的復原有極大作用； 2.Wilson在其所提出的七個面向中，都與環境生態有關； 3.Evans等人除了提到永續農場經營外，還強調環境管制面向； 4.Wilson and Rigg強調環境非政府組織進入決策圈的重要性，以及鄉村土地的環境功能。
（多功能性）	5.大部分研究及國家推動的政策都把粗放化當作實踐多功能性的手段。	5.OECD認為農業本身具有聯合生產的特性，多功能性並具有多元經營的本質。 6.各國界定多功能性幾乎都把農業經營多元化視為此項政策的行動核心。	5.歐盟農業委員會將永續農業與糧食質的安全（food safety）視為多功能性的一環。 6.OECD將多功能性視為提高糧食品質與環境維護的政策指導。
具體政策措施	1.獎勵地農休耕及植林； 2.農地規劃做環境生態保育用地等。	1.廢除（或減少）農產品保價收購； 2.降低糧食產量； 3.農地轉作； 4.休閒農場興起。	1.鼓勵有機生產； 2.推動生產履歷； 3.農地規劃做環境生態保育用地； 4.以及其他環境友善的措施。

(一)粗放化面向：

　　1.獎勵農地休耕及植林；

　　2.農地規劃做環境生態保育用地等。

(二)多元化面向：

　　1.廢除（或減少）農產品保價收購；

　　2.降低糧食產量；

　　3.農地轉作；

　　4.各種休閒觀光農場興起。

(三)注重環境與生態：

　　1.鼓勵有機生產；

　　2.推動生產履歷；

　　3.農地規劃做環境生態保育用地；

　　4.其他環境友善的措施。

根據上述政策措施，以下將檢視臺灣在農業（農地）政策上的轉變。

二、臺灣農業（地）政策的轉變

　　由於農地政策可視為總體農業政策的一環，當農業政策轉變時，農地政策亦隨之調整。此即從觀察整體農業政策轉變中，亦可獲得農地政策轉變資訊，因此於後續觀察中未將農地政策從農業政策中分離出來討論。不論農地或農業政策轉變的研究，經常透過政策分期的方式，來突顯每一時期的重點。有關農地與農業政策的分期，經常因研究需要與觀點不同而有不同，以下簡要回顧有關研究的分期，作為分析後生產論農業政策轉變的基礎。

　　(一)廖正宏、黃俊傑與蕭新煌（1986）認為，1953至1972年的20年間，臺灣農業政策係以「發展榨取」為特徵[6]。為了改善戰後引起的諸多農業問題，政府宣布從1972年起二年內撥出20億元，作為加速農村建設及農業發展的經費，同年並頒布「加速農村建設九大措施」。這項「新農業政策」被認為是，「代表了光復以來臺灣農業政策從過去的『擠壓』逐漸走向『平衡』的一種努力。」（廖正宏、黃俊傑與蕭新煌1986: 11）。基本上，這種「榨取」的觀點連結了臺灣戰後總體經濟發展策略，在此觀點劃分下，研究發現：A.中央民意代表與省級民意代表對農業政策

---

[6] 「發展榨取」指的是，「從政策上採取措施來促進臺灣農業生產量的提高，以製造人力及物業的「剩餘」，並將此種「剩餘」轉移到非農業部門」（廖正宏、黃俊傑與蕭新煌1986: 6）。

議題關心程度的差異性；B.農業政策引領農業的現代化；C.農業現代化的過程具有高度的政治性；D.農業現代化使農業與農村由同質走向異質，或由「一元化」走向「多元化」；E.農業由傳統走向現代化並非直線而是曲線式的。

(二)廖正宏與黃俊傑（1992）：為了研究戰後臺灣農民價值取向轉變，作者將臺灣戰後農民的農業意識變遷分為兩期：第一期從1950年至1972年，主要觀察的是農地改革後，農民對農業的看法；第二期從1972年9月起，政府實施「加速農村建設九大措施」後，農業危機日益加深時，農民對農業的看法。這個研究以「加速農村建設九大措施」的頒布作為劃分農業政策轉折點，是因為作者們採取廖正宏、黃俊傑與蕭新煌（1986）的見解，以農業政策是否擠壓農民為依據。在這種分期下，研究結果呈現出：戰後農地改革的實施，塑造了農民的農業意識的基本面貌，其最為突出的是，農民對土地的強烈認同感及以務農為生活方式的心態。此時，土地為農民生死以之安生立命之所在，農業則為農民生活的目的；但是，到了1970年以後，此種「神聖性」已為「世俗性」所取代，農業只是一種謀生的手段，土地亦逐漸商品化。

(三)吳田泉（1993）在臺灣農業史的研究中，把戰後（1945年）到1990年的臺灣農業總稱為「工業化時期的農業」，在這時期又分成：A.1945-1953年的重建期；B.1954-1967年的成長期；C.1968-1980年的衰退期；D.1981-1990年的變革期。這樣的劃分主要以農業生產所得及面對問題為分期的切入點，如果稍加整理可將其粗略分為二期，即1945-1967年臺灣農業基本上著重的如何促使戰後農業的復甦與成長；到了1968年以後，臺灣農業開始步入衰退期，農民所得偏低，臺灣農業的重心由增加生產轉變為提高農民收益。

(四)殷章甫（1983）依據農地政策的功能將戰後農地政策分為第一階段農地改革與第二階段土地改革，第一階段農地改革指的是1949年至1982年，農地政策的主要功能為農地產權的重分配。第二階段農地改革為1982年以後，農地政策的功能只在促進農地利用，其措施包括：A.提供擴大農場經營規模之購地貸款；B.推行共同、委託及合作經營；C.加速辦理農地重劃；D.加強推行農業機械化等。

(五)與殷章甫約略相同，毛育剛（1996）將1949年以後的臺灣農地政策大致分成「農地改革：實現耕者有其田」及「農地政策之再出發：邁向地盡其利」二個時期，第一期重點為農地改革及其成果的維護，期間自1949年至1972年。自1973年起即邁入第二期，因為這一年政府頒布了農業發展條例，之後農地變更使用管制法制化（1974年區域計畫法頒布）、1982年推動第二階段農地改革、1993年廢止實施耕

者有其田條例、及1995年的農地釋出方案等，都屬於第二期的促進農地利用政策範疇。

(六)行政院農業委員會（1995）以農業扮演的角色，將臺灣農業政策分成五個階段[7]：A.充裕軍糈民食階段（1944-1952年）：主要在增加糧食產，促進經濟發展；B.農業培養工業階段（1953-1968年）：提供產品、勞力、資本、外匯以及市場等貢獻，促進經濟起飛；C.農工並重階段（1969-1981年）：積極開發外銷新產品，維持農業成長；D.革新調整階段（1982-1991年）：環保意識抬頭、農民運動興起，對內調整生產結構，對外增強維護環境功能；E.邁向三生事業階段（1992-1997年）：農業生產、農民生活及農村生態兼籌並顧，均衡發展。由於此為國家農業主管機關所為之農業政策分期，在國家農業政策上或許可以較充分代表國家農業政策的走向與目的。在此一分期中，臺灣農業政策有較多的變遷，並在第五階段提到農業政策的多層面向，亦即農業除了生產以外，還須顧及農民生活及環境生態等，這在之前的臺灣農業及農地政策分期中，都未出現。三生事業的提出，似乎有使臺灣農業政策脫離純粹農糧生產的思維，這樣的走勢潛藏著新農業體制形成契機。

前述對於臺灣農業政策及農地政策分期研究的回顧雖然不完全，但已經勾畫出，1990年以前臺灣的農業（農地）政策基本上仍然透過產權分配、基礎設施興建、產業結構改善、現代化的科技利用等方式，以促進農糧生產、提高農民所得及改善農村生活環境等[8]，這些正式生產論的寫照。另外，根據廖正宏、黃俊傑與蕭新煌（1986）與廖正宏及黃俊傑（1992）的研究，民眾對於農地與農業價值的認知，在1980年代已經轉變，這種轉變基本上可以看作是從傳統走向現代化的觀念，其與生產論的農業與農地政策似乎形成緊密的連動關係。亦即，在1990年以前，不只在政府的政策上以生產論為主軸，農民的價值觀亦適應了生產論的主張。因此可以說，政府的政策（結構）與農民的價值觀（行動者）都傾向生產論的情形下，臺灣1990年以前農業（農地）政策主受生產論支配，應無疑義。臺灣戰後整個農業策的轉變如圖3-3所示，現在的關鍵是，後生產論或多功能性是否如前述農業與農地政策分期所歸納，在1990年以後逐漸浮現？以下進一步分析之。

---

[7] 廖安定（2001）也有類似的分期方式，參閱農業委員會網站http://www.coa.gov.tw/view.php?catid=3860 [最後瀏覽日期:2007/3/27]

[8] 參閱余玉賢（主編）（1975）及余玉賢先生紀念及論文集編輯委員會（？），在此兩本論集中，匯集了重要的臺灣農業政策與問題著述，從這些著述中，亦可以發現臺灣農業政策及農地政策的發展方向。

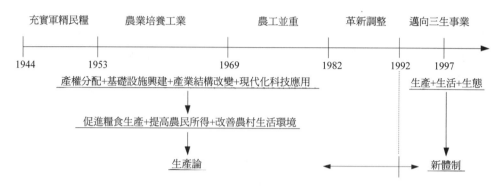

圖3-3：台灣戰後農業（地）政策變遷

三、1990年以後臺灣農業（地）政策

　　在進一步討論1990年以後臺灣農業政策之前，先約略回顧1990以前的政策目標與施政，藉用行政院農業委員會（1995: 27）的整理（如表3-2），可以快速的理解這些施政的內容大意。從表3-2的分期中可以發現，在第四期（1991年）以前，臺灣的農業政策主要為透過各種手段來提高農產品（特別是糧食）的生產量及農民所得。農產品產量提高及農民所得提高原本有因果關係，但是在低糧價政策及美國壓力下，從美國進口大量穀物，使得臺灣農糧產量雖然提高，但是農民所得卻未提升（吳田泉1993: 389），因此在1984年推動了「稻田轉作」，不過稻米轉作可以看作是國際政治壓力下的產物，與多功能性或後生產論無關。由此看來，在1990年以前，臺灣農業及農地政策所執行的可以算是典型的生產論。

　　臺灣農業政策三生事業的提出，起始於1991年的「農業綜合調整方案」（1992-1997年）。之後陸續提出了有連貫性的方案及計畫，包括1995年的「農業政策白皮書」、1997年的「跨世紀農業建設方案」（1997-2001年）、2001年的「邁向二十一世紀的農業新方案」（2001-2004年）、2005年的「中程施政計畫」（2005-2008年）及2008年「健康、效率、永續」的全民農業方針等。這些具延續性的農業政策，大都以農業三生為基調，只是在這些不同的方案及計畫中，對農業三生有不同的體驗與實踐措施。

表3-2：行政院農業委員會之臺灣農業政策分期

階段與年期	總策略或目標	政策目標	重要農業施政
第一階段（1945-1952）	充裕軍糈民糧	1.改善農民生活。 2.增加糧食及重議作物生產。 3.發展人民潛力、建設地方、奠定富強民主中國之基礎。	1.實施耕地三七五減租（1949） 2.肥料換穀制度（1950） 3.實施公地放領（1951）
第二階段（1953-1968）	農業培養工業	1.促進糧食自足、改善國民營養。 2.擴展出口貿易，提高農民所得。 3.支持工業發展，提供充裕原料。	1.實施耕者有其田（1953） 2.隨賦收購稻穀（1954） 3.創辦統一農貸（1961）
第三階段（1969-1981）	農工並重	1.加強農業生產，提高運銷效率。 2.增加農業利潤，提高農民所得。 3.加強治災防洪，合理利用水土資源。	1.農業政策檢討綱要（1969） 2.加速農業機械化方案（1970） 3.制定農業發展條例（1973） 4.設置糧食平準基金（1974） 5.稻米保價收購制度（1974） 6.加強農村建設重要措施(1974-1979) 7.提高農民所得加強農村建設方案（1980-1982） 8.全面推動基層建設方案（1981-1982）
第四階段（1982-1991）	革新調整	1.提高農民所得，縮短農民與非農民所得差距。 2.維持農業適度成長，確保糧食供應安全。 3.改善農村環境，增進農民福利。	1.加強基層建設提高農民所得方案（1983-1985） 2.推動稻米轉作（1984） 3.改善農業結構提高農民所得方案（1986-1991） 4.開放大宗穀物進口（1986-1991）
第五階段（1992-1997）	邁向三生事業	1.調整產業結構，提升國產品市場競爭力。 2.改善農村生活品質，增進農民福利。 3.維護生態環境，確保農業資源永續利用。	·農業綜合調整方案（1992-1997）

資料來源：依據行政院農業委員會（1995: 27）修改

(一)「農業綜合調整方案」

　　「農業綜合調整方案」係為延續且取代「改善農業結構提高農民所得方案」（1986-1991年），之前的推動之農業建設方案，雖係以提高農民所得、促進農業生產及改善農村環境為目標（行政院農業委員會1991: 4-5）。但是，在這些方案中，提高農民所得以實質所得之增加為主，促進農業生產以量之增加為主，改善農村環境主要在改善農業實質生產環境，特別是在農村環境改善上，編列之預算多在執行農地重劃、產業道路、防風林營造、河海堤整建等實質環境之整建，對於環境生態保存維護作為甚少（行政院農業委員會1991:19）。在1991年提出的「農業綜合調整方案」中，為落實農業三生事業[9]共提出十大策略，其中第九項「整體規劃農村社區，重建農村文化，提升生活素質」，以及第十項「加強自然生態及資源保育，防治公害污染，改善農業生產環境」，占了1992-1997年執行本方案總預算的五分之二以上（223,640百萬元/512,640百萬元）（行政院農業委員會1991: 49）。在第九項策略中，並且有促進休閒農業及充實農村文化的作為；在第十項的策略中，共有五項措施，其中僅一項與實質環境改善有關，其他四項均與生態保育、環境保護和維護產品衛生安全有關，在這裡面包括推動有機農業（行政院農業委員會1991: 28-31）。這些似乎顯示，後生產論與多功能性的政策行動已經在臺灣農業體制中展開[10]。

　　上述「農業綜合調整方案」政策內容，一方面影響了之後的農業政策走向，之後推出的農業政策基本上都未脫離農業三生的主軸。但是，另一方面，之後的農業政策對於三生的內容多有所調整修補，顯示「農業綜合調整方案」只是臺灣農業政策轉折的起始點，特別是在走向後生產論與多功能性的政策方面，「農業綜合調整方案」的政策內容還相當模糊。所以，之後的相關農業政策仍須加以觀察。

---

[9] 在該方案中強調，農業是「三生」一體的事業，兼具生產性、生活性及生態性。達成三生一體的政策目標為：
　(1)提高農業勞動素質，增進農地利用效率，調整產業結構，增加農產品附加價值，降低農業產銷成本，提升市場競爭力。
　(2)增進農民福利，提升農村精神文化，改善農村生活品質，縮短城鄉生活差距，實現均富理想。
　(3)確保農業資源永續利用，調和農業與環境關係，維護農業生態環境，豐富綠色資源，發揮農業休閒旅遊功能。

[10] 除了「農業綜合調整方案」之外，國家另推行「農地造林運動」，雖然輔導農地造林的對象頗受限制，但是農地轉為具有水土資源及生態保育功能之使用（獎勵農地造林要點第一點），已經展開。

(二)「農業政策白皮書」

在「農業綜合調整方案」（1991年7月至1997年6月）之後，接續的國家農業政策指導應為「跨世紀農業建設方案」（1997年7月至2001年6月），但是在1995年行政院農業委員會提出了「農業政策白皮書」，從政策背景、問題陳述，引導出至2000年之施政目標與發展策略。此一政策白皮書，可以視為另一項國家農業政策的依據，它與二年後的「跨世紀農業建設方案」雖有重複，但亦有互相輔助的效果。

「農業政策白皮書」的長期農業政策總體目標有三項：「提高農業經營效率，強化國產品市場競爭力」、「加強農村建設，增進農民福祉」及「維護環境資源，促進生態合諧」（行政院農業委員會1995: 26）。這三項政策總體目標，雖然在用語上與1991年「農業綜合調整方案」的總體目標有所差異，但其意涵並無不同，強調的仍然是「三生」的概念。不過，在「農業政策白皮書」中有更多農業非生產價值的強調[11]，且在政策措施上更傾向於後生產論與多功能性，其最具特色的部分包括下列三項：

1.在農業政策白皮書的第二篇「產業政策」中，具有更多環境生態友善及提高產品品質的政策目標，特別是在「農作」政策的調整，涵蓋了：(A)減少保價收購的範圍及減少糧食生產面積，並且對調減之稻作及雜糧面積，輔導種植綠肥、造林及改良土壤等，給予適當補貼；(B)規劃良質米適栽區，擴大良質米產銷，2000年良質米市占率達30%以上；(C)開發地區性高品質之鮮食雜糧及其新興加工產品；(D)改善水旱田輪作制度，維護農地力（行政院農業委員會1995: 34-35）。此外，在「林業」政策部分，則顯著的把林業從木材的提供功能轉為環境保育和休閒的功能為主（行政院農業委員會1995: 37-38）。上述的政策調整，在農林業的部分，已經顯現出十足的新農業體制傾向。

2.農業政策白皮書特別列出第四篇「農地政策」，此顯示政策白皮書對農地的重視，並列出農地政策之重要目標三項：(A)維護優良農地資源，確保農業之糧食生產、開放空間、環境綠化及自然生態保育功能；(B)促進農地流通，擴大經營規模，增進農場經營效率；(C)健全農地轉用制度，提升整體土地利用效率，並維護

---

[11] 在「農業政策白皮書」的序中，當時的主任委員孫明賢指出：「民國八十二年，農業生產占國內生產毛額之比例為3.5%，與工商業比較，其經濟貢獻相對降低，但農業之非經濟性功能，如保障糧食安全、提供開闊的生活空間與綠色景觀以及促進生態平衡等，則非其他產業所能替代，其貢獻度亦難以一般價值觀量化。」這時候，已經指出了農地的多功能性觀念，但可惜的是，在之後實際實踐上，並沒有比較具體的做法。

農地所有人之合理利益。這三項農地政策目標，雖然仍然流於擴大經營規模及效率，但已經提出農地多元功能性質，並且將之置於三個目標之首。

　　3.農業政策白皮書另列出第五篇「資源管理政策」，強調未來資源管理之政策目標包括三項：(A)促進農業水資源合理分配，提高用水效率；(B)強化國土保安，維護公共安全；(C)確保生物資源之永續利用。在這裡面，彰顯農地在循環系統中的功能，以及重視農林地對其他物種生存的重要性，此屬於一項重大突破。

(三)「跨世紀農業建設方案」

　　「跨世紀農業建設方案」顧名思義，其方案的推動期間從二十世紀到二十一世紀（1997-2001年），或許之前的「農業政策白皮書」已經列出主要的農業政策方向，「跨世紀農業建設方案」延續的性格多於創新，因此並未充分顯示其具有「跨世紀」重要性，而且在政策目標的字面用語上，完全看不出超越三生並重[12]的思維。雖然如此，有兩項措施與新農業體制關係密切。其一，「水旱田利用調整計畫」，開啟了臺灣耕地大規模休耕的紀元[13]（行政院農業委員會1997: 11）；其二，透過各種品質管制的方法，建立消費者對本土農業信心與支持（行政院農業委員會1997: 19）。前者代表的是新農業體制的土地利用的粗放化，後者代表的是新農業體制主張中從量轉為質的全面重視。

(四)「邁向二十一世紀農業新方案」

　　由於政府會計年度自2001年1月起改為歷年制，原2001年6月底屆期之「跨世紀農業建設方案」提前於2000年年底結束，「邁向二十一世紀農業新方案」即為接續「跨世紀農業建設方案」之農業政策藍本（2001-2004年適用）。在「邁向二十一世紀農業新方案」的摘要中提到，本方案係建構於「新」的農業價值觀，以

---

[12] 「跨世紀農業建設方案」的三項政策目標為：(一)發展現代化的農業：追求「效率」與「安定」；(二)建設富麗農漁村：追求「富裕」與「自然」；(三)增進農漁民福祉：追求「信心」與「尊嚴」。方案之特性與重點則有五：(一)整合性的農業施政規劃；(二)以直接給付取代價格補貼；(三)強調效率與安定並重；(四)兼顧農民與消費者福祉；(五)維繫農業與生態合諧。在這些訴求下，全案包括12項策略，54項重要措施（行政院農業委員會1997）。

[13] 雖然自1984年起推動稻田轉作及休耕，但是較大規模的休耕（超過10萬公頃）要到1998年以後才逐漸達成。以後，休耕面積躍升，到了2004年休耕面積更超過20萬公頃（農業委員會1995:13及徐世榮等2005: 3-12）。

發揮農業之多元功能。不過，在整個方案中並沒有發現太多新的農業價值觀[14]，因為「邁向二十一世紀農業新方案」仍然秉持生產、生活、生態均衡發展的「三生農業」觀，以實踐「永續發展的綠色產業」、「尊嚴活力的農民生活」及「萬物共榮的生態環境」（行政院農業委員會2001）。雖然如此，在三生的均衡發展的理念下，「邁向二十一世紀農業新方案」似乎有更重視環境生態的傾向，因為在實踐三生中，不只在「萬物共榮的生態環境」一項涉及環境生態，在「永續發展的綠色產業」與「尊嚴活力的農民生活」當中，亦隱含著環境生態保護的意念與實踐。特別是下列兩項，使臺灣農業政策更具有後生產論與多功能性的味道：

1.「設立各種自然保護區，確保本土生物物種及其棲息地完整，維持本土生物多樣性及維持生態系統之平衡。」提供動植物的棲息地及維持生物多樣性，是後生產論中拋棄「生產」為農業唯一價值的主要著力點。

2.擴大造林，並且預計完成新植造林28,000公頃。因此，行政院農業委員會推出6年為期的「平地造林政策」，預定6年造林總面積25,100公頃（包括台糖公司2萬公頃及地方政府5,100公頃）[15]，平地造林與粗放化（休耕政策）和維護生態環境關係密切，這二者都是新農業體制的觀念主軸。

(五)「中程施政計畫（2005-2008年）」及「新農業運動—臺灣農業亮起來」

「中程施政計畫（2005-2008年）」可以視為是在「邁向二十一世紀農業新方案」屆期後的後續國家4年農業政策指引，但是這次並未賦予主題。不過這次未賦予主題的例外，卻是很容易解釋，因為「中程施政計畫（2005-2008年）」確實看不出它的主題傾向，幾乎所有的策略與措施都是沿襲自過去的方案，這從其四個優先發展課題：「確保糧食安全、提升產業競爭力」、「再造農村社區，增進農民福祉」、「加強國土保安，維護生態環境」及「擴大對外農業合作，拓展農業發展空間」內涵中獲得說明。但是2006年提出的「新農業運動—臺灣農業亮起來」，卻有一些新構想，由於其涵蓋在「中程施政計畫（2005-2008年）」期程，因此列入本

---

[14] 指的是2000年民進黨取代國民黨所組成的新政府，因此在方案中把陳水扁總統的「國家藍圖—農業政策篇」、當時的「中長程公共建設計畫」、「知識經濟發展方案」納入方案的政策目標中（行政院農業委員會2001）。

[15] 平地造林所預期完成面積遠較1991年提出的農地造林（1992-1996年）完成的面積（6805公頃），以及1997全民造林運動（1997-2002年）中公私林農牧用地完成造林面積（10299.53公頃）來得多（林國慶2003），顯見此時對於農牧地轉用之殷切。

期討論。

　　「新農業運動—臺灣農業亮起來」除了秉持「三生」並重的基本理念以外，另外加入「三力」——「創力農業」、「活力農業」及「魅力農村」，作為推動策略的「構面」。新農業運動提出的新措施包括「生產履歷」、「環境補貼」及「休耕農地發展生質能源」與後生產論的實踐關係密切，「生產履歷」的推動主要目的在保障農產品的「質」，「環境補貼」及「休耕農地發展生質能源」[16]則對農地使用符合環境友善的條件具正面意義。

(六)「健康、效率、永續經營」的全民農業（2008-？）

　　2008年總統大選結果中國國民黨勝選，5月20日新政府上任。在農業政策上，由於剛上任，提出了「健康、效率、永續經營」的全民農業方針，此為新政府的農業政策主軸。「健康、效率、永續經營」的全民農業涵蓋五大觀照面，包括對農民—利潤、效率、好福利；對消費者—新鮮、品質、食健康；對環境—景觀、節能、保永續；對子孫—淨土、市場、高科技；對全世界—責任、和諧、高綠能（陳武雄2008）。這些主張，基本上仍然延續三生農業的框架，因為健康對應的是生活、效率對應的是生產、永續經營對應的為生態。值得加以注意且與農地有關的最新措施是，預計至101年完成3萬公頃平地造林（綠色造林計畫）。其次為推動「小地主大佃農」擴大經營規模的農地政策，這些都值得期待[17]。不過，新政府的整個農業政策仍然對於農地部分的處理相對輕忽，選前提到的更注重直接補貼（陳武雄2008），這一部分為國外實施新農業體制的主要工具（參見瑞士農地法制直接支付部分），在新的農業政策細部規劃中，並沒有被突顯出來。如果在農業政策中沒有辦法提出好的農地政策和有說服力及有效的補貼政策，很難想像農業、農村及農民（三農）賴以為基礎的農地可以被保存下來，也很難想像沒有立足之地的三農能夠永續發展。除此之外，讓人憂心的是「農村再生」的實施。農村再生是一項經由國家資本（農村再生基金），誘導民間資本及人力回流農村的措施，但因為缺少農產業發展的配套措施，結果很可能只使農村再一次的淪為建設開發的空間，並且進而危害農業環境及農地的合理利用（詳細分析請參見第十二章第一節）。顯然地，新

---

[16] 在歐洲，休耕政策產生很大的環境正面效果，但在臺灣休耕政策，卻帶來一些環境上的負效果（徐世榮等人2005: 2-2）。

[17] 參見農業委員會網站最新公告（97年7月25日）：http://www.coa.gov.tw/show_news.php?cat=show_news&serial=coa_diamond_20080725100732

政府並沒有從1990年代中期（農地開放自由買賣開始）到2008年中，因國家對於農地政策的妥協與輕忽，以致今日三農遭到更多困境中，獲取歷史的教訓，而有更積極地為保護農地的圖謀。

四、新農業體制在臺灣走勢的分析

前述透過國家重要的農業政策計畫或方案，說明臺灣在1992年以後逐漸走向後生產論與多功能性，因為每一階段都有一些新農業體制的措施。以下進一步整理分析這些措施，並與前述本研究歸納的新農業體制指標內容（表3-1）相對照（如表3-3），以便更清楚地描繪後生產論與多功能性的構成趨勢。

表3-3將1992年以後臺灣農業重要政策分成年期、政策基本理念與後生產論有關之措施，以及與新農業體制指標的關係進行簡要整理，臺灣的農業政策基本上每4到5年進行調整一次，但中間如有特別需要，也可能另外提出其他的方案或計畫。這樣固定期間提出農業政策，對臺灣農業政策轉變的分析極為便利。從本研究整理的內容來看，1992年起的「農業三生事業」可以看作是新農業體制在臺灣出發的起始點，之後相關農業政策的基本理念，幾乎都以此為核心，但是在三生的關注點及關心的層次，卻有不同。

(一)在基本理念方面，1992年雖然提出「三生事業」，但在整個農業發展策略上，生產的觀念仍然非常濃厚，生活及生態的部分還是屬於次要；但之後對農業非生產價值逐漸受重視，以及強調環境生態的重要性，最後在生產及生活面都融入了生態觀。

(二)在與後生產論與多功能性有關的措施上，所採取的措施逐漸由少變多[18]，且層面也逐漸擴大，例如1992年主要的三項措施，實際上範圍都甚小，到了1995年的農業政策白皮書中，就擴大到糧食生產面積的縮小及林地多功能的強調。1997年以後有兩個趨勢極為明顯：A.大規模的休耕運動和全面品質管制，顯示後生產論與多功能性的政策實踐面極速擴大；B.2001年對動植物棲息地與生物多樣性的重視，顯示關懷層面擴大到非人類以外的層面，2005年以後推動生產履歷、擴大環境補貼

---

[18] 表3-3中與後生產論與多功能性有關的措施，看起來每一期程的措施並未增加，但是實際上的情況是，前一期提出的措施，並非於下一期即中止，而是延續地加以執行居多。亦即，表3-3每一期程所列的措施，是當期提出的主要的或新的措施。

表3-3：臺灣1992年以後農業政策與新農業體制的關連

政策名稱與期程	基本理念	與新農業體制有關之措施	新農業體制指標的項目
農業綜合調整方案（1992-1997）	提出農業為三生事業	1.促進休閒農業 2.充實農村文化 3.推動有機農業	◎多樣化 ◎注重質與環境生態
農業政策白皮書（1995-？）	延續三生事業，但更強調農業非生產價值	1.縮減保價收購範圍 2.減少糧食生產面積 3.擴大良質米產銷 4.強調林地的休閒與環境功能	◎多樣化 ◎注重質與環境生態
跨世紀農業建設方案（1997-2001）	延續三生事業及農業政策白皮書的策略	1.大規模休耕政策 2.全面農產品品質管控	◎粗放化 ◎注重質與環境生態
邁向廿一世紀的農業新方案（2001-2004）	延續三生事業，但更重視環境生態	1.提供動植物棲息地及維持生物多樣性 2.擴大平地造林	◎注重質與環境生態 ◎粗放化
中程施政計畫（2005-2008）及新農業運動（2006-2008）	延續三生事業，另提出「三力」為推動策略的構面	1.積極推動生產履歷 2.擴大環境補貼 3.休耕地發展生質能源	◎注重質與環境生態 ◎粗放化 ◎多樣化
「健康、效率、永續經營」的全民農業方針（2008-？）	基本上仍為三生農業政策的延伸	1.擴大平地造林 2.注重生產品質 3.農村生活品質改善	◎注重質與環境生態 ◎粗放化 ◎多樣化

及發展生質能源，突顯的是後生產論與多功能性政策措施的細緻化與複雜化。

　　(三)在與後生產論與多功能性指標的關係上，臺灣1992年以後的相關農業政策措施，前期著重的屬於生產論與多功能性中的「多樣化」和「注重質與環境生態」；1997年以後，才對「粗放化」有較多的重視。之所以如此，或許與農民對於土地利用的觀念與行為有關，因為一般農民（特別是年長的農民）習慣充分利用土地，對於土地荒廢有較多不捨所致[19]。

　　上述的趨勢如圖3-4所示，圖3-4顯示出臺灣後生產論與多功能性的形成，具有漸進性，2005年之後已經與新農業體制逐漸接軌。後生產論與多功能性在國家政策

---

[19] 這部分屬本章臆測，還需要進一步論證。

的強烈主導下，已經在臺灣展開，這或許可以說明，後生產論與多功能性的形成都具有很強烈的由上而下（國家介入）的色彩（Wilson 2004）。不過，新體制的落實與農業（地）功能的選擇和民眾的認知關係極為密切，這一部分的調查研究，將在後續二章中介紹。

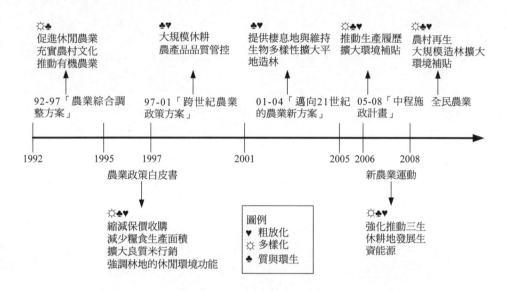

圖3-4：1992年之後台灣農業政策邁向新體制趨勢

在新農業體制下，農業究竟應該具有哪些功能？成為推動新農業體制必須解決的問題。依據觀察顯示，各國對於農業的功能具有不同的界定（作山巧2006），不同地區的民眾對農業應有功能的期待，亦有差異（Hall et al. 2004）。這充分顯示出，新體制下的農業功能實際上是由各國或各地區自行依據需要決定（Hagedorn 2004；Wiggering et al. 2005）。

前一章分析我國農業（地）的走勢顯示，我國從1990年開始，政府提出了三生農業的概念，就觀念而言，可以視為是對新農業體制的正面回應（李承嘉2007）。不過，我國農業究竟應有哪一些功能，目前不論在國家法令或學術研究上都還沒有清楚的定位，相關研究亦不多見。因此，本章透過專家學者問卷來找出適合我國的農地功能及合適的農地使用方式。由於農業（地）功能的決定牽涉到空間層次及研究方法的問題，因此在第一節先就這兩方面加以討論，第二節再進行合適我國農地功能與使用方案的探討。

第一節　多功能性的觀念路徑與研究方法

如前所述，多功能性指的是農業政策，但在實踐此一農業政策上，卻存有不同的路徑觀點。以下說明這些路徑，並把重點放在本書強調的農地使用路徑與功能上。

---

* 本章曾經以「多功能農業體制下的農地功能與利用方案選擇」為題，發表於「臺灣土地研究」，第12卷第2期，頁135-162，但經略加修改。感謝麗敏、怡婷、玉真、逸之協助問卷調查與整理。

一、多功能性的觀念路徑

在前述需求面多功能性意涵的介紹中（第二章第二節），已經將多功能性和農地的使用價值與功能產生連結，此意味著農地使用與多功能性實踐關係非常密切。實際上，多功能性的研究有非常多元的觀點，著重的角度各有不同。Renting et al.（2009）在回顧多功能性的相關研究之後，以分析路徑為基礎，將多功能性分成四種觀念路徑（conceptual approaches），這種觀念路徑的區分，主要在說明用何種方法來達成多功能性：

(一)市場調節路徑（market regulation approaches）

此一路徑與前述OECD用以解釋及達成多功能性的觀點一致，其採取經濟學的供給面向來解釋多功能性，並且試圖透過治理機制來建構農業非商品產出的市場，亦即將非商品市場與商品市場脫鉤，以免市場扭曲效果對商品市場的影響。

(二)土地使用路徑（land-use approaches）

此涉及農業多功能性與農村地區的空間議題，景觀、生態、地理、土地使用規劃與部分區域經濟，都屬於這一路徑。此一路徑關心的為區域空間的土地使用，區域土地使用的決策通常為整體性的層級，因此很少由農民或社區決定。

(三)行動者導向路徑（actor-oriented approaches）

此一路徑把多功能性的中心焦點放在農場層級，特別是聚焦在多功能性農業實踐時的行動者決策過程上。採用此一路徑的學科主要為農村社會學、農業經濟及部分自然學科，研究的重點為農場如何調適其經營方式，才能符合多功能的農業政策。

(四)公共調節路徑（public regulation approaches）

此一路經的主要關注點在於機關制度上，亦即在促進多功能性及監測多功能性對社會、經濟及環境的衝擊上所應扮演的角色。採取此一路徑的主要為政治學、社會學及經濟學者，他們認為，提供公共財為現代國家的主要責任之一。

上述第二種路徑的重點即以農地使用為主，認為農地使用為達成多功能性的重要元素，此與本研究觀點一致。因此，研究聚焦在與空間有關的土地使用上。多功能性的土地使用路徑必須面對空間層級的問題，也就是不同空間層級下的多功能性運作與決策問題。在這方面，Wilson（2009）認為，多功能性最終會是一種地域呈現（territorial expression），也就是不同的行動者（actors）與群體（groups）會嘗試在特定的空間範疇中採用其特定的多功能策略，Wilson並且將多功能性依據空間規模的尺度區分成農場（farm）、農村社區（rural community）、區域（regional）、國家（national）與全球（global）等五個空間層級來討論。按照Wilson的分析，除了全球層級之外，其他四個空間層級對於多功能性都扮演一定的角色，也各有其限制，全球以下的四個空間層級必須互相整合，多功能性才能落實。概括而言，各層級的作用與關係約略如下：

1.國家層級的多功能性屬於政策形塑（policy formulation）的決策層級，並且扮演解釋多功能性社會意涵的角色，它具有指導一個國家多功能性實踐的策略意義。

2.農場層級的多功能性屬於基層實踐的要件，若多功能性不能鑲嵌（embedded）於農場或地方，多功能性只有形式意義。只有在農場層級實踐多功能性，一個國家的多功能性才真正落實。

3.從國家層級的政策性多功能性到農場層級的實踐性多功能性，則須依靠中間層級（社區與區域）多功能性的媒合。要言之，中間層級的多功能性具有承上啟下的功能，並且調和區域內各種功能，使區域內的農業產出滿足各方的需要。

本節的研究空間範疇以臺灣為主，屬於國家層級的多功能性，國家層級的土地使用多功能性，具有界定土地使用功能（農地的功能）與提出策略的任務，此亦為本節的研究重點。

二、農地功能選擇的原理及研究方法

本部分主要在提出合適臺灣農地的功能與使用方案，本研究以第二章第二節對討論的多功能性為基礎，首先簡要說明農地功能選擇的基本原理及本研究採用的方法——AHP。

(一)農地功能選擇的原理

　　引用上述農業多功能性供給面的解釋，農地提供的商品與非商品的合組合通常與商品和非商品的相對價格、生產的聯合程度、及生產技術條件有關，亦即它們決定了農地的生產可能曲線（production possibility curve, PPC），曲線上的每一點代表不同的商品與非商品組合。農地生產可能曲線型式可以圖4-1表示，設縱軸表示非商品產出（NCO）的數量，橫軸表示商品產出（CO）的數量，圖4-1(a)及(b)的粗曲線代表二類生產可能曲線：(a)表示當非商品產出增加，則商品產出減少，此類生產可曲線的特殊情況是一條由左上往右下傾斜的直線（圖4-1(a)中的粗虛直線）。圖4-1(b)則表示非商品產出增加，商品產出亦增加的情況。

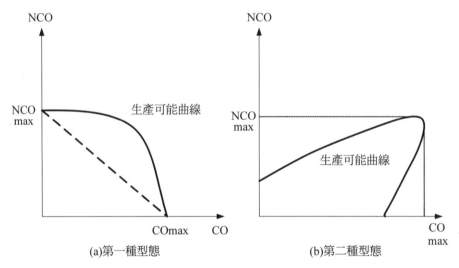

圖4-1：農地生產可能曲線的類型

資料來源：修改自Wiggering et al. 2006: 243 Fig. 2

　　生產可能曲線代表在客觀條件下農地產出的可能組合，如果也可以知道社會對農地產出的需求，即可經由無差異曲線（indifference curve）的分析技術決定農地的最適商品與非商品生產組合（Harvey 1996）。如圖4-2所示，假定農地生產可能曲線（粗曲線EF）為圖4-1的第一種型態，在既定的條件下，社會不同的團體對生產商品與非商品有不同的需求，以消費者無差異曲線表示。引用Zander and Kachele（1999）的說法，假設兩種團體——環境保育團體及物質導向團體——的偏好不

同，其無差異曲線分別如圖4-2所示（EI表環保團體的無差異曲線；MI表物質導向團體的無差異曲線），各該無差異曲線與生產可能曲線相切點，即為各團體偏好下的最適商品與非商品產出組合，A點表示環保團體期盼的最適農業產出，B點表示物質導向團體期盼的最適農業產出。進一步假設，可以透過協商達成社會共識，整合不同團體偏好的結果得到社會無差異曲線（SI），其與生產可能曲線切點C即為社會期盼下的最適產出組合。如果將上述的分析，轉換成實際的土地使用方式來解釋，在A點的土地使用方式假定為有機的生產方式，B點的土地使用方式則為追求商品利益極大化的生產方式，本研究稱為競爭生產方式。在透過協商方式達到的社會最佳組合點C上，則表示有些為有機生產方式，有些為競爭生產方式；或者減少有害環境的生產投入，但亦非純粹的有機生產方式。

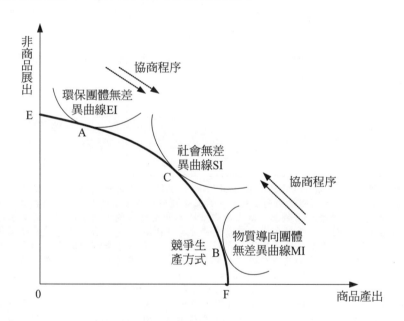

圖4-2：商品與非商品產出的最適組合

資料來源：依據Zander and Kächele 1999: 316, Fig. 2 and Fig. 3修改

(二)本研究的方法

前述的分析雖然在理論上可以得到多功能性下最佳的農地使用方式，以及符

合社會需要的農地功能——商品與非商品的最適產出組合，不過在實際操作上極
為複雜，通常需要極多基礎資料，加以社會的需求不易求取（Schmid and Sinabell
2004；Zander and Kachele 1999），通常採取其他的替代的方法。因此，Tiwari et
al.（1999）及Parra-Lopez et al.（2008）以分析層級程序法（AHP）來評估區域層
級農地使用方案，得到可信的成果。除此之外，本研究的範疇為國家層級的農地功
能與農地使用方案，屬於國家層級的政策抉擇，而且對於農地價值與農地使用方案
尚待釐清及選擇，應適合採取AHP[1]。因為，AHP的應用主要在探討與解決人類多
元公共決策上的兩大問題，其一為認知不清（所欲了解問題及解決辦法為何）；其
二為認知不同（當參與決策及規劃，評估者對解決辦法有不同看法時，要如何達成
共識）。對多功能性農業體制下的農地功能與使用選擇，實際上隱含上述公共決策
的選擇問題，本研究採用AHP法，可以將多功能農業體制下農地功能與使用的問題
精簡化，逐步分解多個層級中之影響要素，以比率尺度（Ratio Scale）透過專家問
卷進行各準則間重要程度的成對比較，以評估每一階層相對權重，而得到合適方案
的排序，以作為國家農地使用方案決策的參考。

---

[1] 分析層級程序法（Analytical Hierarchical Process, AHP）係由Saaty（1980）創用的一套決策
方法，主要用在龐大繁雜的問題系統中。其主要運用在不確定情況下及具有數個評估標準的
決策問題或非常複雜的問題上，簡化為明確的元素階層系統，而後以問卷由專家評估之，
計算各階層元素對上一階層元素之貢獻或優先率（Priority），再將此結果依據階層結構加
以計算，求得次一階層各元素對上一階層的權重值，以供方案選擇的參考。基本上，AHP
法是將複雜且無結構化的情況分割成數個組成成分，安排這些成分或變數為階層次序，將
問題層級化後採用兩兩配對比較（pair wise comparison）方式，找出各決策和屬性間相對重
要性的比值，以求估出各層級中決策評屬性的權重（weight）（馮正民與林楨家2000）。進
行AHP時的基本假設條件有下列九項（鄧振源與曾國雄1989:7-9）包括：1.單個系統或問題
可被分解成許多被評比的種類（Classes）或成分（Components），形成有向網路的層級結
構；2.層級結構中，每一層級的要素均假設具獨立性（Independence）；3.每一層級內的要
素，可以用上一層級內的某些或所有的要素作為評準，進行評估；4.比較評估時，可將絕對
數值尺度轉換成比例尺度（Ratio Scale）；5.成對比較（Pairwise Comparison）後，矩陣倒數
對稱於主對角線，可用正倒值矩陣（Positive Reciprocal matrix）處理；6.偏好關係滿足遞移
性（Transitivity）。不僅優劣關係滿足遞移性（A優於B，B優於C，則A優於C），同時強度
關係也滿足遞移性（A優於B兩倍，B優於C三倍，則A優於C六倍）；7.但完全具遞移性不容
易，因此容許不具遞移性的存在，但必須測試其一致性（Consistency）的程度，藉以測試不
一致性的程度若干；8.要素的優勢比重，係經由加權法則（Weighting Principle）求得；9.任
何要素只要出現在階層結構中，不論其優勢程度是如何小，都被認為與整個評估結構有關，
而並非檢核階層結構的獨立性。

第二節　AHP的調查與結果分析

本節首先說明AHP操作過程，包括層級結構、因素定義、問卷發放與回收，接著進行結果分析。

一、AHP的調查說明

關於AHP的操作，請參閱鄧振源與曾國雄（1989、1989a）、馮正民與林楨家（2000）及Saaty（1980）。以下說明本研究的層級結構、因素定義、問卷發放與回收等。

(一)層級結構

本研究的層級分析結構，第一層級為最終目標「多功能性下的最適農地使用策略」，其次依據前一章介紹的農地功能分類，另參考相關文獻（Zander et al. 2007；Brokhaug and Richards 2008），將農業多功能轉化為三項「農地主功能」（主評估因素），建構出檢視落實農地功能的第二層級標的；接著經由文本分析方式（Abler 2005；Randell 2007；Wiggering et al. 2006），整理出13項「農地次功能」（評估次因子），並依據13項「農地次功能」的屬性與上一層級「農地主功能」建立直接關聯性，成為第三層級；最後，從7項「農地使用方案」中評估合適多功能性的農地使用方案，7項「農地使用方案」為第四層級，前述層級結構如圖4-3所示。

上述層級結構的第三層級（13項「農地次功能」）與第四層級（7項「農地使用方案」）之間的各因素並不是都具有關聯性，經由文獻回顧（Zander and Kachele 1999；Wiggering et al. 2006；Parra-Lopez et al. 2008）與前測[2]時專家提供的建議，將13項「農地次功能」與7項「農地使用方案」之間無關聯者先行挑出，不列入評估（假設其得分為零），修改成正式的問卷的層級結構如圖4-4所示。

---

[2] 本研究於2008年初進行前測，前測共寄發16份問卷，回收16份。

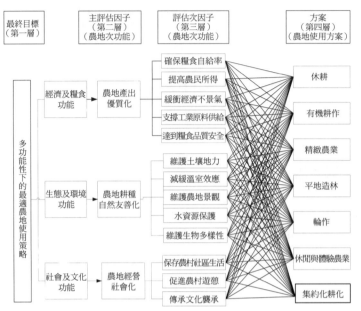

圖4-3：台灣農地功能評估階層

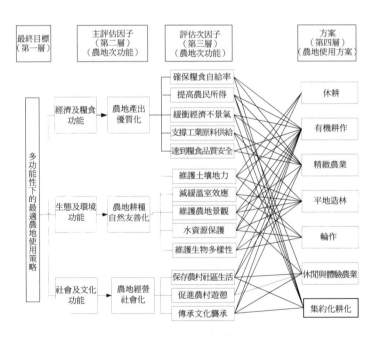

圖4-4：台灣農地功能層級修正

(二)影響因素定義說明

除第一層級主要目標「多功能性下的最適農地使用方案」主要在評估符合國內需要的農地功能及農地使用方案，已在前文中說明之外，其他層級的評估因素定義如後：

1. 第二層級：農地主功能

多功能農業與多功能農地實為一體，依據前述結構層級文獻歸納農業主要的功能有三項，即「經濟及糧食功能」、「生態及環境功能」與「社會及文化功能」，並將其轉換成與農地使用有關的「農地主功能」，其轉換之說明與「農地主功能」之定義如下：

(1) 從農業的「經濟及糧食功能」到「農地產出優質化」：農業生產的目的是在直接為人類提供食衣住行所需的產品或原料，農業的產出也帶來直接可供市場貨幣化交易的功能，此屬於農業的「經濟及糧食功能」，這種功能影響到糧食生產的質與量、農民所得和國內經濟等。在農業多功能下，此種功能轉換為農地使用，可以「農地產出優質化」說明，它是指農地使用除了提供糧食、衣物、原料量的充足之外，也強調其品質，經由品質的提高來提升農民所得及增加市場競爭力等。

(2) 從農業的「生態及環境功能」到「農地耕種自然友善化」：農業生產的同時，也提供生態和環境的服務功能，因此形成了農業的「生態及環境功能」，它是在農業經營過程中與自然環境因子（土壤、水、動植物、農地景觀）相連結所產生的功能。在農地使用上，農業的「生態及環境功能」可以轉換成「農地耕種自然友善化」，指的是除了每一單位面積投入較低密度的勞力或資本之外，並合理妥善運用水、土壤等自然資源，同時重視其所取決的生態環境特徵、生態環境問題、生態環境敏感性，強調自然友好的農地使用行為進行生產佈局，不以作物產量極大化為圭臬的農地使用方式。

(3) 從農業的「社會及文化功能」到「農地經營社會化」：農業的「社會及文化功能」係指，因人類配合環境需求的非實質生產的農地使用模式與社會組織進行互動，所建構的社會與文化體系，代表某個特定區域在某個時期的歷史價值觀。在農地使用上可將其轉換為「農地經營社會化」，它是指農地經營，加入文化的傳承、遊憩、農村體驗、教育等社會共享的價值。「農地經營社會化」可被視為潛在及消費型農地使用取向，使農地經營兼顧生產與服務並重，甚至以消費服務為主。基於此，農地經營社會化將會把人吸引進來，與其他層面的功能將農業產品銷售出

去的結果，性質不同。

2. 第三層級：農地次功能

於上一層級中，「農地產出優質化」、「農地耕種自然友好化」及「農地經營社會化」，此為多功能性的規範性「農地主功能」，此3項「農地主功能」之間存在可選擇性及排他性，並分別衍生農地次功能的實踐，13項「農地次功能」之定義如下：

(1) **確保糧食自給率**：指維持一定數量的農地進行農業生產，使得本國農地確保生產足夠的糧食，穩定糧食的供給，免於過度依賴糧食進口，並避免無法預期的意外或臨時性國際供需失調。

(2) **提高農民所得**：指透過農地的產出，增加農民所得與確保生計。

(3) **緩衝經濟不景氣**：由於農地經營持續用作生產之用，具有吸納非農業部門失業人力的特質，且透過農業產出來滿足國內需求，維持農村經濟活動，達到緩衝經濟不景氣之效果。

(4) **支撐工業原料供給**：運用農地生產各種能源或原料，來支持工業發展所需之原料。

(5) **達到糧食品質安全**：採用有機栽培法使用農地，且減少農藥及其他化學藥品的施灑，使農產品不危害使用者的健康。

(6) **維護土壤地力**：農地的使用方式能夠保護土壤不發生劣化現象，且較粗放的農地經營有助於重建或恢復已受侵蝕之土壤。

(7) **減緩溫室效應**：農地耕種只進行合理施肥，減少化學肥料用量，故可減少產生溫室效應氣體（甲烷），以及農地栽植綠色植物覆蓋地表等，可減緩溫室效應。

(8) **維護農地景觀**：農地使用減少對自然景觀的破壞，兼顧維護原先形成的農地景觀，維護地景的寧適價值。

(9) **水資源保護**：合適的農地使用方式可使雨水自然滲入土壤中，達到涵養水源之效，而且水、旱田在暴雨洪水來臨時具有調蓄水量之功能，可減低尖峰流水量及延遲洪峰到達時間。

(10) **維護生物多樣性**：農地使用能提供動植物的棲息地，使生態系統的穩定，培育豐富的物種資源，達到維護生態多樣性的功能。

(11) **保存農村社區生活**：農地經營形塑農村生活方式，且不破壞農村人際網

絡，以及維持密切、和平、寧靜的生活空間特性。

(12)**促進農村遊憩**：農地不僅供生產使用，且可作為休閒旅遊的空間，使民眾感受農村氛圍及特殊景緻等，並藉此增加農地使用所帶來的額外經濟收益。

(13)**傳承文化襲產**：農地經營提供大眾體驗的機會，使大眾親身感受理解農地耕種文化。

3. 第四層級：農地使用方案

參採國內外推動的農地使用模式，針對上述13項「農地次功能」，建立第四層級中的7個「農地使用方案」評估方案，7個「農地使用方案」均具備落實部分「農地次功能」的效益，各方案定義如下：

(1) **休耕**：指農地暫停耕作，使農地處於停止生產狀態，並定期進行翻耕或種植綠肥以培養地力。

(2) **有機耕作**：指一種不汙染環境、不破壞生態，並能提供消費者健康與安全農產品的生產方式。因此不用或少用化學肥料與藥劑，多以配合豆科綠肥作物在內的輪作制度，使用農地上之農牧廢棄物或含植物養份元素礦物的岩石，強調與環境均衡而穩定的成長方式。

(3) **精緻農業**：以栽種高價值經濟作物為主，特別強調栽培技術方法之改進、產品包裝行銷等，提高農產品經濟價值。

(4) **平地造林**：屬於農地粗放使用的發揮，將原作農業生產使用之土地，植栽原生樹種或具經濟價值之樹種，使森林再次回歸平原。

(5) **輪作**：包括傳統輪作與現代輪作二種，傳統輪作係指因為地力肥沃度關係而須與以二種或三種作物依期輪流種植；現代輪作則改以種植能源作物與綠肥輪作的形式。

(6) **休閒與體驗農業**：改變農業傳統生產結構，將消費者吸引至農地使用體系中，使其親身體驗村生活與氛圍等，並藉此促使消費者認識及珍惜農業。

(7) **集約化耕作**：在單位面積土地上投入更多的勞力與資本，以提高單位面積土地之產量與產值。

(三)問卷發放與回收

多功能性強調農業具有多面向的功能，為顧及不同層面的思考，本研究將專家依其專長區分為四個領域：農業與農經（5位）、農地政策與規劃（4位）、生態與休閒（4位）、農業與農地政策決策者（4位），共計17位。問卷於97年6月底發

放，並於7月初將問卷收回。問卷共回收16份[3]，回收率94%。

二、資料處理與結果分析

(一)問卷一致性檢定

在問卷回收之後，本研究採用EXPERT CHOICE軟體進行分析，分析的過程中以一致性指標（Consistency Index, C.I.）作為問卷一致性檢定基礎，其容忍的程度為0.10，即C.I.小於或等於0.10，方通過一致性檢定[4]，問卷結果才可作為有效推測。本研究首先針對回收的16份問卷逐一進行一致性檢定，每位專家於各層級之一致性檢定皆符合標準。其次，進行第二至四層級指標一致性檢定，結果都通過一致性檢定。

(二)各層級權重分析

第一層級為本研究之最終目標「多功能性下的最適農地使用方案」，第二層級為農地主功能與其優先向量，而優先向量又可區分為部分性優先向量（L）與整體性優先向量（G）。所謂部分性優先向量者，指的是下一層級對上一層級相對重要性的權重向量，因此部分性優先向量在同一層級的加總會等於一；而整體優先向量者，指在上一層級對更上一層級的考量下，同層級相對偏好的權重，本研究關於適合方案的遴選即視整體優先權重向量而定。各層級權重及排序計算結果整理如表4-1，以下進一步說明之。

1. 農地主功能（主評估因子）權重值

在最終目標下，求出各農地主功能的相對重要性，藉以瞭解各農地經營策略

---

[3] Saaty（1980）指出，進行AHP研究時，至少須有12位專家參與評估才具備代表性，本研究專家問卷共回收16份符合要求。所選擇的專家，分別對於農業多功能體制下涉及的農業生產、文化景觀、土地使用及生態環境等具有深度的專業程度，其意見應具有代表性。

[4] 一致性指標（CI）係為檢查決策者回答所構成的成對比較矩陣是否為一致性矩陣，用以告訴決策者在評估過程中，所作判斷的合理程度如何？是否不太一致？或有矛盾現象？以利及時修正，避免作成不良的決策。一致性指標值除了用於評量決策者的判斷外，尚可用於評量整個層級架構。Saaty（1980）建議其容忍的程度為0.10，即CI小於或等於0.10，方通過一致性檢定，問卷結果才可作為有效推測。

之優先順序，由電腦經軟體（EXPERT CHOCE）計算結果如次：「農地產出優質化」權重為0.495；「農地耕種自然友好化」為0.367；「農地經營社會化」為0.138。顯示農地主功能以生產最為優先，其次為環境生態的功能，最後為農地的生活與文化面向的考慮。

2. 農地次功能（評估次因子）的權重值

(1)「農地產出優質化」標準下的相關農地次功能的優先向量

在「農地產出優質化」標準下，就各方案的相對重要性分析之，藉以瞭解各方案的優先順序。經計算求得優先向量順序分別為：「確保糧食自給率」、「達到糧食品質安全」、「提高農民所得」、「緩衝經濟不景氣」、「支撐工業原料供給」。表示在「農地產出優質化」下，以達到「確保糧食自給率」及「達到糧食品質安全」兩項農地次功能為優先。

(2)「農地耕種自然友好化」標準下的相關農地次功能的優先向量

在「農地耕種自然友好化」標準下，各農地次功能經計算之優先向量順序分別為：維護土壤地力、水資源保護、維護生物多樣性、減緩溫室效應、維護農地景觀。顯示在「農地耕種自然友好化」下以達到「維護土壤地力」及「水資源保護」兩項農地次功能為優先。

(3)「農地經營社會化」標準下的相關農地次功能的優先向量

在「農地經營社會化」標準下，各農地次功能之相對重要性經計算求得優先向量順序分別為：保存農村社區生活、傳承文化襲產、促進農村遊憩。表示在「農地經營社會化」下以達到「保存農村社區生活」此項農地次功能最為優先。

歸納前述評估結果，最受到重視的農地次功能為「確保糧食自給率」，其次為「達到糧食品質安全」；整體權重最低者為「支撐工業原料供給」與「促進農村遊憩」。

(三)七個農地使用方案的最適選擇

在本研究7個農地使用方案中，何者為多功能性下的合適農地使用方案，必須依據農地次功能整體權重分析結果進行判斷。表4-2將7項農地使用方案與13項農地次功能的權重表列，並且將7項農地使用方案在13項農地次功能的權重加總。結果「有機耕作」方案為最高（0.388），為最合適方案；其次為「精緻農業」方案（0.174）；最不適者則為「休耕」方案，其值僅為0.046。

表4-1：農地次功能權重與排序

構面	權數（L）	影響因素	權數（L）	農地次功能整體權重（G）	排序
農地產出優質化（A）	0.495	確保糧食自給率（A1）	0.375	0.186	1
		提高農民所得（A2）	0.191	0.094	4
		緩衝經濟不景氣（A3）	0.070	0.035	10
		支撐工業原料供給（A4）	0.054	0.027	12
		達到糧食品質安全（A5）	0.310	0.154	2
農地耕種自然友好化（B）	0.367	維護土壤地力（B1）	0.346	0.127	3
		減緩溫室效應（B2）	0.139	0.048	8
		維護農地景觀（B3）	0.102	0.037	9
		水資源保護（B4）	0.255	0.094	4
		維護生物多樣性（B5）	0.167	0.061	7
農地經營社會化（C）	0.138	保存農村社區生活（C1）	0.555	0.077	6
		促進農村遊憩（C2）	0.195	0.027	12
		傳承文化襲產（C3）	0.250	0.034	11

　　從表4-2中可以發現，「有機耕作」方案的主要貢獻是，可以滿足「達到糧食品質安全」與「確保糧食自給率」二項農地次功能，而此亦與農地次功能排序一致（表4-1）；「精緻農業」方案對於「確保糧食自給率」與「提高農民所得」等農地次功能具有一定的貢獻程度，此顯示可以透過栽培高價值經濟作物、耕作技術方法之改進等來提高農產品的經濟價值。綜合前述二項方案顯示，臺灣農地使用除了須重視糧食品質之外，亦應同時注重糧食的產量。

　　在各項農地次功能的評估下，「休耕」方案皆非為第一選擇，顯示僅單純的讓農地處於休息狀態，為實踐的臺灣多功能性適合度最低的農地使用方案。

　　「平地造林」方案主要可滿足「水資源保護」及「減緩溫室效應」農地次功能，但對於達到「支撐工業原料供給」卻顯得薄弱，此說明「平地造林」方案為係從生態層面為出發點所做的考量。

　　「集約化耕作」方案達到「傳承文化襲產」的農地次功能最為薄弱，顯示在單位面積土地上，無法仰賴高單位面積之土地產量與產值，來滿足國人重視農地耕種體驗所能帶來的文化傳承功能。

　　就「休閒與體驗農業」方案而言，雖然其優先性排名第5，但是對「保存農村

社區生活」、「促進農村遊憩」與「提高農民所得」等農地次功能均具有相當的貢獻。

表4-2：七個農地使用評估方案結果

方案 次功能	休耕	有機耕作	精緻農業	平地造林	輪作	休閒與體 驗農業	集約式 耕作
確保糧食 自給率		0.082	0.056				0.047
提高農民 所得		0.021	0.033			0.021	0.019
緩衝經濟 不景氣		0.011	0.015				0.009
支撐工業 原料供給			0.009	0.005			0.012
達到糧食 品質安全		0.123	0.030				
維護土壤 地力	0.021	0.058		0.015	0.033		
減緩溫室 效應	0.008			0.030	0.010		
維護農地 景觀		0.008	0.008	0.011		0.011	
水資源 保護	0.017	0.022		0.039	0.016		
維護生物 多樣性		0.026		0.022	0.014		
保存農村 社區生活		0.022	0.015			0.032	0.009
促進農村 遊憩		0.006				0.021	
傳承文化 襲產		0.009	0.008			0.013	0.004
方案值	0.046	0.388	0.174	0.122	0.073	0.098	0.112
排序	7	1	2	3	6	5	4

「輪作」方案則僅次於「有機耕作」方案，可滿足「維護土壤地力」農地次功能。就此結果而言，「輪作」與土壤肥沃度的維持關係密切，無論是傳統輪作或是現代輪作的形式都有助於維護臺灣農地。以農業多功能性為主軸的農地使用思考，「輪作」方案排名第六，顯示非為臺灣最適合的選擇。

「集約化耕作」方案有助於達到「確保糧食自給率」農地次功能，但對於「提高農民所得」、「支撐工業原料供給」、「緩衝經濟不景氣」、「保存農村社區生活」及「傳承文化襲產」等皆屬低貢獻度，顯示「集約化耕作」雖有助於達到臺灣重視的糧食自給率問題，卻無法藉此改善農業產業長久以來的弱勢地位，對於維護臺灣本土農村生活與文化的意義不大。

三、小結

作為一種農業體制，多功能性一方面可賦予農業更多的價值與功能，使農業獲得更多的重視與扶持，另一方面則藉以對抗新自由主義（代表組織為WTO）。目前世界上已有許多國家採取了多功能性來保護本國農業與農村的發展，特別是農業競爭力較弱但又重視農業的國家。農地為農業經營不可或缺的基盤，多功能性的實踐與農地使用密不可分，因此許多國家（例如歐盟、瑞士及日本）透過對農地的直接支付來避免WTO限制補貼的規範，達到扶持農業的目的。自加入WTO之後，我國農業面對的挑戰日益嚴峻，採取多功能性，並賦予我國農地更多的功能，以及選擇合適臺灣的農地使用方案，藉以扶持我國農業發展，實有需要。

我國自1992年提倡三生農業政策，並且採取相關措施如休耕、平地造林、輪作等等來實踐三生農業，這些可以視為我國對多功能性農業的回應。不過，迄今為止，我國並未正式宣示多功能性農業政策，亦未提出我國農業的功能界定，相關研究亦少。基於此，本研究經由簡短介紹農業多功能性的發展背景、內涵，並說明農地的多功能性理論，最後藉由AHP法找出國家空間層級的農地功能與農地使用方案。

依據本研究調查及分析結果顯示，在多功能性下的農地最受重視的主要功能仍然是生產（農地產出優質化），其次為生態（農地耕種自然友善化），最後為生活（農地經營社會化）。在13項農地次功能方面，排序前3項功能依次為「確保糧食自給率」、「達到糧食品質安全」、「維護土壤地力」，後三項功能為「促進農

村遊憩」、「支撐工業原料供給」及「傳承文化襲產」。在實踐多功能性的土地使用方式的優先排序方面，依次為：「有機耕作」、「精緻農業」、「平地造林」、「集約式耕作」、「休閒與體驗農業」、「輪作」及「休耕」。

　　從上述的調查結果來看，我國農地的使用方案，以能兼顧生產與環境生態為合適——「有機耕作」及「精緻農業」排序分別為第1及第2；至於「輪作」及「休耕」等可讓土地休養的農地使用方案，儘管對環境生態有益，但可能減少農業實質產出，被認為是不合適的方式。近年來國內較積極推動的農地「輪作」及「休耕」，特別是「休耕」，並非本研究調查結果之優先農地使用方案，宜檢討調整。相對於此，「有機耕作」或其他同時能兼顧生態環境之農地利用方式（如自然農法），應為值得推動的農地使用方案，此亦為許多實施多功能性國家，為了與傳統農地經營區別而積極推動農地使用方案（Sandhu et al. 2008），足堪我國借鏡。

　　前一章討論了合適於我國的農地功能與土地使用方案，這些功能與方案屬於全國空間層級的範疇，可做為國家總體的農地功能及使用方案。依據國外經驗，對於農業的功能取捨，一般尚須獲得民眾的認同與支持，因此在決定農業功能之前，經常透過民眾意見調查，作為決策的參考（Hall et al., 2004）。由於農地為經營農業不可或缺的基本要素，因此許多研究認為，農地價值與功能的確為新農業體制的核心議題（Vereijken 2002; Abler 2005; Bergstrom 2005; Mather et al. 2006; Mander et al. 2007; Paracchini et al. 2009）。基於此，本研究透過問卷調查來了解臺灣民眾對農地功能的認知情形。

　　在既有的相關研究中，調查相關的對象不是農民就是一般大眾（Hall et al. 2004），本研究則同時進行農民與一般民眾的調查，藉此分析農民與一般民眾對我國農地功能態度的差別。同時，為了進一步觀察不同農村空間的農民對農地功能認知差異的情形，本研究在農民認知調查部分，係針對二個不同農村類型的農民進行調查，其中一類代表農地仍以生產功能為主的「傳統型農村」，另一類則為逐漸走向新體制的「調適型農村」。本章在結構安排上，分為二節，第一節為相關調查回顧及本研究調查方法說明，第二節為本研究調查結果分析。

第一節　相關調查回顧及本研究調查方法

　　本節先就既有相關的調查文獻進行回顧，其次說明本研究的調查方法。

---

* 本章曾經以「多功能農業體制下的農地功能與利用方案選擇」為題，發表於「臺灣土地研究」，第12卷第2期，頁135-162，但經略加修改。感謝麗敏、怡婷、玉真、逸之協助問卷調查與整理。

一、相關調查回顧

本部分文獻整理主要提供作本研究問卷調查之參考，因此分調查對象、調查方式、考慮因素等整理於後（並請參閱表5-1）。

(一)調查對象

在相關調查中，以一般民眾與農民為主要的調查對象，雖然農民和一般民眾都享有農地提供的商品產出與非商品產出，但農民與農地使用具有直接而緊密的關係，一切農地政策都必須透過農民才能將農業多功能的原則與行動付諸實踐（HYYTIÄ and Kola 2005）。另外，從2002年Scottish Executive與Country Landowners Association的意見調查結果中，可以發現一般民眾認為，農民對農地的保護與管理扮演重要角色（Hall et al. 2004）。因此，一般民眾與農民意見均非常重要。

(二)調查方式

一般民眾的認知調查需要大量的樣本數，以達到統計上的樣本要求，因此大多採取網路調查或電話訪問的方式（Hall et al. 2004; Yrjölä and Kola 2004, 2005）。但在農民意見調查上，Arovuori and Kola（2006）文中僅敘述由市場調查公司進行，未說明以哪一種方式進行調查，但廖正宏與黃俊傑（1992）及羅明哲（1999）都是採用面對面的方式，以掌握受訪者資格與調查品質。因此，本研究進行農民意見調查時，將由訪員採取面對面方式到調查地區進行意見調查，以確保調查品質；在一般民眾調查時，由於受訪者人數較多，則採取電話訪談方式進行。

(三)考量因素

Yrjölä and Kola (2004)、Arovuori and Kola (2006)、HYYTIÄ and Kola (2005)、Estrada et al. (2007)、廖正宏與黃俊傑（1992）及羅明哲（1999）等研究都強調，地區因素是影響人對農地功能與價值認知的影響因素，不同地區的受訪者會有不同的農地功能與價值認知。此外，臺灣相關的農民意見調查研究指出，農民的經營類別也會影響農民對農地功能與價值認知的差異，廖正宏與黃俊傑（1992）所稱的

經營類別，係指農業經營涉入程度（專業農、兼業農—以農為主、兼業農—非農為主）；羅明哲（1999）則是指農業經營的項目（水稻、柑橘、毛豬）。其他影響農地功能與價值認知的因素，則包含性別、年齡、教育程度、社會地位等。本研究在農民與一般民眾問卷設計上，雖然亦將相關影響因素列入受訪者資料進行調查，但是本研究重點不在影響因素分析，而在不同空間的農民之間，以及農民與一般民眾對農地功能認知的差異上[1]。綜合已有相關研究（表5-1），亦顯示出地區確實為影響農民對農地功能認知的因素，但這種差異如何？尚缺乏具體的研究成果。同時，在既有的研究中也未能呈現出農民與一般民眾之間的差異情況，因此值得本研究加以釐清。

表5-1：相關農地功能調查對象、方式與影響因素

研究者	調查地區	調查對象	調查方式	影響因素
Yrjölä and Kola（2004）	芬蘭	一般民眾	網路調查系統	・地區因素
Arovuori and Kola（2006）	芬蘭	農民	市場調查公司（方式未說明）	・地區因素
HYYTIÄ and Kola（2005）	芬蘭	一般民眾	網路調查系統	・地區因素 ・社會地位 ・性別 ・年齡
Estrada et al.（2007）	西班牙	一般民眾	未說明	・地區因素 ・教育
廖正宏與黃俊傑（1992）	臺灣	農民	面對面訪問	・地區因素 ・經營類別
羅明哲（1999）	臺灣	農民	面對面訪問	・地區因素 ・經營類別

---

[1] 究竟哪一些因素影響我國一般民眾與農民對農地功能的認知，值得研究，應另由專文進一步分析。

二、調查地區

因為本研究的調查對象分為一般民眾與農民,因此分別說明其調查區域如後。

(一)一般民眾調查

一般民眾調查的調查區域係以臺、澎、金、馬為範圍,由於採取大樣本調查,因此透過電話訪談(參見下述抽樣方法)來進行。

(二)農民調查

由於缺乏全國性農民基本資料,採取全國性農民抽樣性調查有困難。因此,在農民調查部分改採小空間範圍調查。縮小範圍可行的方法之一為將農村加以分類,再自各類農村中選取具代表性的農村為調查區域(Marsden 1998)。本研究認為此法可行,但首需進行農村分類(關於農村分類的說明,請參閱第二章第二節,本部分為了連貫性,僅做簡要說明)。

有關於我國農村分類,1973年蔡宏進曾將臺灣農村社區分為平地農村、山地農村、漁村、鹽村、礦村;因應非初級產業的發展,1993年則進一步以產業結構為依據重新進行臺灣農村類型化,將臺灣農村社區分為農業社區、農工社區、農商服務業社區、工業社區、工商服務業社區、商與服務業社區等六類;羅啟宏透過統計分析將全省鄉鎮分為七個群組:(1)新興鄉鎮;(2)山地鄉鎮;(3)工商市鎮;(4)綜合性市鎮;(5)坡地鄉鎮;(6)偏遠鄉鎮;(7)服務性鄉鎮(以上引述自莊淑姿2001:12)。莊淑姿(2001)則提出三種臺灣農村發展類型:生活機能型、工業發展型與發展停滯型。陳博雅(2006)依據區位條件,把臺灣的農村分成都市近郊型農村聚落、平地型農村聚落、山村型農村聚落及濱海漁村型農村聚落。在國外部分,歐盟農業指導綱領(Agriculture Directorate-General)針對其會員國所提出的農村發展政策構想,配合多元的農村類型需求,以地區類型劃分為三個類型的農村區域:緊鄰大都市的農村區域、處於農村衰敗中的區域及特別偏遠地區(轉引自李永展,2005)。上述的農村分類,雖各有其依據及研究目的,但並非以新農業體制為出發點,無法呈現新農業體制下的農村空間樣貌,因此前述農村分類難以符合本研究研究取向。

以新農業體制為出發點的農村分類,可以Marsden(1998)為代表,其將英格

蘭農村分成下列四個理念類型（ideal types），即：(1)保存型農村（preserved coun-tryside）；(2)衝突型農村（contested countryside）；(3)父權型農村（paternalistic countryside）及(4)侍從型農村（clientelist countryside）（四類農村的界定參閱第一章第二節）。Marsden的農村分類代表了先進國家的農村發展空間差異，也反映出在新農業體制下的多元性，以及農村土地利用的差異，有的農村容易保存及利用其風貌（如保存型與侍從型農村），有的地方則不易保存（如衝突型與父權型農村）。至於保存或變更？主要的關鍵在於群眾的需求與態度，此處的群眾包括土地關係人與一般大眾，其中尤以土地關係人（例如農民與農地使用人）的態度更為重要。此顯示出，對一般大眾與農地關係人態度了解的重要性。

　　Marsden以新農業體制為出發點，所提出的四個理念型農村，並不完全適合臺灣農村的發展現況及本研究的需要。原因在於：(1)在Marsden的保存型和衝突型的農村中，中產階級和新移民反對農地變更開發使用的情況，在臺灣可能相反，當地農民反對農地變更開發案甚為常見[2]；(2)Marsden的分類基本上適合於已採用或已進入新農業體制的國家區域（英國），對於農業體制尚在調適的國家（例如臺灣），直接以此四種類植入，適用上可能有其困難，在調查地區選擇上，亦無法完全掌握處理；(3)許多新農業體制實踐的觀察研究指出（Shucksmith 1993; Holloway 2000; Rigg and Ritchine 2002; Wilson and Gigg 2003），在一個社會體系、國家乃至區域中，並不是所有的農村皆完全一致地實踐新農業體制。實際的情況是，某一些地區可能已經完全走向新體制，有些地區則尚停留在生產論時期，甚至是前生產論時期，這些情況在農業體制正在調整的國家區域，尤為常見。本研究認為，臺灣農業發展與農地利用有一些農村仍然處於傳統生產論的狀況下，但有一些農村已經走向新農業體制。儘管如此，Marsden以新體制為出發點的農村分類概念部分仍可供本研究參考，本研究將臺灣農村簡化為二個類型，一為傳統型農村，另一為調適型農村[3]。二個類型農村的特徵如下：

2　例如中部科學園區四期、苗栗縣後龍灣寶里和竹南大埔里的例子，都是當地農民反對農地開發的例子。

3　如果與Marsden的分類做類比，本研究的調適型農村，約略是Marsden的保存型農村與衝突型農村的混合體。至於傳統型農村，因為將其界定為尚未進入新農業體制地區的農村型態，因此不屬於Marsden分類中的農村類型。

(一)傳統型農村

代表新農業體制傾向甚低或未進入新農業體制的農村空間。儘管面臨農地收入越來越少的壓力，農民仍然習慣將農地供作糧食生產使用。他們可能透過生產技術的改良或更集約地利用農地，也可能將自己的土地出售或出租給有能力的農業經營者或組織，藉此獲得收入、並使農場經營面積擴大。這些地區通常為糧食供應的核心地區，農地通常為適合生產糧食的優良農地，而且農業經營系統保存完整。此一類型的農村雖然期待農業的發展，但土地所有人可能潛在具有從農地變更使用中獲取利益的想法。

(二)調適型農村

屬於新農業體制傾向較高的農村空間，當地的農民已經意識到社會對農地提供新的服務的需求，因此尋求多元化發展以獲取利益。多元發展包括：農地作為生產使用時，可能經營高經濟作物，提高產品品質；農地也可能不純粹用作生產，而是同時提供消費使用（例如觀光、休閒，乃至住宅），或農地利用會同時注重環境生態。這種農村類型最大特色是，儘管農地作多元使用，但不論原有農民或新進的居民，都有較高的保存農業及農地的意識，因此尚能夠維持良好的農村環境。

上述臺灣的分類並非在建立一個完整的農村分類，分類的目的僅在觀察農地功能的認知在空間上存在差異性，而這種空間差異係建立在不同農村空間邁向新農業體制程度的高低上。因此，傳統型農村及調適型農村都是以經營農業為主，其差異則建立在下列與走向新農業體制程度有關的五個面向，這五個面向同時是本研究選定調查區域的基準：

1.**農牧戶的主要經營種類**：傳統型農村的稻作栽培業者將占絕大部分，且其比例將高於調適型農村。此表示，農地用以生產糧食量的差異。

2.**經營型態**：傳統型農村有較高比例的農戶採取傳統經營型態，調適型農村的傳統經營型態比例較低，而有更多的多元化經營。此表示，在不同類型的農村中，多樣化的程度不同。

3.**農牧戶專兼業結構**：以臺灣的情況而言，專業農的比例雖然不會太高，但在傳統農業農村的比例會大於調適型農村。此表示，農民的收入依賴農業經營的程度不同，亦即收入的多樣化有所差異。

4.**勞動力投入**：從事農牧業工作日數超過90天以上者，在傳統農業農村的比例

會大於調適型農村，此亦涉及收入多樣化。

　　5.可耕地休耕與閒置面積：在傳統農業農村的比例低於調適型農村。此表示粗放化程度的差異。

　　依據上述農村類型及分類基準，本研究選擇宜蘭縣三星鄉大洲村與臺南市後壁區菁寮社區（包括菁寮村、後廍村及墨林村）為農民問卷調查區，其中大洲村為調適型農村，菁寮社區為傳統型農村。表5-2將二個農村類型所在鄉鎮的農林漁牧統計資料（與前述農村類型劃分基準有關者）做比較，無法以村里資料比較的原因是，臺灣現行的農林漁牧統計資料最小空間單位為鄉鎮。雖然如此，不過因為本次調查區都為各該鄉的典型村落，這些數據仍可作參考。表5-2顯示出，菁寮社區所在的後壁鄉，在主要經營種類、農牧戶比率、專業農戶比率及勞動力投入等方面，都較大洲村所在的三星鄉為高。另外，代表粗放經營的耕地休耕及閒置的比例，則是三星鄉高於後壁鄉，其符合前述分類基準。

　　本研究選取的臺南市後壁區菁寮社區及宜蘭縣三星鄉大洲村位置圖分別如圖5-1、圖5-2及圖5-3。

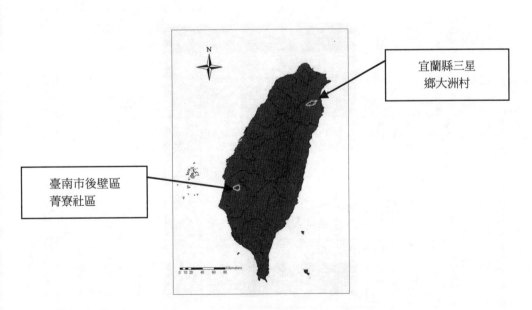

圖5-1：二類農村在臺灣的空間位置

表5-2：農民問卷調查地區基本資料比較

類型	選取地區	區域條件	自然環境	農業發展概況					土地使用情況			備註
				主要經營種類	農牧戶占總戶數比率(%)	農牧戶專兼業結構	勞動力投入	可耕作地面積	可耕作地權所有權屬	可耕作地休耕或耕或閒置比率	傳統經營型態	
調適型農村	宜蘭縣三星鄉大洲村	◎位於蘭陽平原的核心。宜蘭的重要的農產地，除了水稻、尚有有蔬果、如三星蔥及上將梨等，具多元經營的特性。◎三星鄉鄰近濕地地區，同時能生活機能與田園風景需求，近年來農舍林立	◎三星鄉位於蘭陽平原西邊、平原地勢高，與山地鄉相接◎當地多湧泉，水質良好	◎稻米為主(64.19%)，其次為蔬菜、果樹、當地農特產為三星蔥、上將梨	◎39.15	◎專業農：19.26%◎農牧業為主的兼業農：8.12%◎兼業為主的兼業農：72.62%	◎僅有17.56%從事自家農牧業工作日數為90天以上，54.59%從事自家農牧業工作日數低於三十日◎顯示多數人並不以自家農作為主	◎每戶平均可耕作地1.04公頃◎未滿0.3公頃：15.74%◎0.3～1.0公頃：47.84%◎1.0公頃以上：36.12%◎顯示農地規模與臺灣平均水準接近	◎全部自有占82.34%◎部分自有占13.18%◎全部非自有占4.17%	◎閒置比率為22.36%，偏高，僅次於南澳鄉、蘇澳鎮、大同鄉	◎傳統經營型態占94.14%(戶)	
傳統型農村	臺南市後壁鎮菁寮社區	◎位於臺南市最北端、與嘉義縣鹿草鄉、水上鄉嘉接之傳統種植會◎週邊鄉鎮地區皆以農為主，農地作生產使用、轉用壓力小	◎地處嘉南平原，為狹長型平原◎地下水源不豐，需仰賴八掌溪流與水圳灌溉	◎稻米為主(89.90%)，水仍為種植產◎全縣稻稻作比例最高	◎45.55	◎專業農：35.77%◎農牧業為主的兼業農：5.2%◎兼業為主的兼業農：59.03%	◎有39.71%從事自家農牧工作日數為90天以上◎顯示多數人自家長期投入自家農作	◎每戶平均可耕作地1.13公頃◎未滿0.3公頃：15.29%◎0.3～1.0公頃：43.34%◎1.0公頃以上：40.89%◎顯示農地規模高於臺灣平均水準	◎全部自有占84.31%◎部分自有占13.44%◎全部非自有占1.78%	◎主要耕作地區中，閒置率不高19.29%，僅次於六甲、白河	◎傳統經營型態占97.82%(戶)	

資料來源：整理自94年農林漁牧普查結果統計表（http://www.dgbas.gov.tw/ct.asp?xItem=18472&ctNode=3279）[最後瀏覽日期：2008/02/26]

圖5-2：菁寮社區位置　　　　　圖5-3：大洲村位置

三、調查方法

調查方法分為問卷設計基本原則、問卷內容、調查方式與抽樣方法等四項說明於後：

(一)問卷設計基本原則

對於價值與功能的研究主要以民眾的認知為主，此即涉及民眾態度研究的問題。因此本研究透過目前廣泛應用在行銷、社會、心理、教育等各研究領域的李克特（Likert）態度量表，據以測出受訪者某種行為特質或潛在構念（吳明隆2007），藉此了解農民對於農地功能的認知情況。基於以下理由，本研究採用五點式態度量表，回答型態為多選項式單選，採平衡尺度[4]設計：

1.考量調查對象以臺灣農民為主，受訪者特質不一，採用五點式態度量表不僅可避免答題過於細分，造成受訪者答題辨識困擾（酒井隆2004），兼顧適切表達受訪者實際感受程度。

2.李克特態度量表屬於總加量表法（summated rating scale），可將不同問項依據其敘述設定態度分數加以計算，所獲得的數值可以進行平均值、變異數、標準

---

[4] 兩方選項均等的分類量尺，即本研究答項為「非常同意」、「同意」、「無意見」、「不同意」、「非常不同意」。

差、相關係數等統計處理（酒井隆2004；吳明隆2007），用以了解受訪者對議題的態度。

3.未來可透過項目分析程序、信度分析及因素分析的技術加以評估問卷（賴世培等2000），作為後續進行農地功能與價值認知量表設計研究之參考基礎，此將有助於累積更豐富的農地功能與價值認知研究。

(二)問卷內容

由於對象不同因此採取了不同的調查方法，對農民係採取面對面的訪談；一般民眾係採用電話訪談。由於訪談方法不同，因此在問卷內容不完全一致。

1.農民問卷內容：在問項內容上，可分為二大部分：第一部分依據前述對農地功能的界定，分成價值觀、生活功能、生產功能、生態功能四個構面，以此為基礎設計27題單選問項。其中農地功能分成生活功能、生產功能及生態功能，係同時考慮我國近年提出的三生農業政策，藉此觀察受訪者對此政策的態度。第二部分為影響農地功能與價值認知的因素，依據前述文獻回顧可知，影響因素可分為「地區因素」、「社會經濟變數」與「農業經營涉入程度」三大類：「地區因素」即不同調查地區；「社會經濟變數」包含「性別」、「居住時間」、「年齡」、「教育」、「收入」；「農業經營涉入程度」包含「經營形式」、「農地產權面積」、「耕種面積」等。

2.一般民眾問卷內容：問卷內容亦同樣分為二大部分：第一部分由價值觀、生活功能、生產功能、生態功能四個構面組成，由於本部分問卷係採取電話訪問，題目不宜過多，因此參考農民問卷並加以縮減成15題單選題。第二部分為受訪者基本資料，了解受訪者的性別、居住區域、年齡、教育程度、職業別、農地產權、家戶所得，藉以了解受訪者特性。

(三)調查方式

本研究在一般民眾調查部分係以電話訪問方式進行，在農民意見調查部分將透過面對面的訪談方式進行。採取不同調查方式的原因在於：

1.一般民眾調查部分，因樣本數較大（約為1,200份），在經費與時間成本考量下，以電話訪談為比較務實的做法。此外，最主要的是一般民眾的調查，在抽樣上以電話訪談不會有資料上的困難。

2.在農民調查部分，因為缺乏農民母群體資料的問題，不易透過電話訪談進行；另一方面，採訪員至受訪者住處面對面地訪問，可以將問題進行詳細的說明，減少受訪者誤答的機率。

(四)抽樣方法

1. 一般民眾調查部分

針對一般民眾進行意見調查，係採用電話調查法（telephone survey），以亂碼撥號（random-digit dialing, RDD）程序產生電話號碼，進行隨機樣本的電話調查。透過電話調查法可以短時間內接觸到多數受訪者，也比郵寄問卷有較高的受訪率，維持良好的樣本品質。本次調查係委託公立民意調查機構執行，運用專業的電話調查設備與訓練有素的訪員，有效地掌控訪談情況與調查品質。

本次調查在97年9月初進行，抽樣調查的有效樣本數為1,234份，在95％的信心水準下，抽樣誤差約±2.8％。

惟本研究主要針對農民與一般民眾對農地功能認知進行差異比較，因此在一般民眾調查部分應排除農民受訪者，單純就「非農民之一般民眾」與「農民」進行差異分析，避免影響差異比較之結果。因此一般民眾調查部分排除農民受訪者後，實際有效樣本數為1,122份，以此為後續與農民調查之比較基礎。

2. 農民調查部分

受限於目前國內尚無可供學術單位使用的全國農牧戶個人基本資料庫，無法確知各調查地區的農民數量，亦難以推算研究調查所需的樣本數。加上目前相關農業發展情況研究調查與農林漁牧普查多以農戶為主，因此本研究進行之農民意見調查，以農戶為調查對象。

據此，本研究依據各地戶政事務所提供民國97年7月份的人口統計資料取得當地總戶數，但居民職業不一，以此作為農民意見調查之母體並不準確。又限於臺灣目前未有實際農戶調查之動態資料，故本研究根據94年農林漁牧普查結果得知個案地區之農戶比率，推估可得最新的個案地區農戶數。

樣本數估算採吳明隆（2006：86）建議有限母群體使用之公式[5]：

---

[5] N：母群體數；α：顯著水準；P：統計量之顯著性；k：常數。

$$n \geq \frac{N}{\left(\dfrac{\alpha}{k}\right)^2 \dfrac{N-1}{P(1-P)} + 1}$$

　　在信賴水準95%下（$\alpha = 0.05$；$P = 0.5$；$k = 1.96$），各選樣地區調查母體情況與推算取樣樣本數如表5-3。

　　在農民調查的抽樣程序與調查方面，係透過三階段的抽樣與問卷調查（圖5-4），以滿足統計上所要求的樣本數。首先，函請行政院主計處提供該二地區樣本[6]，其餘不足樣本數額以研究個案地區農戶資料[7]為母體透過簡單隨機抽樣（simple random sampling, SRS）完成第一階段問卷調查抽樣。其次，樣本數不足部分，以及執行第一階段的問卷調查後，二個調查地區部分受訪者因過世、重病或遷移他處，致無法完成意見調查部分，則以研究個案地區農戶資料母體（未為第一次訪問的名單），進行第二階段抽樣（隨機）程序補足受訪者名單。若經第二次抽樣後的新受訪者名單中，仍有無法受訪的情況至有不足時，不足部分受則以偶遇抽樣（accidental sampling）的方法進行第三階段調查。執行隨遇抽樣時，按照缺少樣本數量的空間分佈情況，依比例予以進行訪問，並恪守每一戶不超過二人受訪，盡可能兼顧抽樣比例原則與調查執行效率。

表5-3：菁寮社區與大洲村抽樣推算

類型	個案地區	地區總戶數（戶）	農牧戶數比率（%）	總農牧戶數（戶）	推算樣本數（戶）
傳統型	臺南市後壁區菁寮社區	654[8]	45.55	299	168
調適型	宜蘭縣三星鄉大洲村	541	39.15	212	137

[6] 目前臺灣並無實際登載農戶動態資料，僅有行政院主計處自民國45年開始，每5年進行一次的農林漁牧普查擁有農戶基礎資料。由於此為普查性質之調查，且每一次農林漁牧普查皆會進行其母體5%的資料更新，所擁有之農戶資料應為臺灣最完整的母體清冊（frame）。本次農林漁牧普查農戶抽樣是在95%信心水準，誤差界限d = 0.03下，由主計處抽出並將受訪名單與住址寄送給作者。其中菁寮社區抽出樣本數為130個（墨林村70個、菁寮村30個及後廍村30個），大洲村抽出樣本數為90個，兩地抽出的樣本數與本研究推算的樣本數（表5-3）仍有差距，因此本研究均需補抽受訪者名單。

[7] 因資料取得限制，先以2008年村民名冊為基準，再由當地村長及地方人士協助確認，將不符本研究界定之農民資格者剔除，而得到母群體數。

[8] 民國97年6月人口統計結果，後壁區菁寮村總戶數183戶，後廍村163戶，墨林村308戶。

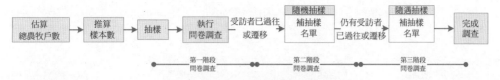

圖5-4：農民問卷抽樣程序

　　本次農民調查於民國97年8月間進行，由受有專業訓練之訪員至受訪者住處，依循上述三階段嚴謹的抽樣與問卷調查程序進行面對面的訪問，維持良好的調查品質。透過嚴謹的抽樣及實際調查過程下，傳統型農村臺南市後壁區菁寮社區實際有效樣本數為179個，調適型農村宜蘭縣三星鄉大洲村實際有效樣本數為142個，均符合上述取樣樣本數之要求。

第二節　調查結果分析

　　本部分分為分析基礎說明及調查結果分析二部分說明之。

一、分析基礎說明

　　由於本研究對一般民眾與農民調查的問卷內容不完全一致，在分析其調查結果時，係以一般民眾的問卷內容為基礎來進行分析，因為一般民眾的原問卷內容總共15個題，其中14題包括在農民問卷的內容中。一般民眾的問卷包括4個構面，納入分析的14個問題與構面之間的關係如圖5-5所示。

　　何謂「價值」，研究者之間的說法不一，例如Rokeach將價值界定為，一種持久的個人或社會所偏愛的行為模式與生活理想狀態，他並且進一步將價值劃分成二類，工具價值（例如誠實、負責與勇敢）和最終價值（例如自由、平等與內部和諧）（轉引自Beatley 1994: 18）。楊國樞則認為，價值是由態度所組成，個人對於事物或行為表示喜歡或不喜歡，具有長時期指導行為的作用（引自廖正宏及黃俊傑1992: 9-10）。儘管對價值有一些界定內容的差異，但個人的價值信念具有長期性

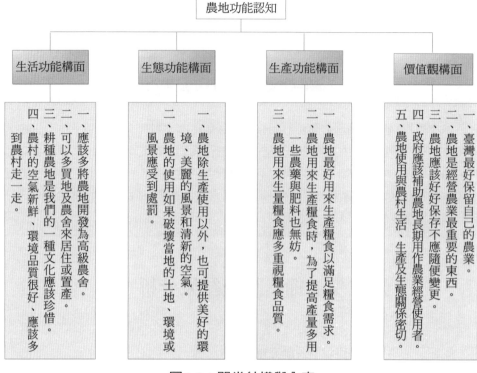

圖5-5：問卷結構與內容

且會影響個人的行為，則為其共同特徵。Beatley（1994）認為，這些基本價值觀念會強力地影響個人的倫理性土地使用（ethical land use）。據此，本研究的農地價值指的是：「個人或群體所偏愛的對待農地的態度，例如是否珍惜農地、農地在人們心目中的重要性等，屬於主觀與倫理性的認知。」

至於土地的功能，一如前述，其亦有不同的界定，且農地價值與功能雖然有所區隔，但是這一種區隔經常不清楚。本研究農地功能指的是：「農地實際提供的作用，與農業多功能性所指的功能意義一致，它屬於實質性的認知。」

依據前述問卷結構及農地價與功能的界定，整理問卷調查的構面、定義與操作化內容如表5-4，以方便後續討論分析。

表5-4：一般民眾意見調查問卷構面、定義與操作化內容

構面	定義	操作化
受訪者對農業與農地的價值觀念		
農業與農地的重要性	受訪者對農業與農地重視的程度	1.有的人認為，農業雖然沒有什麼競爭力，但是我們最好還是有自己的農業，您的看法如何？ 2.有的人認為，農地是經營農業最重要的東西，您的看法如何？ 3.有的人認為，農地應該好好保存下來，不應隨便變更使用，您的看法如何？ 4.有的人認為，農地如果長期用來農業經營使用，政府應該給予補助，您的看法如何 5.有的人認為，農地使用與農村生活、生產及生態關係很密切，您的看法如何？
受訪者對農地用來生產糧食使用的態度（生產功能）		
農地生產使用的重要性	受訪者對農地用以生產糧食使用及糧食品質的重視的程度	1.有的人認為，農地最好還是用來生產糧食使用，以滿足糧食的需要，您的看法如何？ 2.有的人認為，農地用來生產糧食時，為了提高生產量可以多使用農藥或肥料，您的看法如何？ 3.有的人認為，農地用來生產糧食時，應該多重視糧食品質（例如有機食品），您的看法如何？
受訪者對農地公共性的理解程度（生產之外的功能）		
農地提供環境財的重要性	受訪者對維護農地作公共財使用的重視程度	1.有的人認為，農地除了生產糧食以外，也提供大家可以共同享有的東西，像是好的環境、美麗的風景和好的空氣等，您的看法如何？ 2.有的人認為，如果農地的使用破壞了當地的土地、環境或風景時，應受到處罰，您的看法如何？
農地作生活使用重要性	受訪者對農地用作住宅及文化休閒使用的重視程度	1.有的人認為，農地作農業使用沒有競爭力，應該多將農地開發為高級田園住宅，您的看法如何？ 2.有的人認為，農舍及農地較便宜，環境又好，因此可以多買來居住或置產，您的看法如何？ 3.有的人認為，耕種農地（例如做田）是我們的一種文化（例如水稻文化），應該珍惜，您的看法如何？ 4.有的人認為，農村空氣新鮮，環境品質很好，應該多到農村走一走，您的看法如何？

二、調查結果分析

為更清楚討論一般民眾、調適型農村（宜蘭縣三星鄉大洲村）及傳統型農村（臺南市後壁區菁寮社區）受訪者對農地功能認知的差異，以下將每個問項之調查結果分成「同意」、「無意見」及「不同意」三項，其中「同意」為受訪者回答「非常同意」及「同意」百分比的加總，「不同意」為受訪者回答「不同意」及「非常不同意」百分比的加總[9]。

本次研究問卷回收後，採用統計軟體SPSS 10.0版進行資料分析與檢定，採用的分析方法依「整體趨勢」及「差異比較」兩項逐一說明：

(一)整體趨勢

「整體趨勢」部分採用敘述統計（descriptive statistic）分析，以百分比方式描述一般民眾、調適型農村（宜蘭縣三星鄉大洲村）及傳統型農村（臺南市後壁區菁寮社區）受訪者對農地功能認知情況，藉以瞭解受訪者之主要態度趨勢。

(二)差異比較

「差異比較」是指一般民眾、調適型農村及傳統型農村農民三個母體的獨立簡單隨機樣本，對農地功能認知是否有顯著差異。即本研究主要以「受訪者類型[10]」為自變項（independent variable），「農地功能認知」為依變項（dependent variable）。據此透過變異數分析，即可檢驗依變項「農地功能認知」的觀察值如何受到自變項「受訪者類型」的影響而產生變異。由於本研究差異比較只使用一個自變數，因此適用單因子變異數分析（one-way ANOVA）（邱皓政2005）。如果單因子變異數分析檢定結果發現有顯著影響，表示各組獨立樣本觀察值彼此並不相等，顯示一般民眾、調適型農村及傳統型農村農民對農地功能的認知有差異。

表5-5及表5-6為本次調查之敘述統計與變異數分析結果，依據問卷設計構面不同依序說明結果如後。

---

[9] 問卷設計之初採五點式李克特態度量表（非常同意、同意、無意見、不同意、非常不同意），係為更精準傳達受訪者意見之差異性。但本研究係針對一般民眾、傳統型農村農民及調適型農村農民進行農地功能認知結果比較，避免解釋上過度複雜，遂簡化調查結果改採三點式（同意、無意見、不同意）調查結果。

[10] 受訪者類型依務農與否及空間差異進行區隔，將受訪者區分為一般民眾、調適型農村及傳統型農村農民三種類型

表5-5：一般民眾、調適型農村農民與傳統型農村農民調查敘述統計結果

構面	態度（%）問題	同意			無意見			不同意		
	類別	一般民眾	調適型農村	傳統型農村	一般民眾	調適型農村	傳統型農村	一般民眾	調適型農村	傳統型農村
價值觀	1.臺灣最好保留自己的農業	95.38	94.36	96.09	3.16	4.23	1.68	1.46	1.41	2.24
	2.農地是經營農業最重要的東西	87.28	93.66	92.18	6.00	4.93	5.03	6.72	1.41	2.79
	3.農地應該好好保存不應隨便變更	78.36	72.54	65.92	9.16	8.45	17.88	12.48	19.01	16.20
	4.政府應該補助農地長期用作農業經營使用者	84.85	88.03	90.50	6.16	7.75	7.82	9.00	4.22	1.68
	5.農地使用與農村生活、生產及生態關係密切	95.22	91.55	88.82	3.48	2.82	5.59	1.29	5.63	5.59
生產功能	1.農地最好用來生產糧食以滿足糧食需求	83.23	85.22	93.30	5.19	6.34	5.03	11.59	8.45	1.68
	2.農地用來生產糧食，為了提高產量多用一些農藥與肥料也無妨	9.07	26.06	37.43	3.65	7.04	6.15	87.27	66.90	56.43
	3.農地用來生產糧食應多重視糧食品質	97.90	83.10	73.75	1.46	4.93	6.70	0.65	11.97	19.55

表5-5：一般民眾、調適型農村農民與傳統型農村農民調查敘述統計結果（續）

構面	類別 態度（%） 問題	同意			無意見			不同意		
		一般民眾	調適型農村	傳統型農村	一般民眾	調適型農村	傳統型農村	一般民眾	調適型農村	傳統型農村
生態功能	1.農地除生產使用外，也可提供美好的環境、美麗的風景和清新的空氣	97.49	95.77	89.94	1.38	2.82	8.38	1.13	1.41	1.68
	2.農地的使用如果破壞當地的土地、環境或風景應受到處罰	85.41	83.10	58.66	6.73	11.27	29.05	7.86	5.63	12.29
生活功能	1.應該多將農地開發為高級農舍	40.68	50.71	56.43	11.91	19.72	14.53	47.41	29.58	29.05
	2.可以多買農地及農舍來居住或置產	39.87	46.48	57.54	11.35	18.31	13.41	48.78	35.21	29.05
	3.耕種農地是我們的一種文化應該珍惜	94.08	92.26	95.53	2.92	4.93	2.79	3.00	2.82	1.68
	4.農村的空氣新鮮、環境品質很好，應該多到農村走一走	98.21	90.14	89.95	0.81	5.63	2.79	0.97	4.23	7.26

表5-6：一般民眾、調適型農村農民與傳統型農村農民調查單因子
變異數分析結果　　　　　　　　　　　　　　　　（α=0.05）

構面	受訪者類型	民眾	菁寮	大洲	總和	F檢定	顯著性	<α
價值觀（農業與農地的重要性）	1.臺灣最好保留自己的農業	2.96	2.94	2.93	2.95	0.94	0.39	
	2.農地是經營農業最重要的東西	2.83	2.89	2.92	2.85	3.14	0.04	*
	3.農地應該好好保存不應隨便變更	2.69	2.50	2.54	2.65	8.43	0.00	*
	4.政府應該補助農地長期用作農業經營使用者	2.78	2.89	2.84	2.80	3.41	0.03	*
	5.農地使用與農村生活、生產及生態關係密切	2.97	2.83	2.86	2.94	18.07	0.00	*
生產功能（農地生產使用的重要性）	1.農地最好用來生產糧食以滿足糧食需求	2.72	2.92	2.77	2.75	7.42	0.00	*
	2.農地用來生產糧食時，為了提高產量多用一些農藥與肥料也無妨	1.18	1.81	1.59	1.30	89.41	0.00	*
	3.農地用來生產糧食應多重視糧食品質	2.98	2.54	2.71	2.90	124.19	0.00	*
生態功能（農地提供環境財的重要性）	1.農地除生產使用以外，也可提供美好的環境、美麗的風景和清新的空氣	2.97	2.88	2.94	2.96	10.32	0.00	*
	2.農地的使用如果破壞當地的土地、環境或風景應受到處罰	2.81	2.46	2.77	2.76	28.36	0.00	*
生活功能（農地作為生活使用的重要性）	1.應該多將農地開發為高級農舍	1.92	2.27	2.21	1.99	15.12	0.00	*
	2.可以多買農地及農舍來居住或置產	1.88	2.28	2.11	1.96	16.31	0.00	*
	3.耕種農地是我們的一種文化應該珍惜	2.93	2.94	2.89	2.92	0.65	0.52	
	4.農村的空氣新鮮、環境品質很好，應該多到農村走一走	2.98	2.83	2.86	2.95	26.12	0.00	*
	樣本數	1,122	179	142				

(一)價值觀構面

1. 整體趨勢

依據本研究的界定，農地價值指的是：「個人或群體所偏愛的對待農地的態度，例如是否珍惜農地、農地在人們心目中的重要性等，屬於主觀與倫理性的認知。」透過問卷敘述統計調查結果（表5-5），在價值觀構面的五個問題中，除農地不隨便變更問題（題3）之外，其他的問題都獲得受訪者八成五以上的認同。至於農地不隨便變更問題，雖明顯地低於其他問題，但亦有六成以上的受訪者同意（65.92%-78.36%）。總體而言，在價值觀構面上，受訪者有極高比例珍惜農地資源。此在農地政策上，意味著農地保護，仍然是多數民眾的期望。

2. 差異比較

透過單因子變異數分析結果（表5-6）可以發現，一般民眾、調適型農村農民與衝突型農村農民在價值觀構面中對「農地是經營農業最重要的東西」、「農地應該好好保存不應隨便變更」、「政府應該補助農地長期用作農業經營使用者」、「農地使用與農村生活、生產及生態關係密切」的認同度有顯著差異（α = 0.05）。結果顯示不同類型的受訪者，對「價值觀（農業與農地的重要性）」的看法，除「臺灣最好保留自己的農業」無顯著差異外，其他問項均有顯著差異。

前述有顯著差異的問項，其差異情形如下：

(1) 一般民眾對於「農地應該好好保存不應隨便變更」及「農地使用與農村生活、生產及生態關係密切」的認同比例最高，顯示一般民眾重視農地使用且主張不應該隨便變更農地，凸顯一般民眾對農業及農地的態度較農民具有理想性。

(2) 傳統型農村（菁寮）對「政府應該補助農地長期用作農業經營使用者」的認同比例最高，顯示以生產為主的傳統型農村對農地農用補助政策的期待較高。

(3) 調適型農村（大洲）對「農地是經營農業最重要的東西」認同比例最高，顯示調適型農村農民在尋求多元化發展以獲取利益的特質下，均較一般民眾與傳統型農村重視農地，印證前述所述有較高的保存農地意識。

綜合而言，在價值觀構面下，比較一般民眾與農民均數差異結果[11]，顯示一般

---

[11] 參照表5-6單因子變異數分析結果中，一般民眾、菁寮農民（傳統型農村）、大洲農民（調適型農村）對價值觀構面各問項進行均數比較。以「農地使用與農村生活、生產及生態關係密切」為例，一般民眾均數為2.97、菁寮農民（傳統型農村）均數為2.83、大洲農民（調適型農村）均數為2.86，兩兩相比後，顯示一般民眾的均數都高於其他兩個地區的農民（菁寮

民眾與農民之間存在較多差異，特別是一般民眾與傳統型農村農民之間；在不同的空間的農民之間差異較小。儘管有上述差異，但不論是一般民眾或農民都認同農地的重要性。

(二)生產功能

1. 整體趨勢

農地的生產功能指的是，農地用以生產糧食衣物，在生產時兼顧生產量與產品品質。生產功能構面有3個問項，在3個問項中有2個正向問項（題1及3）與一個負向問項（題2）。調查結果顯示，一般民眾與農民對正向問項的受訪者認同的比例最低為73.75%（表5-5），負向問項受訪者不認同的比例最低為56.43%，且負向問項之均數都明顯較正向問項之均數低（表5-6）。總體來看，農地的生產功能仍然受到多數受訪者的認同。因此，農地供作糧食生產仍受重視。

2. 差異比較

(1) 農地最好用來生產糧食以滿足糧食需求：單因子變異數分析結果顯示（表5-6），一般民眾與農民之間有顯著差異（α < 0.05），且一般民眾的均數低於農民；不同空間農民的均數亦有差異，調適型農村的農民均數低於傳統型的農民。

(2) 農地用來生產糧食，為了提高產量多用一些農藥與肥料也無妨：單因子變異數分析結果顯示（表5-6），一般民眾與農民之間有顯著差異（α < 0.05），一般民眾均數低於農民；不同空間農民的不認同比例有差異，調適型農村的農民均數低於傳統型的農民。

(3) 農地用來生產糧食應多重視糧食品質：單因子變異數分析結果顯示（表5-6），一般民眾與農民之間有顯著差異（α < 0.05），一般民眾均數高於農民；不同空間農民的認同比例有差異，調適型農村的農民均數高於傳統型的農民。

綜合而言，在農地生產功能構面的差異顯著，一般民眾對於農地用來生產糧食產量上的認同比例，一般都低於農民。不過，在提高產品品質上認同比例則較農民高出許多。不同空間的農民對於農地生產功能認同比例也存在顯著差異，在生產量的認同比例上，傳統型農村的農民高於調適型農村的農民，在品質的要求上，則調適型農村農民高於傳統型農村的農民。這意味著，傳統型農村的農民確實比較著重

+0.14、大洲+0.11），而兩個地區的農民間的差距較小（±0.03），以此類推。

農地的生產功能,且仍著重量的提升;調適型農村的農民,雖然也重視農地生產功能,但比較注重產品品質。

(三)生態功能

1. 整體趨勢

　　農地除了生產功能之外,還有其他的功能,環境生態的功能即為其不可缺少者。在本研究的問卷中。生態功能構面有2個問題,在不同受訪者中,同意的比例最低者為58.66%。但是,僅有傳統型農村的農民因擔心自身無意間破壞農地,故針對「處罰破壞農地者」部分有如此低的同意比例,其他的受訪者同意比例都達80%以上。此顯示,大部分的受訪者認同了農地的生態功能。

2. 差異比較

　　(1) 農地除生產使用外,也可提供美好的環境、美麗的風景和清新的空氣:單因子變異數分析結果顯示(表5-6),一般民眾與農民認同的比例有顯著差異($\alpha <$ 0.05),一般民眾均數都高於傳統型農村及調適型農村農民;不同空間農民的認同比例亦有差異,調適型農村均數高於傳統型農村。

　　(2) 農地的使用如果破壞當地的土地、環境或風景應受到處罰:單因子變異數分析結果顯示(表5-6),一般民眾與農民認同的比例有顯著差異($\alpha < 0.05$),一般民眾均數高於傳統型農村及調適型農村農民;不同空間農民的認同比例有差異,調適型農村農民認同比例高於調適型農村的農民。

　　對於農地生態功能的態度的比較,結果甚為特別,因為一般民眾和農民的差異雖然存在,但這差異係一般民眾和傳統型農村農民之間的差異。相對於此,一般民眾與調適型農村農民之間的差異並不顯著,但在不同農村空間農民的差異則較大[12]。這也凸顯出,不同農村空間農民對農地的生態功能態度不同,調適型農村的農民具有較高的認同比例。

---

[12] 以「農地的使用如果破壞當地的土地、環境或風景應受到處罰」為例,一般民眾均數為 2.81、調適型農村均數為2.77、傳統型農村均數為2.46,一般民眾與調適型農村差距為±0.04,而調適型農村與傳統型農村差距為±0.31,顯示一般民眾與調適型農村較為接近,調適型農村與傳統型農村的差異較大。

(四)生活功能

1. 整體趨勢

在問卷中，生活功能構面包括農地提供居住、文化與休閒的功能，一共4個問項，其中題1及題2為負向問項，題3及題4則為正向問項。調查結果顯示（表5-5），與居住功能的問項（題1及題2），受訪者同意與不同意的比例均偏低（同意的比例最多為57.54%）；至於文化與休閒同意者的比例最低者亦將近9成。因此，除了農地作居住使用之外，農地具有與生活有關的休閒文化功能，獲得受訪者極高的認同。

2. 差異比較

(1) 應該多將農地開發為高級農舍：單因子變異數分析結果顯示（表5-6），一般民眾與農民認同的比例顯著有差異（α < 0.05），一般民眾均數低於農民；不同空間農民的均數略有差異，調適型農村均數略低於傳統型農村。不過，參照敘述統計結果（表5-5）同意與不同意的比例超過5成的情況不多，顯示在此一問題上呈現態度兩極的趨勢。

(2) 可以多買農地及農舍來居住或置產：其結果與前一問題約略相同。

(3) 耕種農地是我們的一種文化應該珍惜：單因子變異數分析結果顯示（表5-6），不管一般民眾與農民之間，或者不同農村空間的農民之間，都沒有顯著差異。

(4) 農村的空氣新鮮、環境品質很好，應該多到農村走一走：單因子變異數分析結果顯示（表5-6），一般民眾與農民之間有顯著差異（α<0.05），一般民眾均數高於農民；不同農村空間的農民差異較小，調適型農村均數略高於傳統型農村。

在生活功能上，願意到農村旅遊者比例極高，特別是一般民眾，此顯示出，會有許多的一般民眾來到農村拜訪與旅遊。此外，耕種農地為一種文化，仍然烙印在幾乎每一個受訪者心中。在農地開發為住宅用地上，雖然受訪者之間意見有差異，但至少仍有40%的受訪者同意將農地改建豪華農舍，農地興建農舍壓力，可見一斑。

三、小結

　　1980年代中期之後，農業的功能產生了改變，從戰後的生產糧食衣物為主，轉移擴大到兼顧其他的功能，例如生態環境、生活文化等。農業的多元功能觀點包括後生產論與多功能性，在許多先進國家已經成為新農業體制，被廣泛的研究討論，並加以實踐。為了要實踐新農業體制，因此各國分別依據自己的需要確認了各自的農業功能，因此農業功能具有地方差異已經成為常態。各國農業功能經常以農地利用產生的功能為主要依據，並依此採取不同的補貼政策，以扶持各該國農業。許多研究亦指出，農地農業經營的基本要素，農地的發揮的功能就是農業的功能，因此農地功能的探討為實踐新農業體制不可或缺的要素。

　　我國1990年代提出的「三生農業」，可以視為具有新農業體制精神的政策概念。不過，不論在其實質內容的探討與實踐上，都有待加強，特別是臺灣農地宜具有什麼樣的功能，迄無明確方向。基於此，本研究以李克特態度量表，經由問卷調查來了解民眾對農地功能的認知情形。本研究問卷的調查對象包括一般民眾及農民，農民又依其所居住的農村，分成傳統型農村與調適型農村。所謂傳統型農村是指，當地的農地仍以農糧生產為主的農村空間；調適型農村是指，農地利用已經具有新體制經營模式（例如多元化、粗放化等）的農村空間。本研究之問卷調查，一般民眾係以臺、澎、金、馬的成年人為對象進行電話訪談（統計時將職業為農者排除）；農民則以臺南市後壁區菁寮社區為傳統型農村代表，宜蘭縣三星鄉大洲村為調適型農村代表，並採取面對面的訪談的調查方式。採取一般民眾與農民，以及不同農村空間的農民訪談，主要是希望同時了解農地使用者與一般民眾對農地功能認知的情形，除此之外，由於我國並未實施新農業體制，因此同時調查屬於生產為主的傳統農村空間和轉向新體制的農村空間，藉此了解農地功能在不同農村空間農民之間的認知差異。

　　本研究調查結果，主要發現如下：

(一)總體態度傾向

　　1.價值觀：不論是一般民眾或農民，普遍同意農地的重要性，在農地保存上也有極大的共識。

　　2.農地功能：本研究提出的生產、生態及生活的功，除了少數問題（例如農地

興建高級農舍）之外，各種功能獲得受訪者相當比例的認同。此意味著，不論是一般民眾或農民，都可接受新農業體制中農地具有多種功能的觀點。

(二)態度差異

1.在生態功能、生活功能及生產糧食的品質上，一般民眾認同的程度經常高於農民。

2.在不同空間的農民態度方面，傳統型農村具有較重視生產功能的傾向，而且在重視糧食品質上，同意的比例也較低。

3.在農地供作住宅或高級農舍（生活功能的一部分）問題上，一般民眾與農民同意的比例都不高。但是其間仍有差異，即傳統型農村的農民同意的比例高於調適型農村的農民與一般民眾。

本研究調查結果凸顯出，臺灣的一般民眾及農民在農地功能上，已經具備新農業體制的農地功能認知。同時也顯示出，不同農村空間的農民對農地功能認知的確存在著差別。上述調查結果意味著，我國如果推動新農業體制，一般民眾及農民接受新農業體制的程度極高，但是必須注意不同農村空間對農地功能需求的差異。

　　第二次世界大戰後的農業體制，具有由傳統的生產論走向新體制（後生產論或多功能性）的趨勢，前述二種新農業體制及傳統農業體制之間的差別如表6-1。生產論與後生產論或多功能性現在存在著競爭關係，他們之間的競爭關係不是優劣的選擇，而是基於價值與時空上的差別。因此，要選擇上述哪一種農業體制，各國係基於其社會群體的價值觀與農業環境而做決定。在新農業體制之間的選擇大致如下：如果注重的是商業利益且農業具有競爭力，則該國會採取競爭性的（後生產論的）農業政策；反之，如果重視商業利益以外的價值且農業缺乏競爭力，則會採取多功能性的農業體制。

　　以表6-1為基準，臺灣的農業發展雖然自第二次世界大戰後，比較偏向表6-1中依賴式的體制，這與第三章的分析結果一致。但是，隨著加入WTO，依賴式的農業體制難以延續，農業體制調整勢在必行。在前述的分析中，我國農業政策在1990年代初期已經開始向後生產論或多功能性調整，揆諸我國農業條件，此一調整實有

表6-1：各種農業體制的本質、政策目標與政策工具

	依賴的	競爭的	多功能的
	舊的典範	新典範，用於美國等	新典範，用於歐盟
農業本質	・低收入 ・與其他部門無競爭 ・與其他國家無競爭	・平均所得 ・與其他產業競爭 ・在世界市場中競爭	・來自農場經營的所得比例低 ・低度酬勞的公共財生產者
政策目標	・政府需尋找市場 ・必須控制供給	・邁向自由市場 ・供給控制鬆綁	・鄉村保存 ・保持家庭農場經營的活力
政策工具	・廣泛地保護 ・剩餘購買 ・國家貿易 ・輸出協助	・在交易中與給付脫勾 ・風險管理 ・低度安全網	・環境補貼 ・對抗單一功能的農業 ・新的制度安排 ・鄉村發展計畫

資料來源：Moyer and Joaling 2002: 32轉引自van Huylenbroeck et al. 2007: 23

必要。但在此一調整中，農地利用策略宜如何隨同調整？國外案例的參考，為可行的作法，以下將介紹以多功能性為農業政策的瑞士，選取的原因是，瑞士非常積極地推動新的農業政策，而且具有較完備的農業（農地）法制，適合我國參考。以下依序介紹瑞士農業（地）政策與法制體系、直接給付及規劃體制。

第一節　農業（地）政策與法制體系

　　由於以高科技與觀光產業聞名於世的關係，因此很少人注意到瑞士的農林產業，但是如果能把觀光旅遊與農林產業的經營連結起來，就不應忽略瑞士農林產業的重要性[1]，特別是在理解農業後生產論及多功能性的意義之後。瑞士的國土面積41,285平方公里，2006年底總人口數7,507,100人。與臺灣比較起來，瑞士國土面積稍大於臺灣，人口卻只有臺灣的三分之一強。2005年農業用地面積計為1,065,000公頃，約有64,000個農場，農業人口181,000人，平均每一個農場經營面積約為17公頃[2]，2006年農業總產出50億9仟萬瑞士法朗[3]。瑞士的農業用地雖然占了國土總面積的24%，但根據統計，2005年農業總產值只占國民總生產毛額的0.9%，而且有逐年降低的趨勢（Bundesamt fur Statistik 2007: 4）。儘管如此，瑞士並未放棄農業，反而引起更多的重視，並設法積極扶助農業的發展（Weidmann 2007；Scheuner 2004）。本研究選取瑞士作為國外案例的原因主要有二：第一，瑞士在國際農業貿易談判當中，力推農業多功能性的觀念，使瑞士談判中扮演非常重要的角色，並且1990年瑞士的農業政策已逐漸轉向多功能性。第二，瑞士的農業及農地法制甚為完備，包括聯邦憲法、農業法、農地法、農業租賃法及空間規劃法等，其可供我國農地法制建立的參考尤多，以下簡短回顧瑞士戰後農業政策目標的變遷及相關法制體系。

---

[1]　根據研究，瑞士的農業為觀光業帶來的附帶收入超過25億法郎（Scheuner 2004: 11）。

[2]　瑞士2005年農地經營規模大小如下表（Bundesamt für Statistik（http://www.bfs.admin.ch）[最後瀏覽日期：2008/02/15]）：

規模	0-5公頃	5-10公頃	10-20公頃	20公頃以上	合計
農場數	10,647	11,108	21,994	19,878	63,627
百分比	16.73	17.46	34.57	31.24	100.00

[3]　以上資料參閱瑞士聯邦統計局（Bundesamt für Statistik）網站（http://www.bfs.admin.ch）[最後瀏覽日期：2008/02/15]

一、戰後農業政策目標變遷

　　任何政策的目標設定，都與社會的歷史發展與文化脈絡有關，第二次世界大戰以來，瑞士農業政策目標的轉變正可以驗證其關聯性。第二次世界大戰以後，瑞士經歷了繁榮、經濟成長，以及國家總體優先和偏好順序的改變。不管其他議題，單就瑞士農業政策而論，它受到兩項改變影響最深：第一，環境意識與聯邦環境法制化；第二，農業政策目標的改變（Hediger 2006: 55）。本研究將重點放在後者，因為它與本研究關係比較密切。

　　戰後，瑞士農業目標基本上可以分成三個轉折點：1947、1976及1999年。其中1947與1999年涉及到憲法對農業政策目標的規範，1976年的則為第五農業報告（Fifth Agricultural Report），各時期的主要政策目標簡化如表6-2。

　　瑞士是一個聯邦制國家，表6-2所呈現的目標均為聯邦所規範的農業目標，其中1976年的第五農業報告，雖非聯邦憲法的規範，卻是聯邦議會通過的報告，具有全國性的規範作用。表6-2雖未給予戰後瑞士全面農業政策目標改變的訊息，但呈現了最重要的改變，以及逐漸走向農業多功能目標的過程。表中呈現出，戰後瑞士

表6-2：戰後瑞士農業政策目標（1947、1976及1999年）

聯邦憲法 （1947）	第五農業報告 （1976）	聯邦憲法 （1999）
調節社會全體利益	農業保護成本的公平分配	農業的多功能任務
維護農民生活	確保農民所得	土壤與土地栽植 小農企業
維護生產性農業	發展生產性與有效率的小農企業 生產調向吸取市場能量及市場穩定性 長期維護生產保護區	永續與市場導向的農業生產
強化農民資產		強化農民資產
保護經濟危險區域		鄉村聚落的去中心化
戰時防禦性措施	提供人民高品質的食物 扭曲性輸入時期的預防措施	糧食量與質的安全
	無損環境的生產	保護自然資源與生活條件
	鄉村景觀的保護與開發	鄉村景觀的開發
		以補貼政策工具帶動自我支撐

（資料來源：Hediger 2006: 155, Table I.）

的農業政策負有多重目標的憲法傳統，到1970年代特別呈現出關注環境與糧食品質的議題（第五農業報告），到了1990年代末期，聯邦憲法明定多功能農業為瑞士農業政策的目標。

　　從前面的轉折來看，瑞士農業政策可以以1980年代為分水嶺。1980年代之前，瑞士為了保護本國的農業，採取了農產品的保護價格和農產品的國家收購政策。為了提高農業產量，大量使用工業化生產方式，使用化學肥料及農藥。1986年聯邦委員會提出促進本國糖業生產的草案，並提出「吃瑞士農民自己生產的糖」的口號，但是未被民眾所接受，草案被全民公投所否決。這是瑞士民眾第一次否決聯邦委員會提出的關於農業政策方面的提案。同時國際上對瑞士的壓力很大，要求瑞士政府減少農業補助，開放市場。這是瑞士老的農業政策走入了政治、經濟和生態死胡同的標誌。1980年代瑞士農業政策所面臨的主要問題是：

　　1.食品價格上升超過了政治承受能力和國民經濟接受能力；

　　2.國際壓力越來越大；

　　3.生態方面也接近了可承受的界線。

　　其中生態方面的問題特別受到重視，其主要問題為：

　　1.水體中的氮含量增加；

　　2.湖泊中的營養成分過高；

　　3.阿莫尼亞（Amoniak）排放問題；

　　4.土壤侵蝕；

　　5.物種減少。

　　面對這些問題，1993年聯邦議會提出改革方案，這些方案可以簡單地概括為四項：

　　1.逐步地放棄國家的農產品價格保護和收購政策；

　　2.擴張直接給付體系；

　　3.建立生態平衡面積；

　　4.發放生態貢獻證書。

　　上述方案後來被納入1999年的憲法中，成為新的農業政策。新的農業政策又被稱為「市場和生態環境」，或者被稱為「多功能的農業」。前述第一項和第二項涉及到市場，第三項和第四項涉及到生態環境。瑞士農業部門認為，2007年下半年開始的世界農業產品價格的大幅度上漲，減小了瑞士農產品價格和周邊國家以及

世界農產品價格的差別，增加了瑞士農業的市場競爭能力。這說明了農業將成為未來發展的一個關鍵因素，也說明了瑞士農業政策改革和農地多功能性的政策的正確（Umwelkt 2008.2: 10）。概括而言，瑞士實踐農業多功能性可以分成二個面向的策略，即直接給付及土地規劃管理，這二個面向的策略都與農地利用有關。

二、瑞士農業（地）法制體系

瑞士的農業體系相當完整與繁複，在此僅介紹其體系。在此體系中的憲法、農業法、主要直接給付規定（第二節）、空間規劃（第三節）等將做較多的介紹。

(一)聯邦憲法

瑞士在憲法中明確了規定農業應有的功能，現行瑞士聯邦憲法[4]第104條（條文名稱：農業）規定如下：

I. 聯邦應負責經由永續與市場導向的生產，使農業對下列各項具實質的貢獻：

　　(1) 確保供養國民

　　(2) 自然性生活基礎的維護及文化景觀的保護

　　(3) 去集中化的鄉村聚落

II. 為達成必要的農業正當防衛及在必須偏離經濟自由原則的情況下，聯邦需協助從事土地經營的農業經營者。

III. 聯邦得採取措施使農業完成其多功能性的任務，聯邦具有下列的特殊權力與義務：

　　(1) 在具有生態功能證明的條件下，聯邦對於其帶來可獲得的功能，須對農業所得給予直接給付。

　　(2) 聯邦對於自然、環境和動物友善的生產方式，需給予經濟誘因。

　　(3) 聯邦應頒布規範食品生產地、品質、生產方式及加工過程等履歷的法律。

---

[4] Bundesverfassung der Schweizerischen Eidgenossenschaft, vom 18. April 1999 (Stand am 1. Januar 2008).

(4) 聯邦應保護環境，使其免受過度使用肥料、化學藥劑、及其他工具之不良影響。

(5) 聯邦得進行農業之研究、諮商建議、教育，以及投資協助。

(6) 聯邦得頒布確保農業土地保有者的法律。

Ⅳ. 聯邦得採取達成目的必要的措施，這些措施可來自農業領域或一般聯邦措施。

從前述聯邦憲法規範來看，瑞士在1999年已經完全建立起多功能農業的觀念，其與永續性的觀念共同決定了瑞士的農業政策指導綱領（Hediger 2006: 157）。

(二)聯邦農業法

瑞士並依據聯邦憲法第104條規定訂定聯邦農業法，聯邦農業法基本上充分地實踐憲法第104條的規定，第二篇至第七篇係逐一地履行憲法的農業政策目標[5]。在瑞士聯邦農業法第1條明定的立法目標及第2條規定的聯邦措施條文內容，幾乎是重複憲法第104條第1款及第3款的規定。並依據聯邦憲法同條第3款第f項規定制定農地法，以保護農地。最特別的是，其將多功能性訂在憲法層次，作為國家基本國策，在全世界農業政策中應屬罕見，也突顯了瑞士對農業的重視，以及推動多功能農業的決心。

---

[5] 聯邦農業法共計九篇（下分章節）188條條文（其中部分條文在歷次修訂中刪除）：

第一篇　總則（1-7條）：通則性規範，包括目的、聯邦措施、概念與適用範圍、困難生產與生活條件、所得、支付範圍等。

第二篇　產銷規範（8-69條）：下有五章，主要為各類產品的產銷規範，包括一般經濟決定、奶類經濟、飼養經濟、植物栽種及酒類經濟。

第三篇　直接給付（70-77條）：下有三章，分別為通則、一般直接給付、生態直接給付。

第四篇　社會性的引導措施（78-86a條）：下有二章，分別為企業協助及轉業扶助。

第五篇　結構改善（87-112條）：下分三章，分別為通則、經費及投資貸款。

第六篇　研究、諮詢與植物栽種及動物飼養之扶助（113-147條）：計為三章，包括研究、諮詢與植物栽種及動物飼養。

第七篇　植物保護與生產手段（148-165條）：計有四章，分別為執行、防範措施、植物保護、生產手段等。

第八篇　權利保護、行政措施與處罰裁定（166-176條）：計有三章，分別為權利保護、行政措施、罰則。

第九篇　最終決定（177-188條）：計有三章，分別是實施、過度條款、公民投票與生效。

第十篇

(三)其他法規與個法規的主要目的

除了聯邦憲法及農業法之外，還有聯邦空間規劃法、聯邦農地法及聯邦農業租賃法，做為農地管理的聯邦規範。這些法規可以依據作用分成兩類：

1.聯邦農業法與聯邦空間規劃法在農業及農地使用上，落實了憲法多功能性的新政策方向；

2.聯邦農地法及聯邦農業租賃法則透過傳統的產權（處分與取得）限制，達到農地保存與維持經營規模的目的。

這些法規中，以聯邦農業法涉及農地利用的層面最廣。這是因為要執行聯邦憲法所賦予的農業政策，特別是為了讓農民有足夠的收入，同時又兼顧生產與生態之間的平衡，在聯邦農業法之下頒布了五項與農地利用管理有關的法令，包括：直接支付規則、生態品質規則、農業分區規則、農耕補貼規則及結構改善規則，這五項法令與財政補助都有關聯。其中，生態品質規則依據不同土地使用產生的生態貢獻進行分類；農業分區規則依據農地的區位（特別依據經營難易程度）所在，來區分農地；農耕補貼規則係規範農耕地生產或植栽類別，這三種對於農地進行了不同的類別劃分，其主要目的都在於作為直接支付多寡的依據。另外，結構改善規則中的農地改善，則針對農地改善時，政府應負擔的改善成本及協助貸款義務進行了規範。在執行面上，財政補貼係由聯邦統一規範，但為落實這些規範，各邦可能各訂定不同的辦法或負責實施的單位。

在農地使用規劃部分，和一般聯邦制國家無異，聯邦並不進行實質規劃，不過卻透過聯邦法令的制定，規範邦及地方進行規劃的原則與遵守義務。經由聯邦空間規劃法規定農地的規劃使用須符合多功能性，並且對與農地衝突的土地使用原則規範，其他即交由邦及地方因地制宜進行規劃，為了執行聯邦的規範，各邦及一些地方都會訂定自己的規劃法令依據。在整個農地使用規劃中，最特別的是輪種地（類似我國優良農田）係由聯邦分配給各邦數量，各邦依據分配的數量再依序分配給地方劃定區位範圍。這與聯邦制國家一般作法不同（一般作法都由地方政府自行決定農地數量），其目的無他，即國家須統一掌握及保存適當數量的可耕地。

多功能性作為國家新的農業政策，主要是為了因應外來的農業競爭，它含有很強的對外的政治意味，也成功地成為對抗新自由主義及保護本國農業的有效策略。但是，透過聯邦農業法與聯邦空間規劃法實踐的多功能性，仍然無法完全避免農地流入非農業經營者之手以及農地細分等農地基本問題上。解決這些農地的基本問題，係透過聯邦農地法與聯邦農業租賃法來對農地處分及取得進行嚴格地限制。這

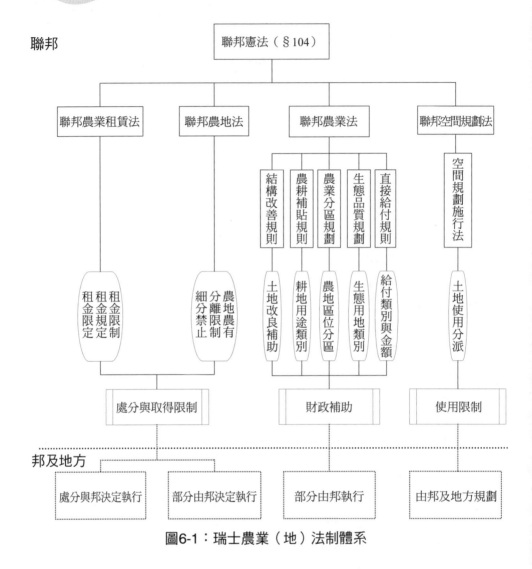

圖6-1：瑞士農業（地）法制體系

限制規定係由邦及地方負責執行，各邦根據聯邦的授權訂定或決定一部分由地決定的事項，例如擴充更多的優先購買權、承租金額的上限及成立專門委員會議決相關事務等。

　　上述法令之間並非獨立，而是環環相扣，第二節及第三節將近一步介紹瑞士的直接給付措施及農地使用管制（空間規劃），因為此二者與落實多功能性關係最為密切。

第二節　直接給付措施

　　多功能性最主要在彰顯農業的多元功能，在這些功能當中，不涉及貿易事項部分，即可不受WTO的規範，而對其進行補貼。瑞士對於農業的補貼為各國之冠，它可分成直接給付體系、生態貢獻證書和生態平衡面積三個部分來說明。

一、直接給付體系

　　瑞士農業在整個經濟結構中占的比例很小，以產值計算，農業只占0.9%（2005年資料）；以就業位置計算，農業只占3.7%（2006年資料）。但是，瑞士農業在整個社會中，被認為十分重要。因此，瑞士聯邦政府2005年的財政總支出為514.03億瑞士法郎，其中給予農業和食品的支出為37.71億瑞士法郎，占財政總支出的7.3%。（Der Fischer Weltalmanach 2007；Der Fischer Weltalmanach 2008；Harenberg Aktuell 2007；Harenberg Aktuell 2008）在西方工業國家中，瑞士政府對農業提供的資金一直是最多國家之一。

　　如果逐漸地放棄國家的農產品價格保護和收購政策，必然導致農民收入的減少，造成本國農民的不滿意。其結果是：農民放棄農業，放棄農業土地利用，向大城市流動。但是瑞士農業政策的目標，除了保證國民可靠的供給、保持自然的生活基本基礎、保持耕作制度和居民點的分散佈局（聯邦農業法第1條）之外，另外一個同樣重要的目的，就是使農民的收入與當地其他行業的平均水準相當。聯邦農業法第5條規定：採取本法所規定的措施，以使農場達到可持續經營的，以及多年平均收入和本地區從事其他行業的居民收入比較。如果農場的收入確實低於可比較的水準，聯邦政府可以採取有期限的措施，來改善農民收入；在此要考慮其他行業，其他從事非農業生產的居民的經濟狀態以及聯邦的財政情況。

　　瑞士是世界上人均BIP最高的國家之一，2005年，瑞士平均人均國內國民生產總值為55,320美元（資料來源Fischer Weltalmanach 2008），也是人均收入最高的國家之一。在經濟全球化的大環境下、在世界貿易組織的框架之內及在國際農產品生產成本和銷售價格的激烈競爭之中，瑞士農民根本沒有生存的能力，更不用談農民收入可能達到瑞士平均水準。所以，新政策的最主要任務，就是彌補政策改變

導致的農民收入的減少。在這方面瑞士聯邦政府採取的措施是，大力擴張直接給付（Direktzahlung）的體系。

直接給付被定義為對農業提供公眾經濟貢獻的回報（Umweklt 2008.2a: 6），此處要特別注意的是，直接給付體系支付給農民的錢，是作為農業對於公眾經濟貢獻的回報，而不是一般意義上的給予農業的財政補助。直接給付巧妙地借用了市場經濟中的重要原則，有貢獻才有回報，貢獻和回報相等的原則（Leistung und Gegenleistung）。瑞士改用了「對於公眾經濟貢獻的回報」的直接給付，有助於抵抗強大國際壓力，因為這裡使用的是「市場原則」。

從表6-3可以看出，瑞士農業政策的轉變和直接給付成為農業支柱的情況。瑞士聯邦政府1990/92年的農業和食品支出為3,048百萬瑞士法郎，經由政策改革，2006年的支出不但沒有減少，反而增加到3,794百萬瑞士法郎，比之前增加了746百萬瑞士法郎，增加了近四分之一。其中，農業和食品支出中的結構發生了重大變化。對於生產銷售的財政補助從1,685百萬瑞士法郎減少到606百萬瑞士法郎，減少了1,079百萬瑞士法郎，減少了64%。原來生產銷售的財政補助，從占總支出的56%變為2006年的16%。直接給付從1990/92年的772百萬瑞士法郎提高為2006年的2,553百萬瑞士法郎，增加了1,781百萬瑞士法郎，也就是增加了231%。原來直接給付只占總支出的25%，到2006年則提高為67%，成為農業和食品支出中的最主要部分。2006年瑞士在河谷地區的平均每一個農場獲得的直接給付為40,486瑞士法郎，在山區地區的平均每一個農場獲得的直接給付為48,958瑞士法郎。

表6-3：瑞士的聯邦農業和食品支出比較　　　　　　　（單位：百萬瑞士法郎）

項目　　年期支出	1990/92	2006
生產銷售	1,685	606
直接給付	772	2,553
改善基礎設施	186	201
其他支出	405	434
總計	3,048	3,794

資料來源：Umweklt 2008.2a: 6

有人認為，瑞士1986年開始的農業政治改革的主要原因是國家難以承擔越來越高的農業財政支出（Umweklt 2008. 2a: 6），這個觀點並不正確。因為，雖然減

少生產銷售的財政補助，但是擴大了直接給付，最後聯邦政府的農業財政支出不但沒減少，反而是增加了。

瑞士的直接給付[6]可分為一般直接給付（allegemeine Direktzahlungen）、生態補貼（Ökobeitäge）及倫理補貼（Ethobeitäge）三項（聯邦農業法第70條第1項及直接給付規則第1條1項），一般直接給付是植物栽種的土地面積補助（Flächen- und Verarbeitungsbeiträge），這是農業法第70條至第75條所涉及的內容。瑞士聯邦議會（Bundesrat）根據農業法制定植物栽種的「土地面積補助規則[7]」，在這個規則中，對於種植不同的作物，給予不同補助標準，用以引導農民種植市場需要的植物。2008年1月1日起的標準為：

1.種植油菜、黃豆、向日葵、油南瓜、LEIN，每公頃補助1,500瑞士法郎；種植菜豆、豌豆和用於作飼料的LUPINEN，每公頃補助1,500瑞士法郎；

2.種植除麻和HANF之外的纖維植物，每公頃補助2,000瑞士法郎；

3.種植甜菜，每公頃補助850瑞士法郎。

但是，這些標準經常調整（通常每年依據國內需求調整），例如前述補助從2009年1月1日起調整如下：

1.種植油菜、黃豆、向日葵、油南瓜、LEIN；種植菜豆、豌豆和用於作飼料的LUPINEN；除麻類和HANF之外的纖維植物；馬鈴薯、玉米和飼料作物等每公頃補助1,000瑞士法郎。

2.種植甜菜用以製糖者，每公頃補助1,900瑞士法郎。

另外，規則還對產量、種植方法、種植面積、產銷關係等做出具體規定。比如種植甜菜，採用傳統種植方法，要求產量在每公頃10噸以上；採用生態種植方法，要求產量在每公頃7噸以上。如果產量達不到要求，將按比例減少財政補助數額。又例如對於種植面積的要求，每塊種植某一農作物的面積至少須在2,000平方公尺以上等等。土地面積補助是直接給付中最大的一塊，根據2006年的資料，土地面積補助占直接給付總數的52.2%。

生態補貼包括：a.生態平衡補貼、b.穀類和油菜籽粗放生產補貼，以及c.生態

6　為了執行直接給付，聯邦議會根據聯邦農業法訂定了「直接給付規則」（Verordnung über die Direkzahlungen an die Landwirtschaft (Direktzahlungsverordnung, DZV) vom 7. Dezember 1998 mit Änderungen vom 14. November 2007）

7　Verordnung über Flächen und Verarbeitungsbeiträge im Ackerbau (Ackerbaubeitragsverordnung, ABBV)

農作補貼三項（直接給付規則第1條2項）；倫理補貼則包括：a.對動物友善的飼養體系補貼以及b.自由活動場所補貼（直接給付規則第1條3項）。生態補貼是將農業生產與聯邦自然保護和家鄉保護法（Bundesgesetz über Naturschutz und Heimatschutz）、聯邦水資源保護法聯結了起來，使農地利用的時候，可以顧及環境及文化景觀，另外一方面，也是對聯邦自然保護和家鄉保護法、聯邦水資源保護法的一個補充[8]。

　　保護農業生產的決定性條件，如水體保護、環境保護、動物保護，是決定生態直接給付的基本條件，也決定生態直接給付的多少。比如瑞士物種的三分之一存在於農業用地的空間中，要保護物種多樣性，必須保護農田的物種多樣性。瑞士聯邦議會制定規則，確定生態直接給付的數額。瑞士聯邦委員會每4年更改規則一次，特別是規則中的具體規定。

　　經由農業的生態補貼及保證國民的食品供應安全等，瑞士將農業生產和對公眾利益的貢獻結合起來，從而奠定了直接給付的市場理由。農業生產對水體保護、環境保護、動物保護有貢獻，需要得到回報；農業土地必須耕種或者必須休耕，也是為了公眾利益，如保持農業發展、又如防止自然災害、又如保護特別的植物、動物種類等等，地主必須無償地容忍。對於休耕，地主無償地容忍的最長期限為三年。對此社會必須做出同樣的支付，這就是直接給付。又如，瑞士農業用地中有一類稱為「為了公眾利益用於農業生產的土地」。這些土地，就它們的區位、品質和組成而言，並不十分適合農業經營或者園藝生產，但是出自公眾利益，還是將它們劃為農業區，從事農業經營。在瑞士，這一部分主要是考慮到山地農業，這裡的自然條件包括土地條件、為居民所提供的基本生存條件，當然不能和平原地區相比。但是還是有一些人認為，要保持山地農業，這是考慮到在災荒或者戰爭年代，由於山地農業的大量生產面積，對於食物供應的保證有重要意義，特別是將食物的供應分散到各地，並且使食物供應儘量少受災荒或者戰爭的影響。另外，山地農業維護土地和地面植被，所以能夠減少自然危害（如土崩和雪崩等）。再者，維持山地農業也有助於阻止邊遠地區的居民點的荒蕪。最後，維持山地農業也符合開發旅遊、景觀保護的利益。這樣，農業生產又和對公眾利益的貢獻結合起來了（Gilgen 2006）。

---

[8] 為了執行生態補貼及連接自然與家鄉法，聯邦議會訂定了「生態品質規則（Verordnung über die regionale Föderung der Qualität und Verzesung von ökologischen Ausgleichsflächen in der Landwirtschaft (Öko-Qualitäverordnung) vom 4. Aprial 2001 (Stand am 1. Januar 2008)）」。

二、生態貢獻證明

農民獲得聯邦政府的直接給付的前提條件是生態貢獻證明（ökologische Leis-tungsnachweis）。生態貢獻證明包括：

1.尊重家畜權利的家畜飼養；

2.平衡的肥料使用；

3.生態補償土地所占比例適當；

4.合適的輪種秩序；

5.合適的土地保護措施；

6.選擇合理的和有目標的植物處理物質。

從1995年起，農場必須出示生態貢獻的證明，才能獲得聯邦政府的直接給付：

1.在平衡的肥料使用方面：農場不能在農地上施用超過作物生長所需要的肥料。為了證明平衡的肥料使用，農場必須出示本企業所擁有的家畜數目和所購買的肥料數量，作物的種植面積和作物應該需要肥料的數量。如果肥料使用不能平衡，比如家畜數量過多，那麼必須和其他企業簽訂出讓家畜肥料的契約。

2.在合適的輪種秩序方面：合適的輪種秩序可以避免害蟲和雜草的生長、避免土壤侵蝕、防止土壤硬化、防止肥力和農藥的流失或者滲漏。一個從事農業種植的企業，必須至少種植4種作物，其中任何一種作物的面積不得超過三分之二。

3.在有目標的農藥使用方面：原則上來說，只有當蟲害的損失超過門檻值時，農民才可以使用農藥。

4.在合適的土地保護措施方面：保持持久的土地植被覆蓋，例如在收割之後播種中間收成的種子，可以減少土地侵蝕。

5.在尊重家畜權利的家畜飼養方面：如果家畜飼養遵守動物保護規則，農業企業可以獲得生態貢獻的證明。

在新政策實踐過程中，由於生態貢獻的證明是農民獲得聯邦政府直接給付的前提條件，所以幾乎所有的農場都滿足生態貢獻證明的要求。正因為如此，今天的瑞士農業具有世界上較好的、平衡的肥料使用，釋放的溫室氣體比20年前還要少（Umweklt 2008.2a: 8）。

但是，根據瑞士AGRSCOPE（一個研究機關）的研究，農場出示生態貢獻的

證明，農產品的價格雖然較高，增加的價格仍然有限，並不會比周邊國家的農產品的較高的價格更高（Umweklt 2008.2a: 8）。例如與鄰居德國巴登州比較，瑞士農產品價格高的原因是人工費用高，農地租金高，機械利用率低，而不是由於生態貢獻證明的原因（Umweklt 2008.2a: 8）。

　　農業用地常常被用來作為都市居民休閒的空間，這是瑞士土地利用的一個歷史傳統，也是歐洲許多國家的傳統。週末到郊區休閒，欣賞色彩繽紛的空間，包括農田、牧草場、農舍，村落等等。目前在生態貢獻證明中，還沒有考慮農業用地的休閒功能，但是瑞士聯邦農業局已經提出建議，希望各州在制定規劃時，提出有區域特點的景觀保護和發展目標。這樣景觀保護的定義就比較明確，也可以為今後引入與生態直接給付相類似的措施提供基礎。

三、生態平衡面積

　　生態平衡土地，是生態環境保護中，特別是保護生物多樣性的一個重要措施。建築用地的擴張、農業精耕細作、大型農機的使用，使得生物物種大量減少。選擇一部分農業土地作為生態平衡土地，用於生態環境保護，特別是用於生物物種的保護，是經常採用的措施。如何給予地主賠償，這是歐洲國家的一個重要問題，瑞士是採用生態直接給付和生態補助來解決這個問題。農業法第76條規定，聯邦保證給予農地上的生態平衡面積合適的生態補助。農地上的粗放耕作，也可以得到生態補助。生態補助的目的是讓那些農業生產中或者是農業土地利用中的生態貢獻，在經濟上也是有利可圖。生態補助考慮到，要讓這些農場在市場上獲得更多的收益。

　　瑞士農業用地中的生態平衡面積包括下列各類土地（直接給付規則第40條）：

1. 粗放經營的牧地（extendsiv genutzte Wiese）

　　是指那些不使用肥料和農藥的、每年只收割一次或者二次的牧地。在中間地區，這些牧地上牧草的第一次收割在6月15日，在山區，第一次收割時間還要晚2到4個星期。並非所有的粗放經營牧地都是物種多樣的，特別是在河谷的牧地，由於土壤中的肥力很充分，所以還要經過很長的時間，才能恢復到物種多樣的牧地。但是，這些牧地收割的時間晚，所以對於家畜來說是有好處的。

2. 使用強度較低的牧地（wenig intensiv genutzte Wiese）

是指那些只能使用家畜肥料的牧地。每年每公頃只能使用30公斤的氮肥，禁止使用農藥，收割時間和粗放經營的牧地相同。使用強度較低的牧地的植物多樣性，遠不如粗放經營的牧地。在中間地區，30%的粗放經營的牧地可以滿足生態平衡面積的最低品質要求，只有10%的使用強度較低的牧地能夠滿足最低品質要求。

3. 濕地（Streueflache）

在瑞士已經有7,000公頃的濕地登記為生態平衡面積，其中四分之三的土地都按照自然保護和家鄉保護法簽訂了經營契約。其中大部分是在生物群落登記簿中登記的物種多樣的平原沼澤地，這裡禁止使用肥料和農藥，最早收割時間是每年9月1日。這樣使得許多開花期晚的植物也能結果，濕地是中歐地區物種最為豐富的地區。80%已經登記於登記簿上的濕地是高品質的生態平衡面積，這裡還生長許多受到威脅的物種。

4. 灌木、田間和河邊樹木（Hecken, Feld und Ufergeholze）

在瑞士，森林用地不屬於廣義農業用地。在瑞士有36,000公頃的灌木、田間和河邊樹木地，但是只有10%登記為生態平衡面積，這主要是灌木地登記為生態平衡面積後，必須有3公尺寬的過渡帶，而且很多農民認為維護費用太高，所以他們寧願放棄政府給的直接給付。灌木地十分美麗，並且提供物種集體生活的空間，還是構成生態平衡面積網路的重要因素。

5. 多色休耕地（Buntbrachen）

多色休耕地原來是農田，後來被播種了特殊混合的家鄉野草的種子，然後2至6年不再作為農田使用。這裡禁止使用肥料和農藥，這類生態平衡面積是1994年引入的，到2004年，面積達到約2,500公頃（最大值），2006年還剩2,300公頃。面積下降的原因是雜草的問題，人們常常要花很大力氣去對付雜草。不過，多色休耕地，起碼在第一年可以給景觀大量豐富的色彩，也帶來物種的多樣化。同時也會增加這個地區的鳥的種類。

6. 輪種休耕地（Rotationsbrachen）

和多色休耕地一樣，輪種休耕地原來也是農田，休耕1至3年。同樣禁止使用肥料和農藥，其生態的價值和多色休耕地一樣。

7. 農田保護帶、農田鑲邊地（Ackerschonstreifen und Saume）

是指3至12米寬的農田保護帶，它們和休耕地不一樣，它們依然會被經營，依然可以種植糧食、油菜等作物，但是禁止使用殺蟲劑和氮肥，也不能除雜草。在生態平衡面積中，農田保護帶是面積最小的。但是在形成網路中，農田保護帶的作用大，所以2008年新引入農田鑲邊地，希望能擴大這類生態平衡面積。

8. 大樹和田間果樹（Hochstamm-Feldobstbaume）

儘管其中一部分大樹和田間果樹還得到國家的財政補助，從20世紀中期到現在，瑞士失去了80%的大樹和田間果樹。主要是由於建築區的擴大，使它們成為犧牲品，現在僅剩下村邊的一些果樹。儘管所有的大樹和田間果樹都已經登記為生態平衡面積（1棵樹相當於100平方公尺），但是樹木的棵數還逐漸減少。樹木老死或者被火燒毀，在很多情況下不能得到彌補。每棵樹每年15瑞士法郎對農民沒有什麼吸引力，因為專業的維護成本很高。不過，大樹和田間果樹給特殊的生物群體提供生活的空間，比如受威脅的昆蟲、鳥類、蝙蝠等；這些大樹和田間果樹也是景觀的重要組成部分。

瑞士2007年各類生態平衡面積如下（Umwekt 2008.2c: 17）：

1.**粗放經營的牧地**：55,007公頃，每公頃面積補助在農業區為1,500瑞士法郎，在山區III和山區IV為450瑞士法郎；

2.**使用密度較低的牧地**：30,693公頃，每公頃面積補助在河谷地區為600瑞士法郎，在山區III和山區IV為300瑞士法郎；

3.**濕地**：7,062公頃，每公頃面積補助在農業區為1,500瑞士法郎，在山區III和山區IV為450瑞士法郎；

4.**灌木、田間和河邊樹木**：2,508公頃，每公頃面積補助在農業區為1,500瑞士法郎，在山區III和山區IV為450瑞士法郎，

5.**多色休耕地**：2,298公頃，每公頃面積補助為3,000瑞士法郎；

6.**輪種休耕地**：799公頃，每公頃面積補助為2,500瑞士法郎；

7.**農田保護帶、農田鑲邊地**：39公頃，每公頃面積補助為1,500瑞士法郎；

8.**大樹和田間果樹**：23,293公頃，每棵數補助為15瑞士法郎（1棵樹相當於100平方公尺）。

前述的補貼額度可進一步參閱表6-5，總的來說，瑞士的生態平衡面積已經占瑞士農田的百分之七，成果不算小。但是，距離瑞士當年制定的百分之十的目標

（Umweklt 2008.2d: 14）還有一定的距離。為了擴大生態平衡面積，新的措施是：

1.對品質高的生態平衡面積提高直接給付；

2.推廣生態平衡面積的網路化（Vernetzung）。

生態平衡面積網路化的目的是使分散的生態平衡面積連成網路，從而提高保護物種生活空間的品質，增加物種種類。在網路化時，把小溪和溪邊的土地以及森林的邊緣地也聯繫進去。推行區域的生態平衡面積網路化的規劃專案時，需制定目標物種種類和主要物種種類，再從這些物種種類的需求出發，確定生態平衡面積網路化的形式、區位和農業經營的方式。最後，不管如何調整，從上述的說明，可以清楚地看出，瑞士對於農業的財政補貼與農地利用密不可分，這就涉及瑞士的國土規劃，下一部分將說明瑞士的土地規劃與管制措施。

第三節　農地規劃管理

與一般國家的農地使用管理一樣，瑞士透過空間規劃進行農地使用分派及使用管制，且透過土地使用計畫來落實直接給付，凡此均值得我國借鏡。

一、瑞士空間規劃體系

瑞士是一個實行聯邦制的國家，以地方政府行政管理為主。在土地利用方面，有一套從聯邦到邦，再到地方，最後到市鎮的空間規劃（國土規劃）管理系統。和歐洲許多國家一樣，瑞士的空間規劃體系大約源自十九世紀中葉，主要是為了城市有規則的發展，有利於城市建設警察權的行使。經由雅典憲章，聚落系統的發展開始受到重視，特別是使用分區的理念在瑞士漸漸普及。使用分區（Zoning），特別是區分建築區（Bauzone）和非建築區（Nichtbauzone）至今依然是瑞士空間規劃體系中一個十分重要的手段。有很長一段時間，瑞士的城市規劃就稱作為使用分區規劃（Langhagen-Rohrbach 2003: 113）。

二十世紀60年代，瑞士的空間規劃體系發展進入一個重要階段，因為1969年瑞士修改了憲法。1974年根據修改後的憲法第22條，瑞士制定了空間規劃法，其

目的是實踐憲法第22條規定的「土地有目標的使用和建立有秩序的居住點體系」。1998年3月20日瑞士修改了空間規劃法，1999年2月7日瑞士通過全民投票通過了修改後的空間規劃法。新的聯邦空間規劃法依據聯邦憲法第75條[9]訂定，在聯邦空間規劃法第1條中，除了重申憲法第75條的精神之外（第1款），在第2款特別強調聯邦、邦及地方政府應透過規劃措施達成下列目標：

　　1.自然性的生活基礎，如土地、空氣、水、森林、景觀的維護；

　　2.居住聚落與經濟空間條件的促成與維持；

　　3.促進各區域之社會、經濟及文化生活，以及謀求聚落與經濟適度的去集中化；

　　4.確保足夠的國家供養基礎；

　　5.總體國家防衛的擔保。

　　在第3條（規劃的基本原則）第2項規定，應維護景觀，並特別強調應保存足夠的農業可耕地；在第6條第1款第1項規定，在邦的指導計畫中，應明確劃定合適於農業的區域。最重要的是聯邦空間規劃法第16條規定：

　　1.農業區用以長期確保國家糧食基礎、維護景觀及休養空間，或者平衡生態，並且應依其功能長期地免於建築。農業區包括下列土地：

　　(1) 適於農業經營或生產用的園藝者，以及達成農業各種功能必要者；

　　(2) 就總體利益而言，應作農業經營者。

　　2.應盡可能地將大面積相聯的土地劃為農業用地。

　　3.各邦在制定規劃時要給予農業區的多功能適當的考慮。

　　在此明確規定了農業用地的多功能性[10]，其意義十分重大，這也是選取瑞士作為研究對象的一個重要理由。瑞士的空間規劃體系從聯邦到市鎮分成四級系統，以下簡單說明其內容。

　　1.聯邦一級：聯邦只提出空間發展的基本設想和專業規劃，但是不制定聯邦一

9　聯邦憲法第75條（法條名稱：空間規劃）條文如下：

　　(1)聯邦規定空間規劃的原則，空間規劃的原則邦應予遵守。空間規劃原則規範符合目的與節約的土地使用，並規範國土有秩序的聚落發展。

　　(2)聯邦應促進及整合邦的目標，並且與邦共同合作。

　　(3)聯邦及邦在履行其義務時，應顧及空間規劃的需要。

10　農業多功能性不僅在聯邦空間規劃法中被明確規範，且延伸到邦的空間規劃中，例如格勞賓登邦（Glaubünden）的空間規劃法第32條第1項規定：地方依據聯邦法律決定農業區，其應適度考慮農業區的不同功能。

級土地利用規劃。聯邦的專業規劃有如：

(1) 輪種面積（輪種地）規劃；

(2) 國土資源發展設想；

(3) 阿爾比斯山地區交通規劃；

(4) 鐵路規劃；

(5) 航空基礎設施規劃；

(6) 電力網規劃；

(7) 核廢料存儲規劃；

(8) 武器試驗和射擊場地規劃；

(9) 軍事基地規劃；

(10) 國家體育場地規劃；

(11) 水路交通規劃等。

2.邦一級：邦制定指導計畫（Richtplan）、土地利用計畫（Nutzungsplan）和各類特別計畫。這裡要指出的是，每一個邦自己制定邦建設法。

3.地區一級：地區制定指導計畫（Richtplan）、土地利用計畫（Nutzung-splan）和各類專業規劃。

4.市鎮一級：市鎮制定導計畫（Richtplan）、土地利用計畫（Nutzungsplan）和市鎮景觀計畫、開發計畫和社區計畫。每一個城市自己制定計畫中的土地利用類型，雖然各個市鎮的土地利用類型大致相同，但是還是有不少差別。

二、使用分區（ZONING）[11]

瑞士聯邦空間規劃法第14條對「使用計畫（Nutzungsplane）」的概念下了定義，它是指規範土地的許可使用。土地使用計畫將土地分為建設區（Bauzone）、農業區（Landwirtschaftszone）、保護區（Schutzzone）和其他區。農業區已在前面說明過，不再贅述。建設區為適合用於建設的土地，它是指：(a)它們已經大部分被建設；(b)它們在未來15年內將是建設所需要的，並且將被開發的土地（瑞士

---

[11] 瑞士土地使用分區的用語並不一致，經常使用與土地使用分區的用語除了「Zone」之外，也採用「Fläche」及「Gebiet」，他們都具有空間的觀念，而在不同的法規中，他們意義並不一樣。

聯邦空間規劃法第15條）。保護區則包括：(a)溪溝、河流、湖泊及它們的岸地；(b）特別美麗、生物學上、文化歷史上很有價值的景觀；(c)有重要意義的地方性景觀；(d)有保護價值的動植物生活的空間（瑞士聯邦空間規劃法第17條）。

依據瑞士聯邦空間規劃法第18條的規定，其他區包括：採礦區、垃圾堆放區、危險區以及土地利用沒有確定和有待確定的區。聯邦空間規劃法第18條還規定，森林不屬於農業區，森林受到聯邦森林法的保護。瑞士對於森林的保護，歷史時間長（從1902年）就開始，而且十分嚴格。瑞士聯邦空間規劃法第18條第1項還規定，各邦可以根據需要，進一步定義土地利用區。所以在一些邦將建設分區擴展成居住和工作分區（Wohn- und Arbeitszonen）、工商企業和服務業分區（Gewerbe- und Dinstleistungszonen）、療養、旅遊休閒分區（Kur-,Tourismus- und Erholung- szonen）。在農業分區則擴展成放牧經濟分區，葡萄種植分區。各州還根據本州土地使用的特點制定特別分區（besondere Zonen）（參見Gilgen 2006:146），在市鎮一級的土地利用規劃中，土地利用分類就更細。

三、農地使用的多功能特徵

Gilgen（2001: 145）指出，瑞士聯邦空間規劃法第16條定義了農業區的四大功能：第一是供應食物的功能，為國民提供基本食物的長期保證。這一任務和瑞士聯邦農業法中第1條規定的「保證國民可靠的供給」是一致的。第二和第三個任務是保護功能：保持景觀（Landschaft）、保持休閒空間。德文Landschaft字面的意思是地形、地區、地方，或者是景觀、風景、景色、風光等。其實是指自然，指某一地區內的自然存在的總和。於此將它翻譯成景觀，就是保護這一地區自然存在的總和。瑞士在開始早期進行城市規劃時，除了重視生活居住、工作、交通等功能的空間組織，而且還重視休閒功能，靠近居住區的農地往往也承擔這個功能。Gilgen指出，保持景觀、保持休閒空間，不僅僅是保持功能，還要發展。最後一個任務是發展功能，就是保持生態平衡，這個功能就很重要，包括的面也是非常廣泛。農業分區的功能，不再是過去的單一的提供食物的功能，而是多方面的功能，這就是農業區的多功能特徵。

值得特別提出來的是，瑞士農業分區是土地使用的功能區，不能把農業區和非建設區等同起來。因為過去只是區分建設區和非建設區，農業用地都屬於非建設

區，經濟發展的結果，就是非建設區變為建設區，農業用地變為建設區。休閒地區或者自然保護區可能和農業用地是重疊的，如果休閒或者自然保護功能使得農業生產和經營變得很困難甚至不可能，那麼它們就會被劃為保護區內。

農業分區的土地，就它們的區位、品質和組成而言，都適合農業經營或者園藝生產，而且從經濟上來說，也是值得這樣使用土地的，從而排斥其他土地利用。農業區包括園藝生產用地，這是1998年修改聯邦空間規劃法的結果。這樣蔬菜種植、牛奶生產、肉類生產的用地，菜園、牧場之類的用地都屬於農業分區。

Gilgen指出的農業分區四個目標可以進一步說明如下：

(一)農業政策目標

自從第二次世界大戰以來，瑞士已經失去了許多農業用地，但是瑞士的食物供應並沒有因此而變壞，這是主要因為農業產量的提高，同時也是由於進口飼料，使得農業用地的損失得到彌補。一個現代化的農業存在的前提是，現代化的農業擁有可靠的、成片的生產空間，而農業區對於現代化農業是必不可少的。農業區限制建設土地的使用，也減少對於和農業土地利用矛盾的建設土地的使用的期望。為了實行農業政策的目標，即使在食物進口發生困難的年代，也能保證足夠的食物供給基礎。聯邦政府通過輪種地規劃（參見下述），來保護最適合農業利用的土地，來阻擋日益增加的建設用地的壓力。

(二)土地市場政策目標

土地市場，從經濟意義來看，主要是建設用地的市場。建設用地的價格要遠遠高於農業用地的價格。這樣建設用地和農業用地的價格差別就形成巨大壓力，迫使農業用地轉變為建設用地。這個價格差別形成的壓力，也使得農業用地的業主或者是租賃者減少對於土地改良投資的熱情，從而使得農業收益下降。農業土地市場的政策，是要優先農業土地的經營者。空間規劃也必須對此做出貢獻。通過農業區的劃定，使得建設用地和農業用地的價格差別而導致的投機失去了經濟根基。這樣就可能形成一個公正的土地市場。在這個市場中，使得農業生產的用地需求得到保證。

(三)居住點政策目標

對於居住點政策來說，農業區是一個好的措施，因為這樣可以避免居住點過於零星分布，它也有助於保護成片的「空地」，保護景觀，使得某些形式的休閒功能成為可能。

(四)保持及發展目標

這主要是指生態和環境保護的目標，保持景觀、保持休閒空間，保持生態平衡等。

四、與農業區競爭的土地利用

除了建設用地與農業用地競爭之外，在劃定農業區時還要考慮其他的互相競爭的土地利用，如自然生態保護、休閒用地、採礦（石）用地、物資堆放用地、公路鐵路管線用地等等。

1.如果是特別敏感的、特別值得保護的地區，往往也會禁止農業土地使用，這類地區歸保護區（聯邦空間規劃法第17條）。

2.暫時的採石或者物資堆放場地，可能使農業土地利用在一定時期之內變為不可能。但是當這些活動結束之後，又可以恢復農業土地利（Nachnutzung），又可以劃為農業區。

3.湖濱或河濱浴場、高爾夫球場，這些用地強度大，這些用地將被劃為特別區，農業土地利用可能只是第二土地利用或者是重疊土地利用來處理。

4.基礎設施，如公路、鐵路、能源生產供給用地，將使農業土地利用變為不可能。

五、農業區與次分區的劃分

在州、地區、市鎮的指導計畫和土地使用計畫中，農業區下中區分成下列三種農業用地：

1.輪種地（Fruchtfolgeflaeche）；

2.適合農業的用地（Geeignetes Land）；

3.為了公眾利益用於農業生產的土地（Im Gesamtinteresse landwirtschaftlich zu nutzendes Land）。

其中輪種地是農業區中最好的土地，並且適合機械耕種。輪種地在瑞士受到特別嚴格的保護，當在土地利用規劃中，被劃為農業區I，即輪種面積，就和森林用地一樣受到法律的保護，不能被用作建設用地（Bugmann 1990: 92）。Bugmann在解釋這三種農業用地時用了一幅簡單的圖，左邊是適合農業的用地，右邊是為了公眾利益用於農業生產的土地，在左邊的適合農業的用地中選擇了一部分，作為輪種面積，如此三者之間的關係就比較清楚了。

聯邦政府將農業區的面積、輪種面積分配給各個州，各個州再把農業區的面積、輪種面積分配給城鎮。在一些州的總體發展規劃和土地利用規劃中，在農業區的再劃分時，也會考慮到特別的農業經營類型而區分為：

1.放牧分區（Alpwirtschaftszone）；

2.葡萄種植分區（Rebbauzone）；

3.人工造林分區等（Aufforstungszone）。

也有將農業區的再劃分為：

1.特別適合飼料種植的優先農業分區（Vorranggebiete, die sich futterbauliche Nutzunggutezonen）；

2.適合機械耕作、農業產量較高的農業地區（geeignets Landwirtschaftsland, das maschinell nutzbar und im regionalen Vergleich ertragsfahig ist）。

由於輪種地對農業生產特別重要，因此空間規劃實行細則第4章（以輪種地為章名）規定了輪種地的劃定程序（26-30條），其規定如下：

(1) 第26條：基本原則

A. 輪種地為農業區域的一部分（聯邦規劃法第6條第2款第2項a）；它包括可耕種的開墾地（特別是耕地及人工牧草地的輪種）及可耕種的天然牧草地，這些應透過規劃的手段加以確保。

B. 這些用地應依據氣候關係（植物生長期、降雨量），土壤特性（積載力、養力及水含量）及土地型態（坡度、機械耕耘的可能性）等因素來決定，同時應考慮生態平衡。

C. 應規定輪種地的最低面積，以確保在輸入不便時期，能滿足糧食計畫中規定的國家足夠供養基礎。

(2) 第27條：聯邦基準值

　　A. 主管機關協同聯邦經濟部門決定輪種地的最低基準值及各邦分配的額度，其決定（命令）應於聯邦公報公告之。

　　B. 聯邦農業局應將基準值所依據的調查及計畫結果通知各邦。

(3) 第28條：邦的提出

　　A. 各邦在指導計畫（聯邦空間規劃法第6-12條）中，規定依據第26條第1及第2款所劃定之輪種地及其他適合供作農業的區域。

　　B. 在指導計畫中應提供給地方（Gemeide）輪種地的圖、數量、範圍及質量的資料；同時應指出位於不得開發的建築區及非為農業生產區內的輪種地。

(4) 第29條：聯邦專門計畫

　　聯邦在輪種地的專業計畫中，規定輪種地的最低數量及各邦分配的狀況。

(5) 第30條：輪種地的確保

　　A. 各邦負責將輪種地從農業區中劃分出來，邦並應在其指導計畫中規定其必要措施。

　　B. 各邦應長期確保其分配之輪種地最低額度（第29條），如果分配之額度不能劃定在非建築區中，則可將輪種地（聯邦空間規劃法第27條）分配在建築區中的非開發區內。

　　C. 為確保足夠的輪種地，聯邦議會得規定，在建築內劃定暫時的使用區（聯邦空間規劃法第37條）。

　　D. 各邦應追蹤輪種地在區位、範圍及品質方面的變動，並應至少每四年將變動通報聯邦主管機關。

　　1992年，聯邦議會依據空間規劃實行細則第27條的規定，公告了全瑞士至少應有438,560公頃的輪種地，並決定各邦應保存的輪種地最低面積，各邦分配的面積如表6-4。

　　在農業用地劃分中，有一類土地為「為了公眾利益用於農業生產的土地」，在前述已經提到。這類的農業用地通常並不是最合適的農業用地，不過可能為了其他原因（公共利益的原因），例如環境保護、文化景觀、糧食供應等而劃為農業用地，因此這類土地在競爭上居於比較弱勢，在瑞士農業法第4條特別規定，對困難

表6-4：瑞士輪種地各邦分配數量

邦	公頃	邦	公頃
Zurich	44,400	Schffhausen	8,900
Bern	84,000	Appenzell A. Rh.	790
Luzern	27,500	Appenzell I. Rh	330
Uri	260	St. Gallen	12,500
Schwyz	2,500	Graubunden	6,300
Obwalden	420	Aargau	40,000
Nidwalden	370	Thurgau	30,000
Glarus	200	Tessin	3,500
Zug	3,000	Waadt	75,800
Freiburg	35,900	Wallis	7,350
Solothum	16,200	Neuenburg	6,700
Basel-Stadt	240	Genf	8,400
Basel-Landchaft	800	Jura	15,000

資料來源：Eidg. Justiz- und Polizeidepartment Bundesamt fur Raumplanung (1995)

生產及生活條件（特別是高山（Berg）與丘陵（Hügel））地區應予特別關注，這些農業地區按照其困難度予以分區，由聯邦議會另訂辦法，聯邦並應將這些分區會製成生產圖（Productionakataster），供全民閱覽[12]。聯邦議會因此另頒訂農業分區規則（Landwirtschatliche Zonen-Verordnung）[13]，在此規則中（第1條）規定，供農業使用之土地應分成「區（Gebiete）」與「分區（Zonen）」：

　　1.夏牧區包括傳統放牧使用的土地；

　　2.高山區包括：高山分區IV、高山分區III、高山分區II及高山分區I；

　　3.河谷地區包括：丘陵分區及河谷地分區[14]；

　　4.高山及丘陵區包括高山分區I-IV及丘陵分區。

---

[12] 網址為：http://stratus.meteotest.ch/blw/map/presentation/blw_style/map.asp?Cmd=zoomIn&lang=d&Adm=y&PK=y&LZ=y&Toggle=L&MinX=654633&MinY=230680&MaxX=671287&MaxY=251664&IDs=。

[13] 全名為"zur Verordnung über den landwirtschaftlichen Productionskataster und die Ausscheidung von Zonen (Landwirtschaftliche Zonen-Verordnung)"。

[14] 2007年12月4日規則修定以前，河谷區分為4個分區，包括丘陵分區、過度分區、再過度分區與耕地分區。

前述高山區與盆地區的分區依據（農業分區規則第2條第1項）：

1.氣候條件，特別是植物生長的期間；

2.交通狀況，特別是鄰近村落與中心的聯絡狀況；

3.地表結構，特別是坡度與斜度狀況。

丘陵分區適用前劃分標準，其中地表結構最為重要（農業分區規則第2條第2項）。

河谷地分區包括所有未被劃分為其他分區的農業用地（農業分區規則第2條第3項）[15]。

上述生產與生活困難農業用地分區的目的，是用來執行農業法第4條對這些地區的扶持。也就是依據這些區或分區給予不同措施或給付（Bundesamt für Landwirtschaft 2008: 10）。表6-5為瑞士聯邦農業局公布的2010年對這些區及分區差別的補貼，以及相關對農地直接給付的數額[16]。

---

[15] 各區的說明及圖片請參閱Bundesamt für Landwirtschaft (2008)。

[16] 2010年「農業直接給付規則」中，重要的補貼項目及額度，整理如下：

(1)一般坡地補貼每公頃每年如下：

　a.坡度在18-35%之間者370 Fr.；

　b.坡度超過35%以上者510Fr.。

(2)葡萄園坡地補貼每公頃每年如下：

　a.在斜坡地帶坡度在30-50%者1,500 Fr.；

　b.在斜坡地帶坡度在50%以上者3,000 Fr.；

　c.在平台地帶（梯田狀）坡度超度30%以上者5,000Fr.。

(3)粗放使用之牧草地與雜草地，每公頃每年補貼額度如下：

　a.盆地分區1,500 Fr.；

　b.丘陵分區1,200 Fr.；

　c.高山分區I及II 700 Fr.。

　d.高山分區III及IV 450 Fr.。

(4)較低密度的使用的牧草地，每公頃每年300 Fr.。

(5)灌木、田間和河邊樹木包括草本植物鑲邊帶，每公頃每年補貼額度如下：

　a.盆地和丘陵分區2,500 Fr.；

　b.高山分區I及II 2,100 Fr.；

　c.高山分區III及IV 1,900 Fr.。

(6)多色休耕地、輪種休耕地、農田保護帶及耕地鑲邊帶每公頃每年補貼額度如下：

　a.多色休耕2,800 Fr.；

　b.輪作休耕2,300 Fr.；

　c.耕地保護帶1,300 Fr.；

　d.耕地鑲邊帶2,300 Fr.。

(7)大樹及田間果樹，每一棵樹每一年補貼15 Fr.。

(8)穀物及油麻菜的粗放生產，補貼額度每公頃每年400 Fr.。

(9)生態耕作（有機耕作）每公頃每年的補貼如下：

表6-5：瑞士2010年不同區及分區補貼措施（部分）　　　　　（單位：法郎）

補貼措施	河谷區		高山區			
	河谷區	丘陵區	高山區I	高山分區II	高山區III	高山區IV
生產條件困難的牲畜飼養	-	260	440	690	930	1,190
一般斜坡（18-35%傾斜）	-	370				
一般斜坡（35%以上的傾斜）	-	510				
斜坡葡萄園坡度30-50%	-	1,500				
斜坡葡萄園坡度50%以上	-	3,000				
梯田葡萄園坡度30%以上	-	5,000				
粗放使用牧草地、粗放溼地及矮樹籬、小樹欉雜草地	1,500	1,200	700		450	
灌木田間及河邊樹木	2,500		2,100		1,900	
多色休耕地	2,800		-			
輪作休耕地	2,300		-			
耕地保護帶	1,300		-			
四周鑲邊的耕地	2,300		-			
一般農業用地補貼	1,040，開放耕地及長年作物+620					
大樹及田間果樹	15（一棵／年）					

六、小結

　　在了解瑞士農業政策的調整、直接給付措施及土地規劃體系之後，可以發現，瑞士對農業、農村及農地的重視程度。首先在農業政策的調整上，從1990年代開始就已邁入多功能農業的體制，此一體制的實踐，建立在嚴謹完善的法制上。從國家的根本大法——憲法中，宣示性地實施多功能農業及直接給付合法性開始，到農業法及空間規劃法，層層規範做為實施多功能農業的依據。健全的法制，可以說是瑞士落實多功能農業的基礎。

　　其次，在實踐多功能農業上，直接給付為其精髓所在。瑞士的直接給付係以農

---

a.特種作物1,200 Fr.；
b.其他的開放耕地800 Fr.；
c.其他的農業用地200 Fr.。

業法授權訂定的直接給付規則為依據,直接給付分成一般直接給付、生態補貼與倫理補貼三類,其中,一般給付中包括的項目「用地補貼」及「坡地補貼」,以及生態補貼中包括的項目「生態平衡補貼」、「穀類及油菜粗放生產補貼」及「有機耕作補貼」等,是對農地使用、特定地區、特殊景觀或生態貢獻的補貼。歸納而言,直接給付多寡主要建立在農業經營條件及生態貢獻兩項基礎上,前者是為了要使位於農業經營條件較差地區者,能夠維持農業經營使用,因此農地條件愈差者,補貼愈多;後者則以土地使用對生態貢獻多寡為基準,貢獻越多,補貼越高。基於此,農業經營條件與生態貢獻必須有明確的認定標準,這些在瑞士都已經訂定標準,顯示瑞士在這方面的研究與規定,已經到了實踐無虞的境界,對於想要實施多功能農業體制的國家而言,瑞士的相關措施值得了解與借鏡。

　　第三,農地的區位與農地等級,必須透過空間規劃來劃定,因此在瑞士聯邦空間規劃法中明確規定,優良農地由聯邦劃定。其作法為,由聯邦決定全國優良農地保留總量44萬公頃,再由聯邦依據各邦條件分配各邦應保留之優良農地數額,各邦則透過邦計畫及地方計畫劃出所配數量(得大於分配數量)之優良農區位。其次,對於困難生產及生活條件的地區,則另頒訂農業分區規則,做為補貼多寡的依據。此顯現出,瑞士對於農地保存與直接給付,係透過各部會通力合作來達成,特別是國土規劃扮演者重要角色。

　　最後,以產值計算,瑞士的農業產值僅占全國總產值的0.9%(2005年資料);以就業位置計算,農業只占3.7%(2006年資料)。但是瑞士聯邦政府2005年的財政總支出為514.03億瑞士法郎(約為1兆5千億臺幣),其中給予農業和食品的支出為37.71億瑞士法郎(約為1千1百億臺幣),占財政總支出的7.3%。同年(2005年)我歲出預算約為1兆6千80億臺幣,農業支出為約為1千1百億,其占財政總支出6.8%。不過在瑞士,農業支出中直接給付占了大宗。一如前述,在2006年,瑞士的農業直接給付占農業支出的67%,達25億5,300萬法郎(約為750億臺幣)。如此龐大的財政資助,使得2006年瑞士河谷地區的每一農戶獲得直接支付為40,486法郎(將近120萬臺幣),在高山地區平均每一農戶獲得的直接支付為48,958法郎(約140萬臺幣)。更值得關注的是,我國在2007年的歲出預算中,農業支出降到約677億臺幣,占不到年度總預算的4.1%;2008年農業支出為703億臺幣,僅占年度歲出總預算的4.1%。此似乎已足以道出,我國與瑞士之間對於農業重視程度的差別。

　　在現代化及全球化的過程中，農村似乎有越來越被邊緣化的趨勢，但是廣大的農村地域在社會各方面卻又扮演者重要的功能（Bauer 2002）。因此，如何使農村持續發展及再發展，一直都是很受關注的問題。在農村發展策略上，從第二次世界戰後的初期開始，強大的國家力量被視為是農村經濟力量恢復的伴隨物，在這個時期國家提供了對抗市場不穩定的緩衝物（buffer），並且促成了私部門不感興趣區域的經濟發展（Murdoch 2000: 407）。但是，以國家為中心的發展策略結果，使農村發展過度依賴國家，國家支出水準因而日益增加，在1970年代中期以後，原先由國家大力介入發展的策略逐漸為市場機制所取代。類似於國家或市場在農村發展中所扮演角色的爭論，還有「由上而下（up-down）」或「由下而上（bottom-up）」的發展策略（Woolcock 1998）；在社會基礎設施與社區經濟發展的策略上，有所謂「自我發展（self-development）」或「產業引入（industrial recruitment）」的觀點（Sharp et al. 2002）；近年來則有廣受討論的「外生發展（exogenous develop-ment）」與「內生發展（endogenous development）」策略的爭議（van der Ploeg and Long 1994；van der Ploeg and Dijk 1995）。

　　上述各種不同的農村發展策略劃分，基本上係來自於二元對立想法。這些二元對立的策略都有豐富的研究成果，在實際實行上都有其優點與缺點，也都各有成功與失敗的案例（Lowe et al. 1995）。這就產生了：「為什麼在選擇農村發展的策略上只限定選擇其一？而不能二者同時並進？」的問題，基於此乃有在二元的策略以外，提出所謂農村發展的「第三條路（the third way）」（Amin and Thrift 1995）。農村發展的第三條路強調，農村發展不應侷限在「外生發展」或「內生發展」之間作選擇，而應重視地方內與地方外的連結。農村發展策略的「第三條路」跨越了傳統的二元發展策略思維，在這個思維底下，行動者網絡理論（actor-network theory, ANT）被引用做其理論基礎，使農村發展的「第三條路」儼然成為新的農村發展典範。但是，農村發展的策略如何從「外生發展」到「內生發展」？又如何產生農

村發展的「第三條路」？ANT的內容是什麼？它與「第三條路」如何緊密的結合起來？仍然缺乏有系統的歸納、分析與檢討。基於此，本章的內容主要放在上述農村發展策略理論思維之引介，以便對戰後農村發展的策略思維有通盤性了解，並做為實證觀察（第八章）的基礎。本章分為二節，第一節整理二次世界大戰後農村發展策略的思維內容及其轉變，包括外生發展、內生發展及第三條路，第二節介紹行動者網絡理論（農村發展第三條路的基礎理論）的內容，並且把ANT與農村發展做連結。

第一節　農村發展策略

本節主要梳理第二次世界大戰後農村發展策略的轉變及其內容，包括外生發展策略、內生發展策略及農村發展的第三條路。

一、外生發展

農村外生的發展策略形成，主要係建立在傳統的農村發展問題觀點上。傳統的觀點認為，在現代化的過程中，資本勞力與資本逐漸集中在都市，都市因此被視為經濟核心區，區內集中大量的人口、商業及工業活動。相對地，農村因為離都市較遠，所以在技術、社會經濟及文化上也與活動的中心（都市）產生了差距，農村遂成為落後地區或發展停滯區域，農村地區的居民生活水準亦因此而較低。農村因此經常被視為屬於邊際性（marginality）或邊陲性（peripherality）的殘餘地區（residual category），並且由於傳統農村的經濟活動以農業生產為主，在現代主義發展的進程中，農村因此變成提供都市糧食的來源地（Lowe et al. 1995: 89-91），農村對都市而言，遂具有存在及維持發展的價值。

在上述農村問題形成的認知下，解決農村發展問題的主要策略是使農村的社會與經濟現代化，其基本方法包括透過補貼來改善農村服務設施、農場結構的更新與農業生產的現代化，以提高農民所得及鼓勵勞力與資本的移動。這整個農村發展的策略，隱含著下列思維：將發展良好之核心地區（都市）的科技、知識、勞力及成

功發展模式等移轉套用到落後地區（農村）的發展上，使農村從「邊緣化」、「次要化」的命運回歸現代化的主流（Lowe et al. 1995；Wright 1990）。

從上述對農村問題的認知到農村發展策略的提出，可以歸納其發展邏輯如下：

1.農村相較於核心都市而言，是落後的邊陲地區，但是農村地區為提供核心地區發展的基礎，因此必須使落後的農村地區仍能維持一定程度的發展。

2.農村之所以成為落後地區，與資本及人口集中於都市，以及農村產業的性質（以農業為主）有關，因此要使農村發展就必須提高其產業的生產能力，以及留住資本及人口。

3.提高生產力及留住資本與勞動人口的有效方法，主要透過國家或外部的力量以下列三項手段來達成，包括：(1)引進新的生產技術與方法；(2)對農村地區進行結構重整及基礎設施的建設與改良；(3)引進製造業以提供農村就業機會等。

上述所採取的即為典型的「外生方式」（Cristovao et al. 1994: 52），其指的是運用外部元素（如特殊的技術模型或規範）作為農村發展的起始點或刺激點。「外生發展」為第二次世界大戰之後的農村發展主要策略，在這個時期，以國家的力量來干預農村的發展，為重要的特徵。在吸引產業進入農村方面，主要手段包括財政誘因（如租稅減免、低利貸款等）、基礎設施的改善（如道路、機場、排水、灌溉、通訊設施等）等，如果這種方式獲得成功，將可提升地方的就業機會與促進地方經濟活動（Sharp et al. 2002: 406）。其次，在農村結構改善方面，包括諸如土地改革及農地重劃等，這種方法主要是透過國家的政治力量，由上而下地對土地產權進行重分配，或者在農村進行的土地改良事業，透過這種方式一方面可以穩定農村，提高農民工作意願，一方面可以提高土地的生產力，增加農業生產，臺灣在戰後實施的土地改革，以及60及70年代進行的農地重劃，是極佳的案例。最後，在引進新生產技術方面，包括新品種及化學肥料的使用、農民之再教育，乃至生物科技（biotechnology）（Goodman 1990）的應用等均屬之，透過這些方法可以提高農業的生產效率。

上述由外來力量干預所進行的農村發展不限於國家層級而已，有時可能是跨國的干預，例如美國對許多國家的農村發展援助（Wright 1990: 45-50），也有可能由世界性的組織來進行，例如世界銀行對第三世界及義大利農村發展所進行的援助，就是典型的例子（Iacoponi et al. 1995: 49）。此外，並不是所有的外生的策略都是追求提高生產，在70年代，因為糧食生產過剩，產生了穀賤傷農的情況，歐洲許多國家因此採取了國家干預的辦法來維持農村的發展，Ilbery and Bowler（1998: 68）

將其採取的辦法分為下列四類：

1.增加需求的手段，例如干預採購、輸出補貼、消費食品價格的補貼。

2.減少供給的手段，例如生產配額、休耕、農民退休獎勵。

3.減少生產成本提昇農民所得的手段，例如肥料補貼、資本投資獎勵金；或者藉由追加所得，如赤字補貼等來提升農民所得。

4.自然環境保存的手段，例如林地種植獎金、減少肥料的金融補償。

雖然外生的方法並不一定在提高農業生產，但是整個外生發展的措施可以算是農業生產論（agricultural productivism）的具體顯現（Ilbery and Bowler 1998）。這些措施，固然解決了一部分問題，但也產生了另一些問題。在引進產業方面，其所創造的工作的品質可能不是一個地方所期望的，此外，這些不受拘束的（footloose）產業，在一個地方獲得好處之後，可能選擇再度遷移到其他可以繼續獲利的地區，例如將工廠再遷移到工資更低廉的其他農村地區，就很常見（Loveridge 1996）。在農村結構改善方面，土地改革可能引起地主的不滿與抗議，而形成社會的不安（Elden 1990），農地重劃則對原來的環境生態產生極大的衝擊（Dieterich 1993）。在新技術與方法的引進上，由於農村缺乏充分的社會資本（social capital），例如人員素質與體制無法配合，往往使成效有限（Iacoponi et al. 1995: 49）。即使前述歐洲因應糧食生產過剩所採取的干預措施，其成效亦不佳，特別是在休耕政策上，申請休耕的農地多屬生產力較低的土地，對減少農糧產量的目標極為有限（Ilbery and Bowler 1998）。

綜合而言，外生發展策略主要的企圖，是經由外部科技、知識、資本等的移入，使農村地區重新整合到整體區域的市場經濟中，藉以提高農村居民的所得水準，解決農村發展的困境（Mudoch 2000）。此種外生發展方式隱含社會達爾文主義（Social Darwinism）的思考邏輯，這種發展策略來自於現代化命題，這個命題是以經濟成長為基礎，經濟發展或成長是階梯狀的，社會的發展也因此是從傳統走向現代的過程（Wright 1990）。在這種發展意識形態下，經濟成長是社會進步的先決條件，並且用國民生產總值（GNP）或本地生產總值來度量經濟增長，而這種「發展」等同「經濟增長」，再將「經濟增長」等同美好生活的信念，被看作是普世通行的真理。其結果將豐富多元的人類需求和自然生態，化約成單一的面向，僅以經濟指標來衡量，也因此導致不少政府用國民生產總值或人均總值增長來作為發展的主要目標（許寶強1999）。因此，外生發展方式興起之時空背景、理論依據及手段運用，符合了此「經濟增長」的發展典範，也是現代化下的產物（蔡必焜2001）。

二、內生發展

在很大的程度上，農村外生發展策略是建立在農村／都市二元對立（rural-urban dichotomy）的觀念上，農村與都市二元對立的研究來自於杜尼斯（Toennies）所主張的社群（或社區Gemeinschaft, community）與社會（Gesellschaft, society）差異。杜尼斯認為，人類關係有兩種基本型態：「(1)社群關係係基於經由親戚……共同的習慣……，以及在社會財貨上的合作與協調活動所發展出來的親密人類關係；(2)社會關係由非人的（impersonal）連帶及關係基於要式的交換與契約而產生，在此交換與契約中，沒有行動……明示統一的意志與精神」（Harper 1989:162-163）。根據Toennies及其追隨者的看法，這二種人類關係與都市及農村空間的區分連接在一起，農村地區經常被描述為社群的地方，而都市地方被與非人的社會連在一起（Robinson 1990: 37-39；Phillips 1998: 33）。由前面外生發展的敘述可以發現，農村／都市二元對立及社會達爾文主義的觀點與農村的外生發展策略具有密切的關係。但是，都市／農村的二元對立論述，到1980年代受到許多的批判（Pahl 1965；Thorns 2002: 25-26），例如Williams（1985: 96）就強調，社會的改變（例如工業化及都市化）帶來了一個頹廢沉淪的社會特質。因此，在想像上，農村這時候由落後衰敗的地區變成代表理想的社會，這個社會是有秩序的、和諧的、健康的、安全的、和平的，同時也是現代性的避難所。此外，農村亦具有互相合作支持、自我幫助及自願參與的特色。Little and Austin（1996: 102）對農村田園生活的本質進行了下述的描述：「農村生活是單純、純樸及真誠的社會，在此社會中仍保有傳統價值，而且生活較真實。娛樂、友誼、家庭關系，甚至僱傭關係看起來都較誠實可信，與詐騙及虛偽的都市生活，以及懷疑價值毫無關聯」。在此情況下，農村成為一個反映社會、道德與文化價值的世界，這樣的農村觀點Cloke et al.（1994）稱為「農村性的後現代觀念（post-modern notions of rurality）」，後現代與現代化對農村觀點的差異，促使農村發展策略有所改變。

1990年代初期，後現代主義的哲學觀念逐漸被引入於農村研究中（Philo 1992；Cloke 1993；Halfacree 1993；Mudoch and Pratt 1993），後現代主義強調的是農村的多樣性，並對經驗論（empiricism）及邏輯實證論（logical positivism）提出強烈地批判。在這個同時，強調以「經濟增長」為指標的外生發展方式，也受到許多質疑。特別是，過去追求經濟成長的發展主義者（developmentalist）將發展過程中包括的種種複雜的文化、社群以至偶然性因素，視為是「技術和生產效率的提

升」、「創新效應和產業結構高級化」及「高密集度投資」等的問題，顯然過度簡化人類社會結構的多樣性。此外，過去以「經濟增長」為發展的目標也過於狹隘，因為發展還應包括非經濟層面，例如公平、生活品質、文化的維繫等（Jaffee 1990；Blair 1995；Hodder 2000）。

　　農村發展策略在前述對農村認知的改變及對過去發展結果的質疑下，從1990代開始產生了轉向，由過去的外生的發展方式轉向內生的發展方式，在過去的十餘年中，內生發展的思潮極具影響力，並且有逐漸取代外生發展方式的趨勢（Slee 1994；Lowe et al. 1995）。

　　內生發展是以「自我導向」（self-oriented）的發展過程方式來形成，這種方式主要以地方可獲取的資源為基礎，充分的使用一個地區的生態、勞力及知識，而達到地方想要的發展型式（Slee 1994: 191）。內生發展的結果可以使地方資源復甦，並提供原來屬於多餘之地方資源新動力，而且極大部分由此發展型式所創造出來的總價值，會被重分配在該區域本身。內生發展從依賴地方資源到發展力的重分配，意味著此一發展型式會對地方的利益與將來發展有正面影響（van der Pleog and Saccomandi 1995: 10）。內生發展策略的內容主要可歸納為地方資源的利用、地方參與及建構地方認同三項：

(一)地方資源的利用

　　農村的內生發展模式主要根基於當地可獲取的資源，地方資源包括：地方的自然環境、地景建築、文化、歷史、語言、工藝、美食、生態、勞力與知識技術等（van der Pleog and Saccomandi 1995；Lowe et al. 1995；Ray 1999）。內生方式對於地方資源的利用有其好處，一方面可以使地方資源重現活力，減少資源衰退或過剩的現象（van der Pleog and Saccomandi 1995）；另一方面，藉由地方資源的利用，可以促進地方的經濟繁榮。以地方資源之一的文化為例，Moran（1993）、Ray（1998）及Jenkins（2000）認為，為回應全球化造成的全球文化同質現象及地方文化的沒落，而使得地方發展失去吸引力，全球各地已逐漸採取地方文化為農村發展的關鍵資源。亦即，利用文化特色來彰顯地方商品，使其成為一種地方的象徵或符碼，進而塑造市場印象。在這樣的觀點下，地方文化被賦予扮演一種可生產永續性的收入及工作的角色，進而透過貿易或消費，變成繁榮地方經濟的原動力。

(二)地方參與及推動

　　內生發展方式所強調的重點之一，為地方居民的參與。地方居民的參與可能是地方居民的個別參與，亦有可能透過以社區為基礎的組織（community-based organizations）來參與推動（Hoff 1998；Pertman 2000；Voisey et al. 2001）。地方居民參與最主要的概念為「由下而上」意見的表達方式，也就是鼓勵地方居民與組織在發展的過程中擁有自己的主動權及控制權（Lowe et al. 1995），一改過去「由上而下」或國家及專家精英主導的發展模式。透過地方居民的參與，農村發展更能符合地方的期望（Ray 1999），也更能創造屬於地方居民自己的農村空間，並使農村保存與創造出不同的文化（Parker 2002: 174-192）。除此以外，藉由居民參與並可增進居民之間彼此的了解，進而促進共同的意識及地方認同的產生（Jenkins 2000）。

(三)建構地方認同

　　地方認同雖然不是一個有形的物件，但Ray（1999）指出，地方認同是建構地方發展過程的第一步，更是內生發展的核心。地方的認同通常由社會關係及地方網絡顯現出來，因此地方網絡越密切越能產生認同感，透過地方網絡集結的認同感，可以建立具有地方核心價值的發展，這些包括文化保存、環境保護及經濟發展等在內（Cherni 2001；Kousis and Petropopolou 2001）。所以，Iacoponi et al.（1995: 53）強調，地方認同不只是個別生產者要注重，同時也是整個社區及其組織必須追尋的公共財。

　　在全球化過程中，地方認同更顯其重要性，因為全球化的結果可能使地方失去特色（Jenkins 2000）。就發揮地方特性的內生發展策略而言，一個地方若缺乏集體認同或自信，地方將失去發展活力（Ray 1999）。因此，在內生發展方式中尋找、創造或建構認同的重要性不容忽視。也唯有透過地方認同，地方居民才能自信地知覺自己屬於地方，藉此與其他地方作區隔，並與地方內的居民產生合作的關係，進而增加地方行動者（包括個人、自願組織及社區等）的力量，地方因此成為一個富有活力及生命力的實體（Ray 1999；Clare and David 1996）。關於地方認同產生的元素，Ray（1999）指出，不管是地方歷史、地理、制度、語言、文化或種族等，地方居民皆可從中發覺或建構認同感。

　　相對於外生發展而言，內生發展強調的是透過內部的力量，包括利用地方

資源、地方民眾的參與,以及地方認同的建構等,來完成一個多樣性的農村的發展。在1990年代之後,內生型式的農村發展模式逐漸受到重視(van der ploeg and Saccomandi 1995)。但是,內生發展並不像想像中那樣完美無缺,因為內生發展的結果,最後實際上可能只由少數有力的地方利益團體所掌控(Ilbery 1997: 4-5; Murdoch 2000: 412;Ward and McNicholas 1998),而且在一些缺乏地方特色的地區,如果強調內生發展而無外部援助,會是一個不切實際的作法(Murdoch 2000: 415-416)。

三、第三條路

如同前述,戰後初期到1980年代以前,農村發展所強調的為「外生發展」的策略,在此一策略下,新產業及其相關的技術、技藝及工作型式被引進到農村區域,以克服邊陲化與落後的問題。因此,發展機關以提供樓地板空間、降低土地租金與貸款利率、改善基礎設施的方式,希望能夠吸引帶頭公司帶動部門發展,其目的是把農村地區帶入國家或國際經濟體系中。但是,此一方法有許多缺點,最重要的是過度依賴國家的支持,依賴只從事單一產業大企業的結果,使在不同市場中的小型地方企業邊緣化。上述問題使農村發展轉向內生發展,在這方法下,地方的參與者被鼓勵對發展策略的設計與執行負責,透過民眾參與的農村發展方式,以確保既有的農村資源能夠獲得最適合的使用。然而這種方法也有許多問題,最主要的問題是參與的過程不是由最有力的地方參與者所宰制(因此邊緣群體繼續被邊緣化),就是因地方的冷淡而受漠視,前述內生與外生發展的差異整理如表7-1。

對於上述兩種農村發展主流的方法驗證,其成果都相當豐富,但是內生與外生的選擇一直都被刻劃成彼此相互排除的對立物(Murdoch 2000;Lowe et al. 1995)。例如Slee認為,內生發展由地方決定且重視地方價值;相對地,外生發展是由外部決定,且可能踐踏地方價值(引自Iacoponi et al. 1995: 28),Sharp等人(2002)及van der Ploeg等人(1994)亦都強調內生發展與外生發展的分野。但是,既然內生與外生發展都各有其問題,就會產生「如何選擇的問題」,而且也很難說服「為何非在這兩者之間選擇其一不可?」況且,這二者之間的本質差別,有時甚難區別(例如什麼情況是真正的內生?什麼樣的方式又是外生?),於是產生了農村發展策略的「第三條路」。

表7-1：外生發展與內生發展內涵比較

項目	外生發展	內生發展
類似觀念	由上而下、國家干預、產業引入	由下而上、自我發展、市場導向
主體	國家或其他外來者決定	地方本身或在地人主導
資源	外部資金或技術	地方資源
模式	外地的發展模式套用於地方	自我導向、自我認同
手段	新生產技術與方法的引進、結構重整與基礎設施改良、引進製造業	地方資源利用、民眾及地方參與推動、建構地方認同
意識形態	依據外部目標搾取資源與形塑環境	建立並重視地方價值
缺點	過度依賴國家（國家財政負擔加重）、中及小型的地方企業的邊緣化	由最有力的地方參與者宰制或因地方冷淡而受漠視

　　針對上述強調內生或外生發展的傳統對立觀點及其所產生的問題，一部分學者從檢討內生發展的侷限開始，試圖將外生與內生發展作連結。其中Lowe et al.（1995）舉農場經營為例，指出一個農場的經營無法與外部的社會制度與關係隔離開來，外部的社會制度與關係實際建構了農場經營中農產「生產─消費」過程。一個農村的發展也是如此，農村發展的內生方式必須注意到地方內生產和消費體系，以及與地方外市場體系的連結，這樣才能反映地方與全球、農村與都市、生產者與消費者之間的關聯，也才不致於被侷限在地理上的邊陲地域中。Ray（1999）則舉法國的農村社區發展為例，說明現今許多社區發展的案例都拒絕被框架在既存的政治管理界線中。相反地，其除了持續促進區內居民歸屬感外，也同時積極進行與鄰近社區間的合作。他認為，在農村發展的過程中，任何一個地方皆無可避免地與地方外有所關聯，因此內生發展方式不僅應強調「地方內（local）」，也應注意「地方內」與「地方外（extra-local）」的連結。

　　地方內與地方外的連結意味著內部與外部的平衡（the balance of internal and external），亦即，農村的發展不應受地方內部或外部二元對立的意識形態所限制，而應是跨地方的（Lowe et al. 1995），其意指，農村發展應朝向連結地方場所與外在的全球區域（van der Ploeg and Saccomandi 1995）來進行。如何進行內部與外部連結？大致可以劃分成兩種方式：

(一)地方生產外地消費

就是「把一個地域銷售到地方外去（sell the area to the extra-local）」（Ray 1999: 259），即將地方的資源或服務視為一種商品，宣傳銷售到地方外的市場。此外，與外部連結也應該包含「結合運用地方外的人力與資源」，由於每個地方都擁有其獨特可取得的財產，若能將地方外的元素重整修正以符合地方狀況及價值觀，並運用到地方發展上，則可增加地方發展的利益（Lowe et al. 1995；Iacoponi et al. 1995；Ray 1998）。

(二)吸收革新的知識與技術

與前一方式把地方銷售出相反，這種方式是從外面吸收新的知識與技術，也就是迅速的革新（innovation）。這種方式也與外生的發展方式不同，外生方式係由外來力量強迫地方接受新知識或技術等，這種方式則是由地方本身透過地方共識，主動參與革新的過程（Murdoch 2000: 412-413）。

上述地方內與地方外互為連結的發展觀點，意味著地方主義（localism）與全球化（globalization）的共存（Ray 1998: 4），或者「全球在地化（Glocalization）」。亦即，將一直處於相互對抗及排斥中的農村發展範型二大主流──外生與內生──作了一個思想上的重整，使得在外生與內生發展策略以外多了一種選擇。農村發展的「第三條路」即結合了外生／內生發展的模式，連結了地方的內部資源與地方以外的資源，更呼應了農村發展複雜且多樣化的本質（Amin and Thrift 1995；Murdoch 2000: 408）。第三條路的基礎理論為何？將在下一節說明。

第二節　農村發展第三條路的理論構成與應用

前述試圖使外生與內生共存的農村發展策略，使得農村發展有更多的策略選擇，但是它有什麼理論基礎可以破除長久以來的二元思維？常被引用的理論有二，其一為新制度經濟學的應用，另一為行動者網絡理論（actor network theory, ANT）的應用。前者試圖提供外生／內生之間如何作選擇的解答；後者在處理二元對立的問題上，提供了極佳的說服力。本部分將以行動者網絡理論作為探討的重點，但先

對新制度經濟學的應用做一簡單敘述。

一、新制度經濟學的應用

如前所述，新制度經濟學應用在內生與外生的農村發展策略上，主要在解決如何選擇內生／外生的發展策略問題。新制度經濟學與新古典經濟學的基本差異，在於新制度經濟學改變了新古典經濟學的三個假設：完全知識、完全理性及利潤極大化。基於完全知識，新古典經濟學假定使用市場不需要成本，新制度經濟學的方法認為使用市場前、後都需要交易成本（transaction costs），前者包括移動、談判、保證履約等成本；後者包括解除不良結盟成本、解決締約破裂的討價還價成本、以及管理架構有關的組成及維續成本等（Richter und Furubotn 1999: 45-77）。

利用新制度經濟學的交易成本概念，Saccomandi（1995）、van der Ploeg and Sannomandi（1995）及Iacoponi et al.（1995）等人提出外生與內生決定的基本論點。他們的基本命題為：外生發展需要較高的交易成本，內生發展則有較高的經營成本（指的是交易成本以外的營運成本）。外生發展因為依賴的是外部資源，因此需要使用外部市場，其所需要的交易成本必然較高；相對地，內生發展無須依靠外部資源，所以不需使用市場，但是為了維持發展卻需要較高的營運成本。舉例而言，一個企業需要使用某種財貨時，它不是購買於市場，就是自己生產。財貨購買於市場可以看作外生的型式，需要較多的交易成本；自己生產屬於內生的型式，需要較多的經營成本。只有在使用市場的成本（交易成本）小於內部經營成本時，企業才會決定在市場上購買所需的財貨，亦即這時才會選擇外生的策略。在農村決定採取內生或外生發展上，新制度經濟學不僅提供了一個可能的答案，也為較低度的農業發展型態能與較高發展的農業型態競爭的迷思，提供解答（van der Ploeg and Saccomandi 1995: 12）。不過，如何評估一個農村外生發展的交易成本及內生發展內部經營成本，仍然有待進一步的研究。

二、行動者網絡理論（ANT）——農村發展第三條路的理論構成

與制度經濟學相比較，ANT成為農村發展的第三條路的基礎理論，顯然獲得

更多的迴響與支持。因此這一部分將就ANT的形成背景、內容及其鄉村發展的連結加以說明。

(一)ANT的形成背景

在孔恩（Thomas Kuhn）對科學知識與自然間關係的實證主義進行強烈批判，以及Winch提出關於社會科學與自然科學有根本上的大差異的觀點之後（Murdoch 1997: 733），一種重估科學知識型態的運動因此而展開，科學知識研究的觀點也因此產生了改變。原來，以墨頓（Merton）為首的科學社會學（sociology of science）預設了不受社會污染的純粹的知識過程及知識內容，把科學技術的內容排除於社會學研究之外，而把社會因素作為促進或阻礙知識過程的外部因素。在1970年代形成的科學知識社會學（sociology of scientific knowledge, SSK）對科學知識的形成提出了與科學社會學不同的主張，SSK取消了知識的內容與情境之間的區分，把社會因素作為知識的構成性因素（曾曉強？），SSK的學者因此又被稱為建構論者（constructivist）。行動者網絡理論屬於SSK下的重要論述之一，其提出者為Michel Callon、Bruno Latour及John Law。他們認為，過去的社會科學大部分以人類為中心，在以人類為中心的社會科學當中，清楚地劃分自然／社會、人類／非人類的二元論述，但是這樣的劃分並不適合用來思考我們的世界，因為我們的世界組成中含有許多不同的非人類（the various nonhumans）（Murdoch 1997a: 731-732）。

ANT的產生可回溯至1970年代，當時一群建構論者大膽地進入科學活動的大本營——實驗室——去觀察科學家的工作。在實驗室的觀察中，這群建構論的學者發現，要把自然帶入實驗室必須使用不同的工具手段，這些工具包括銘寫裝置（inscription device），例如資料讀取機，它把資料轉換成圖形或表格，使實驗材料轉化成可以直接用作科學論證的銘寫符號（inscription）；說服的文學技巧，例如用以撰寫科學報告；政治策略，例如為了集結資源而建立合作聯盟的關係（Murdoch 1997a；曾曉強（？））。

這些實驗室的研究顯示，科學家並不是單純的觀察自然，而是在許多層面上似乎都利用了必要的社會的及技術的工具，來積極建構其自然的主體。這個過程獲得科學知識「建構」的特徵，在這裡頭，在實驗室內與實驗室外的行動者組合決定了知識的組成。在建構主義者的觀點中，自然世界在科學知識建構中只扮演微不足道的角色，社會的過程可以解釋科學的內容，而且可以被用來解釋知識如何產生及被

使用。科學的實驗應被當作人文活動來研究，科學的內容（即科學的知識）本身變成是社會學解釋的標的。

(二)ANT的內容

上述建構論者的觀察結果顯示，實驗室似乎與其他社會組合的差異很小，而且科學家顯得與其他社會行動者極為類似。Latour（1983: 141-142）把此一發現拿來當作不同的科學分析的起始點，他提出下列的問題意識：「如果在實驗室裡沒有任何科學的發生，那麼實驗室為什麼會開始？」以及「為什麼社會會圍繞著實驗室，並且花費在這些沒有特別事物產生的地方？」在此一題問下，Latour建立了ANT的主要內容（Murdoch 1997a: 734）。

Latuor（1983）透過巴斯德（Louis Pasteur）研究炭疽病疫苗成功的案例，來解釋行動者網絡，透過這個案例建構一個行動者的世界或行動者網絡，在這個行動者網絡裡面有下列特性：

1. 行動者網絡的構成是異質的（heterogeneous）

巴斯德的研究之所以成功，在於他將實驗室與田野之間建立了連結關係，同時把其他的相關者（包括農民、科學家、細菌等）緊密地連結起來。

2. 透過轉譯（translation）過程建構行動者網絡

行動者網絡並不是原先預定的行動者簡單組合，而是每一個行動者的利益、角色、功能和地位都在新的行動者網絡中加以重新界定。在巴斯德的案例中，巴斯德在實驗室的隔絕空間內成功地培養大量的癰，使他能夠非常權威地談論桿菌。由於這個微生物被認定為是炭疽熱的肇因，巴斯德擁有能力以新的方式去重塑或轉移農民的興趣。然而在這個階段，炭疽熱的「成因」仍然鎖在巴斯德的實驗室，實驗室與所有其他對巴斯德研究有興趣者之間的聯繫不多。如果是這種情況發生的話，巴斯德引起廣大社會群眾興趣的力量，將受到嚴格的限制。因此有必要從實驗室返回田野，進行田野的試驗來提煉牛痘，這些需要新的轉譯——把實驗室的實驗擴張到實驗室以外的世界，以便能夠創造提煉牛痘的有效條件。經過巴斯德與農民的複雜協商之後（亦即，說服後者消毒、清潔、保存、計時、紀錄等等），試驗才開始進行。由於他的成功結果，達成了最終的轉譯：「假如你要從癰中救出你的動物，請向巴斯德的實驗室訂購牛痘疫苗。換言之，你遵守有限的實驗室實驗組合條

件……你可以把在巴斯德實驗室生產的實驗室產品擴張及每一個法國農民」（La-
tour 1983: 52；Murdoch 1997a）。前述的意涵是，科學知識要被擴展、行動者要有
興趣，相關者必須被納入到整個網絡中，而且他們的目標在某些程度上必須與科學
家一致，透過轉譯過程，巴斯德把各種異質的行動者——科學家、細菌、農民等連
結在一起，建構起一個行動者網絡。

3. 拒絕傳統的二元論觀點

　　在這個研究中，巴斯德所感到興趣的主體，巴斯德能夠將之召納入他的網絡
的是社會（農民）與自然（病菌）兩者。病菌願意去做巴斯德要它們做的，而且巴
斯德顯示出自己是一個技術純熟的自然主體操縱者，使農民信賴。因此，前述的轉
譯網絡的構想提供了一個解決自然與／社會領域間二元論的方法，就所有被徵召的
主體特性而言，似乎是決定於他（它）們在網絡內的個別情況，與其是自然的或社
會的無關。就此，Latour提出實驗室如何在現代世界中獲得他們力量的問題，他指
出，這個力量從他們集結行動能力的實驗室，進入被建立起來作為散播科學產品的
網絡中，也就是跨越空間阻隔，從實驗室到農場、再到整個法國的農村。Latour批
評社會學家對巨觀和微觀、內部和外部的二元主義的依賴，他認為，只有揚棄二元
論的解釋模型且聚焦於研究科學的行動者，才能瞭解科學的力量，因為科學的行動
者把其他的行動者綁在網絡上，而他們所採取的方法是，他們成為受他們徵召進來
（enrolled）的（「自然的」或「社會的」）其他人的代表，亦即他們為其他人發
言。因為這個網絡是用來鞏固強化科學的產品，在保證其產品的有效功能條件下，
實驗室即能擴張到外部（Latour 1983: 167；Murdoch 1997a）。從此，空間的二元
對立論述——實驗室內與實驗室外已經無從劃分，同時，也使人的行動者（科學家
與農民）及非人的行動者（細菌）在科學知識的形成中，所扮演的角色獲得對等的
看待。

4. 知識形成的過程就是形塑自然和社會的過程

　　巴斯德實驗室的條件使得法國許多地方都受到轉譯，巴斯德把法國社會再界
定，他重構了組成這個社會的力量。就整個實驗過程而言，微生物的實驗室成為促
使社會範疇組合蛻變的地方之一，轉譯的程序由巴斯德準備就緒，最後建立了科學
的網絡，透過網絡跨越實驗室並允許其成品循環，在這同時社會被重製（Murdoch
1997a）。一方面，這個網絡重整當時的自然與社會；另一方面，這整個行動者網
絡是由之前的自然與社會、人與非人的行動者共構而成。因此，行動者網絡既形塑

了自然與社會，自然與社會也形塑了行動者網絡。

　　Latour的巴斯德研究案例試圖說明知識形成的對稱性（symmetry），即強調自然與社會、實驗室內與實驗室外、人類與非人類在知識形成過程當中的對等重要性。在巴斯德的研究案例中，細菌（非人類）只扮演了消極的角色，細菌非常柔順的一如巴斯德所願，進入巴斯德所編造的網絡中，並且完全接受巴斯德的安排。但是，所有的行動者都是那麼柔順地被徵召入網絡中，並且配合扮演自己的角色嗎？為了進一步釐清自然主體（非人類）被徵召進入異質網絡情形，Callon援引了三個科學家嘗試說服法國漁民接受科學家能夠解決法國北部St Brieuc Bay海扇貝資源逐漸減少問題的知識為例，在這個例子中他賦予非人類的行動者—海扇貝積極的角色。藉由這個例子Callon分辨出五個「轉譯關鍵（moments of translation）」：問題呈現（problematisation）、利益賦予（interessment）、徵召（enrolment）、動員（mobilisation），以及異議（dissidence）。不過，在行動者網絡的運作中，這些關鍵並不一定全都需要，而且有時可能會重疊。這些關鍵的意義如下（參見Callon 1986；Murdoch 1997a: 739-740；Woods 1998: 322-323）：

　　1.「問題呈現（problematisation）」：當三個科學家從日本回到家鄉後，他們開始問，在日本學到的是否可以被移植到St. Brieuc Bay？在問（與答）這個問題當中，他們開始想到其他會被綑綁在這個網絡的行動者：海扇貝、科學家的同事及漁民。同時，科學家們並且試著去設想這些行動者（每一個被連結入科學家海扇貝知識者）的興趣。

　　2.「利益賦予（interessment）」：此涉及科學家運用來賦予及穩定其他行動者任務的手段。在這個例子裡面，海扇貝被認為雖然經常受到威脅，但是能夠像他的日本表兄弟一樣附著於採集器上，因此可免被侵略者吞食；漁民們經由他們的代表與科學家間的一連串會議而獲益，在這會議上，代表們了解到科學家解決存量下降問題的方法；科學家的同事們則被誘以出席學術會議及發表論文。

　　3.「徵召（enrolment）」：就科學家而言，必須賦予每一個行動者互相都可接受的相關任務，如果這項任務被接受，則科學家可以邁向這個步驟。如果海扇貝必須被徵召，它們就必須把自己附著在採集器上。科學家依據它們的經驗，花了非常長的時間與海扇貝「談判」，並且嘗試了許多方法鼓勵海扇貝以顯著的行為附著；只要科學家能夠提出足夠及顯著的案例，科學家的同事們則準備相信這項附著；另一方面，當他們的代表為他們的利益進行談判時，廣大的農民「像愉快的旁觀者」

（Callon 1986: 213）一樣的在觀察，並且等待最後的結果。

4.「**動員**（mobilisation）」：只有在科學家達到此一階段時，一個成功的網絡才算產生。科學家可以動員海扇貝、科學家同事及漁民，科學家能夠蒐集到一些（代表）附著的海扇貝；科學的團體與科學家的同事們一樣相信那信資料；漁民們遵循他們的約定。

5.「**異議**（dissidence）」：為了突顯海扇貝－非人類主體在網絡的積極性，Callon又提出第五個關鍵──「異議」。海扇貝並沒有如預期的有足夠的數量附著在採集器上，科學家的同事們開始懷疑此一實驗成功的可能性，最後一部分漁民在聖誕節前夕提前捕撈海扇貝，這些背離了原來主體的目標，使得網絡瓦解。

經由上述關鍵，每一個類群被成功地轉譯，而且依據科學家所設的條件繫在一個異質的網絡中。同時，Callon在問題呈現的轉譯過程中特別強調，網絡的形成各主體之間需有彼此需遵守的「共同的強制通行點」（obligatory passage point, OPP），在海扇貝的例子中的OPP是：「各主體相信海扇貝能夠附著，而且每一個主體都能彼此因此互利」，每一主體的問題呈現、遭遇的問題及目標如圖7-1所示。

在海扇貝的例子中，海扇貝之所以扮演積極的角色是因為海扇貝拒絕依據規定進入採集器內，海扇貝變成不同意見者（dissident）。由於此一失敗，逐漸產生懷疑的科學家同事將隨之成為不同意見者，此將導致三個科學家為他們的投資所受到的威脅而奮鬥。最後，漁民們背叛了網絡：一些成功地附著而已經孵化的海扇貝，在一個聖誕節的前夕，被一群拒絕等待科學家認為補充存量所需的三年時間的漁民所過早捕撈。因此，轉譯結束，轉譯網絡失敗。這個案例所展現的不僅是有系統地苦心經營轉譯過程的情況，也展現出自然主體所扮演的積極角色。海扇貝毀壞社會行動者（科學家）聯繫好的組合，因此自然主體不應只被視為是消極的中介體，它們具有顛覆社會結合的能力，也可以在新方法下重組社會。同時，應該避免從分析中排除自然主體，因為這個主體有能力穩固或毀損建構人──非人類網絡的結盟組合。

綜合前述ANT內涵的要旨，在於其突顯出科學知識既不是「自然的」也不是「社會的」單一面向所形成。在前述的兩個案例裡面，其所突顯的是「人類」與「非人類」在科學知識的形成過程當中扮演同樣積極的角色；實驗室為成就科學知識的空間，實驗室以外的田野（包括農場與海域）也是其成就的空間；實驗室的嚴格控制條件及裝備是科學知識形成的要件，實驗室以外的其他條件（如財源支助與

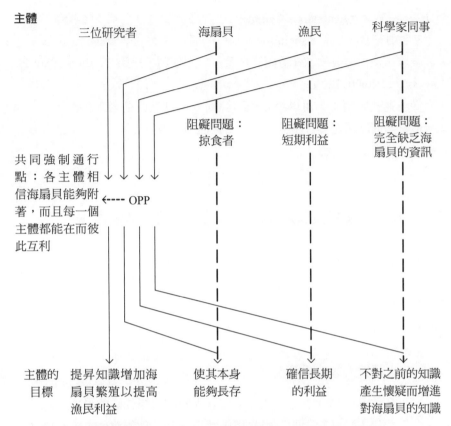

圖7-1：海扇貝研究中的各主體遭遇的問題與追求的目標

資料來源：Callon 1986: 207 fig 2修改

實驗發表的成果）也一樣重要；科學家固然是科學知識的關鍵，其他相關人員（包括其他的科學群體與非科學家如農民與漁民），也同樣是科學知識的關鍵。這些包括自然／社會、人／非人、實驗室內部／實驗室外部、科學家／非科學家等共同連結成一個異質的網絡，在這個網絡裡面的行動者可有的是「人」，有的則是「非人」，行動者的行動空間可以是「內部的」，也可以是「外部的」，透過行動者、透過行動者的行動空間，以及透過整個網絡產生了科學知識。上述有關ANT的內涵可以總結為三個原則：

1.公平性（impartiality）：要求分析者要將所有的行動者包含在網絡內，人與非人、個人與機構等都是具有力量來行動的行動者；

2.**一般對等**（generalized-symmetry）：自然與社會必須一起解釋；

3.**自由結合**（free association）：行動者可以通過許多觀念上的區隔（諸如地方與全球、文化與自然、社會與技術等），而連結在一起（Callon 1986: 221-222；Burgess et al. 2000: 123）。

從上述的說明中，可以清楚地理解到，ANT試圖拒絕接受傳統二元論至為明顯。但它如何應用在農村發展策略，並且拒絕「內生發展」與「外生發展」二元對立觀念，須進一步討論。

三、ANT做為農村發展新典範——第三條路的基礎理論

ANT拒絕接受傳統二元論的觀點與農村發展「第三條路」拒絕外生／內生二元對立的想法不謀而合，因此ANT被引用為農村發展策略第三條路的理論基礎。依據前述農村發展第三條路的內容與ANT的內涵，歸納ANT被用在農村發展策略的範疇，共有三項重點，以下分別敘述之。

(一)非人類與人類的對等性

ANT所強調的概念之一，為人類與非人類在科學知識的形成中應被對等的看待，非人類與人類在知識的形成過程中都扮演著積極的角色，此一概念打破了原先以人類為中心的思考侷限。這種概念在農村發展的意義上，主要凸顯了農村的發展有許多非人類要素的存在。在強調以地方資源為基礎的內生發展策略上，地方的資源包括：自然環境、地景建築、文化、制度、歷史、語言、工藝、美食、生態、勞力與知識技藝等都屬於非人類的範疇；在強調外力干預的外生發展上，則主要是資本或新技術的引入（Murdoch 2000: 413）。因此，不論是內生發展或外生發展，唯有重視非人類的地方資源或外地資本，農村發展才得以展開。在形塑農村發展的另一項要素——人類的部分，則包括個人與機構，其不論在內生發展或外生發展都不可或缺。在內生發展與外部連結的第三條發展過程中，強調的是本地資源的外地消費，或者凝聚本地共同意識，自外地引進新知識與技術，此時把人類與非人類對等的看待，由人類的與非人類共同連結成一個異質行動者網絡，做為農村發展的基礎，如Law（1992: 2）所言：「網絡不僅由人類，而且是由機器、動物、文本

（texts）、金錢與建築等所組成。」行動者網絡理論為內生發展與外部連結的農村發展策略提供了有力的註腳。在歐洲近年來的農村發展上，依據Murdoch（2000）的觀察結果顯示，農村網絡主要係由特殊的農村經濟與自然主體組合所構成，在這之中，自然主體扮演特別重要的角色，其方法是把自然資源轉譯為商品推銷到地方外去。此外，Ray（1998）與Jenkins（2000）也都強調，不應該把地方傳統文化（非人的行動者）視為家傳寶般的保存其來，而應將其視為農村發展網絡的資源，再透過地方的行動者（人的行動者）把地方經濟（文化）與外部市場連結起來，由此構成具地方價值（local values）基礎的農村發展途徑，這些都是把行動者網絡理論中人類與非人類對等的觀念應用於農村發展的具體構思。

(二)地方內與地方外的連結

在Latour對巴斯德的牛痘實驗案例的研究中，巴斯德進出於實驗室與田野之間，最後把農場作為實驗場所，獲得實驗的成功，使巴斯德留名歷史，整個故事的結尾：「沒有一個人能說那裡是實驗室及那裡是社會」（Latour 1983: 154）。ANT的目的之一在於拒絕二元論，在此已經使得實驗室內部與外部的空間二元論失去作用。在農村發展策略的遞移中，基本上先強調外生，而後轉向內生，最後產生內生與外生結合的發展策略，亦即所謂農村發展的第三條路。外生發展強調的是透過地方外的力量來促使地方發展，內生發展強調的是利用地方資源來帶動地方發展，「地方外」與「地方內」如同「實驗室外」與「實驗室內」一樣具有空間觀念上的二元論。農村發展策略的第三條路主張的是拋棄內生與外生誰優誰劣的爭論，強調透過內部與外部的連接，例如把地方內部資源連接到外部市場或地方自主性地從外部引進革新動力，但不管那一種方式，內部與外部的發展因素受到同樣的重視。

ANT應用在連結農村內生與外生的發展策略上，是利用網絡中行動者的行動來替代空間上內／外的區隔，透過行動者網絡把地方內與地方外的行動者（包括人與非人）連結起來，一個成功的農村發展就如巴斯德建立起來的炭疽病疫苗網絡一樣，最後並不能說是（地方／實驗室）內部的或（地方／實驗室）外部的成功。一如Murdoch（2000: 414）指出的，在傳統的認知裡，地方（內）資源會是地方接受革新（地方外）的超級阻礙（stubborn obstacles），但是最近歐洲農村的發展趨勢顯示，農村經濟成長的新網絡係奠基於舊有結構上。就農村參與革新與學習而言，

具有傳統經濟型式、親情互動和與他人有密切往來的地區擁有更佳的機會。準此而言，過去對經濟及社會發展成功所需的資源空間分配，行動者網絡理論提供了另一種理解。這意味著一旦網絡建立起來，而且非常穩固的話，在農村發展中，外部與內部之間的差別將變得是次要的（Lowe et al. 1995: 101），代之而起的將是跨越空間的行動者網絡。

(三)行動者網絡與農村發展的共構

　　行動者網絡理論強調，在科學知識的形成過程當中，自然與社會、人與非人都具有同等的重要性，由異質行動者組成的網絡如果轉譯成功的話，自然與社會都將受到重整，巴斯德炭疽病疫苗透過行動者網絡成功地被研發出來，並且獲得農民的信賴，因此而重整了當時法國社會就是一個顯著的例子。如果，一個發展的行動者網絡成功地在農村中展開，必然使得農村發生某種程度的重整。相對地，農村中的地方資源，例如傳統文化、法律制度、人際關係、基礎設施等，也影響到行動者網絡的形成，正如Murdoch（2000: 414）所言：「農村網絡似乎是騎在早已建立起來的農業網絡的背上」。準此而言，行動者網絡的形成與農村發展具有互動影響的連帶關係。行動者網絡理論重整社會及其奠基於社會的關聯性，替內生發展與外部連結的農村發展策略——其強調以地方資源為基礎連結外部市場或以地方共識為基礎進行革新，進而促使地地方重整——提供了理論上的基礎。前述ANT的內容及其應用解釋農村發展的策略關係，如表7-2。

表7-2：ANT與農村發展策略（第三條路）的應用

ANT的範疇	ANT的主要論述	ANT在農村發展中的應用
主體	自然與社會、人與非人類被對等看待	（非人的）地方資源包括自然環境、地景、建築、文化、制度、歷史、語言、工藝、美食、生態、勞力與知識技藝等與（人的）居民和團體同等重要
空間	無實驗室與田野之分，行動者空間取代地理上的空間	地方內與地方外促進農村發展的因素同等重要，在地理空間上的區分不重要
與社會的關係	重整社會、網絡的形成與社會為基礎	行動者透過網絡重整農村，農村的社會與然條件影響網絡的形成

四、小結

　　本章就戰後農村發展策略的主要變遷進行說明與整理，整體而言，戰後的農村發展策略先有外生模式而後有內生模式，晚近則有「內生發展與外部連結」的發展策略，亦即所謂的農村發展的「第三條路」被提出來。其中，內生與外生的農村發展模式都各有其根本的思維基礎，在全球各地都有一定的實施成果，但是，不管是外生發展或內生發展都有其侷限性，特別是它們一直都陷於二元對立的窠臼當中，因而有企圖打破此二元論的「第三條路」出現，使農村發展在內生與外生發展策略以外，有更多的選擇可能性。

　　在農村發展的第三條路的理論建立上，行動者網絡理論提供了一個有力的論據。透過行動者網絡理論，農村發展可以跨越過去強調「內生發展」或「外生發展」二元對立的策略思維，而走向整合式的發展方式。此外，在行動者網絡理論中強調非人類的重要性，這種強調應有助於在農村發展中對非人類的重視，這些包括農村的生態、環境、景觀、傳統文化等，此給予在農村發展中應維護生態、環境、景觀、傳統文化等的構想與實際一個有力的理論基礎。

　　戰後的農村發展從「外生」、「內生」再到「第三條路」，如果拿來作一個類比，農村發展的「外生模型」與現代性（modernity）觀點和現代化理論有關；「內生模型」與後現代性（postmodernity）有關；「第三條路」與反思性現代化（reflexive modernization）或第二現代（second modernity）有關。只是，第二現代與後現代之間還在進行典範轉移之間的競爭（劉維公2001: 003），而農村發展的「第三條路」已經由ANT提供有力的理論基礎，農村發展「第三條路」的思維或許替第二現代的主張提供了一劑強心針。

　　離開農村發展策略「外生」、「內生」或「第三條路」間的理論爭論，用通俗的概念來解釋這些理論內涵，如果：「外生」是「黑貓」，「內生」則是「白貓」，「第三條路」就是「花貓」。務實的養貓哲學如果是：「不管黑貓、白貓，會打老鼠的就是好貓」，那麼如果「花貓會打老鼠」，牠也是一隻好貓。在現實的世界中，花貓的數量可能遠多於黑貓及白貓，有什麼道理不選擇一隻會打老鼠的花貓？而一定要在黑貓與白貓之間作選擇？這個應該就是農村發展「第三條路」要彰顯的義涵。

　　最後，ANT雖然給予農村發展一個嶄新的理論思維，本章並且嘗試將二者之間作了連結，但是ANT作為實際的運用手段仍然有若干問題：首先，由於行動者

網絡的形成受到地方之自然與社會條件影響，而各地條件不一，特別是缺乏地方資源及地處邊偏遠人口稀少的地區（Murdoch 2000: 416），這些地區網絡的形成仍然有其困難。因此，行動者網絡理論雖然把內部與外部放在一個觀念架構內，但是有形的空間距離仍然是影響網絡的重要因素之一，不是所有的農村發展都適用行動者網絡理論。第二，行動者網絡理論固然提供了農村發展的一個理論基礎，但是它不是用來解決農村的實質發展問題，一如（Murdoch 2000: 417）所言：「網絡不能提供農村發展問題的答案，它單純的顯示出我們如何能透過一些傳統方法再思考，來創新機會。超出此外，既定農村區域的特殊問題，必須放在其固有的政治及經濟範疇內來評估。」第三，由於過去長期的不均衡發展，產生了農村的異質性，這個包括在第一章中討論到的農村分類上或在對農村的認知上（Halfacree 1993；Pratt 1996；van Dam et al. 2002）都有極大的不同，就如（Pratt 1996: 71）所言：「存在著許多不同的農村」，這些不同的農村在發展上應有其不同的行動網絡，這些網絡如何形成？仍然需要個案的觀察研究。因此，ANT應用農村發展策略的實際情況，需有更多的個案研究來驗證。下二章將以臺灣農村發展發展的個案，進行實證的觀察。其中，第八章以九份的早期發展為例，第九章則以香山濕地及白沙屯的發展為例，並且從權力運作的觀點來觀察。

　　農村發展有不同的策略，其中Amin與Thirft（1995）提出的農村發展的「第三條路（the third way）」近來引發許多討論（Lowe *et al.* 1995；Ray 1999；Murdoch 2000）。此所謂「第三條路」指的是「內生發展」與「外生發展」的連結，強調農村發展的內部因素與外部因素同等重要，無內外之別。為了要使農村發展「第三條路」具有理論基礎，行動者網絡理論（actor network theory, ANT）因而被引入，這使得ANT在農村研究中受到極大的重視，並引起許多研究，在前一章已經敘明，本章主要以臺灣的案例做為實證觀察對象。

　　基本上，ANT應用於農村發展的研究可以分為兩大類，其一為ANT作為農村發展「第三條路」基礎理論的提倡與闡述（Lowe *et al.* 1995；Murdoch 1997；Murdoch 2000；Long 2001），另一為ANT應用於農村發展的實證研究（Amin and Thirft 1995；Woods 1998；Kortelanien 1999；Burgess *et al.* 2000；Morris 2004）。第一類的研究較為豐富，在前一章已經做了梳理；第二類的研究則相對較少，且存有若干問題值得進一步分析研究，因此本章對臺灣地區的農村發展進行實證研究。在ANT應用於農村發展的實證研究中，實證的方式可以分成兩種路徑，其中一種途徑係採用詳細的個案研究，細密地觀察網絡的建構（Woods 1998），另一種則具有較廣的研究範圍，其研究的是一個政策適用ANT的情況（Morris 2004）。這些實證研究主要側重在兩項ANT應用於農村發展的議題上，一為人類與非人類主體的對等性（Murdoch and Marsden 1995；Woods 1998），另一為ANT適用於某項農村政策的檢驗（Kortelanien 1999；Burgess*et al.* 2000；Morris 2004）。前述二項議題固然極為重要，但未能釐清提出「第三條路」及其以ANT為理論基礎的原始目的——跨越外生／內生模型（beyond exogenous and endogenous model）或拒絕接受

---

* 本章曾經以「行動者網絡理論應用於鄉村發展之研究——以九份聚落1895-1945年發展為例」，發表於「地理學報」，第三十九期，pp. 1-30。

傳統二元論（refuse to accept the traditional dualism）（Lowe *et al.* 1995； Murdoch 1997a; Burgess *et al.* 2000）[1]。基於此，本章的主要研究目的為，檢驗ANT解釋農村實際發展的情形——特別是對其試圖跨越農村外生／內生發展的主張的檢驗。也因為如此，本章把焦點放在ANT應用於農村發展策略可能產生的技術問題與理論問題上，至於ANT理論本身的爭論問題[2]則非本章重點。

如前所述ANT應用於農村發展的實證的方式有兩種途徑，本研究採取的個案研究的主要原因有二：1.對於不同農村發展模型與農村實際經濟發展適合度的大範圍考察，Terluin（2003）的研究已經證明，混合外生與內生的模型適合度最高；2.透過個案可以較仔細地觀察網絡的組構情形，並分析組構網絡的主體的屬性（例如內生／外生或人類／非人類等）（Bugess et al. 2000），即透過個案研究，有助於釐清觀察地區的發展是複雜的地方／非地方混合體（sophisticated local/non-local hybrids）（Lowe et al. 1995）。

為了檢驗ANT及農村發展「第三條路」能否跨越內生／外生模型，研究的個案的地區需符合下列條件：1.該地區具有清晰的發展歷程，以利於觀察在發展過程中，行動者網絡組構與運作的關係；2.研究地區需要有足夠的資料，足以顯示行動者網絡組構的相關主體；3.研究地區屬於農村聚落。由於九份在1895年到1945年間的發展符合前述條件，因此適合進行個案觀察[3]。

本章首先（第一節）以前一章建立的ANT與農村發展策略的連結關係為基礎，建立實證觀察的研究架構，第二節以九份金礦開採期的發展案例，來觀察檢驗ANT的適用性，之後對觀察結果進行討論。

---

[1] 一如將行動者網絡理論應用於農村發展的先鋒者，Lowe等人所說的，網絡一旦形成且穩固的話，相對於網絡型式的重要性，區別「內部」與「外部」（廠商／市場與內生／外生二者）將變成次要的。與其尋求解釋這些二元論何者為優，不如將其視為經濟的行動者為了確定性、穩定性及權力，而動用許多資源與關係所進行的網絡組構的結果。（Lowe *et al.* 1995）

[2] 對於ANT的理論批評請參閱如Cole (1996)及Vandenberghe (2002)

[3] 九份在道光年間即有漢人進駐，於外九份溪與金瓜石溪會合處及大竿林溪有零星水田，並在陵峭山腹上開闢茶園（王元山1990），屬於一個農村聚落，因農村居民日常用品均經由海運至「焿仔寮」港，分成九份，因此有「九份」之名出現（張黎文1994）。雖然，之後的金礦開採使九份繁榮一時，但就其人口規模、產業結構、基礎設施等來看應非屬都市，而是一個礦業型的村落。

第一節　個案研究架構及個案地區發展歷程

　　本節說明個案觀察的研究架構，並就個案地區的發展歷程進行整理，以為個案研究的基礎。

一、個案研究架構

　　前一章梳理了ANT作為農村發展「第三條路」理論基礎的形成，但是ANT如何實際利用於農村發展的個案觀察，由於已有之個案研究案例的研究重點各有不同，因此研究架構多有差異，以下依據已有之個案研究及前述ANT的內容說明建立本章個案研究架構。

　　在相關實際案例的研究上，Murdoch與Marsden（1995）及Woods（1998）分別以ANT來解釋地方政治的衝突情形（political conflict）。Murdoch與Marsden（1995）以英國南部白金漢郡（Buckinghamshire）Stowe地方採礦為例，研究反對開礦者如何組成網絡，並透過網絡使已經組成的開礦者網絡瓦解，最後停止開礦。但是Woods（1997）認為，這個研究案例無法突顯ANT應用於農村政治衝突時的必要性。因為，Murdoch與Marsden（1995）透過傳統的管制架構（regulationist framework）或壓力團體（pressure groups）分析方法對同一案例所作的研究，也獲得合理的解釋。因此，Woods進一步透過英國Somerset郡Quantock支持獵鹿者與反獵鹿者之間的衝突做為研究案例[4]。在這個案例當中，Woods要突顯的是：1.非

---

[4] 在此案例中非人類行動者為鹿（deer），獵鹿為Quantock幾世紀以來地方上重要休閒運動之一，但是獵鹿被認為過於殘忍，因此反狩獵陣營企圖使地方議會停止在議會所擁有的土地上的狩獵許可；另一方面，擁護狩獵的陣營則希望能繼續在此地狩獵。這兩大陣營為了達到其各自的目的，因此進行各項遊說、組織及動員等，Woods將這樣的案例以ANT來解釋。反狩獵網絡中的行動者（主體（entities））包括鹿、反殘暴運動聯盟、地方陣營、議會領導階層、郡議會的議員們及地方的民眾。這些主體有「共同強制通行點」（OPP），為「在議會中裁決停止獵鹿」，這是所有行動者共同的認知，在這個強制通行點下，諸行動者要達到、（或）可達到的目標分別為，鹿可過著自然的生活、反殘暴運動聯盟及地方陣營可達成反獵鹿的目的、議會領導階層維護了其自由派的意識型態、地方議會的議員代表了民意、地方民眾可享受農村田園生活。相對地，熱衷於獵鹿者則組成另外一個擁護狩獵的行動者網絡，此網絡中的行動者包括鹿、地方社區、郡議員們、狩獵隊、馬與獵犬、其他田野運動的熱愛者等，「反反狩獵」為其強制通行點，維持打獵的話行動者可以達到下列目標，鹿維持獸群的

人類的行動者的作用；2.網絡的動力不是來自於既有的權力結構，而是聯合製作（association made）的結果（Woods 1998）。

在此一例子中，Woods（1998）將鹿做為非人類主體的代表，以觀察非人類與人類行動者在地方政治衝突中扮演的角色，意圖突顯其在ANT所強調人類與非人類的對等性。不過在這個例子裡面，並沒有突顯出鹿在地方發展中的重要性，因為鹿既不像巴斯德的炭疽病菌一樣的合作，也不像法國海扇貝那樣的產生異議，鹿只是被狩獵陣營與反狩獵陣營拿來當作個別網絡徵召網羅的對象，但鹿對任何一個網絡都毫無反應，Woods（1998）本身也承認了這一點，所以Woods在突顯非人類與人類在農村發展中的對等性上並不成功。此外，在Woods的例子中也未探討，ANT在農村發展的第三條路——內生發展外部連結的適用性，因此ANT在農村發展中的應用需另建立研究架構。

如第七章所述，農村發展第三條路的提出，主要試圖跨越傳統所強調的「內生」或「外生」發展二元的思維，並認為應該借助於地方內與地方外的發展資源，且這些資源不管是人類或非人類都應被對等地看待，這樣的發展策略觀點正可以以ANT的論述為其基礎理論。在第七章第二節的表7-2中已經整理了ANT論述的主要內涵與農村發展第三條路的內容對應，這樣的對應有助於建立ANT放在農村發展個案觀察的架構。

如前所述，農村發展的第三條路主要在拒絕空間上「內」、「外」對立的觀點，因此本章從表7-2的第二項「空間」為切入點。農村發展的第三條路不僅強調農村發展無須劃分內生或外生，也無從劃分內生或外生，正如巴斯德炭疽病菌的研究，於最後的結尾中所言，「沒有一個人能說那裡是實驗室及那裡是社會」（Latour 1983）一樣。這種農村發展策略的觀念與ANT兩相對應，而且將其落實於個案觀察時的命題可以調整為：「一個農村的實際發展無法確認它是由內生或外生來促成。也就是說，如果一定要去劃分『內部』或『外部』的話，農村的發展經常

均衡、地方社區可以維持已建立的社會生活、郡議員可以獲得法令制定權、狩獵隊可繼續狩獵、馬及獵犬可以活下去、其他的運動熱愛者可以保護運動。這兩個行動者網絡分別透過問題的呈現、賦予利益、徵召及動員等來組成個別的網絡，以瓦解另外的網絡。最初，郡議會通過了反狩獵的規定，因此擁護狩獵的陣營瓦解。但是，擁護狩獵的主體重新組成新的網絡，並且加入兩個主體：法官與律師，透過這兩個主體，向高等法院（High Court）提起訴訟，以倫理或道德的原因禁止在議會所擁有的土地上狩獵是違法的，因為議會當初取得土地的目的，即在於改良或開發土地，以增加地方的利益。最後，高等法院判定仍然可以繼續在該地狩獵，反狩獵陣營的網絡因此被瓦解。（參閱Woods 1998）

是混合著內部與外部因素。」

　　研究前項命題需面對的問題為，如何劃分「內部」與「外部」？雖然ANT及農村發展的第三條路原本就拒絕此種劃分的必要性，但是在驗證的研究上卻必須劃分，研究才可能進行。劃分內生與外生本就有其本質上的困難，但為研究需要，本章根據前述外生、內生及第三條路的農村發展策略內容，將內生與外生因素劃分如表8-1，做為本章個案研究劃分內生／外生因素的基礎。

　　除了內生與外生發展之外，ANT應用在農村發展第三條路須予檢驗者為農村發展主體的問題。在ANT中強調的是人類與非人類被對等的看待，此意指：1.行動者網絡中的主體是異質的；2.這些異質的主體（行動者）在網絡中雖各扮演其角色，但都具有同等的重要性（或對等性）。在應用此一論述於農村發展方面，前述Woods的研究可供參考，其最先的工作為根據研究地區實際發展情況，建立起其行動者網絡。在行動者網絡的建立中，包括三項工作：1.確認網絡應含括的主體；2.分析行動者的轉譯過程；3.網絡運作的結果。在行動者網絡建立完成及觀察網絡的運作成果之後，接著進行最後一項分析——行動者網絡與研究地區互構的情形。這個部分主要在觀察透過網絡的運作，如何使地方的社會重整，並且檢視網絡如何受當時社會結構影響。整體而言，不論是農村發展模式或行動者網絡組構的觀察，其基礎工作均為對研究地區發展的了解。因此，ANT用作農村發展策略的個案研究，對研究地區的發展歷史的探索，為最先需進行的工作，並在發展歷史的探

表8-1：農村發展的內生與外生發展因素劃分

項目	外生觀點的因素	內生觀點因素	內生／外生連結觀點的因素
政策	國家推動	地方共識產生	混合的
資金	外部流入資金（包括補貼與補助等）	本地積累或自有資金	結合本地或外來資金
資源	外來技術與知識	1.本地傳統技藝與知識 2.地方的自然、環境、地景、建築、文化、歷史、語言、工藝、美食、生態、勞力	混合的（把地方資源銷售出去，或結合運用外地資源與革新技術等均可）
市場結果	外地剝削本地的生產結果	地方發展利益重分配於本地	重視與外部市場的連結，但主要利益於本地重分配
參與者	外來者	在地人	結合運用本地與地方外的人力

索中找出發展的轉折點，作為個案研究切入點。綜合前述，將本章ANT應用於農村發展個案觀察的研究架構如圖8-1所示。

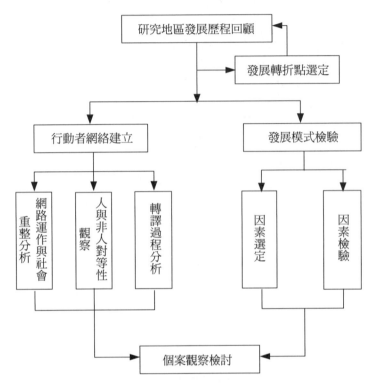

圖8-1：ANT應用於九份發展的個案研究架構

二、九份發展歷程

　　九份[5]位於行新北市東北角，西北面基隆市，南有平溪區，東有雙溪及貢寮

---

[5] 九份山於清代隸屬基隆廳基隆堡之「摃仔寮莊」，道光初年九份即有開發痕跡，而今日金瓜石地區則稱之為「九份庄」（臺灣省文獻委員會，1969）。日據時期大正九年（1920年）實施街莊改制，九份庄（今金瓜石）改名為「九份」，今九份地區則編為「摃仔寮」，直至昭和八年（1933年）因為金瓜石地區採金事業發達，逐漸形成人口密集的小部落，加上四周山頂之岩嶂神似金瓜，總都府遂下令「九份」改名為「金瓜石」（臺灣礦業會1933），而「九份」之名則轉移到「摃仔寮」之九份山地區使用（張黎文1994）。今九份地區在行政區上隸

（見圖8-2）。早在十七世紀末期（1683年），九份即有產金的記載（陳世一1995；方能建與余炳盛1995）。十九世紀以後，產金更盛，在清朝末年與日本殖民時期，九份及金瓜石是臺灣最重要的產金地區，特別是九份在1937至1943年期間連續創下前所未有的黃金年產額（王元山1990）。由於九份聚落型態高低錯落，出入基隆港的船隻遙望山腰上的九份聚落，風格貌似香港，每至黃昏燈火燦爛，加上環山面海，景色宜人，遂有人稱之為「小香港」或「小上海」（呂宛書1996）。1943年太平洋戰爭爆發，九份礦山奉命局部停工，全臺第一礦庄逐漸凋零。這樣顯著的發展過程極符合本研究需要，以下進一步介紹其發展歷程。

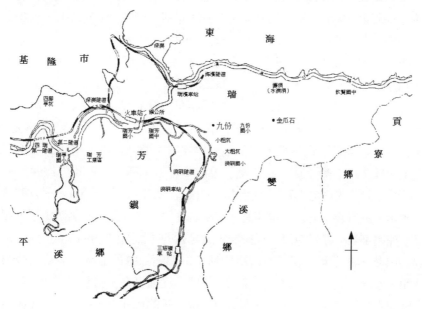

圖8-2　九份聚落地理位置

資料來源：廖美莉2000

屬新北市瑞芳區，包括：基山、永慶、崇文、福住、頌德等五個里。在1897年時，九份礦區被稱做瑞芳礦山。本章所稱「九份」是指1933年所用之地名，與現今九份聚落地理空間較為一致。又，1937年九份成為全臺第一大礦庄（陳盈卉1999），1935至1939年九份礦區創下前所未有的產金量，加以「小香港」、「小上海」指的是九份（王元山1990；呂宛書1996），固本章研究地區以「九份」為名，以誌其黃金歲月及為當時全省第一大礦庄。

　　1895年日本接收臺灣，1896年初即下禁採令，並於同年9月發布「臺灣礦業規則」，其名為整頓礦區，實則剝奪台人採礦機會，確保各礦區由日人均霑其利。同年10月將九份的瑞芳礦山（以下稱為九份礦山），依據前法將礦權交與日商「藤田合名會社（藤田組）」（司馬嘯青1994）。透過與軍政界的密切關係，藤田組獲得總督府的許可向臺灣銀行貸款，並從日本招募大量技術人員來臺勘礦採礦，九份礦山於1897年正式開工生產。當時九份山一帶，被臺民以狸掘方式[6]留下豎井、平巷，山腹、溪谷一片狼籍，藤田組以正式之採礦技術，設置人力搗礦機、投入大量資金及新型設備作有系統計畫地開採（張黎文1994；王元山1990），藤田組以炸藥開礦，順著礦脈，由山上而山下，陸續新開七個礦硐，開啟了九份的流金歲月。在這一時期，採礦的技術人員全為日本人，臺灣同胞不懂現代化的技術，只能從事淘洗沙金，硐內外搬運或雜役工作（司馬嘯青1994）。

　　在金礦大量開採之際，同時引發盜金之風。盜金之風引發兩個關鍵性問題：其一，為了防止盜金，維護礦區的安全，藤田組招募了巡警人員，顏雲年參與考試，錄取後在九份金山擔任「巡查補」，使顏雲年與九份金礦的開發結下不解之緣。其二，為了防治盜金，隨時攔住行人檢查，加以日人獨占利益，無法獲得本地人的認同與合作，使其經營陷入困境，不得不改變經營策略——將採礦權出租給本地有力人士，形成「所有權」與「經營權」分離的經營型態（司馬嘯青1994）。藉此機會，顏雲年向友人商借五百元加上本身的積蓄，取得基隆河流域一部分礦區採礦權。1899年，抗日義士湧入九份礦區，小粗坑秩序混亂，藤田組無法鎮壓，顏雲年因此接辦採礦事業，開始金礦之採掘與買賣經營[7]（司馬嘯青1994）。

　　到1901年，顏雲年已租得藤田組管轄下的二十餘處砂金區（王元山1990），在這期間，顏雲年成為藤田組與臺籍工人之間的溝通媒介。於是逐漸地，藤田組的勞務供應交由其統籌辦理，使其一方面成為藤田組的代理人角色，一方面成為勞力間的「苦力頭」（張黎文1994）。又，其利用臺人投機冒險心理，將其承租區域分

6　這種方法被日本採礦專家視為濫掘，由於不能廣大開挖，如同狸穿穴般，因此譏之為「狸掘式」。這種方式雖為一種挖掘小隧道的原始方式，順著礦脈開挖豎坑、平巷，由於不能廣大，但由九份礦脈不整，此種方式反而可充分將地下的黃金開採出來（陳世一1995）。

7　顏雲年因此設立「金裕豐號」承租小粗礦坑，1900年再組「金盈豐厚」承租大粗坑及大甘林一帶礦區，1902年又承租九份一部分礦權，1903年與蘇源泉等合創「雲泉商號」，統辦礦山勞務，供應礦山員工生活必需品、礦用器材。1906年「金裕豐號」與「金盈豐號」合併為「金興利號」，專辦金礦採礦工務。在這期間，藤田組於1903年完成搗礦場與氰化鍊製場，又於1907年建立水力發電廠，供應搗礦與家庭用電，九份礦山因此步入現代化（司馬嘯青1994；廖美莉2000：I）。

為多數小區域，再分租與其他承包商或工人，收取頂費。由於這種方式創造了人民發財的機會，於是申請承租者，爭先恐後，群集九份（張黎文1994）。

　　由於日人所採取的直營礦山方式，不適合於九份礦山的礦脈結構，採金量每下愈況[8]（流金歲月2004；陳盈卉主編1999）。1914年，藤田組經營九份礦區邁入第九年，由於坑口零散，管理困難，加以礦脈不整，不利機械開礦。在無利可圖情況下，藤田組將九份全部採礦權，以三十萬日圓，期限七年，租與顏雲年，顏雲年隨即設立「瑞芳坑場」。取得全部礦區的租權後，顏雲年仍沿用層層轉包的租瞨制，除了「金興利號」採直營之外，將其礦區分成七個區域，轉租他人開採，分區監督。在開採方式上，除了採取現代化的方式以外，仍堅持「狸掘式」的優勢[9]。這種租瞨制與混合的採礦方式，使原本被日本人視為「廢坑」的九份礦山，產量

---

[8] 九份1904年至1945年九人口及產金量臚列如下表，人口述單位為人，黃金產量為兩。

年代	人口數	產金量	年代	人口數	產金量	年代	人口數	產金量	年代	人口數	產金量
1904	-	14,376	1915	5,328	17,350	1926		1,829	1937	15,378	36,248
1905	2,913	13,458	1916	6,170	18,500	1927	-	6,638	1938	16,404	45,341
1906	4,402	9,734	1917	7,194	21,044	1928		3,464	1939	18,080	35,429
1907	4,406	8,821	1918	6,709	7,379	1929	-	6,615	1940	-	23,263
1908	3,563	7,468	1919	6,084	6,333	1930	-	6,622	1941		26,428
1909	3,577	6,678	1920	5,067	5,312	1931		8,413	1942		21,200
1910	4,131	9,275	1921	-	19,174	1932	8,289	15,430	1943		16,265
1911	4,521	8,988	1922		6,731	1933	9,798	15,485	1944		4,835
1912	4,921	9,477	1923	-	2,448	1934	11,594	26,991	1945		193
1913	5,090	6,148	1924	-	1,584	1935	13,317	33,937			
1914	5,477	9,398	1925		1,067	1936	14,128	33,091			

附註：「-」表示無資料（資料來源：廖美莉2000）

[9] 顏雲年對於「狸掘式」的堅持，盡露於其「臺灣礦業會報」發表的文章中，其云：「欲知掘法之優劣，先辨礦脈之大小，從小瑞芳礦脈，肥瘦不齊，與外國大礦脈比較，如泰山蟻蛭，不可並論。有學無術、無實驗之礦業家，僅知其一，未知其二，每以島人之掘法為濫掘，妄肆譏評；謂如狸之穿穴，不能廣大，因稱之狸掘式。不知此狸掘式，乃本島人之特長。而本島之礦物，亦因狸掘式以發展經營，而盡地利也。微之鄙人十餘年來，所經營採掘之地，多用狸掘式，而能隨礦脈之大小，採掘無遺。二百四十萬圓之收入（按：指民前十四年開始，顏氏從藤田組承租礦業，開發礦區以來的總收入），皆為藤田組文明式所不能採掘之地，而狸掘式獨能盡採取之。益見島人採掘法，隨本島之地質厚薄、礦脈肥瘦，而施以最適宜之採掘法；以是顧之，則狸掘式為島人獨得之秘訣，似未可輕視也！」但他也強調現代開採方式之重要：「然非文明式，無以造端狸掘式；非狸掘式，無以補助文明式；兩者相需，缺一不可。……凡有礦山者，不可無狸掘式，以作文明式補助機關。」他最後的結論是：「鄙人雖學識淺薄，而於瑞芳礦山，卻有多少經驗。若論經濟，則吾豈敢。惟於世之礦業家鄙夷不肖之狸掘式，則拳拳服膺，奉為神聖，絕不敢醉心文明，徒炫外觀，以貽笑山靈乎！」（以上轉引自司馬嘯青1994）

奇蹟似地打破藤田組時代的最高紀錄（參閱註8），也帶來了九份的繁榮（張黎文1994）。這個繁榮，歸因於顏雲年成功的經營方式與採礦方法，吸引各地居民轉業來此挖金，原本過渡性的投資心理，在礦山繁榮後開始落地生根，因此而發展成新興聚落。

　　1918年，因受第一次世界大戰後之經濟蕭條影響，藤田組在臺灣之各項事業均告失敗，於是決定將九份礦山全部礦權、土地、設備等所有權全部出售，顏雲年透過高超的外交手腕，以三十萬日圓購得[10]。顏氏經過不斷增資、併購、改組，在1920年結合林熊徵及「三井物產」的資金，成立「台陽礦業株式會社」，成為日本殖民統治下，臺籍資本投資最大的民間企業[11]（張興國1990）。此時的九份地區早已因金礦生產而成為日日燈火繁華的不夜城，酒家、茶室及小吃店櫛比林立[12]（陳盈卉1999）。

　　1930年代，黃金成為日本獎勵政策，採取一連串刺激黃金生產的措施，九份再次創下了產金的高峰（參見註8），1937年完成瑞芳經九份至金瓜石的輕便鐵路，加強對外運輸，直至1937年，瑞芳庄成為全臺第一大礦庄（陳盈卉1999）。自1937年以後至1943年太平洋戰事爆發前，連續七、八年產額均創下前所未有的產金量（王元山1990）。然而，1942年底日本發動太洋戰爭，自此黃金國際交易中斷，價格一落千丈。同時，因為戰爭的需要，日本帝國改變礦業政策，黃金等礦產必須停辦，轉向國防資源的礦產，直接受到影響的就是九份的礦業。1943年總督府下令礦山事業重心移向軍需國防物資，九份礦山奉令局部停工。1944年太平洋戰爭到了最後階段，根據日本政府頒布的「臺灣決戰非常措置要綱」，總督府又強行徵用瑞芳礦業所有的設備，礦山景況空前凋零（張興國1990）。

---

[10] 由於九份的繁榮，爭取此項礦權者大有人在，其中鄭拱辰出價四十萬圓一次付清為條件，較顏雲年開出的三十萬圓，分二次付清，優厚許多。顏雲年乃請出藤田傳山郎的姑父—木村陽二，前往藤田家擔任說客。木村曉以：顏氏為藤田家族服務已有十五年之久，情義可感，豈可因十萬圓之差的利之所在，而置之不顧。基於這樣的關係，藤田組最後將九份礦權予以條件較差的顏雲年（司馬嘯青1994）。

[11] 顏雲年於1921擔任總督府評議員，1923年因傷寒去世，享年四十九歲，由其弟顏國年出任台陽社長，弟繼兄志，全力開發礦區。1933年開發九份九號硐，完全以鋼鐵為支柱，鋪設現代電車鐵軌，成立現代化大巷硐，為劃時代之創舉。1937年，顏國年因糖尿病病逝，台陽社由顏雲年長子顏欽賢接掌。在1935年到1939年間，九份金礦在裝備現代化下，達到產量最高潮。（參閱司馬嘯青1994；戴寶村1987）

[12] 金礦的開採，產生了複雜的社會分工，各種行業相當興盛。1914年北部最早的戲院「昇平戲院」落成，基山街（舊稱暗街仔）發展出沿街皆商店的繁榮景象，短短的一條街從出生到送葬物品樣樣俱全（呂宛書1996: 29）。採礦工作的冒險性及得金容易，使這時九份的居民易於揮霍金錢，因此聚落中聚集許多吃喝玩樂的場所，包括暗間仔（妓院）、茶樓、茶店仔等，最多時曾達三十餘家（王元山1990）

第二節　發展模式及ANT分析

　　本節包括四個部分，分別為發展模式分析、行動者網絡組構、個案發現與問題檢討及小結。

一、發展模式分析

　　如前所述，本章所謂發展模式是指外生發展、內生發展或無法劃分內／外生發展的混合式發展。依據前文有關於九份1895至1945年發展的歷史回顧，這段期間九份的發展主要依賴於金礦的開採，金礦開採的關鍵因素包括金礦藏量、日本帝國的礦業政策、藤田組現代化的採礦冶金技術及資金籌措、顏雲年家族的溝通及組織能力、礦區的小承包者及工人的投機冒險精神與狸掘式採礦法等，如果將這些因素以表8-1的劃分方式來歸納整理，這段期間與九份發展有關的重要因素如表8-2。

表8-2：1895年至1945年九份發展的因素

因素	內　　容	外生	內生	備　　註
政策	日本帝國依據「臺灣礦業規則」將金礦交給日商藤田組開採	✓		
資金	1.日商藤田組透過軍政關係經總督府同意向臺灣銀行貸款 2.顏雲年累積了本地資本	✓	✓	
資源	1.藤田組現代化的採礦冶金技術 2.三級包租制 3.狸掘式採金法 4.九份金礦	✓	✓ ✓ ✓	
市場結果	1.黃金生產主要外銷到九份以外的其他地區 2.黃金開採的部分利益在本地重分配	✓	✓	剝削了本地礦及地方勞力 促進了地方發展
參與者	1.藤田組 2.顏雲年家族 3.承包者及工人	✓ ✓	✓ ✓	瑞芳人 包括九份人及其他各地來九份者

從表8-2可以發現，九份這時期的發展交織著內生及外生的因素，茲進一步分析說明如次。

1.**在政策方面**，日本帝國為了便利日本人搜括獨占臺灣的礦業利益，透過國家法令的頒布，禁止漢人原有之私人採礦權，而授權日商藤田組為九份金礦唯一獨占的事業者，這是一個典型的外生因素。亦即，透過國家權力，由上而下地決定九份地方的金礦開採。

2.**在資金方面**，藤田組在透過軍政關係獲取採礦獨占權之後，隨即再透過總督府「關照」，同意其對臺灣銀行貸款，並藉此資金從日本引進採礦機器、冶金技術及日本技術人員，此一資金可視為自外引進的資金。此外，還有顏雲年家族的資金，顏雲年從五百元起家，經過橫縱聯盟，併組商號，成為本地新興的資本家。顏雲年家族的資本主要從開採當地礦產積累而來，可以看做是本地資本的積累。因而，在資本方面，九份金礦的開採，同時有來自於外地與本地的資金。

3.**在資源方面**，除了金礦為本地資源以外，藤田組引進了採礦及冶金技術，使九份的礦業變成系統性的生產，這些技術明顯的是外生的。但是，這些技術並未使藤田組在九份獲得太長久的金礦利益，反而是顏雲年洞悉臺人的冒險投機心理，透過三級包租制使九份金礦開採更為豐碩持久。包租制更引進了大批臺籍承包者與工人的進駐，使九份成為具有較多定居者的聚落，這項三級包租制，是一種內生制度。此外，本地礦工所採取的狸掘式與自國外引進的「現代」採礦技術相對照，屬於一種本地的內生技術。

4.**在市場結果方面**，九份金礦的開採，一方面剝削了本地金礦及地方勞力，另一方面卻促使九份成為全臺第一大礦庄，其同時具有外生及內生的結果。

5.**在參與者方面**，包括了藤田組、日籍技術工人、顏雲年家族、承包者及工人等，這些有的是本地人，有的是外來者。

從上述發展因素的區分來看，這些內、外因素交織著共同促使九份發展，實在無法區別九份這時期的發展是傳統的內生或外生模式。整體而言，其應屬混合外生與內生的發展模式。

二、行動者網絡的組構

在觀察九份產金期發展模式之後，進一步分析這段期間的行動者網絡。本章將

行動者網絡組構分成行動者與共同強制通行點（OPP）、轉譯過程、人類與非人類的對等性、網絡與九份聚落的社會互構等四個方面分析說明。

1. 網絡中的行動者與共同強制通行點（OPP）

由於九份這段期間的發展圍繞在金礦的開採，因此前述發展主體也是構成行動者網絡的行動者，這個網絡的行動者包括金礦、日本政府、藤田組、顏雲年家族、承包者與工人五類行動者（或代表）。這些行動者有的是個人，有的是組織或其代表，其中金礦屬非人類，其餘屬於人類（或人類的組合）。這些主體的共同強制通行點（OPP）是「相信九份存有豐富的金礦，且金礦的採掘每一主體都能彼此獲利」，也就是說透過九份的開採，各個主體都能因此而獲得他們想要的利益。其中，日本政府藉此實踐對臺灣礦產的獨占；藤田組壟斷九份開採的利益；雲顏年家族則在拓展家族事業；礦工則為了生活及致富，金礦可以因此被冶鍊成黃金。九份金礦開採的主體與OPP如圖8-3所示，圖8-3中還顯示了各個主體為了達到他們的目標（利益），而必需在網絡中排除的障礙（參閱下述轉譯的分析）。

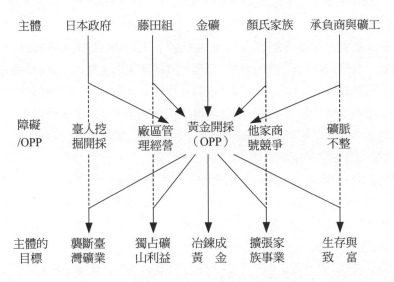

圖8-3：九份金礦開採的主體與強制通行點（OPP）

2. 轉譯[13]分析

行動者網絡組構最重要的是轉譯，以下進一步說明各轉譯關鍵。

(1) 在問題呈現方面：各行動主體共同面對的問題是「如何將九份的金礦採掘出來？」為了要解決這個問題，因此開採九份金礦的網絡逐漸形成。

(2) 徵召：在這個網絡中，每一個行動者必須被賦予互相都可以接受的任務。首先是日本徵召了藤田組，負責九份金礦開採的一切事務；藤田組則引進日籍技術工人和現代的開採與冶金技術，利用這些技術工人與先進的技術，希望能夠大量開採出金礦，同時又徵召了顏雲年，顏雲年被賦予作藤田組與臺人間的溝通者，並作為藤田組採礦的在台夥伴；顏雲年則採取了包租制，徵召了許多臺人參與開礦工，並且採取本地傳統的狸掘式採礦法，這些臺籍礦工的任務，是進入礦脈中採礦；上述各個被徵召的主體，都直接或間皆地用來開採（徵召）金礦。

(3) 利益賦予：此為主體間用來穩定其他行動者任務的手段。在這一個網絡中各個主體的利益分別為（參見圖8-3）：日本政府實踐了壟斷臺灣礦業的計畫、藤田組獨占九份金礦利益、顏氏家族擴展家族事業、承包商及工人獲得工作並以此致富、金礦則成為質純的黃金。但是，要獲得上述的利益，行動者似乎都遭遇了一些困難。日本政府要壟斷臺灣礦業，必須撤銷原臺人取得的礦權，日本政府採取的方法是訂立「臺灣礦業規則」，排除了與自己利益衝突的主體進入九份採礦網絡；藤田組為了要熟知臺灣民情，減少經營管理及採礦的困難，所以把對其有利的主體（顏雲年）徵召進來；顏雲年為了能在與現代技術競爭，採取了包租制與狸掘式來採礦，同時，為了擊退對手的競爭，請出日人木村陽二擔任說客；臺籍礦工為了克服礦脈不整，不易開採的問題，採用了狸掘式採礦。

(4) 動員：按照Callon（1986）的說法，只有達到這個階段，一個成功的網絡才算完成。例如藤田組及顏氏家族能夠分別動員日籍技術工人、臺籍工人，並運用現代與傳統的採礦技術；金礦則逐一地被採掘與冶鍊。而且，九份金礦實際上在這時候大量的產出，造成九份的發展。

(5) 異議：在這個已經組織起來的採礦行動者網絡中，於藤田組開採初期由於只相信日本技術，排除臺人的參與，獨占利益，致使無法獲得本地人的合作，且造成盜金之風猖獗，無法有效遏止，使藤田組經營陷入困難。又，九份金礦礦脈不整，不利以機械開採，也造成藤田組無利可圖，提早釋出採礦權。另外，日本政府

---

[13] 按照Callon（1986）的說法，並不是每一主體都必須具備所有的轉譯關鍵。

因太平戰爭，強制九份礦山局部停工，最後並強徵礦山機械，使礦山凋零。這些都使原先的網絡重構，甚或瓦解。

按照上述所述，本章將九份採礦的行動者網中行動者的轉譯與互相關係繪製如圖8-4。

3. 人類主體與非人類主體的對等性

從網絡的行動者及其轉譯過程當中，可以看出每一行動者扮演的角色，但在這個網絡中，人類與非人類行動者的對等性如何？仍然不清楚。顯然地，網絡中金礦為非人類，其他的行動者都屬於人類，上述的分析似乎未能突顯非人類在網絡中的積極性，因此進一步分析如下。

在九份的金礦行動者網絡中，金礦與日本政府、藤田組、顏雲年及臺灣礦工等主體具有同等重要性。原因有二：第一，九份金礦儲量使藤田組在1914年以前，仍能獲得一定的利潤，使九份的金礦開採具系統及規模性。第二，九份礦脈結構不齊使藤田組獨占直營的經營方式，很快地遭遇瓶頸[14]。到了1914年乃採取了所有權與經營權分離的方式，將採礦權出租。雲顏年在取得礦山承租權之後，透過三級包租制，吸引了大批來自各地的淘金客進駐九份，臺灣的礦工所採取的「狸掘式」採礦，填補了日本「先進的」採礦技術，由於九份礦脈的結構，使「狸掘式」採礦法適度地發揮，九份的金礦產量因此達到前所未有的高峰，也將九份礦庄帶入了繁華的「小上海」、「小香港」時期。但是，到了有利的礦體採盡，礦藏枯竭，雖然繼續採取三級包租制及「狸掘式」的開礦方式，仍然無法挽回九份從興盛走向沒落的命運[15]。由此看來，九份的金礦藏量與礦脈結構，深深地影響九份金礦產量的高低，九份金礦產量的高低又一直影響九份發展的榮枯。因此，在九份的發展上，金礦與其他人類主體扮演著同等重要的角色。

除了金礦以外，如果把採礦的機械（工具）與技術視為「行為者」（actant）（Law 1992; Woods 1998）而列為九份金礦行動者網絡一部分的話，則現代化的採礦及冶礦設備與傳統狸掘式所用的畚箕（司馬嘯青1994）等非人類主體，對九份金礦的開採亦不可或缺。

---

[14] 對藤田組言，這時候金礦成為異議者。

[15] 九份在1943至1945年間的產金量下降，固然有多重原因，但有利礦體逐漸減少實為重大因素。到1957年（不在本研究範圍）有利礦體採盡，無法維持成本，顏雲年家族經營之台陽公司，開始逐步結束礦山事業（呂宛書1996）。因此，金礦的藏量與礦脈結構，一直是九份發展的關鍵。

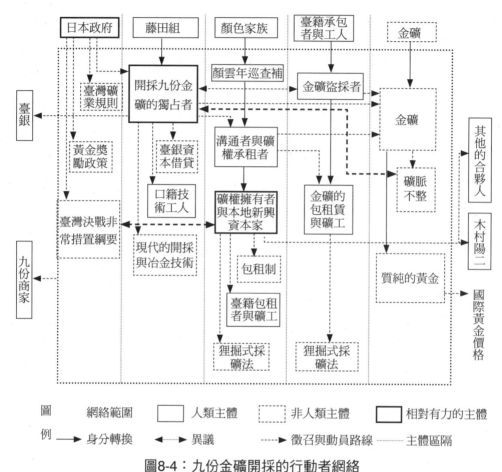

圖例　網絡範圍　□ 人類主體　⬚ 非人類主體　□ 相對有力的主體

　　→ 身分轉換　◄----► 異議　----► 徵召與動員路線　⋯⋯ 主體區隔

圖8-4：九份金礦開採的行動者網絡

4. 社會的重構

　　上述的採金網絡成功地組構，使網絡內部與外部的社會重構，網絡內部重構是指行動主體經轉譯而轉變身分，網絡外部則是指金礦行動者網絡與九份聚落社會間的互構。

　　在網路內部方面可以透過圖8-4來作解釋：(1)日本政府雖然對九份的發展扮演著相對有力的角色，但日本政府本身卻未進入九份金礦的網絡中，而是經常透過法令政策來作遠距統治（govern at a distance）[16]。(2)藤田組從原本的日關西財閥（司

---

[16] 參閱下述個案應用研究的發現與檢討部分，以及第三章有關統管理性的說明。

馬嘯青1994: 18）轉變成九份金礦網絡的利益獨占者，在1895年到1918年之間，藤田組成為九份礦業最具支配力的行動者。(3)顏氏家族則由顏雲年從一位巡查補變成礦區的溝通者開始，之後透過開礦累積資本，逐漸成為新興的本土資本家族，1918年以後並取代藤田組成為九份開採金礦網絡中最具影響力的行動者。(4)臺籍採礦者與工人，在進入金礦行動者網絡初期，有的可能是盜採者，但在顏氏家族租得部分採礦權開始，即成為合法的礦區承租人與礦工，透過這個行動者網絡更使許多的承包者及工人，成為富翁仕紳，也讓許多人成為蕩盡家產、落魄街頭的淘金夢空者[17]。(5)金礦透過行動者網絡的開採與冶煉，則變成質純的黃金。

　　在社會環境與行動者網絡互構方面：(1)社會環境構成了九份金礦行動者網絡的基礎，包括臺灣成為日本殖民地，藤田組得以獨占九份礦業，引進新的採礦冶金技術；藤田組與臺灣人溝通上的困難，因此顏雲年得以加入九份的礦務；臺灣人投機冒險心理，使三級包租制成功地引進許多承包者與工人；九份貧富不齊的礦脈結構，使藤田組及日本採礦專家不能持續經營，而不得不將礦區管理權出租、出售與顏雲年家族。(2)相對地，金礦網絡的成功組合，開採出大量的黃金，也重組了九份的社會，九份成為許多淘金者的故鄉。此外，開礦的成功，帶來了龐大的消費能力，此吸引各行各業聚集九份，包括戲院、酒家和茶樓等，人口驟增，整個九份由原先人口稀疏的鄉野，變成夜夜燈火輝煌的黃金聚落——「小上海」或「小香港」[18]。

三、個案應用的發現與檢討

　　本章以九份1895至1945年發展的歷程來觀察ANT在農村發展的適用情況，個案中的發現及問題分別如下：

---

[17] 運氣好的承包者或工人，連續挖到富礦成為大礦主者有之；運氣不佳者承租期間毫無所獲，賠盡了所有資金，亦大有人在（陳世一1995）。

[18] 依據瑞芳戶政事務所資料，1905年九份人口僅2,913人，到1939年增加為18,080人（廖美莉2000），實際的人口數字可能遠遠超過此數（王元山1990）。

(一)個案研究發現

個案發現計有七項,分別如下:

1.在農村發展理論與農村發展實際之間的印證,Terluin(2003)已經指出,混合外生內生的模型有較優的適合度,本章獲得類似的結果。依據九份個案觀察顯示,在九份1895至1945年的發展中,無法區隔其究係內生或外生發展,而是內生與外生因素共同塑造而成,這說明了農村發展「第三條路」的主張適用於九份這個時期的發展。也就是說,在農村的實際發展過程中,無須也不會刻意去區別內生或外生因素,但是在過去所提出的農村發展理論與模型上,卻有外生或內生的強調。從此一個案觀察結果來看,農村發展「第三條路」的想法,在理論上回復了農村發展的原貌,也突顯出,過去過度強調外生或內生發展的結果,扭曲了農村發展的本質。這種扭曲可能造成農村發展非意圖性的後果,諸如土地使用衝突所引起的環境災害[19]、外來的現代文明與技術使地方文化斷裂[20]、落後農村的持續邊緣化[21]等,前二者屬於過度強調外生發展的結果,後者則為僅強調內生的後果。

2.在本章的觀察中,九份開採金礦的行動者網絡被成功地建構起來,而且可以看出這個行動者網絡對九份金礦開採與九份此一時期發展的直接關聯性。就九份的發展個案而言,ANT可以適度地解釋農村發展策略,這說明了行動者網絡組構成功與否為農村發展的重要關鍵。

3.ANT所強調的人類與非人類應被對等地看待,也在九份1895至1945年間的發展中顯現出來,這時期九份開採金礦行動者網絡中的金礦(非人類主體)與藤田組、顏雲年、小承包商等人類主體扮演者同等重要的角色。此外,屬於網絡中被應用的器械與技術等,也影響到九份金礦的開採,這也顯示網絡中非生物主體行為者的重要性。

4.在已有ANT的案例研究中,都涉及到有力行動者(創始主體)的問題,例如炭疽疫苗網絡中的巴斯德、海扇貝網絡中的三個科學家、在Woods(1998)反獵鹿陣營網絡的「反殘暴運動聯盟」,透過這些行動者才把個別的網絡組構起來。在九

---

[19] 例如為使農村發展,而引進具污染力的工業或工廠,使農地受到污染、農村居民健康受損等,臺灣桃園縣蘆竹鄉鎘污染事件可為典型案例(徐世榮2001)。

[20] 例如以新竹縣六家地區為例,高鐵車站的興建,使原本人與土地間關係,以及原有的土地公信仰產生斷裂(戴政新2003)。

[21] Murdoch(2000)指出,在較落後缺乏地方資源的地區,一味地強調內生發展,將使這些偏遠地區毫無發展機會,國家資助這些地區的發展仍然有其必要。

份金礦發展時期的行動者網絡中，其有力的行動者為藤田組，藤田組成功地將各主體轉譯成網絡的行動者，使九份金礦網絡被成功地組構起來。但在，1914年以後，顏雲年（或臺陽礦業株式會社）取代藤田組成為最有力的行動者，此顯示行動者網絡的有力行動者可能發生「取代」，這種「取代」使原先的發展網絡可以持續甚或擴大，這在其他的研究案例中都未提到。

5.在上述九份金礦期中，有力行動者發生取代的事實說明了Latour（1986）所主張的，管制與宰制的型式是在多元複雜關係或網絡內被建立起來的，在關係或網絡上，權力並不是依繫行動者既有的權力，而是依繫於行動者之間建立起來的關係。因此，只要轉譯完成及網絡穩固，權力就成為結果並浮現出來。

6.對於行動者網絡與農村發展的影響，除了被徵召入網絡中的行動者以外，被排除在網絡外部的主體，對已組成的網絡也都隨時可能產生影響，例如在個案中原先被排除在金礦開採網絡中的臺籍工人，可能以對當時有力的行動者而言屬於異議者的角色（盜採金礦者），對既有網絡進行破壞，或迫使其重組，使自己在網絡中獲得更多的利益賦予。這說明了行動者網絡是一個動態網絡，它的動力來源就是轉譯──不停的徵召、賦予利益、動員與異議。

7.與建構論者初期觀察實驗室所獲得的結論一樣，九份金礦的開採網絡，不只是對自然儲存物──金礦的開採行為而已，因為除了使用「現代的」自然科學技術與工具在礦區開採與冶鍊黃金以外，也利用了政治策略在礦區以外來集結資源及建立合作聯盟的關係。除此以外，顏雲年堅持採用「傳統的」狸掘式採礦，也適度地彌補了「現代」開礦技術與工具無法盡採九份礦脈的缺點。這些，一方面，說明了ANT拒絕社會／自然、（礦區）內／外、現代／傳統等二元劃分的主張，適足以解釋九份金礦開採與發展的複雜性；另一方面，九份金礦開採網絡的案例，也說明ANT拒絕劃分自然／社會、現代／傳統、內部／外部的主張，在農村發展上的可接受性。

(二)個案研究問題

ANT被應用作為農村發展策略第三條路的理論，主要目的之一在於試圖跨越農村內生或外生發展策略的劃分。因此，在進行實證觀察時，即需釐清何謂內生發展？何謂外生發展？本章在進行農村發展模式觀察時，建立了檢驗農村內生／外生因素基本劃分（表8-1），如前文所述，本表仍然非常粗略。此外，ANT雖然可以

適用在本章的觀察區，行動者網絡的組構似乎也與農村發展的成敗有關聯。但是，透過個案研究本章也發現ANT應用於農村發展策略的若干問題，茲分ANT應用的技術問題及ANT應用的理論問題兩方面進行說明。

1. 應用技術問題

(1) 內部與外部空間切割問題：要強調內生或外生發展必然遭遇如何在空間上切割其界線的問題，這種空間的切割有實質上的困難。以本章研究個案為例，何處為九份內部？何處為九份外部？如何切割？可謂缺乏標準。

(2) 內生／外生因素界定問題：在本章界定的內生／外生因素中，有些因素實際上並不容易確認屬何者，例如被稱為「狸掘式」的開礦法，為一種挖掘小隧道的原始方式（張黎文1994: 18），應為臺灣未有先進開礦技術與設備之前的一般挖礦方式，其相對於日人引進的先進開礦技術，屬於本地（臺灣）所有，本章將之歸類為內生因素。但是，這種開礦方式是否為九份礦山獨有？如非九份所獨有，而將其歸為九份的內生技術，就有爭議。另外，在資本內生／外生認定上，有非常大的困難。本章將藤田組向臺灣銀行借貸的資金認定為外來資金，而將顏雲年的資本認為是本地資本，其實也帶著武斷。又，許多因三級包租制而進入礦區的小承包商，本章未列入考慮，其資本如何確認劃分內生／外生，有諸多困難。

針對上述實證上的困難，本章認為，或許正因為這些實證上劃分所謂「內」或「外」本質上的困難，更能說明ANT被應用在農村發展第三條路以揚棄過去強調「內生發展」或「外生發展」的合理性。也就是說，農村發展原本就無須劃分「內生」或「外生」，既有「內生發展策略」或「外生發展策略」的強硬劃分，只是徒增困擾而已。但是，此是否意味著把ANT應用在農村發展的第三條路，就使第三條路具有「自明性」？仍有待更多的相關研究來支持。

2. ANT應用於農村發展的理論問題

除了上述技術性問題以外，本章個案研究也發現，ANT應用於農村發展策略中的一些理論問題。

(1) 網絡大小問題：行動者網絡的組構關鍵之一在於其主體的徵召，那些主體應被列入一個行動者的網絡，仍然非常不清楚。例如在九份金礦開發的行動者網絡中，本章並未將非投資於開礦事業的其他商家（如昇平戲院與其他特殊場所的投資者等）列入，亦未將黃金的收購者視為網絡的主體之一。黃金的購買者與於九份投資的商家，實際上與九份這時期的發展應有密切的關係，本章未將這些主體完全納

入網絡中。此外，亦未將臺灣銀行及木村陽二列為行動者，然實際上，臺灣銀行為重要的資金提供者，木村陽二則為使顏氏家族取代藤田組獲得九份金礦礦權的關鍵性角色。上述這些問題實際是一個行動者網絡究竟應編織多大的問題，它不可能無限擴大，但應該多大才屬適當？ANT本身並未給予答案。此固然可以認為是ANT所具有寬鬆彈性解釋能力的特性，但此也可能陷入過度依賴解釋者的主觀認識的危險，並使ANT的應用與解釋過度擴張。

(2) 網絡數量的問題：本章將九份金礦開採的行動者網絡當作單一網絡來處理，但是這個網絡似乎是由多個較小的網絡組成，例如可以把圖8-4中的藤田組組構成一個網絡，這個網絡的行動者包括藤田組、臺灣銀行、日本政府、日籍技術勞工及顏雲年等；顏雲年家族也可視為一個網絡來解釋，這個網絡包括顏雲年家族、藤田組、其他的礦業的合夥者（如蘇源泉）、臺籍包租者與礦工等；臺籍包租者與礦工本身之間可能也組成了複雜的網絡。由此看來，九份金礦的開採也可以透過數個較小的網絡來解釋，並且得到與單一網絡解釋同樣的結果。究竟以數個網絡或單一網絡來解釋農村發展，顯然仍由研究者的主觀認知所決定，ANT本身也未給予答案。在既有的研究中，Woods（1998）在Quantock的個案研究中，把地方發展分成兩個網絡來解釋—反狩獵網絡與贊成狩獵網絡，這兩個網絡基本上是敵對的，它們存在的目的在於瓦解敵對的網絡。在Murdoch與Marsden（1995）開礦網絡中，則以反對開礦者網絡單一網絡來進行網絡分析。其他如巴斯德及海扇貝的例子，也都是單一網絡的分析。此是否表示在相敵對的網絡存在時，需要以一個網絡以上來解釋，否則以單一網絡解釋為佳？這似乎仍需要有更多的個案研究，才能獲得較嚴謹的定論。

(3) 國家權力的問題：在前述的網絡組構分析中，本章把日本政府視為九份金礦的開採網絡的主體之一。因為，日本政府徵召了藤田組進入金礦網絡，更透過這個網絡實踐了帝國壟斷臺灣礦產利益的目標——金礦網絡轉譯中的利益賦予。從金礦網絡的組成與瓦解來看，日本政府實際上有絕對的影響力，它的力量是乎凌駕於金礦網絡組構力量之上。此突顯出，前述Latour（1987）所指出的，權力並非依繫於行動者既有的權力，而是在網絡中重新再賦予與建立，似乎不適用於日本政府對於整個金礦網絡的支配力量。換言之，ANT對於國家的政治力量，仍認為它可以在行動者網絡內部來重置。關於這個問題，似乎可以採用傅柯（Michel Foucault）的治理性（governmentality或rationality of government）來作補述，治理性強調的就是國家透過「遠距的」（at a distance）網絡，由上而下運行其權力，亦即專門透過

統治言說、理性與技術來指揮其公民（Foucault 1991; Herbert-Cheshire 2003），就如日本政府對九份金礦網絡所運行的一樣。按照治理性的內涵，其被廣泛地應用於「先進的西方國家」（advanced western nations）農村發展上（有關治理性較詳細的說明，請參閱下章）。九份的個案觀察顯示出，日本政府對臺灣的統治已充分地運用遠距統治管技術，來達到其政治綱領（politic program）──獨占全臺的黃金利益。此即引發了統治管理性適用性的問題，即統治技術的應用非如一般文獻所主張，僅為現代西方先進國家的專利，早在19世紀日本已將其閑熟地應用於對臺灣的統治上。因此，有關治理性的應用或應回歸至傅柯探討治理性的歷史背景中來理解。

　　(4) 無生命的主體是否對等於人類主體的問題：本章將金礦視為非人類的主體而將其列為九份金礦期行動網絡的主體之一，且金礦在網絡中扮演的角色與其他屬於人類的主體同樣重要。Latour與Callon並未深入討論此一問體，Callon在海扇貝的例子裡不把無生命的主體列為其網絡的一部分，但在其他地方又把筆、電腦、攝影機、工具及機械等界定為網絡的「行為者」（actant）[22]（Woods 1998）。Law（1992）則認為，網絡不僅由人類，而且是由機器、動物、文本、金錢與建築物等所組成，顯然把無生命的主體視為行動者。在Murdoch與Marsden（1995）開礦的案例中，作者提到，由於開礦最後未被允許，因此無法檢視湖泊與水平面對既存社會關係的不利影響。這意味著如果開礦被允許，可能因開礦會遭受污染的湖泊，會被列為網絡的行動者之一。在Burgess等人（2000）及Morris（2004）的研究中，即把自然環境與生態納入行動者網絡的行動者。就應用在農村發展「第三條路」而言，無生命的主體被列為行動者有其必要性，因為在「第三條路」所提到的內部與外部連結，其中特別強調把地方資源銷售出去，這些地方資源包括了自然、環境、地景、建築、文化、歷史、語言、工藝、美食、生態、勞力等，這些都屬於無生命的主體，如果無生命的主體不能被視為行動者，則ANT應用於農村發展策略似乎就失去了意義。即使如此，無生命的主體如何能成為網絡的行動者，並與其他有生命的主體，甚至是人類主體具對等性，由於涉及到不同的本體論，在理論上需更多的論述，才能減少在理論上受到質疑（Vandenberghe 2002）。

---

[22] 在此採用「actant」一詞而不用慣用的「actor」，似乎有意將其作區別，「actant」指的是無生命的「actant」，本研究將「actant」譯為「行為者」，以與「行為者」（actor）有所區別。

四、小結

　　本章以第七章所述的農村發展策略第三條路以及被用來做為理論基礎的行動者網絡理論為基礎，同時觀察九份1895-1945年發展過程。為了要使ANT能實際應用於個案觀察，本章進行了內生／外生因素的劃分（表8-1），同時建立了ANT應用於個案觀察的研究架構。利用這個研究架構，本章觀察了九份1895-1945年發展期的內生／外生發展與其行動者網絡組構的情況，在此一個案研究中發現，ANT做為農村發展策略理論基礎具有一定的說服力，這是因為：1.本章的研究顯示，個案中的九份發展，無法分辨主要究係由內生或外生發展因素所促成。由於其混雜著內生及外生因素，因此可以說其發展是內生及外生因素共同形成；2.行動者網絡的組構成功與否，與九份發展有密切關聯，此顯示ANT做為農村發展策略基礎理論的潛力；3.在九份金礦開採網絡中，結合了自然科學技術與社會的政治策略、傳統與現代技術、人類與非人類主體的異質元素，符合ANT拒絕二元劃分的基本論述。

　　在本研究的個案觀察中，ANT雖然可以作為農村發展的理論的一個範型，但是在個案觀察當中，本章發現了若干問題，諸如內部／外部空間切割問題、內生／外生因素的選定標準問題、網絡組構的主體選定（網絡大小）問題、網絡數量、國家權力對網絡影響問題、無生命主體為行動者問題等，在實際驗證與理論上均有待更深入的研究與探討。由於ANT應用在農村發展策略的實際案例觀察研究仍然有限，本章雖然建立基本的研究架構，但上述發現的問題需要更多的個案研究來改進，也惟有更多個案研究的進行，才能更清楚地檢驗ANT做為農村發展策略新典範的可接受度。又，本章選定的個案研究區──九份，是一個礦業聚落，其與一般臺灣的農業聚落顯然性質上有所差異，因此就ANT應用於臺灣農村發展而言，也需要更多的個案研究來驗證。

　　雖然本章的個案研究顯示出，ANT做為農村發展策略的理論基礎具有一定的說服力，但是一個行動者網絡如何組成？行動者網絡在什麼樣的條件下才足以促使農村的發展？ANT本身並沒有給予答案。因此，或許如Murdoch（2000）指出的，ANT只是提供了對傳統方法再思考的理論依據，它並不能用來作解決農村的實質發展問題的工具，農村的問題仍然要在原有政治及經濟的範疇內來評估。如果是這樣，ANT所支持的農村發展「第三條路」是否真正「跨越」外生與內生發展策略，或者只是理論上的「折衷」？仍然要有更多的論述與驗證。

　　除了本章上述提出的各種問題需進行深入探討以外，在九份金礦發展期的行

動者網絡中，發現有力的行動者取代的現象（顏雲年取代藤田組為網絡的主要的行動者），此顯現網絡中的行動者間，存在有多種互動模式的可能，這種取代現象也顯示網絡中的複雜權力關係。此突顯了，ANT在許多方面反映出傅柯對權力的想法，Latour（1987）的研究即指出，科學的網絡在其世界內部殖民了社會世界，並且重塑行動者與主體。在此，ANT的實驗室似乎取代了傅柯引自邊沁（Jeremy Bentham）的敞式監獄（Panopticon）（Foucault 1998），成為實實在在地宰制與管制現代型式的代表。由此，Latour有效地引用傅柯的權力微形實體（Foucauldian microphysics of power），在微形實體裡面，宰制與管制的型式是在多元複雜關係或網絡內被建立起來的，在關係或網絡上，權力並不是依繫行動者已有的權力基礎，而是依繫於行動者之間建立起來的關係（Murdoch 1997b）。但是，本章的研究也顯示出，國家權力對於行動者網絡的組構與瓦解有極大的影響力，特別是透過遠距統治的方式來影響網絡，這與傅柯國家權力的主張──治理性甚為一致。雖然，Latour（1987）也提到由網絡中心進行的遠距行動（act at a distance），但此是否與傅柯的遠距治理一致？如果國家所行的遠距治理與地方行動網絡運作的遠距行動發生矛盾時，它們彼此如何貫徹自己的權力？又會有什麼樣的結果？此對於發展農村地方特色而言，極為重要，下一章將對此一問題，進一步研究。

　　隨著新自由主義的興起，國家與地方間的權力關係產生了根本性的重構，在農村發展的策略上，乃由過去的外生發展（或由上而下），轉變為內生發展（或由下而上）的策略。針對上述農村發展中的權力重構現象，在先進西方國家（advanced western nations）有兩種不同的觀點──除了前一章建構論者（constructivist）所提出的行動者網絡理論（actor-network theory, ANT）之外，還有新傅柯論（neo-Foucauldian）的治理性（governmentality）。這二種權力運作的觀點，被廣泛地應用在先進西方國家的農村發展上，並進行檢驗（Woods 1998；MacKinnon 2000, 2002；Herbert-Cheshire 2003；Uitermark 2005）。結果顯示，ANT對農村發展的地方自主性，具有正面鼓舞的作用，但國家權力對農村發展的干預亦未曾鬆手，形成二者成為競爭路徑的局面。

　　在農村發展上，臺灣最近幾年積極地倡導由下而上的發展邏輯[1]，其實際的效果如何？農村在發展中是否因此而具有更多的自主權力？抑或國家仍然對農村發展進行理性的控制？這些問題的探討，將有助於釐清我國農村發展的權力運作模式，對我國農發展的改善應有幫助。同時，亦可藉此觀察前述二種觀點，在後進國家（臺灣）農村發展上的適用性。

　　為了能更清晰地探究臺灣農村發展中的權力運作方式，本研究進行二個發展的個案觀察，這兩個觀察地區為香山海埔地空間形塑過程及白沙屯社區營造過程。在研究方法上，對於ANT與治理性在農村發展上的權力論述，主要為文本分析。在

* 本章曾經以「地方發展的權利與行動分析：治理性與行動者網絡理論觀點的比較」為題，發表於「台灣土地研究」，第13卷第1期，頁95-133。感謝本全及政新協助資料蒐集與實地參與觀察。

1 臺灣於1994年推動了「社區總體營造」，之後行政院於「2008國家發展重點計劃」中，提出「新故鄉社區營造計劃」，此顯現出地方發展在我國受重視的程度，此亦影響到農村發展的路徑，也揭櫫了台灣農村發展策略從傳統的「由上而下」或「外生」的模式，轉為「由下而上」或「內生」的模式。臺灣這種發展策略的轉變，基本上可以看作是對全球性在1980年至1990年國家與地方權力關係重構的回應。

個案觀察方面，香山個案因文獻充足，採文本分析，白沙屯個案則採用參與式觀察法為主[2]。本章分為三節，第一節介紹二種觀點的內涵並建立命題，第二節為個案觀察，第三節為個案觀察結果分析。

第一節　ANT與治理性權力運作的內涵與命題建立

治理性與ANT都被應用在許多領域，也被用來解釋農村發展的權力運作改變，以下分別就二者在國家權力運行及農村發展上的應用兩方面說明之，最後並據此建立本研究的命題。

一、ANT在農村發展權力運作的解釋

前二章對於ANT的內容已經有清楚的介紹，這一部分僅做簡要說明，並且把重點放在權力面向上。

(一)ANT的權力觀點

ANT的形成起於1970年代，當時一群建構論者（constractivist）大膽地進入

---

[2] 對於治理性與ANT應用於農村發展的研究，大都採取個案觀察的方式來進行（參閱MacKinnon 2000、2002；Herbert-Cheshire 2000、2003；Higgins and Lockie 2002；Herbert-Cheshire and Higgins 2004）。採取個案研究的原因是，此一方法可以對農村發展中的權力運作做近距離和細密的觀察（Burgess et al. 2000）。在前述既有的研究中，其個案部分所採取的方法主要為深度訪談法。本研究香山個案部分，感謝林彥佑先生提供許多資料，其中包括其所進行的深度訪談資料，雖然本研究未直接引用訪談資料，但使作者更能充分掌握香山海埔地的空間形塑過程。在白沙屯的個案中，本研究採用了參與式觀察，因為本研究的助理於2003年到2004年間實際參與了白沙屯的社區營造工作，負責白西社區發展協會的主要行政事務、協調工作及發展計畫的研提。因此，可近距離觀察及掌握白沙屯農村發展的實際狀況。對本研究而言，採取參與式觀察進白沙屯個案研究是基於下列原因：(1)白沙屯農村發展的情況很少被人所知，研究不多；(2)可以了解相關事項的連續性、關聯性及背景脈絡；(3)有助於將個案置於當時情境中，對發展過程成員之間的行為互動關係獲得更直接、完整和全面性的了解（陳向明2002）。

自然科學活動的大本營──實驗室──去觀察科學家的工作。在實驗室的觀察當中，建構論者發現，科學家並不是單純地觀察自然，而是在許多方面，均利用了社會的與技術的工具，來建構其自然的主體。此即，科學知識的建構，實際是由實驗室與實驗室外的行動者組合來決定。Latour（1983）進一步以巴斯德（Louis Pasteur）研究炭疽病疫苗的例子，建立了行動者的世界或行動者的網絡（Murdoch 1997b）。在這個例子裡，Latour完成了ANT的主要論點，包括：1.行動者網絡的構成是異質的（heterogeneous）（例如人與非人的主體都在其中）；2.行動者網絡經過轉譯（translation）而構成；3.拒絕傳統的二元論點；4.知識形成與自然和社會重整是互構的（Latour 1983；Murdoch 1997a；Kortelainen 1999），其中第2項轉譯為ANT權力論點的主要依據。因為，轉譯包括在網絡內一連串的協商，透過轉譯，每一主體或行動者在網絡中的主體性（identity）、利益、角色、功能和地位都重新界定及分配，權力關係亦重新築構。所以，ANT又被稱為「轉譯社會學」（sociology of translation）（曾曉強？；Burgess et al. 2000；Morris 2004；Magnani and Struffi 2009）。

　　Callon（1986）近一步把轉譯細分成「五個轉譯關鍵」（five moments of translation）：問題呈現（problematisation）、利益賦予（interessment）、徵召（enrolment）、動員（mobilisation）及異議（dissidence）[3]。經由這些關鍵，在行動者網絡中，有生命的行動者（actor）或無生命的行為者（actant）的主體性，是在彼此相關的網絡內部被決定的，當新的關係被建立時，任何這些主體在進入行動者網絡以前擁有的特徵，都可以被網絡的建立者重新界定（Murdoch 1997b）。亦即，當主體被徵召入網絡，並在網絡內結合訓練，它們就獲得各自的形體與功能。

(二)ANT在農村發展中的應用

　　1990年代，隨著國家權力由統治轉為治理時，拒絕國家為政治權力唯一所在的作者指出，統治行動係藉由國家與非國家行動者的網絡逐漸展現出來，這些行動者或多或少都受共同的目的與共識所整編（Jessop 1995）。如果以此方式來思考，國家的權力即以這些網絡的穩定及其行動者之間的發生互動為基礎條件。這樣的話，網絡中的每一行動者對手段與目標都能進行討價還價，也可對國家的統治行動進行轉譯，這種轉譯包括對抗與轉換（Clark and Murdoch 1997）。此一觀點，顯

---

[3]　內容請參閱前二章。

然是把ANT的精髓「轉譯」拿來作行動者網絡對抗國家權力的詮釋手段。如前所述，轉譯是在網絡建構過程中所產生的一連串取代、轉化及談判（Callon 1986），在徵召其他行動者與要件進入網絡的過程中，個別的行動者嘗試依據他或她自己的目的來重新界定他們的利益。但在這個同時，其他的行動者則嘗試建立他們自己的權力規則，建立他們自己（通常是彼此重疊）的網絡，此引起網絡的遞移，也使國家政治權力因此而重構（Herbert-Cheshire 2003）。

透過轉譯，在行動者網絡中的主體對國家權力的回應形式不是單純的拒絕或者對命令順從，而是包括與其周旋。周旋的方式是藉由堅持或延續其自己的實際與言說（practice and discourse），積極地與其匹敵，甚至取代政治主管機關（O'Malley 1996）。雖然，有時也可能對權力極為順從，但卻是積極地順從形式，因為這是基於選擇順從者的意志而作的決定，不是以強迫者的目的為基礎。人類有他們自己選擇順從權力的理智，且即使這樣做，也會將他轉譯成新的形式（Law 1986）。一如O'Malley（1996）所指出的，這樣產生的效果是「權力和政策變成為更無限制的爭論和交戰過程」。就此而言，此可認定一個表徵的原始權力並不比次級的對立者重要，也意味著地方民眾的代理的重要性，不亞於國家（Herbert-Cheshire 2003）。這個時候，應用在農村發展上的ANT，變成是解釋「有權力者的解構」（deconstructing of the powerful）的利器（Murdoch 2000）。

二、治理性在農村發展權力運作的解釋

(一)治理性的權力運作觀點

1980與1990年代，一些西方國家（例如英國）在國家制度產生了重大轉變，這種改變是由凱因斯福利國家的中間路線，轉向新自由主義的右傾路線（Taylor 1998；Baradat 2000），此轉變也使中央與地方關係產生了重構。廣義而言，這種轉變是指，在面對逐漸複雜與多元體系時（包括來自公私部門與自願行動者的龐大機構和行動者體系），既存官僚的減縮與碎裂化（MacKinnon 2000）。對於這種轉變有不同的理論解釋，其中新葛蘭西論者（neo-Gramscian）把地方治理的興起放在國家重構與重整的複雜多元面向過程範疇中來解釋，在這個重構與重整中，國家在次國家與超國家層級之間的功能已被重組及重新配置。新傅柯論者則

認為，治理實際上是社會調解與管制策略的產品。透過治理性（governmetality或governmental rationality）的觀點，新傅柯論者把地方政府的重構看作是新自由主義支配權的產物，這種重構在提供政策的行動者得以工具介入、鼓動、並使制度改革的策略合法化。換言之，治理性把焦點放在政府進行社會管控所採用的統治技術與理性（techniques and rationalities of rule）（Foucault 1991；Thompson 2005）。

　　治理性源自於傅柯對國家統治模式改變的觀察與論述，傅柯把治理性解釋為「指揮中的指揮」（conduct of conduct）——促進指揮他人的技術與實際（Burchell 1996；Dean 1999；Roy 2009），其重點係在如何統治，以及主管機關如何部署實踐和推動他們政治綱領的特殊機制、技術與程序（Rose 1996）。可使綱領運作與實踐的一組機制、技術與程序，Rose and Miller（1992）將之稱為「統治技術」（technologies of government）。強調統治技術的新傅柯論，於是拒絕了聚焦於抽象統治原則（abstract principles of rule）的傳統政治理論[4]。他們主張，透過統治技術，負責且有紀律的中央集權行動者，遂可以衝破既有的藩籬（enclosures），對地方進行遠距統治（govern at a distance）（Rose 1996）——即權力中心透過不同的描述與統計技術及人口統計，達成遠距行動（act at a distance）（Latour 1987；Rose and Miller 1992）。

(二)治理性在農村發展的應用

　　上述傅柯的治理性觀點，部分學者將之用以觀察西方先進國家的農村發展，並用它來作為解釋近年來國家介入農村發展的基礎（MacKinnon 2000, 2002；Herbert-Cheshire 2003；Herbert-Cheshire and Higgins 2004）。在農村發展的研究上，上述國家權力運作模式的轉變，被學界稱為「從地方統治（local government）轉移至地方治理（local governance）」。新傅柯論者認為，地方治理的統治技術運用並不是能與一貫政策計畫相容的中性工具，而是被新自由主義政黨有意地設計來破

---

[4] 傅柯對於政府的理解並不純然等同於由一組機構所組的國家（state），政府其實是穿透社會生活的過程（process）。他的治理性觀念涉及到政府系統從歐洲16世紀起產生的不同治理政策與技術，依據傅柯的用語即為「從管理的（administrative）國家到治理化的（governmentalized）國家」，治理化的過程包括統治技術與藝術的發展，使統治的權力可以加諸民眾身上，並且使先前運行政治權力主權觀念的系統產生改變。之前，主權隱含對領土的直接管轄，而不是對領土上人民的管理。相對於此，治理是一個間接干預民眾的統治模式（Foucault 1991；Uitermark 2005）。

壞既有地方權力基礎的工具（Hoggett 1996；MacKinnon 2000）。在先進的自由民主國家中，其所採取的統治技術主要手段為：國家透過稽核（audit）、目標達成（targeting）及財政控管（financial controls）等由上而下地對地方進行遠距統治（Foucault 1991；Clarke and Newman 1997；MacKinnon 2000, 2002）。這些統治技術之所以產生效能，是因為它們的移動性及標準化能力，亦即Latour（1987）所言，遠距主體的訊息可以在國家計算中心的內部被蒐集（移動性）、平均與比較（標準化）。移動性和標準化，給予中央政府各機構具有空間的可及性和監控地方機關與共同體活動的能力（MacKinnon 2000, 2002；Murdoch 1997a），也就是這些讓中央機構可以把地方共同體（community）變成為可以看得到與計算的統治對象。進一步觀察，這一過程主要依賴於銘寫（inscription）與計算的技術來蒐集共同體與地方的知識，現代國家權力的展現亦係依賴於此種知識的蒐集──即國家機構擁有力量把地方共同體當作不同的主體而施以「干預」（act upon），係以這種知識收集為重要的前提條件（Ward and McNicholas 1998；Herbert-Cheshire 2000；MacKinnon 2002）。

傅柯認為，權力關係與策略經常伴隨著抗拒，在一般對於傅柯的抗拒觀念的研究中，經常把抗拒看作是下對上的觀念，例如Scheruich就主張，「宰制是主人，抗拒則是奴隸對主人的反應」（引自Herbert-Cheshire 2003: 459）。此隱含兩種權力型態本質的差別：主人行使權力，奴隸進行抵抗。此外，在國家與地方之間的權力關係中，也常將地方行動者設想成負面且敏感的力量，地方行動者只對權力有所反應時才會運行。並認為，當抗拒真的發生時，權力將會受阻，權力的運行可能因此失敗；相反地，如果沒有抗拒，國家權力運作就會成功，且其原有的意圖會達成。這種觀點有兩項侷限，第一，忽略民眾可能因為與國家目標一致而「服從」命令──不是因臣服而犧牲；第二，新傅柯論者認為，民眾遭遇權力的時候，只能進行二選一：不是順服的接受，就是進而抵抗（MacKinnon 2002；Herbert-Cheshire 2003），這些使其觀點陷入二元論。

基上述對治理性權力運行的解釋，Herbert-Cheshire（2003）認為，在農村發展中，與國家、市場與都會相比較，村民與地方團體幾乎沒有權力。在這裡面隱含著，國家是有權力的，而個人或其他的個體行動者被認為缺少權力或無權力。以此而言，治理性所強調的是，在農村發展上國家仍然是「由上而下」的運行權力（Herbert-Cheshire 2003），只是其運用了統治技術，使國家的政治綱領得以在農村發展中實踐。

　　綜合而言，治理性與ANT權力運行的觀點應用在農村發展上，它們各有所偏重。概括言之，治理性著重在結構，ANT則強調個別的行動者。治理性注重結構，認為國家是一體的，只要行使治理技術，即可使其權力運行無阻，忽略了國家組織不同部門之間（經濟部與環保署）與不同層級之間（例如中央政府與縣市政府），可能存在不同政略目標與權力運行策略，甚至官員、政治人物與其他的行動者都各自有自己的利益與訴求（王佳煌2005；Zukin 1980）。ANT強調個別行動者，認為地方行動者有能力排除一切阻礙，其忽略了地方之間的結構差異，包括地方物質資源與非物質資源的豐沛與貧乏，使得一些地方因資源充沛，容易徵召及動員，另一些地方則否。以Marsden（1998）對英國農村分成四種理想類型而言（參閱第一章），其中地處風景宜人交通便利地區的保存型鄉村與位於都會外圍通勤區的競爭型鄉村，因擁有較多的資源，受到不同的團體青睞，不論以保存或發展目標，倘若有衝突，地方行動者具有積極徵召動員的能量；依恃型的鄉村屬發展遲緩地區，因地處邊陲，且缺少資源，其發展則需依賴政府或能提供資源者。從前述Marsden的鄉村空間類型來看，依恃型的鄉村，顯然很難透過農村發展行動網絡來主宰農村發展，而必須仰賴政府的資源。Cheshire（2009）研究顯示，在澳洲偏遠的礦產區亦屬此種情況。

三、治理性與ANT權力運作比較與命題建立

　　治理性與ANT在農村發展的權力運作上各有其論述，對這些論述需要進一步轉化成可以檢驗的命題，方能有利於個案觀察的進行。以下從ANT與治理性對於農村發展權力運作的進一步分析比較中，建立個案研究的檢驗命題。

(一)治理性與ANT的權力運作觀點比較分析

　　從上述的整理中可以發現，ANT與治理性都強調，經由不同的行動操作、技術與作用或網絡轉譯來影響其他行動。因此，權力更一般的說法是「一組加在其他行動上的行動（a set of actions upon other action）」（Gordon 1991: 2）。除此以外，ANT與治理性都強調，遠距統治或遠距行動的能力與重要性，透過遠距離的控管技術，使權力的行使少受空間限制。但是，二者被用在農村發展上時，有二個

重要的觀點差異。

1.雖然，治理性強調藉由行動者與機構的網絡（如政府）來運行現代型式的政治權力（Gordon 1991）。但是，治理性的理論家似乎把全神都灌注在國家權力及其用來統領其國民的論述、理性與技術上面，對於地方民眾進行重塑國家權力可能性的知識與實際，則少有討論（Herbert-Cheshire 2003）。所以，以治理性的觀點來看，在先進自由民主社會中，國家在農村發展中的角色，仍然是由上而下地來運行權力。只不過，先進自由民主國家不再是透過道德教化的抽象治理或直接的統治方式來遂行其意志，而是透不同的技術，諸如目標達成、經費分配與稽核等，來達到遠距的統治——從中心對邊陲地區支配而已（Murdoch 1997b）。

相對於治理性，ANT強調行動者網絡轉譯的力量。因此，ANT被應用於農村發展上時，其主張的是，國家權力並不能直接對已經組織起來的農村發展行動網絡產生作用，而是要一同被置於網絡中轉譯。這是ANT被應用於農村發展的主因，也就是說，ANT拒絕外生（由上而下）或內生（由下而上）發展的二元觀點。在農村發展中，治理性與ANT的權力運行觀念的主要差別如圖9-1所示。圖9-1a表示國家由上而下地透過不同的治理技術，對地方進行統治。圖9-1b顯示農村發展的行動者網絡透過遠距行動，把國家徵召入網絡內，國家與其他行動者一同在網絡中進行轉譯。

2.與前述由上而下的國家權力對農村發展的影響觀念有關，治理性在解釋地方民眾對於國家進行的遠距統治的回應上，採取的仍是二元觀點。亦即，地方對國家的權力不是順服地接受，就是起而積極地抵抗。ANT則透過轉譯——網絡建構過程中所產生的一連串取代、轉化及談判（Callon 1986），來說明地方對國家治理的回應。在回應國家的治理技術中，ANT認為，地方居民或農村發展的行動者不單純是積極的抗拒或消極地接受而已，而是還包括轉化或周旋。轉化與周旋的方式是藉由堅持或延續其自己的言說與實踐，積極地與政策主管機關匹敵，甚至取而代之（O'Malley 1996）。也就是說，農村發展行動者網絡中的每一行動者，對手段與目標都能進行討價還價，也可對國家的統治行動進行轉譯，這種轉譯包括對抗與轉化（Clark and Murdoch 1997）。ANT認為，在農村發展中，既不拒絕國家形塑指引地方民眾的巨大權力，也不排除地方積極抗拒的情況，而是強調，在農村發展的政策設計與實踐時，國家與地方民眾之間的互動與談判。上述地方對國家權力的反應差異如圖9-2所示，圖9-2a為地方行動者對於國家的統治不是順服地接受就是積極地抗拒，圖9-2b顯示了地方與國家被置在一個行動者網絡中，並且透過轉譯、轉

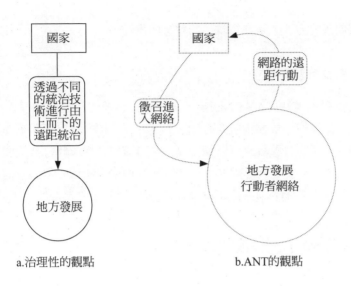

a.治理性的觀點　　　　　　　　　　　b.ANT的觀點

◯：治理性的地方發展　──▶：治理性的權力運行　⬭：治理性力運行手段

◯：ANT的地方發展　　──▶：ANT的權力運行　　⬭：ANT權力運行手段

圖9-1：治理性與ANT在農村發展中權力運作的邏輯

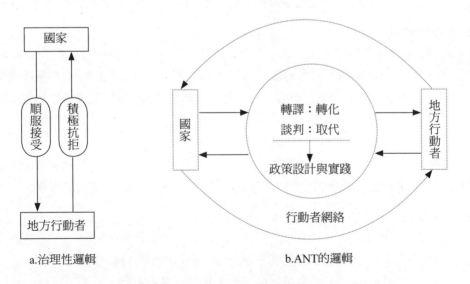

a.治理性邏輯　　　　　　　　　　　　b.ANT的邏輯

圖9-2：治理性與ANT在地方對國家權力回應中的邏輯

化、談判或取代等方式,來進行政策的設計與實踐。

(二)個案觀察命題的建立

　　經由上述對治理性與ANT的回顧及其比較分析,可以理解治理性與ANT的農村發展權力運作邏輯。依據本研究將地方界定在鄉、鎮、區以下的空間層級,同時為了分析方便,假定各層級政府在權力運行上具有一致性(此符合治理性的論述,但可能不符實際,請參見前述說明),而本研究個案中所指的地方行動者均屬非政府組織。以下進一步將前述治理性與ANT的論述的內含,化約為五個相互關聯的命題,以利進行個案觀察:

1. 國家與地方行動者之間的關係命題

　　「在農村發展中,國家與地方行動者之間存在著權力上的互動關係,這一互動關係以取得農村發展的主導權為主要目的。」前述的說明顯示,治理性與ANT都強調,在農村發展中,國家與地方行動者會各自以自己方式進行權力的運行。此意味著,在農村發展的過程中,為了爭取權力,國家與地方行動者之間必然存在著互動,此為本研究觀察農村發展權力運作的基本命題。此一命題中要觀察的包括:(1)國家採取的方式是否為傳統的統治模式或治理性的模式,來達成其目的;(2)地方行動者是否採取了ANT的模式與國家進行周旋。

2. 治理性命題

　　「透過統治技術的施用,國家可以有效地由上而下對農村發展進行遠距統治」。在這個命題裡面,包含的要件為:(1)國家需有一套統治技術,來運行國家的權力,其包括:農村發展目標達成的設定、對農村發展財政補貼或管控及對農村發展的稽核等;(2)國家對農村發展的態度上,仍然是「由上而下」,也就是說,國家會透過前述的統治技術,使農村發展依據其所設定的政治綱領來運行;(3)國家所採行的統治技術是一種「治理性」,亦即,國家不必親自或實質地參與指揮或執行農村發展計畫,而是地方會將其發展的構想、資料及結果等傳送給國家。

3. ANT命題

　　「地方行動者網絡可以將不同主體(包括國家)徵召進入網絡內,並在網絡內藉由轉譯進行主體間的權力重構,因此農村發展係由該行動者網絡主導。」在此命題中的要件包括:(1)農村發展的行動者網絡組成,亦即,為了農村發展的目

的，由個人、團體、人或非人的主體組成了農村發展網絡；(2)透過轉譯的力量，地方的行動者網絡把國家徵召到網絡中成為網絡的主體之一；(3)在網絡中每一主體（包括國家）的權力產生重構；(4)經由協商、談判等方法把國家的權力轉化及取代，達到了地方想要發展的目的。

4. 傳統的統治模式

由於臺灣屬民主後進國，因此在農村發展上，不一定已經具有治理性或行動者網絡的權力運作模式。實際上，早期的臺灣農村發展大都屬於由國家由上而下的直接進行，包括農村更新及富麗農村計畫等都屬之，因此除了治理性與ANT之外，本研究把傳統的農村發展模式化約成命題如下：「國家親自或實質地參與指揮或執行農村發展計畫，因此農村發展主要由國家由上而下地決定。」在此命題中的要件包括：(1)國家直接參與了農村發展事務，例如國家擬定農村發展計畫、直接進行土地開發等，這與遠距治理中，國家係透過預算、稽核等方式進行管控不同；(2)農村發展由國家由上而下地決定，地方只能順服接受。

5. 不同權力運作模式之間的關係

「傳統統治模式與治理性間具有互替性；ANT與傳統統治模式和治理性間具有競爭性。」在此命題中的要件包括：(1)由於傳統統治模式與治理性都為國家對地方管控的方式，國家可能採取其中一種模式對地方進行管控，因此其具有互替性，如依據西方先進國家的進程來看，會是由傳統統治模式進入治理性模式，臺灣亦具有相同的進程；(2)ANT與傳統統治模式或治理性之間，由於涉及到不同的權力主體（國家與地方行動者），他們之間存在著競爭性，特別是當他們在農村發展上的目標不一致時，他們彼此將出現衝突。

根據上述五項命題，本研究以下選擇個案地區，並進行不同權力運作模式的觀察與檢驗。

第二節　個案觀察

本研究之研究目的主要在觀察臺灣農村發展的權力運作模式，因此研究個案宜具有清晰可辨的權力運作過程，才易於觀察。另外，以上述的命題而言，觀察區

宜分別具有治理性或ANT的模式，才能易於對照分析[5]。準此，本研究選擇香山濕地與白沙屯的空間形塑過程作為觀察個案（空間位置，請參閱附圖9-1至圖9-3）。香山溼地由於具有豐富的研究資料，白沙屯社區則因本研究作者參與其農村發展事務，二者均可適度地掌握其發展過程權力運作情況。同時，其各自明顯地呈現出二個不同的權力運作邏輯：

　　第一，在香山溼地的空間形塑方面，由於中央政府與地方居民間對於香山海埔地的空間形塑，有不同的目標，結果在受到地方人士與民間組織（例如野鳥協會）抗拒下，中央政府放棄將香山濕地規劃成工業區的主張，改為依照地方人士與民間組織的訴求，把該地劃設成野生動物保護區。這個例子突顯了在農村發展的過程中，中央政府與地方權力之間，存在著複雜的關係，且其過程中的權力運作頗具張力，透過這個個案，可以突顯ANT對農村發展權力運作的解釋。

　　第二，在白沙屯的社區營造方面，其權力運作模式與香山濕地有極大差異。白沙屯雖然在雍正9年（1731年）已開墾成聚落，但一直未有突出的發展。但自2001年底，由地方人士發起的社區營造開始，經過多年的努力，白沙屯現在已經成為極為成功的城鄉風貌示範點（陳志南2003）。在白沙屯的地方營造的過程中，除了具有農村發展網絡以外，其成功似乎與中央及縣政府的補助密不可分。此即意味著在國家積極推動農村發展，強調地方自主性之際，國家仍然透過治理性或統治技術，牢牢地統治地方。

　　由於香山濕地與白沙屯空間形塑間的權力運作模式，存在著極大的差異。透過兩個個案差異比較，可以使農村發展中權力運作模式的差異更清晰地顯示出來。除此之外，在空間特性上，這兩個個案具有極大的差別，若以Marsden（1998）劃分鄉村空間的類別為依據（請參閱前述），香山濕地屬於保存型或競爭型的空間類型，白沙屯則屬依侍型的空間類型。經由對不同空間類型的觀察，或可進一步理解農村發展權力運行的差異。

---

[5]　Herbert-Cheshire（2003）曾經以澳洲昆士蘭兩個農村發展為例進行檢驗，結果發現，其中一個農村（Woomeroo）的發展屬於治理性中的接受或抗議邏輯，另一個地方（Warmington）則符合ANT的轉譯邏輯，此顯現出農村發展權力運用的多種可能性。

一、香山濕地空間形塑

香山濕地的空間形塑歷程，自1991年至2001年計經歷十年。因時間跨越十年，其間權力與動員模式甚為複雜，做完全的敘述有其困難。因此，本研究嘗試將其權力運作模式，劃分成三個階段。

(一)第一階段（1991～1994年）：傳統統治模式vs.個別地方行動者

香山海埔地開發計畫由新竹市政府於1991年開始委託工程顧問公司（中華顧問）進行研究、規劃，同時為爭取開發所需龐大經費，乃將計畫提報省政府，並由省政府委員會在「臺灣省加速推動海埔地開發計畫」（1992年1月）中，核定新竹香山海埔地優先於兩年內開發完成，並於同年8月無異議通過「新竹香山區海埔地造地開發計畫」，由省政府建設廳負責主導、省政府水利局與環保局負責推動環境影響評估[6]、新竹市政府負責開發區（含取土區）之地上物查估與補償作業（林彥佑2004）。由此，一個控管農村發展的國家（政府）權力運作模式於是形成。這個模式為國家直接進行地方的空間形塑與土地開發，是典型傳統統治模式（即由國家由上而下地直接進行想要達成的任務）。在本案中，這種模式顯現在下列二項事實上：1.透過行政力量便宜行事：在開發計畫之研究、環境影響評估等未提出前，省政府即通過該案，且快速地（8月21日）進行「環境影響評估說明書」之審查會及現場勘查，並於審查會中否定環保署所提進行第二階段環境影響評估（環境影響評估報告書）之意見；2.透過國家權力壟斷資訊與溝通：其僅於香山區公所之一角張貼「環境影響評估說明書」審查的公告，並多次於會議中阻礙地方團體之發言。此外，又透過媒體傳播宣揚開發的正面訊息，營造繁榮發展遠景，以獲取地方民眾的支持（李雄略1998；林彥佑2004）。

在國家由上而下地直接推動香山海埔地計畫的過程中，最初（1992年3、4月）有清華大學自然保育社（籌備處）學生集會，並且為文抗議，但是並未引起關切。同年7月，以香山濕地為重要活動場所的新竹市野鳥協會（以下簡稱新竹鳥

---

[6] 因當時未有「環境影響評估法」（1994年通過），故僅依1985年行政院所擬之定「加強推動環境影響評估方案」，以及1991年核定實施之「加強推動環境影響評估後續方案」，做為環境影響評估依據。然此方案之環境影響評估審查作業，係由目的事業主管機關主辦，環境保護主管機關監督，因之，省政府建設廳可以「球員兼裁判」（林彥佑2004）。

會）自新聞媒體獲悉該開發計畫案後，即召開幹部及理監事聯席會議，決議不惜任何代價全力搶救[7]（李雄略1998；林彥佑2004）。新竹鳥會之行動策略主要有三：1.發動公文攻勢，不斷以公文行文開發機關（省政府與新竹市政府）與環保主管機關（環保署與農業委員會），突顯各行政主管機關的職權與責任，藉此釐清開發計畫之行政程序，並且牽制政府由上而下控制的開發機制[8]；2.積極強化阻止開發案的訴求，包括提出環境影響評估說明書之審查意見，並且質疑海埔地開發計畫所隱藏之土地炒作（山坡地開發）問題[9]；3.遊說與宣傳，透過遊說民意代表質詢，阻礙省政府環保處審查環境影響評估[10]，並且透過媒體對民眾訴求形成壓力（楊綠茵1995；林彥佑2004）。

　　上述國家與地方組織對抗情形一直延續到1994年12月30日「環境影響評估法」公布實施為止，此亦為香山濕地空間形塑的重要轉戾點。因為依據該法規定，香山海埔地開發計畫之環境影響評估須由環保署進行審查，並應進行第二階段環境影響評估（林彥佑2004），新竹鳥會的訴求得以達成，並藉此進一步要求參與環境影響評估審查，成功地開創行動網絡，與主張開發的國家權力單位共同進入制度性平台，進行另一階段的行動。1991-1994年間，國家權力主體與地方個別行動者間的權力運作情形如圖9-3所示。

(二)第二階段（1995～2000）：地方行動者網絡形成與國家權力的解構

　　「環境影響評估法」的實施，不僅促成反對開發的地方行動者網絡組成，並且把省政府與新竹市政府（開發單位）與保育單位徵召入行動者網絡之中，在這個網絡中進行權力重整。

---

[7]　此外，尚有新竹市公害防治協會加入，但當時反對香山海埔地開發計畫的主要仍為新竹鳥會。

[8]　新竹鳥會最初於1992年8月6日及8月16日函送環保署、農業委員會、省政府、新竹市政府等相關單位，表示香山海埔地造地開發計畫將破壞該地區之生態平衡並違反憲法（增修條文第十條第二項）及野生動物保育法，復於11月9日發函李登輝總統、10日函請相關行政單位應貫徹「保護自然環境與維護生態均衡」之國家政策，11日函請環保署釋疑是否不需進行二階段環評（林彥佑2004）。

[9]　1993年1月15日舉行「新竹香山海埔地造地開發計畫」環境影響評估說明會，新竹鳥會於會前即完成環評說明書審查意見，於說明會場發送，並於會中與新竹市公害防治協會提出環評說明書之缺失（林彥佑2004）。

[10]　1992年10月11日新竹鳥會五位成員拜訪省議員張蔡美，告知開發計畫之相關問題，並促成張蔡美在省議會之質詢（林彥佑2004）。

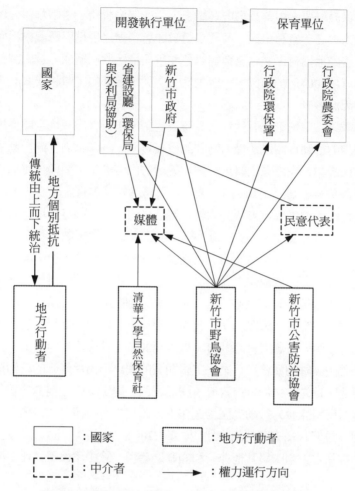

圖9-3：傳統統治模式vs.地方行動者個別抗拒

　　1995年9月15日由內政部營建署舉辦的「新竹香山區海埔地造地開發計畫環境影響評估」現場勘查與聽證會，促成反對開發的地方行動者網絡——香山團隊的構成。會前地方非營利組織鑑於以往開發單位的阻礙，乃由臺灣綠色和平組織、新竹市公害防治協會與新竹文化協會分別舉辦民間版現場勘查與公聽會[11]，並與新竹鳥

---

[11] 臺灣綠色和平組織於9月13日邀集媒體和漁民、漁會代表舉行現場勘查，新竹市公害防治協會與新竹文化協會於9月14日邀請立法委員、清大、交大教授和環保、文化界人士舉辦「香山區海埔地造陸開發案公聽會」，與會者皆質疑該案之必要性（中國時報1995/9/15；林彥佑2004）。

會結合濕地保護聯盟、中華民國野鳥學會、生態保育聯盟、主婦聯盟、環境保護基金會等非地方性之非營利組織，共同參與營建署舉辦之現勘與聽證會，會後由新竹鳥會約請公害防治協會、文化協會與綠色和平組織，共同組成「香山團隊」（魏美莉2001；林彥佑2004）。因此，一個由地方內與地方外的主體組成關心香山濕地的行動者網絡因而形成。

　　香山團隊以「環境影響評估報告書審查會議」作為香山濕地空間形塑過程中與政府部門周旋的行動實踐以及權力轉譯的重要場域。為深化周旋的行動並達成權力的轉譯，香山團對首先透過論述，詳細地釐清香山開發案之問題，包括新竹鳥會進行環境影響評估報告書之鳥類調查工作[12]，又聘請相關專長之學者專家二十四人組成「新竹地區民間團體環境影響評估聯合審查小組」，共同審查環評報告書，並擬具「民間環評審查意見」[13]，復召開「新竹客雅溪口濕地規劃」籌備會議，共同擘劃濕地空間的新願景（林彥佑2004）。其次，藉由上述論述，於參與環境影響評估審查（包括環境影響評估範疇之界定）中，並提出專業理性的科學論證質疑與反駁開發計畫，說服環境影響評估委員，並催生野生動物保護區之劃設[14]。此外，亦與大專院校（清大、交大、師院）保育社團發起連署、遊說，舉行記者會、立法院公聽會等，進行政治與媒體力量之動員（魏美莉2001；林彥佑2004）。

　　相對於香山團隊的網絡與行動，主張開發的國家仍沿用傳統的統治模式來面對環境影響評估。首先，由新竹市政府（開發單位）提出草率、粗糙的報告書進行環評，但在面對反對開發的行動者網絡運作下，此報告書連續二次遭環評專案小組初審會議退回，並要求補充資料再審[15]（林彥佑2004）。其次，國家開發主體意圖運用國家權力排除香山團隊與其他非營利團體之參與，除由環保署快速召開專案小組

---

[12] 香山開發案第二階段環評報告書由經濟部水利署委託中華顧問進行撰寫，其中鳥類調查部分因無人願意承接而洽詢新竹鳥會進行，新竹鳥會提出不得斷章取義、不得扭曲結論建議、報告書須經新竹鳥會同意等條件，於1994年4月1日至1995年3月31日進行237次調查。唯因中華顧問未依契約規定呈現調查資料，故新竹鳥會並未於環評報告書中簽字（林彥佑2004）。

[13] 「民間版環評審查意見」中，分別就程序問題、社會經濟、水資源、相關計畫、地形地貌、土質土壤、漂砂、陸域生物、海域生物，以及替代方案等範疇，進行系統而嚴謹之評估（魏美莉2001）。

[14] 香山團隊首先由新竹鳥會於1996年8月21日發函建請行政院農業委員會（以下簡稱農業委員會）將客雅溪口南北岸生態敏感地區劃設為野生動物保護區，並透過參與野生動物保育諮詢委員會之其他非營利組織提案，促使農業委員會函請省政府督導新竹市政府辦理（林彥佑2004）。

[15] 第一次環評初審會於1996年3月25日召開，第二次於7月23日召開，二次會議之環評報告皆因與會委員（如黃書禮、邱文彥等）、香山團隊及其他非營利組織的質疑，而決議應補充資料答覆說明並擇期再審（林彥佑2004）。

審查會議，操作通過「有條件通過」之審查結論[16]，並於（第三十次）環境影響評估審查委員會議召開前，由行政院環境保護署（以下環保署）署長召見香山團隊，提出「縮小開發面積」之意見，意圖說服香山團隊以利審查會議之進行，香山團隊雖有成員一度同意，但最後仍共同決議反對[17]。儘管如此，環保署長仍於第三十次環評會議中聲稱已與環保團體（反開發行動主體）獲得協調，試圖引導審查會「有條件通過」，但仍遭環評委員決議退回專案小組審查[18]（林彥佑2004）。香山團隊復再度投入參與環評小組會議之審查，不僅監督、質疑新任新竹市長蔡仁堅（原為香山團隊之一員）之態度[19]，並動員環評委員，促使開發單位調降開發內容與強度，以及補充民意調查與溝通之資料。最後，1999年精省造成省政府權力體系的碎裂化，由於缺乏強力的開發主體辦理後續相關事宜，在2000年12月19日的第五次環評初審會議及2001年1月17日的第七十八次環境影響評估審查委員會議中，做出「不應開發」之結論（行政院環境保護署2001）。前述國家傳統統治模式與地方行動者網絡之間的權力運作模式如圖9-4。

---

[16] 1996年7月23日之第二次環評初審召開前，即已傳出環保署訂出「審查基準」（1.有條件通過環境影響評估；2.由開發之填土區北區740公頃中撥出160公頃供新竹市政府設立保護區；3.保護區與開發之工業區間至少應有100公尺之隔離綠帶）作為會議有條件通過之決議，香山團隊於7月18日取得該基準後，即於20日赴環保署查證，但因未獲回應，並即於22日透過媒體發表抗議聲明，並於23日之會議中提出強烈批評（聯合報1996/7/23）。又，環保署於7月23日會議後，隨即於7月26日在未通知香山團隊之情況下再次召開第三次專案小組審查會，並且通過「審查基準」之決議，並提環評委員會第三十次大會審查（聯合報1996/7/23；林彥佑2004）。

[17] 1996年9月26日之環評審查委員會第三十次大會召開前，環保署長蔡勳雄於9月14日約見香山團隊成員、王世賓（香山居民）及陳章波（中研院動物所研究員）等人，就初審會之決議徵詢意見，並提出縮小開發面積之意見，意圖取得香山團隊的支持。與會之香山團隊成員中一度有新竹鳥會代表同意縮小開發面積，但因其他團體的堅持反對而共同反對，並於會後即刻發出新聞稿堅決反對環保署所提任何所小開發面積之意見（林彥佑2004）。

[18] 1996年9月26日之環評審查委員會第三十次大會中，雖在綠色和平組織會長林聖崇的堅持下，香山團隊得以進入會場發言，但環保署長蔡勳雄卻堅持發言後即須離開會場。環保署長蔡勳雄於會中意圖以縮小開發面積尋求委員有條件支持該案，然因開發單位對於取土區之面積與開發順序有不同意見，爭議中遭陳信雄委員（台大森林系教授）阻止後決議退回專案小組重審。會後，香山團隊與蔡仁堅聯合發表聲明譴責環保署長違背行政中立原則以及以行政權扭曲環評委員之意見（魏美莉2001；聯合報1996/9/27；中國時報1996/9/27；林彥佑2004）。

[19] 1997年底之縣市長選舉，曾參與香山團隊會議之民進黨候選人蔡仁堅當選新竹市長，其於12月5日宣布上任後將延攬專家學者朝向國際級觀光、購物、休閒中心進行香山地區規劃，復於1997年12月10日環評第三次初審會中派代表發言宣告堅決反對香山海埔地開發案。其後，香山團隊拜訪蔡仁堅市長並促成舉行「新竹市濱海地區永續經營研討會」。1998年12月15日第四次環評初審會中新竹市政府代表發言同意計畫內容，香山團隊強烈質疑新竹市政府之轉變（中國時報1997/12/6；環保署1997；魏美莉2001）。

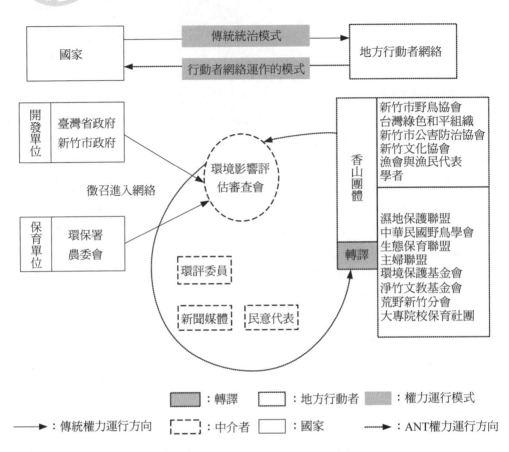

圖9-4：國家傳統統治模式vs.地方行動者網絡間的權力運作

(三)第三階段（2000～2001）：初期治理性運作vs.地方行動者網絡的轉譯

　　在透過傳統統治模式直接進行香山海埔地的開發遭到失敗後，國家在開發香山海埔地的模式上，似乎改弦易轍，中央政府採取補助與監督的治理性方式，支持新竹市政府的新開發構想。此即，在香山海埔地開發計畫遭否定之同時，新竹市政府於2000年提出「新竹客雅污水處理廠用地填築海埔地開發計畫」，獲內政部全額補助。這就是國家以預算支付的方式，來對香山海埔地開發進行遠距統治，而其統治的對象為之前曾經被徵召進入農村發展行動者網絡的「新」新竹市政府。但是，新竹市政府在未完成環評審查下，即發包施工（林彥佑2004），於2000年11月16日

之「新竹客雅污水處理廠用地填築海埔地開發計畫工程環境影響說明書」專案小組審查會中，遭到已經成功運行的地方行動者網絡——香山團隊的強烈質疑，在地方行動者網絡的運作下，該案遭決議退回，並要求修改檢討污水處理廠用地需求與規模，以及找尋對海岸及生態影響最小的替代方案（林彥佑2004）。此舉，促使新竹市政府重新尋求可能的計畫實施方案，並進而促成野生動物保護區的劃設。自此，香山團隊開始與受到中央政府遠距控制的新竹市政府就香山濕地的空間形塑進行協商、談判。

　　新竹市政府基於內政部經費補助的時間壓力，亟欲突破環境影響說明書審查之限制，因而同意更改污水處理廠之位置（由臨海改為鄰陸海埔地）、縮減規模（原30公頃改為17.2公頃），以及以劃設野生動物保護區做為回饋條件，一方面由生態保育課與香山團隊進行協商達成初步共識，另一方面於2001年4月17日函報行政院農業委員會劃設「客雅溪口及香山濕地野生動物重要棲息環境」[20]。2001年4月19日之「新竹客雅污水處理廠用地填築海埔地開發計畫工程環境影響說明書」第二次專案小組審查會中，香山團隊之成員開始呈現出不同意見，其中公害防治協會、文化協會、綠色和平組織、淨竹文教基金會等仍堅持反對意見，但居香山團隊之主導團體的新竹鳥會則是有條件贊成（開發單位須先完成野生動物保護區之劃設）。又，新竹鳥會與荒野保護協會新竹分會於4月27日之「新竹客雅溪口野生動物保護區及香山濕地野生動物重要棲息環境劃設事宜公聽會」中，協助新竹市政府說明與說服地方民眾。在香山團隊主導團體新竹鳥會之同意以及其他團體的妥協下，6月11日之環評說明書第三次專案小組審查會中有條件通過該開發計畫，並於6月29日之環境影響評估委員會第八十五次會議通過，就行政院農業委員會公告之「客雅溪口及香山濕地野生動物重要棲息環境」依野生動物保護法劃定野生動物保護區。新竹市政府於2001年12月7日函報農業委員會劃設「新竹市濱海野生動物保護區」，並獲農業委員會於12月14日公告為第十四處野生動物保護區（林彥佑2004）。這一時期的權力運作模式如圖9-5所示。

　　香山海埔地的空間形塑，從原先由國家透過傳統統治模式直接進行工業區的開發，到受到地方行動者個別抗拒，再到受地方行動者網絡轉譯，使香山海埔地變為「野生動物保護區」與「污水處理廠」並置的空間形式，充分顯示出ANT的權

---

[20] 行政院農業委員會於2001年6月8日公告客雅溪口和香山濕地為第二十八處野生動物重要棲息環境，範圍不包含現有之海山漁港、進水垃圾掩埋場及客雅污水處理廠預定地，面積一千六百公頃（林彥佑2004）。

力運作觀點，在此農村發展個案中的解釋能量。不過，隨著國家在2000年開始，改用治理性的權力運作方式，使國家權力更能夠貫穿到農村發展中的跡象已經顯露出來。這也就是香山農村發展行動者網絡無法如願，將香山海埔地悉數歸劃為「野生動物保護區」，而必須妥協地將依部分海埔地作國家希望的「污水處理廠」的原因。

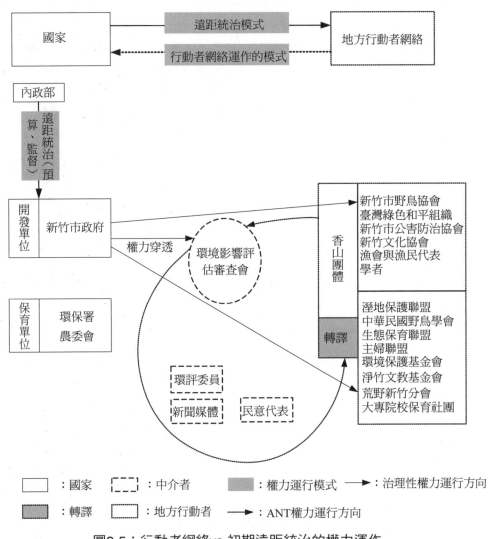

圖9-5：行動者網絡vs.初期遠距統治的權力運作

二、白沙屯地區空間形塑

　　白沙屯地區位在苗栗縣通霄鎮北端與後龍鎮交界處，約居苗栗縣濱海地帶中段位置。日治時期，白沙屯地區以白沙屯西瓜與「金山白海」聞名全台。1980年代白沙屯地區因本身農漁業生產條件不佳、社會經濟自由化，以及長久以來行政機關的漠視，導致白沙屯地區逐漸沒落，甚至被旅居外地的遊子譏為「白沙屯三十年沒進步」[21]。2001年起，白沙屯地區之白西社區，在地方人士熱心參與地方營造後，經過四年的努力，白沙屯地區成為政府單位推動社造的示範社區。白沙屯的農村發展初由地方人士組成了發展網絡，但在之後的發展中，明顯的受到國家治理性的控制，茲分別說明如下。

(一)農村發展行動者網絡的組構與轉譯

　　白沙屯的社區營造由白西社區發展協會推動，該會於2001年12月30日在白沙屯辦理漁村新風貌研討會，會議約有65位居民參與，白沙屯的農村發展正式啟動（陳志南2003、2004）。隔年（2002年）2月開始透過活動的舉辦[22]，帶起社區居民參與的動力，並於3月召開社區工作會議，邀請白沙屯地區各社團，包括白沙屯田野工作室、白沙屯國樂協會，以及熱心人士研商組織社造工作小組（以下簡稱工作小組）（陳志南2003），地方行動者網絡於是開始組構。

　　2002年4月，社造工作小組在得知白沙屯漁港北側舊海堤即將整建的情況下，為了維護白沙屯海岸的生態景觀，乃透過工作小組成員之一的里長說服縣政府官員，改採取生態工法取代原本的作法（陳志南2003），農村發展網絡開始行動實踐與進行權力轉譯。同時，地方行動者網絡為了更積極有效的推動農村發展，開始徵召更多的主體進入，結合非在地的行動者[23]。因此，一個原本在地行動者所組成的

---

[21] 根據陳志南於2004推展漁村社區總體營造研討會，報告白沙屯社區總體營造經驗與實務中，提及白沙屯地區的發展係從一無所有開始做起，其中對於三年前白沙屯的描述，包括了地方長者說「白沙屯的事管不得」、回鄉遊子說「白沙屯三十年沒進步」、會做生意者說「在白沙屯不可能有賺錢的機會」、國小校長說「白沙屯是一個沒有文化的地方」等（陳志南2004）。

[22] 如提供獎學金，獎勵在地學子創作社區標誌；開辦藺草編織傳習班，傳承在地藺草編織技藝；於會員大會結束後舉行社區大掃除，清除主要髒亂點等活動（參與觀察）。

[23] 包括邀請專家學者至本地提供協助，如邀請文史工作者陳先生至啟新國中演講有關社區文史專題、張仲良建築師講授社區總體營造相關課程、社區規劃師蕭孟郎建築師認養社區與參

行動者網絡，隨著內部組織的健全，以及與非在地行動者的徵召而開始茁壯與進行轉譯。

　　工作小組以重新塑造社區空間新風貌為主軸，並以白沙屯海岸的公共空間營造為優先，此也成為白沙屯地區空間形塑過程中行動實踐與權力轉譯的重要場域。除了先前推動的北堤變更整建方式外，工作小組首先透過社區志工會議的討論，提出白沙屯地區整體規劃的構想，並連續三期向政府提報漁村新風貌計畫爭取營造經費（陳志南2003）。在地方網絡的運作下，雖然取得經費，但在執行上卻產生地方行動者與國家間的權力競爭：

　　1.2002年8月獲行政院農業委員會漁業署（以下漁業署）核定漁村新風貌第一期硬體工程經費後，工作小組經過三次志工會議，多達122人參與討論後，確認了第一期漁村新風貌營造點與營造構想，並交由縣政府發包設計與施工。然而，在年底工程進行驗收時，卻發現設計與施工單位未確實依社區志工會議之決議辦理，因此社區居民強烈要求縣府承辦人員必須嚴格把關驗收。為避免重蹈覆轍，隔年第二期漁村新風貌動工前，特別成立社區監工小組，負責與得標單位溝通與傳達社區居民意見，並於施工期間嚴格監督把關（陳志南2003）。

　　2.第二期漁村新風貌計畫歷經社區居民討論[24]、縣政府發包設計後，於2003年5月開始動工。依據海堤管理辦法規定，海堤結構物的管理權責屬於第二河川局，但是在漁村新風貌計畫發包設計與施工期間，未向第二河川局提出申請，營造過程雖有社區居民向漁業課承辦人員反映此事，要求承辦人員應發文第二河川局，但卻未適時處理（參與觀察）。導致該工程在9月於第二河川局局長及承辦人員會同地方選出之中央民意代表至現場會勘後決議：未施工部分停止施做，並拆除西側，保留其他部分。社區居民雖不願意，但只能接受。然而，11月3日第二河川局卻違背承諾，要求限期拆除海岸東側牆板，工作小組召開緊急會議，並於一天之內完成884人的連署，向縣政府陳情，始免於東側牆板的拆除（陳志南2003）。

　　鑑於前兩年由縣政府發包設計與施工的漁村新風貌計畫成果，與工作小組當初的規劃構想有著顯著的落差，導致工作小組對2004年的漁村新風貌計畫開始抱持著

與社區會議提供意見、黃麗明建築師參與文建會91年度社區總體營造心點子創意計畫的規劃等。（陳志南2003）

[24] 第二期漁村新風貌計畫經過社區志工會議的討論後，決議營造點包括於海堤上興建海岸長城、海岸沿線紅磚花臺、木棧道涼亭增設座椅與外緣土牆欄杆、加強簡報室內部基本設施與石滬親水區造景等（陳志南2003）。

保守消極的態度。加上第三期漁村新風貌發包設計階段未充分尊重社區居民意見，使工作小組的多數成員拒絕參與討論。最後在縣政府的主導下，將營造點由海岸公共空間變更為老街路面鋪設。同時，在施工期間因包商工作效率不佳，影響老街住戶生活之不便，甚至引發社區居民向工作小組（理事長、里長）提出抗議與反彈，工作小組面臨社區內部的強烈質疑。後來在工程驗收時，經過與社區居民的協商討論之後才獲得解決。雖然如此，定期舉行的社區志工會議卻隨之終止，地方行動者網絡卻因此面臨瓦解（參與觀察）。

　　整體來看，在白沙屯地區空間形塑過程中，行動者網絡主要係藉由活動、志工會議、培訓課程的辦理與計畫的研提徵召在地的行動者與非在地的行動者；並透過轉譯方式進行行動者網絡的權力運作，包括網絡內一連串志工會議的討論，以及試圖對縣政府漁業課、第二河川局等政府單位進行轉譯（透過談判、協商過程），促使地方的發展依據地方的構想來進行。但是，這些轉譯都沒有成功，反而是農村發展的行動者網絡被迫面臨重組，此顯示地方行動者網絡無力把政府徵召入其網絡中。白沙屯農村發展的行動者網絡，顯然無法對國家進行有效的轉譯，上述農村發展的行動網絡運作與行動如圖9-6所示。

(二)國家治理性的權力運作

　　白沙屯農村發展的行動者網絡，無法將國家徵召入內，以致於農村發展仍然依靠國家甚深，國家之所以能夠對農村發展維持強大的影響力，其關鍵在於國家採行了治理性的方式，來進行地方治理。臺灣於1994年行政院文化建設委員會（以下文建會）提出社區總體營造與2000年代行政院於「挑戰二〇〇八：國家發展重點計畫」中所訂定的「新故鄉社區營造計畫」中，一方面強調「由下而上」、「社區自主」與「民眾參與」的精神，一方面也制訂了許多提供農村發展補助的辦法，使便於對地方進行治理性。前述白西社區的農村發展行動者網絡，在國家治理性的模式下，只能接受國家的管控。為了更清楚國家對於白沙屯社區發展進行遠距治理的方式，本研究進一步以白沙屯社區發展二個實際案例說明如下[25]。

---

[25] 為了爭取發展經費，白沙屯提出了許多規劃，包括在2002年4月向文建會提報「九十一年度社區總體營造新點子創意規劃」，並於該年9月核定補助規劃費90萬元。地方行動者利用此規劃費與社區規劃師黃麗明建築師共同討論，與進行白沙屯地區的自然、人文歷史調查後，撰寫完成《通霄鎮白沙屯地區社區總體營造心點子創意構想—藝術山海·藝術之村》一書。書中提出了白沙屯整體規劃的願景與各項具體工作項目的執行期程（黃麗明2003）。之後，

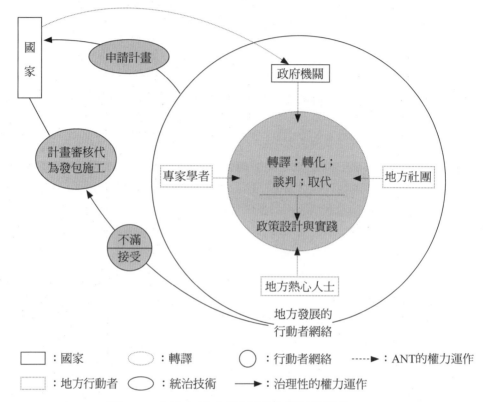

圖9-6：白沙屯地方發展行動者網絡運作

1.2002年11月向行政院環境保護署提報「社區環境改造─永續家園」計畫案參加甄選[26]，以及向行政院農業委員會林務局提報「擴大植樹節」活動，並獲得各政府單位的核定補助30萬與8萬元的計畫經費。為落實社區參與的精神，計畫之規劃與推動採取由下而上的方式，鼓勵社區點工購料，並配合地方行動者的動員，執行

白沙屯地區的行動者便依據此規劃報告所述之階段性工作，向政府部門提報計畫爭取農村發展經費。

[26] 依據《九十二年社區環境改造執行計畫甄選須知》中規定的甄選評分標準，包括1.社區居民之凝聚力及參與意願高低；2.推動組織概況及執行能力；3.地方政府及非政府組織積極參與並給予資源配合；4.環境清潔、垃圾處理等基礎環保工作落實情形；5.社區空間營造（包括環境清潔、環境綠美化及社區景觀等）民眾滿意度、家戶參與資源回收比率改造前後應提升百分之十以上；6.聯合提案有共同推動議題及執行區域具有完整性；7.執行議題、內容與社區居民生活密切度及影響性；8.推動議題、執行策略、行動規劃及預期成效能成為社區典範；9.經費需求合理性等。

白沙屯海岸原生林木復育與堤岸公共空間綠美化，並於活動結束後提報執行成果與核銷憑證向政府辦理核銷撥款（陳志南2003）。在經過這些計畫的執行後，白沙屯地區已逐漸受到政府單位的肯定，而獲得2003年苗栗縣政府社造模範社區、環保署環境改造計畫示範點與入選文建會全國活力社區等榮譽（陳志南2004）。這些榮譽主要係透過稽查的過程所評定給予，以林務局「擴大植樹活動」為例，在活動結束後林務局承辦人員經常前往視察後續苗木的存活情形，並經林務局評定造林成果優等，直接補助隔年擴大植樹節的計畫所需經費24萬元。因此，政府在面對來自地方的自願行動者所採取的治理方式，即是透過計畫可行性審查、稽查與會計審核等統治技術來介入與引導地方的發展。

2.2004年10月白沙屯地區依據《漁村新風貌補助作業要點》[27]提出2005年至2007年為期三年的漁村新風貌計畫[28]。並由縣政府漁業課邀請縣政府主管、漁會理事長、總幹事等人組成審查小組，辦理現場會勘與審查[29]。苗栗縣內除了白沙屯漁村新風貌計畫案外，新埔里亦提報新埔漁村新風貌，因此在初審完成後，縣政府依審查結果排列優先順序，併同初審審查意見表送漁業署進行複審。2005年3月由漁業署遴聘專家學者及相關業務單位主管組成審核小組進行複審作業。審查過程由苗栗縣政府簡報後，由白沙屯與新埔兩地居民報告計畫內容後，再由委員提問。之後審查委員依據「漁村新風貌計畫複審評分標準」[30]，並參照縣政府初審意見暨提案

---

[27] 為了有效推動營造優質漁村環境、強化漁村生態休閒設施、發展具地方特色之漁業文化，以促進漁村產業多元發展及達到推動漁村永續經營之目標，漁業署於2004年9月邀集專家學者、各縣市代表制訂《漁村新風貌補助作業要點》。在此要點中針對目標、實施期間、申請單位、補助項目、原則、金額、申請程序、審查機制、經費核撥與核銷、補助經費注意事項與督導考核等皆有明確的規範。因之，一套推動漁村營造的機制、技術與程序正式確立，透過此一機制、技術與程序的運作，使中央政府（漁業署）得以實踐其政治綱領與進行遠距統治。

[28] 依據《漁村新風貌補助作業要點》中補助經費注意事項之規定：申請計畫以軟體及硬體計畫能一併研提，具有相輔相成效果者為佳。因此《白沙屯漁村文化新風貌計畫》特別研提為期三年的軟硬體計畫，包括了海洋休閒區的美化工程、媽祖文化廊道的硬體計畫，以及海洋休閒區後續管理營運能力培訓、休閒漁業活動、海洋休閒區沙灘復育、沙灘活動、漁業資源調查能力培訓等軟體計畫（許文進2004）。

[29] 依據《漁村新風貌補助作業要點》規定，審查應以是否符合當地整體發展、工程可行性，以及所提經費合理性為審查標準。

[30] 《九十四年度漁村新風貌計畫複審審查原則》中特別訂定一套評分標準，包括了審查項目、配分與評分說明等。審查項目與配分分別為具有改善漁村環境與產業發展者15分、具有創新構想，能凸顯鄉村發展特色者15分、具可行性及具體構想，或具有配合財源與維護經營計畫，或符合鄰近地區整體發展者20分、具生態保育及永續發展觀念者10分、具凝聚社區共識，由下而上參與規劃精神者10分、具有促進民間參與投資之潛力者5分、歷年執行計畫成效25分。

書面資料分項審查評分。最後審查結果依與會委員之評分結果之總平均為總分，由漁業署於年度預算額度內依總分順序核定補助計畫。經過前述複審之後，白沙屯漁村新風貌在2005年硬體工程方面獲得補助250萬元，而軟體方面則未獲經費補助。至於白沙屯地區的行動者，則對此審查結果感到疑惑，尤其是當初要求軟硬體一併提出，但審查的結果卻仍以硬體為主，在欠缺軟體經費的情況下，對於未來白沙屯地區軟體的發展感到憂心，儘管對於審查的結果感到不滿，但礙於補助經費對農村發展之重要性，卻無法對政府透過治理性手段的決定，有協商、改變的空間，只能順服的接受（參與觀察）。

　　從上述漁業署辦理漁村新風貌計畫之過程中，可以清楚地看見國家治理性權力運作痕跡。首先，透過一套包含機制、技術與程序的漁村新風貌作業要點的制訂，來實踐與推動漁業署的目標。其次，透過計畫的研提與審查，包括縣政府的初審與中央的複審，一方面藉由計畫書蒐集各提案單位的知識，國家藉此把各個提案單位當作不同的主體而施以干預；另一方面則透過審查過程中對各提案單位的計畫可行性、經費概算與過去計畫執行成效等項目審查，配合漁村新風貌作業要點所規範的核銷、考核等會計技術來進行遠距治理的權力運作。至於農村發展的行動者網絡對國家權力運作的反應，雖然強烈質疑計畫審查的合理與公平性，但最後只能順服接受審查結果（如圖9-7所示）。由此，國家透過遠距統治的方式牢牢地掌控了農村發展。

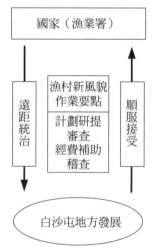

圖9-7：國家治理性的權力運作與地方（白沙屯）回應

第三節　個案觀察結果分析

　　一如前述所言，治理性與ANT對於農村發展中權力運作觀點，為先進西方國家歷史發展下的產物，其是否合於後進國家（臺灣）的農村發展權力運作？本研究進行了二個地區的個案觀察，茲將觀察檢驗結果討論分析於後。

一、基本命題檢驗

　　本研究個案觀察的基本命題（命題一）為：「在農村發展中，國家與地方行動者之間存在著權力上的互動關係，這一互動關係以取得農村發展的主導權為主要目的。」在兩個個案地區中，國家與地方行動者之間的互動都清晰可見，而且這些互動明顯的都在爭取各自的農村發展主導權。此除了說明本研究基本命題可接受之外，也意味著，在農村發展的研究中，權力運作的議題不應被忽視。

二、治理性與ANT觀點適用分析

　　本研究進行了香山海埔地空間形塑與白沙屯社區營造的權力運作觀察，結果各有其觀點的適用，以下分別以前述命題進一步分析觀察結果：

(一)香山海埔地空間形塑

　　依據本研究觀察，香山海埔地的空間形塑可以分為三個時期，即傳統統治模式vs.地方個別行動者、地方行動者網絡的形成與國家權力解構、治理性vs.地方行動者網絡的轉譯。在其整個權力運作過程當中，符合本研究命題的情況如下：

　　1.國家對農村發展採取的權力運作模式由傳統的統治模式轉換成治理性，這一現象與前述命題五前段一致：傳統統治模式與治理性具有互換性，且由傳統統治模式走向治理性。這樣的轉變，或許意味著臺灣在農村發展策略上，於2000年前後正式回應了全球發展趨勢──新自由主義崛起。

2.農村發展的行動者網絡分別對國家採用的傳統統治模式及治理性進行對抗，此符合命題一。此外，這種對抗係基於國家與地方間對香山海埔地的開發目的不同為前提，且與命題五後段一致。

3.農村發展的行動者網絡透過轉譯的力量，使香山海埔地的空間形塑由地方行動者網絡決定，此符合命題三。香山海埔地空間形塑的行動者網絡主體，包括了地方性組織團體及跨地方性組織團體，並且把國家徵召入網絡內，與其他網絡主體共同進行權力重構，最後國家權力受到解構，使香山海埔地由原先國家想要的土地開發目的（工業區），轉變成地方想要的用途（濕地保護區）。

(二)白沙屯社區營造

白沙屯的社區營造起始於2000年以後，其整個過程可以看作是治理性與地方行動者網絡間的競爭過程，在這些過程中，符合本研究命題者如下：

1.國家透過統治技術對白沙屯農村發展進行治理，使白沙屯的農村發展依據國家所設定的政治綱領（如文建會「九十一年度社區總體營造新點子創意規劃」、環保署「九十二年度社區環境改造─永續家園」計畫、營建署「九十二年度城鄉新風貌」計畫、漁業署「推動漁村新風貌計畫及休閒漁業計畫」等）進行，此符合本研究命題二。在白沙屯的農村發展過程中，國家採取統治技術包括財政補助、目標達成率的稽核等。透過這些技術，白沙屯的農村發展行動者不得不將農村發展計畫送達國家，此使得國家不必直接參與農村發展，卻能對農村發展成功地進行治理性。此外，白沙屯的例子也顯現出，臺灣在2000年以後，國家對農村發展已經能成熟地運用統治技術，此與香山的個案的結果一致。

2.白沙屯農村發展的行動者網絡與國家治理性間進行對抗，此符合本研究命題五後段。即使，白沙屯農村發展的行動者網絡不能將國家徵召進入其網絡內，進行權力重構，但在其發展過程中，農村發展行動者網絡卻不斷地試圖對國家進行轉譯，此顯現農村發展行動者網絡與國家權力間的對抗行動。

三、治理性與ANT之間的權力運作結果分析

本研究兩個個案的共同點在於，國家都試圖對農村發展運行其權力，而且在國

家運行其權力時，地方各自組成了行動者網絡推動其農村發展，並對國家的權力產生抗拒反應[31]（此為本研究命題一）。但為何抗拒的結果不同（即有的抗拒成功，有的抗拒失敗）？本研究認為，主要的關鍵在於這兩種力量的大小及權力運作方式的差異。

(一)權力大小

權力回應的大小決定於國家權力與農村發展網絡轉譯能力之間的大小，當國家力量較大的時候，地方的行動者網絡將順服於國家的管控力量，農村發展即由國家支配；如果地方行動者網絡的力量「夠大」的時候，它就可以瓦解國家的權力運作（或把國家徵召入網絡內，進行權力重構），並且主導農村發展。所以，所謂農村發展的行動者網絡的力量「夠大」，取決於一個行動者網絡能否對國家進行成功的轉譯；地方行動者網絡是否能對國家成功地進行轉譯，則與行動者網絡的組構有關。通常網絡能夠徵召及動員越多異質的主體與地方以外的主體，則此一網絡就越能對國家進行成功地轉譯。例如香山海埔地開發案例，農村發展的行動者網絡徵召及動員了許多跨地方性的主體，如中華民國野鳥學會、生態保育聯盟、主婦聯盟、環境保護基金會等（這些許多是全國性的組織）。相對於香山，白沙屯的農村發展行動者網絡，雖然亦徵召了一些地方外的主體，但與香山海農村發展的行動者網絡相較，顯然微不足道。

如上所述，網絡能否徵召較多的異質行動者，為農村發展行動者網絡能否成功對國家進行轉譯的決定性因素，問題是農村發展的行動者網絡如何才能徵召及動員更多的異質主體？這必須回到行動者網絡理論本身來討論。若一個行動者網絡的共同強制通行點（obligatory passage point）[32]（Callon 1986）能夠引起越多行動

---

[31] 因為只有當抗拒發生時，它才會阻礙國家權力，國家權力並因此可能失敗（O'Malley 1996）。

[32] 強制通行點指，網絡中的主要行動者經由明確的路徑建構必要的問題，這一問題足以促使其他行動者的利益與主要行動者的目標一致（Callon 1986；Rodger et al. 2009）。在Callon（1986）海扇貝的例子裡（參見第八章），其強制通行點為網絡中的主體必須知道下列問題：海扇貝如何附著？而且各個主體認定他們的結盟在此一問題上都可以獲利。在本研究的案例中，香山個案的強制通行點可化約為：「香山海埔地必須被保存，以維護稀有的生態環境及景觀」；白沙屯個案的強制通行點則可簡化為：「白沙屯必須加以發展，以免長期沒有進步。」由於香山個案的強制通行點涉及到全球共通議題—環境生態保存，因此他可以徵召及動員許多（包括全國性）關懷生態環境的組織團體進入網絡。相對於此，白沙屯的強制通行點限縮在本身發展的議題上，除了當地行動者之外，不易徵召及動員太多其他行動者進入網絡。

者的注意,且行動者在行動者網絡中被賦予的利益越確定,就能徵召更多的行動者。這些轉換在農村發展實際行動上,一個農村發展的訴求能獲得越多的關注與認同,且參與者對其希望獲得的利益越能肯定,則會有更多的行動者參與。不過,一個農村發展的訴求及能夠賦予行動者的利益,往往以地方既有的基礎條件為基礎(Murdoch 2000),一些邊陲地區天生無法組構有力的網絡,因此只能順服接受國家的權力運作,這顯示出行動者網絡理論在解釋農村發展的權力與行動上,受地區條件的限制。這也意味著,國家權力能夠指導邊陲地區的發展,也應積極負責指導其發展。

(二)權力運作方式

在本研究的兩個個案當中,涉及了不同的權力運作模式。在香山的農村發展中,初期國家採取了傳統的權力運作模式,國家直接進行海埔地開發的規劃,到了後期才有治理性的初步模式出現。地方對於國家權力的回應,初期採取了個別抗拒,但當農村發展的行動者網絡組構完成後,即透過轉譯對國家權力進行重構。在香山濕地的例子當中,當國家採取傳統的統治模式,且地方對國家的統治採取個別回應時,地方對國家的權力甚難抗拒;惟一旦農村發展的網絡組構起來時,傳統統治模式下所運作的國家權力很容易被瓦解,即使到了後期國家採取了治理性模式,也不得不與具有強大轉譯力量的地方行動者網絡妥協。但是,地方行動者網絡也相對地對國家權力有所妥協,這就是香山海埔地最後不得不妥協地將一部分劃作污水處理廠的原因。

在白沙屯的案例中,國家對農村發展採行了治理性模式,透過法規命令,將農村發展以客觀、科學及理性的方式設定指標加以劃分等級,並依據專家系統對地方評定的等級結果,給予地方預算補助,再對預算的執行進行稽核,作為次年補助的參考依據之一。如此,使每一個地方自動將農村發展的資料與情況傳輸給依附於國家權力的農村發展計畫審核中心,為了獲取預算的補助,農村發展的行動者必須依照國家訂定的標準進行,且越依附於國家標準,所獲預算越多。國家藉此不僅對位於千里之外的農村發展情況瞭若指掌,並且不必躬親其事仍然能夠充分掌控農村發展,這正是治理性之精髓所在。

在面對國家綿密的治理性技術下,除了力量夠大的農村發展行動者網絡,能夠與國家權力抗衡以外,一般地方行動者大多順服於國家的統治。這種情況在中央

集權式的後進民主國可能會特別顯著，因為這些國家的中央政府壟斷了大部分的資源，臺灣正屬於此一類型的體制（高隸民1997）。

四、治理性與ANT之外的權力運作模式

作為農村發展權力運作邏輯的再現，行動者網絡理論與治理性的觀點，係以先進民主國家與地方權力的重構為基礎。如果非在先進民主國家，傳統政治經濟的權力邏輯，應該仍有其解釋能力。特別是在非先進民主國家仿效先進民主國家的過程中，傳統政治經濟的權力運作與行動者網絡理論和治理性間的權力運作間的關係如何？對後進民主國家而言，尤為重要。本研究在白沙屯的個案中，有一些發現，陳述於後，以為治理性與ANT在臺灣農村發展應用不足之補充說明。

隨著白沙屯地區的發展，來自各界的關注與資源亦隨之增加。例如從2003年至2005年，地方選出的中央民意代表（立法委員）直接向中央政府，包括文建會、教育部、內政部、農業委員會、漁業署與交通部等部會要求經費補助，並於白沙屯舉辦以媽祖信仰文化為主題的文化藝術節活動。活動的內容每年固然有些差異，但晚會[33]為其不可或缺的代表性活動，這些活動與農村發展行動者網絡所推動的農村發展，並不連貫一致，其對推動農村發展的助益，亦頗受農村發展行動網絡主體的質疑。由於中央民意代表透過其政治力量爭取了經費，在中央政府補助農村發展經費固定的情況下，排擠了地方行動者網絡獲取經費的可能性。例如，在漁村新風貌計畫審查過後，推動小組曾詢問漁業署計畫審查之結果，獲知2005年漁村新風貌計畫僅核定硬體經費，而軟體經費未獲核定。但是，承辦人員曾提及白沙屯地區有當地選出之立委曾向漁業署爭取2005年媽祖文化藝術節的經費補助。因此更加深了在地行動者對於漁村新風貌計畫審查的強烈質疑與對於政治人物的反彈（參與觀察）。這個例子，說明了傳統政治經濟的權力，仍然足以對農村發展行動者網絡與國家治理性權力運作產生重大影響。

此外，前述立法委員亦透過其政治力量影響白沙屯的鄰近社區（新埔）的發

---

[33] 包括了2003年薪火相傳迎媽祖晚會、熱歌勁舞迎媽祖晚會、「結緣、祈福、保平安」晚會、「白沙屯文化心、山海藝術情」晚會；2004年鄉親聯歡晚會、白沙新情祈福晚會、媽祖起駕之夜晚會；2005年通苑媽祖之夜晚會、神威境四方表演晚會、慈航映光輝表演晚會等（參與觀察）。

展。2000年其向漁業署爭取一筆規劃設計費，直接委聘建築師為新埔進行整體規劃，並於2004年向漁業署提報漁村新風貌計畫，經過縣政府的初審後，獲提報至中央複審。此一農村發展規劃申請中央補助案，在中央複審時，因其欠缺「民眾參與」，經審五位外聘專家學者審查委員一致評定為不予補助。但是，在業務單位彙整後，該計畫竟然通過獲得補助經費300萬元（參與觀察）。此案之所以獲取補助，主要是中央民意代表透過其政治權力，影響了國家治理性的運作[34]。由此可知，儘管國家試圖對農村發展進行治理性，並且訂定了一套治理性技術作為實踐的依據，但諷刺的是，透過傳統政治經濟的力量運作，治理性似乎無法理性地進行統治。此意味著，面對傳統政治權力的包袱，後進民主國家在仿效先進民主國家進行遠距統治時，仍然存在著結構性的問題。在這些結構性的問題未獲改善之前，國家雖然可以透過治理性將農村發展的行動網絡收編，增加國家對農村發展的統治能力，但對傳統政治經濟的權力運作，仍然束手無策。後進民主國家在農村發展上，治理性、行動者網絡理論與傳統政治權力運作的關係，如圖9-8所示。

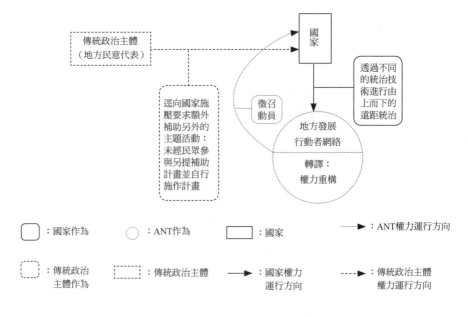

圖9-8：白沙屯發展中傳統政治權力與治理性和ANT的關係

---

[34] 在經審查委員評定不予補助後，地方人士即告知當地中央民意代表，並由其政治權力運作，爭取審查機關的補助（參與觀察）。

五、小結——扶持地方行動者網絡作為農村發展的基礎

本研究在臺灣兩個農村發展的權力運作個案觀察中發現，一方面國家試圖透過治理性對農村發展進行掌控，另一方面地方的行動者網絡也試圖對國家進行轉譯。兩種權力運作的結果，只有能夠組成強大發展行動者網絡的地方能夠瓦解國家治理性的力量，按照農村發展行動者的期望方向發展；無法組成強大農村發展網絡的地方，其農村發展仍然受到國家的管控，特別是邊陲地區，其地方的行動者網絡更難與國家統治力量匹敵。不過，國家即使可以透過治理性對農村發展產生主要的影響，但是面對傳統政治經濟權力，治理性的技術卻不能有效抗拒。結果，一方面，農村發展不受國家治理目標所引導，另一方面，由於缺乏地方民眾參與，也使農村發展不符地方行動者的期待。此顯示出，治理性與ANT的主張不能完全適用在臺灣的農村發展。

臺灣從2000年開始逐漸採取治理性，作為進行農村發展的統治技術，但卻無法避免傳統政治經濟權力的介入，結果導致部分農村發展既不符合國家的治理目標，亦不符合地方行動者的期待。這是因為國家採用治理性來推動農村發展時，國家與地方行動者網絡之間只有對抗，沒有合作。因此，如果國家採用治理性，不只是用來指揮農村發展的行動者網絡，而是包括扶持地方行動者網絡，並且相互合作，用以拒斥來自傳統政治經濟權力的干擾時，對於農村發展將更具意義。

就ANT而言，其強調的是透過轉譯的力量，使網絡運行，並使網絡的每一主體都能互利。這意味著農村發展的行動者網絡一但形成，並且能夠運行的話，則代表這個行動者網絡取得了地方共識及共同的利益。另外，ANT強調的是，眾多異質行動者的參與，因此網絡的組成具有彈性與包容力，包括容納國家、外來的主體及地方政治權力者等的加入網絡。所以，地方行動者網絡的力量越大，對地方發展應越具正面意義，這可以從香山海埔地的案例中獲得說明。不過，並不是所有的地方都具有徵召動員夠大行動者網絡的條件，此在一些缺乏資源的邊陲地區尤為常見，而這些地區為真正需要積極尋求符合地方期待的發展方向的地區，也為最需要扶持的地方，此反映出ANT在應用上的侷限。因此，Marsden（1998）主張，這些地區必須由國家給予更積極的扶助，而不僅僅透過治理性的方式來推動農村發展而已。Marsden的主張，值得我國深思借鏡。

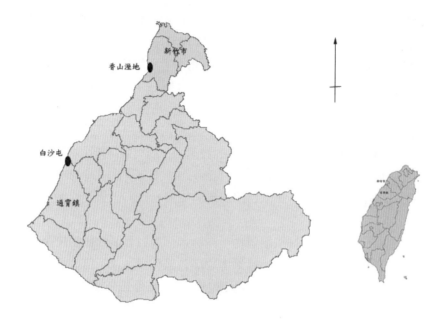

附圖9-1：香山濕地與白沙屯空間的位置

附圖9-2：香山濕地的空間配置

資料來源：國家重要濕地網站（http://www.wetland.org.tw/project/wetlands_TW/INDEX.PHP?OP
TION=WETLANDS&ID=TW012&CLICK=1）[2009.11.12]

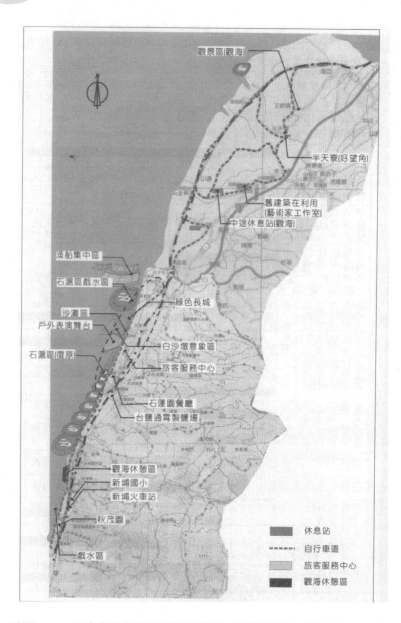

附圖9-3：白沙屯空間範圍與計畫圖（資料來源：陳志南2003）

自從Ruth Glass於1964年提出仕紳化的概念之後，仕紳化的現象及其對都市結構的影響日受重視[1]，都市仕紳化的研究地區從歐美先進國家的大都市開始，逐漸擴大至其他地區，包括亞洲及非洲等地區的都市，如臺北（李承嘉2000）、首爾（Ha 2004）、伊斯坦堡（Ergun 2004）、墨西哥的帕布拉（Puebla）（Jones and Varley 1999）及南非的若干都市（Visser 2002）等。因此，仕紳化已經被視為一個國際的現象（an international phenomenon）（Carpenter and Lee 1995）。仕紳化雖然極受重視，研究亦多，但是仕紳化的研究主要集中在都市空間範疇，此即引起農村地區[2]是否也會發生仕紳化的問題。

回溯到1964年Glass觀察倫敦市區所做的仕紳化描述：

「一個接一個的，許多倫敦勞工階級居住的街廓被中產階級入侵，……破舊寒酸的馬廄與平房（cottages）被取代……並且變成高雅而昂貴的住宅。大型的維多利亞式房屋在之前及最近被拆除，……用以出租的房屋已經被再次地整修升級……。一旦『仕紳化』的程序啟動，一地區會快速地仕紳化，直到所有的或大部分的原有勞工階級被取代，並且使該區的整個特徵產生改變為止。」（引自Phillips 2005: 478）

上述對於仕紳化的描述，呈現了1960年代英國倫敦街廓建成環境及社會階層

---

* 本章曾經以「鄉村仕紳化—以宜蘭縣三星鄉三個村為例」為題，發表於「臺灣土地研究」，第13卷第2期，頁101-147。感謝政新、麗敏、本全及欣雨協助實地訪談及資料整理。

[1] 除了少數研究者（例如Bourne 1993）之外，大部分的研究者認為，仕紳化的形成已經打破傳統都市發展邏輯（Engels 1994）。

[2] 都市與農村的差異來自於傳統「農村—都市二元對立（rural-urban dichtomy）」的觀點，這種觀點雖然不一定正確，也不一定有實務上的實用性，但對於城鄉的研究確有其劃分的必要性（Harper 1989; Thorns 2002），農村仕紳化即在此情況，接在都市仕紳化之後被提出來。

結構改變的情形。之後，在其他都市也發生了類似的改變，仕紳化在二十世紀末已經成為全球性的都市議題，並且延續至今（Atkinson and Bridge 2005a）。仕紳化除了在都市地區發生之外，Parsons（1980）開啟了（英國）農村地區仕紳化的研究，之後農村仕紳化日受重視（Little 1987；Phillips 1993）。到了2000年以後，Smith及Phillips等人對農村仕紳化進行較有系統性的研究（參見本研究個案研究部分）。農村仕紳化之所以在1980年代以後才發生，因為在1980年以後，對農村的觀點有二個根本性改變，第一個是「後現代農村性的觀點」（post-modern notions of rurality）的興起（Williams 1985；Colke et al. 1994），第二個是「農業後生產論」（agricultural post-productivsim）逐漸取代了傳統的生產論（Murdoch and Marsden 1994；Ilbery and Bowler 1998；Potter 2004；Marsden and Sonniro 2008）。這二個農村觀點的改變，前者使農村脫離了其為落後、貧窮地區的傳統認知；後者則使農村由供應農糧的生產區域，轉變為文化、生態與居住的多功能性（multifunctionality）區域（Halfacree and Boyle 1998；Halfacree 1998）。因為這二個轉變，吸引並允許人口和資本移入農村，進而帶動農村的仕紳化。但是農村仕紳化的研究仍然侷限在歐美地區，並且以英國的研究為大宗[3]，其他地區或國家（特別是亞洲地區）是否已發生了農村仕紳化（即農村仕紳化是否與都市仕紳化一樣是一種國際現象）？農村地區仕紳化的因素是什麼？對地方產生了何種影響？需要透過個案來觀察。我國既然已逐漸邁向新農業體制，是否因此而有農村仕紳化發生，因此本研究針對宜蘭縣三星鄉大洲、大隱及行健三個村近年發展的狀況，進行農村仕紳化的觀察[4]。本研究主要透過個案研究[5]來觀察臺灣農村仕紳化的情形，個案地

---

[3]　美國的觀察參閱Darling（2005）及HAC（2005），瑞典的研究參閱Hjort（2009）。另外，Islam（2005: 125）雖曾提及，在土耳其的愛琴海及地中海沿岸農村地區已有仕紳化現象，不過對該地區仕紳化的情況並未深入描述。最近，則有Solana-Solana（2010）所發表的西班牙農村仕紳化研究。

[4]　相關研究對於何謂「農村」並未有一致的定義，而是個別以觀察區的特徵來認定（參見第二章）。一般認定農村的面向主要包括產業、土地使用及景觀等三項（Robinson, 1990；Cloke, 2000），據此，本研究將觀察的地區視為農村原因在於：(1)在產業方面，三星鄉的農業人口占全部人口49%，為傳統的農業鄉（參閱http://www.sanhing.gov.tw [15 June 2010]）；(2)在土地使用方面，實證觀察的三個村均不在都市計畫範圍內；(3)在景觀方面，三個村落的田園景緻仍然非常濃厚。又，本研究實地觀察的三個村，在統計上雖然依據官方資料分別呈現，但在實地觀察與深度訪談上，係將其視為一體，因為三個村的地形類似，且三個村相互連接。不過，在交通區位上，大洲村稍為接近宜蘭市，大隱村及行健村則較接近羅東，各村之間的仕紳化狀況或可能有所差別，但本研究未加以特別區隔分析。

[5]　除了少數理論或觀點的論述以外，仕紳化的研究大部分採取個案觀察法，農村仕紳化的研究也不例外（參閱Phillips 1993、2005; Smith and Phillips 2001; Smith and Holt 2005; Solana-

區以宜蘭縣三星鄉的村里為範圍[6]，選定三星鄉（村里）為個案觀察的原因在於：
1.臺灣地區近年來已有部分中上階層於農村地區置產，甚至遷移至農村地區居住的
現象發生，這種現象在宜蘭特別顯著[7]；2.在蘭陽移民熱當中，三星鄉為選擇農村
遷移者主要對象之一[8]（聯合報2004/07/03：C3版；王榮章2004；林妙玲2006）。
本研究除了文本分析之外，在個案觀察方面，人口和地價等以相關統計資料呈現，
其他主要以深度訪談為主。

　　本章分為三節，第一節為仕紳化的基礎文獻回顧，第二節則為臺灣農村仕紳化
的個案觀察，第三節為個案發現及檢討。

第一節　基礎文獻回顧

　　仕紳化的現象首先發生於都市，它的意義及原因已經有諸多討論，但如何應用
在農村地區，以及既有的農村仕紳化研究狀況，在本節先做綜合整理，以為後續個
案觀察之基礎。

一、仕紳化的意義

　　如前言中所述，Glass作了最初始的仕紳化界定，後經報章雜誌的引用，以及

　　Solana 2010）。採取個案研究的另外原因是，此一方法可以對農村仕紳化的實際狀況做近距
　　離和細密的觀察。由於臺灣農村仕紳化的真實情況仍然缺乏深入的研究，個案觀察法能更清
　　楚地掌握臺灣農村仕紳化的情形。
[6]　因為一些必要的統計資料（如地價及人口等）係以鄉鎮為最小統計單位，因此，本研究以整
　　個三星鄉為說明對象，在進行實地觀察與訪談時，實際上係以三星鄉的大洲村、大隱村及行
　　健村為範圍。這是因為經過實地勘查發現，這三個村在仕紳化的重要表徵─建成環境的改變
　　（此指農舍新建）─較為顯著。
[7]　包括許多名人、退休的中高收入者等都到宜蘭購屋置產（中國時報2005/01/11：A8版；經
　　濟日報2004/05/30：3版；聯合報2004/07/03：C3版）。又根據調查，宜蘭新農舍在最近
　　2001-2005年中，平均每年約增加300戶。尤其自從2000年農發條例修改後，非農民購買農舍
　　的比例激增（聯合報2006/05/10）。
[8]　房地產業者指出，宜蘭農地以五結、員山、三星環境最優、派相最佳，是退休養老、投資置
　　產的優先選擇（民生報2006/06/16：B9版）。

許多大型辭典將該詞列入，「仕紳化」遂被認定為具有固定義意的詞彙[9]，但是在學術研究上，仕紳化的界定卻有頗大的差異[10]。李承嘉（1997）回顧相關文獻後，將都市仕紳化的差異分成仕紳化的區位、仕紳化的結果、仕紳的來處、仕紳化的主導者及其他等五個面向，此一分項對仕紳化意涵的分析比較，有相當的幫助，本研究參酌其劃分的面向，另加入近年農村仕紳化的研究觀點，來連結和比較都市與農村仕紳化的意涵。

(一)仕紳化地區

早期認為仕紳化只在都市發生，且大部分主張「市內（inner city）」的工人階級居住區域為主要的仕紳化地區，此處所謂「市內」相當於芝加哥學派（Chicago School）及都市結構生態模型的過渡區（zone of transition）（Schaffer and Smith 1986）。雖然市內可能是仕紳化的主要地區，但有些學者認為市中心外圍（outside the city）也會發生仕紳化（Munt 1987；London et al. 1986；Covington and Taylor 1989）。Smith（2007）更指出，不只是傳統的居住空間會發生仕紳化，他甚至認為，Shoreham-by-Sea上的船屋居民是「先鋒、邊際的仕紳者（pioneer, marginal gentrifiers）」。相對於都市，從1980年代開始，有部分學者認為，農村如同都市也會發生仕紳化，此即農村仕紳化（Parsons 1980；Little 1987；Robinson 1990；Phillips 1993；Smith and Phillips 2001）。

仕紳化發生地區除了市內、市中心外圍與農村的區別以外，在都市仕紳化中，尚有下列二項與仕紳化發生區位有關的認知差異：

1.新市區或舊市區：這是指仕紳化只發生在「遺棄區（abandoned areas）」，或者也包括「新建區域（established areas）」（Munt 1987）。

2.使用分區：仕紳化雖然經常被認為只在住宅區（特別是原先工人階層居住的地區）發生，但仕紳化也可能在工業區（如紐約蘇活區（New York's SoHo））（Schaffer and Smith 1986）及商業區發生（Kloosterman and van der Leun 1999）。

在這方面，農村仕紳化有其不同的觀點，農村仕紳化強調的是中上階層遷入

---

[9] 如 "American Heritage Dictionary"（1982）把它解釋為：「中產及上層階級對已破敗的都市財產（特別是在勞工居住的里鄰）所進行的復原工作」（引自Hofmeister 1993: 181）；"Oxford American Dictionary"（1980）則定義為：「中產階級家庭移入都市範圍，使得財產價值提高且引起排擠貧困家庭的負效果」（引自Smith and Williams 1986: 1）。

[10] 因此，Warde（1991: 223）認為，仕紳化為「混亂的觀念」（chaotic conception）。

農村地區，與在那一土地使用分區內發生無關。這種差別或許來自於都市與農村使用分區的差異，以及發展歷程的差別有關。一般而言，農村仕紳化的地區主要集中在交通便捷、景色宜人或特殊人文與自然環境的區域（Little 1987: 186；Stockdale 2010），特別是具有較多綠地環境優美的地區，更具吸引力。因此，Smith及Phillips（2001）將仕紳（gentrifier）稱為「綠美者（grenntrifier）」，仕紳化的農村則稱為「綠美化的農村性（greentrified rurality）」。

(二)仕紳化的結果

　　仕紳化的結果指的是仕紳化對當地所產生的影響，這些包括居民階層結構的改變及建成環境（如都市景觀）的改變。大部分的學者（Munt 1987；Covington and Taylor 1989；Engels 1994）都認為，仕紳化可能產生「上濾作用」（upward-filtering）──在仕紳化地區年輕、中等甚或上等階層（仕紳）會逐漸取代原有的勞工階層，此呈現出仕紳化與正統都市理論所稱「下濾作用」（downward-filtering）相反的邏輯。此外，仕紳化不僅只為居住者的遷移而已，同時也涉及建成環境（built environment）的改變（Clark 1991）。亦即，建築資本的再投資使仕紳化地區也產生建物整修及再發展等情形。O'Sullivan（2005）則進一步指出，由於中上階層的進駐，帶動仕紳化地區的物價上漲，中下階層外移的結果，使仕紳化地區的犯罪率因而降低。

　　除了上述影響之外，農村仕紳化還強調，仕紳化可能帶來不同階層或群族間的衝突，這些群族的衝突包括原居住者（或勞工階級）與新遷入者（或中上階級），甚或新遷入的中上產階級之間的衝突（Cloke and Little 1990；Phillips 1993）。除此之外，農村仕紳化也可能帶來對既存農村經濟和社會型態（existing social and economics patterns）的改變，乃至人文及自然景觀的改變（Little 1987；Phillps 2002；Solana-Solana 2010），有的甚至能夠促進農村經濟發展與環境保存（Ghose 2004；Fleming 2009）。最後，不管是人的移入或資本的流入，農村仕紳化的結果，很可能使該地區不動產價格提升，此即不動產的市場的效果（Parsons 1980；Phillips 1993, 2005；HAC 2005；Stockdale 2010；Solana-Solana 2010）。這些不同的影響顯示，農村仕紳化可能同時對農村帶來正面及負面的結果（Bourne 1993；Aktinson 2000b；Ergun 2004；Atkinson and Bridge 2005b；Solana-Solana 2010）。

(三)仕紳（gentrifier）的來處

　　仕紳化與人的遷移關係密切，這些遷移者究係來自何處？研究都市仕紳化的學者大部分認為，移入都市仕紳化地區的中上階層係來自郊區，此即視仕紳化為「回歸都市運動（back to the city movement）」下的產物，尤其是Gale（1980）及Zukin（1987）特別強調，中產階級的移入者主要來自市郊（suburban），而非來自都市內的其他里鄰。但Covington and Taylor（1989）則認為，仕紳並非從郊區移回的郊區居住者（suburbanites），而是從不同的都市部分遷入的年輕都市居住者（young urbanites）。

　　在農村仕紳化的研究中，強調仕紳為新來者（newcomer）或屬於中產階級的遷入者（middle-class migrants）（Little 1987），這些新來者主要為原先居住於都市地區的專業人員、經理人員、退休人員等（Clocke and Little 1990；Phillips 1993），以及原先居住於都市的邊緣團體（marginal group），例如同性戀者，因為都市的排擠而遷入農村（Smith and Holt 2005）。因此，就農村仕紳化而言，仕紳主要來自於都市地區。不過，Phillips（2002）卻認為，許多中上階層是因為想要逃離原先居住的市郊（suburban）環境，而遷移至農村地區。至於仕紳遷移的距離，有的可能來自鄰近地區，有的則是跨區域（inter-regional）（Stockdale 2010）。這些不同的看法與觀察結果顯示，遷移至農村的仕紳可能來自鄰近城市的市內、市郊，也有可能來自跨區域的都市移民。

(四)仕紳化的主導者

　　都市仕紳化在這方面的討論，主要集中在由公部門或私部門引領仕紳化的發生。主張私部門為仕紳化的主導者認為，仕紳化係由中上階層，甚至是雅痞乃至同性戀者等私人的偏好（如歷史情懷，炫耀性消費等）（London et al. 1986），或者是私部門的土地開發者[11]所引導（Covington and Taylor 1989）。相對於此，Hofmeister（1993）認為，所謂「仕紳化」是指一項非由市場促成且非管制性的，但卻是意外的經由國家的手段，例如取得房地所有權時的租稅減免，對隔熱設備或古蹟保護計畫費用的補助等所引起的都市內部增值。Visser（2002）與Ha（2004）

---

[11] 土地開發者作為仕紳化的推動者，早期強調的是單筆土地的個人開發者，但之後亦認同大規模的不動產開發商為都市仕紳化的推動者（Hackworth 2002）。

同樣的認為，由官方或半官方主導的都市更新或住宅更新計畫，很容易促成都市仕紳化。上述仕紳化主導者的劃分，不是公部門就是私部門，近年因仕紳化被應用作為都市發展的手段，都市仕紳化因此也被視為是公私合夥下的產物（Smith and Graves 2005）。

在農村仕紳化方面，Phillips（1993）認為，農村仕紳化的原因主要是中上階層追求農村美好舒適的環境所致。由此而言，農村仕紳化的推動者主要為私部門特殊需求的追求者。但是，Little（1987）及Chaney and Sherwood（2000）卻認為，農村的較低廉的土地開發成本與房價，吸引了資本與購屋者的到來。因此，私部門的土地開發商及投資（機）客，也是農村仕紳化的促成者。此外，農村仕紳化也可能是因國家政策或手段（諸如交通的改善或土地取得與使用管制的改變）所造成的意外結果，例如Phillips（2005）發現，英國農村的土地利用規劃是農村仕紳化的關鍵性影響因素。因此，經由計畫與制度決策的執行，公部門也是農村仕紳化的推動者。

表10-1整理了前述都市與農村仕紳化在界定上四個面向的差異，從表10-1可以發現，仕紳化在界定上的認知差異仍然極大，亦可瞭解都市與農村仕紳化存有不同的觀點。透過對仕紳化四個面向差異的理解，有助於廣泛的了解仕紳化的內涵。就本研究而言，由於係對農村仕紳化的一般觀察，因此研究重點放在中上階層遷入或資本流入農村地區的原因與表徵上，採取較廣義的仕紳化界定，將有助於對農村仕紳化作更廣泛的觀察研究。本研究將農村仕紳化界定如下：「因中上階層進駐或資本流入所造成的農村改變，這些改變包括居民階層結構、建成環境的改變與不動產價格上漲等；所謂進駐，包括長期的居住或間斷性的居留（如僅於週末或假期使用其購置之不動產）。」[12]此一界定將做為本研究個案研究觀察仕紳化的基礎。

---

[12] 本研究將仕紳化視為一種過程，但也是一種結果。原因在於，儘管Pacione認為，當農村地區的中產階級（仕紳）人口占40%以上時，該地區即屬仕紳化地區（引自Phillips 1993）。但是，這樣的主張並沒有獲得共同的認可，例如Phillips（1993）認為，這種固定人口比例，不能看出仕紳化的過程。因此他認為，若一個地區中上階層的比例越來越高，即表示該地區產生了仕紳化。本研究認為，Phillips的主張對於觀察一個地方是否仕紳化較為適當，因為此可以顯現仕紳化的過程及結果。其次，基於現實的考量，臺灣的農村即使已經發生仕紳化，但可能仍在初步階段，且其影響（結果）可能尚不明顯。另外，仕紳階級的進駐，包括住宅持有者的短期居住在內（諸如假日與週末於此渡假），為許多研究（Phillips 1993；Stockdale 2010；Solana-Solana 2010）之共同看法。

表10-1：都市仕紳化與農村仕紳化界定的面向比較

空間\爭議面向	仕紳化空間	
	都市	農村
仕紳化的區位	主要為都市的市中心，但也在都市中心外圍發生	交通便利或景觀優美與保存有特殊文化風俗的農村地區
仕紳化的結果	居民階層結構改變、不動產價格上漲、建成環境改善	居民階層結構改變、階層衝突、不動產價格上漲、建成環境改變（不一定改善，因為可能破壞原有田園景觀）
仕紳化來自何處	都市以外的郊區或者其他的都市地區	外來的（主要來自都市或市郊地區）
仕紳化的主導者	私部門中的個人或土地開發者，以及公部門或準公共部門	主要為私部門中的個人或土地開發者，但也有可能為公部門或準公共部門

二、仕紳化的原因

　　如果仕紳化是一種社會現象，或是已經發生的社會無形與有形的轉化結果。那麼，什麼原因造成此一現象的發生，此為仕紳化研究者所共同關心的問題。一如仕紳化界定的多元性，研究者對仕紳化的原因也有極為不同的看法，對於這些不同的原因解釋，已有研究將其進行分類，以下簡述這些分類：

　　(一)London et al.（1986）認為，仕紳化的原因有四項，分別為人口學（demographic）、生態學（ecological）、社會文化（sociocultural）及政治經濟學（political economic）的原因。

　　(二)Ley（1986）也把仕紳化的原因分成四類，包括人口統計的改變（demographic change）、住宅市場的動態（housing market dynamics）、都市舒適價值（the value of urban amenity）及經濟基礎（economics base）。

　　(三)Munt（1987）則將仕紳化的原因解釋分成三大類：馬克思主義的路徑（Marxist approach）、機關制度的路徑（institutionalist approach）及個人主義的路徑（idividualist approach），其中個人主義的路徑又分為經濟、人口與文化因素。

　　(四)Zukin（1987）把仕紳化的原因區隔成四個面向，即供給面（supply-side）、需求面（demand- side）、住宅制度面（housing tenure），以及地方政策面（local political context）。

(五)Hanningan（1995）參照Wittenberg的分法，將仕紳化的原因區分為兩大類：需求推動因素（demand-driven factors）及結構性因素（structural factors）。

(六)李承嘉（1997）參照上述不同的原因分類，將仕紳化的原因歸納為：經濟的原因，其又分成政治經濟的解釋（其中包括「租隙」（rent gap）與「值差」（value gap））[13]和個體經濟成本的解釋；社會文化角度，其又分成人口結構的變動、所得結構的變動、價值觀念的改變；制度經濟的解釋，又分成法律規範、地方政府政策及相關機構的措施等三因素。

上述的分類有簡單、有複雜，其正凸顯研究者對仕紳化因素歸納的主觀性，本研究另外提出不同的分類似為多餘。不過，上述的分類純粹為都市仕紳化原因的解釋，為了能夠更貼切解釋農村仕紳化，本研究依據既有農村仕紳化的研究，歸納農村仕紳化的主要原因有下列三項：

(一)個人偏好的原因

Cloke and Little（1990）把農村仕紳化視為「階級性的人口遷移（class-dictated population movement）」，即中上階層遷移至可及的（accessible）農村地區，而犧牲中下階層的遷移運動。此一原因的關鍵性問題為「為何中上階層要遷移到農村地區？」其解釋有二：節省家計成本和獲取想要的生活樣式。前者主要是指節省至工作地點的通勤成本或者至特定場所的方便性，此為解釋一些交通便利的農村地區，產生仕紳化的主要原因。但是，中上階層遷移到農村的主要目的仍在於農村可以提供特有的生活樣式，這些特殊的生活樣式包括農村的共同體特性（Little and Austin 1996；Smith and Phillips 2001；Smith and Holt 2005）、較好的生活自然環境（如新鮮的空氣、優美的景觀）（Little 1987；Solana-Solana 2010）、農村甚至是現代性（都市或市郊）的避難所（Williams 1985；Phillips 2002），以及方便從事特殊的休閒娛樂（如騎馬、農村旅遊）（Phillips 1993）等。這種農村仕紳化的個人偏好解釋，屬於消費面向的觀點，可以把農村仕紳化看作是人的移動結果（Stockdale

---

[13] 租隙指的是「資本化地租」與「潛在地租」之間的差異，所謂資本化地租為土地在目前使用狀況下所能產生的超額利潤，潛在地租則為土地在最佳使用狀態下能產生的超額利潤。值差是指，「財產空間占有價值」與「財產出租投資價值」之間的差距，「財產空間占有價值」係以財產出售給自用住宅者的售價來衡量，「財產空間占有價值」則以財產出租的年金所得的倍數計算之。有關租隙與值差或價差的分析（Smith 1979；李承嘉2000）。

2010），而其遷入包括長期居住與在此購屋但僅在假日進駐者。

(二)不動產市場的因素

　　相對於上述把仕紳化歸因於人移動的結果，部分研究者認為仕紳化為資本流動的結果，特別是採政治經濟學的研究路徑者——強調租隙或值差為仕紳化的原因者（如Smith 1979；Beauregard 1986；Clark 1991），他們認為仕紳化導因於仕紳化地區不動產市場的吸引力。亦即，當某些地區土地新開發或再開發具有比其他投資具有更大的利潤時，資本將會從其他部門流向具有開發潛力的地區，如此將使這些地區的建成環境獲得改善，不動產價格亦將因此提高。由於建成環境的改善，進一步吸引具有購買這些地區不動產意願和能力者的進駐，原先住在這些地區的居民因為無法支付高價的住宅，因此逐漸遷離，此即所謂的「取代」（displacement），為農村仕紳化的重要指標之一。農村地區仕紳化的原因，一部分可能導因於某些農村地區的土地具有開發潛力，以致吸引資金到來（Chaney and Sherwood 2000）。此外，也可能導因於農村地區的不動產具有價格上的優勢（現在較為便宜），因此吸引中產階級遷移至農村地區購屋置產，以及地產商的投資開發（Little 1987；Phillips 1993）。不動產市場因素對仕紳化的影響，除了較低價格誘因以外，還有農村建築的風格產生了寧適價值（amenity value）（Bergstrom 2005），這些特定風貌因此吸引特定群體（如藝術愛好者）的投入（Phillips 2001）。

(三)機關制度的原因

　　離開仕紳化為人的遷移或資本流動促成的爭議，另有研究者認為，仕紳化為公共部門或相關機構（如金融機構、公會等）制度法令推動、獎勵造成的意圖性或非意圖性結果。機關制度的因素包括諸如：政府進行或獎勵的不動產開發（如住宅更新）（Ha 2004），政府提供良好的基礎設施（例如便利的交通）、地方政府的農村發展策略（環境及景觀的維護）、金融機構提供低利融資、獎勵農村的不動產開發投資（較低的稅負）等（Munt 1987），使得農村地區一方面具有土地開發的誘因，吸引資金流入，一方面又具有地方特性，吸引偏好該地區特殊自然、人文景觀及生活方式者的進駐。亦即，機關制度的解釋認為，不管資金流入或中產階級進駐仕紳化地區，都與公共機關或其提供的制度設計密不可分。例如，農村仕紳化是因為地方管制制度的改變（諸如農業用地變更使用的鬆綁及農村土地開發的鼓勵或

限制縮減）的結果（Phillips 2002: 298-299；Phillips 2005）。Marsden and Sonnino（2008）則認為，後生產論的（post-productivist）農村創造了仕紳化必備的農村移民條件，因為後生產論會減少遷移至農村或於農村進行土地開發的限制。

　　本研究雖然將促使農村仕紳化的原因進行分類，顯然地既有的研究對仕紳化的形成因素經常各有偏好，以及不同的觀察結論。但是，仕紳化經常非單一原因所構成，上述任何原因也都難以單獨解釋仕紳化的形成（Beauregard 1986；Clark 1991；Stockdale 2010）。同時，在不同地區的仕紳化，其原因也不相同，因此上述仕紳化原因的釐清與分類，有助於對仕紳化原因系統化的了解，並方便個案觀察的進行。

三、農村仕紳化既有的個案研究

　　農村仕紳化已有許多個案研究，這些研究除了把都市仕紳化研究成果應用在農村仕紳化的個案觀察之外，同時試圖呈現農村仕紳化的特徵，這些既有的農村仕紳化個案研究為本研究個案觀察的重要參考。農村仕紳化的個案研究起始於1980年Parsons對英國農村的觀察，已如前述，之後較重要的農村仕紳化個案主要亦集中英國，部分在美國，以及最近在西班牙的研究。僅將這些研究的重點，扼要彙整如表10-2。

表10-2：農村仕紳化個案研究彙整

年代	作者	研究地區	主要方法	仕紳化者	主要結論
1980	Parsons	英國的South Nottingham-shire 及North Norfolk選出的村落	政府人口的社經統計資料分析及問卷調查	社經結構分類中的的I及II階層（屬專業及經理人之中上階層）。	研究認為，農村仕紳化已經在英國許多村落展開，因此在許多村落中的專業及經理人比例增加。農村仕紳化與土地使用管制有關，一方面其使得農村仕紳化得以發生，一方面土地使用規劃應用以解決農村仕紳化帶來的相關問題，例如依據農村人口的增加釋出更多的建築用地，政府並應提供租金較低的出租住宅，以解決中下階層住屋的問題。

表10-2：農村仕紳化個案研究彙整（續）

年代	作者	研究地區	主要方法	仕紳化者	主要結論
1993	Phillips	英國Gower郡四個村落	問卷調查及資本利得稅資料分析	中上階層或年輕的家庭（可能是中下階層）。	因為農村的開敞空間吸引中上階層或年輕家庭（為了兒童活動空間）至此，他們持續地修繕、擴建甚或重建住宅，使地價增漲。
2001	Smith & Phillips	英國West Yorkshire郡Hebden Bridge鎮周圍四個村落及其周圍（松雞）獵場（moor）	訪談及深度訪談	1.偏遠綠美者：新成立的家庭（25-44歲）、雙薪、高教育、異性關係者居多。 2.村落綠美者：高教育、離異者、拒絕家庭者、同性戀者、許多是藝術或技藝的工作者。	1.特有的歷史與自然景觀為仕紳化者的自我實現空間。遷入者通常極為缺乏當地的集體認同，極少參與地方的組織和活動，但對破壞現有環境的計畫活動，會積極動員，並加以反對。 2.村落區包容了不同的群體，同時具有多元的文化內涵，傳統的農村景緻為現代性的避難所，且具有治療和自我發現的空間價值。遷入者積極地參與社區活動，建立了住民互助合作、緊密連結的共同體，新進者對於地方的改造與建成環境產生了積極性的效果。
2002	Phillips	英國Berkshire郡的Upper Basildon及Boxford二個村落	對110位居民進行深度及半結構式訪談	中高所得且追求農村生活方式者。	1.都市仕紳化的相關論述大致可以用在農村仕紳化的研究上。 2.把Lefebvre及Soja空間論述作為農村仕紳化影響的理論基礎，其觀察的主要結果如下： (1)居民對於已經仕紳化的農村空間有不同的感知和解釋，不過二個村落的居民大多認為該村落的物質空間（特別是新的建物）產生了改變； (2)農村仕紳化與郊區化不同，農村仕紳化者有一部分是為了逃避郊區化的生活形式，而遷移到農村； (3)農村仕紳化者認為，他們與農業活動具有關聯性。亦即，他們仍然從事一些農業

表10-2：農村仕紳化個案研究彙整（續）

年代	作者	研究地區	主要方法	仕紳化者	主要結論
					活動，而不是破壞象徵農村的農業； (4)農村仕紳化者除了遷入農村之外，也參與社區活動。
2004	Ghose	美國蒙大拿州洛磯山區的Big Sky村落	經由個案研究的路徑，利用遷移資料、問卷調查及半結構式深度訪談及文本分析，其中訪談對象包括46位新遷入者與30位居住於本地達15年以上者	主要為來自都市的中上階層，他們大部分都是白人家庭，從事服務業，教育及所得水準均甚高。	1.仕紳來到農村的原因多元，包括優美的自然景觀、休閒機會、親近大自然、合理的生活成本、「西部的生活方式」及撫育子女的好去處等。新居民的到來產生了若干衝擊，例如名人社區與新住宅嗜好的形成、「西部生活方式」的創造、鋒頭消費、公有土地及山邊景色的私有化、以及不動產價格的攀升等，這些使得當地居民難以取得住宅。同時，快速的遷入也改變了社區的認同，因此形成了「在地者」與「外來者」間的衝突。 2.研究中強調，不可忽視不動產業者與開發者對研究地區仕紳化的影響，因為私部門在興建豪華住宅（大面積、昂貴與獨門獨院）上發揮了強大的力量。
2005	HAC*	美國賓州Chester County、艾達華州Teton County及南加州Beaufort County	分別採用量化與質化的方法，量化主要透過官方的二手統計資料進行人口社經分析與農村類型的選定，質	Chester County的仕紳主要為來自Philadelphia及Wilmington都會的中上階層，Teton County的仕紳則來自加州矽谷追求高度寧適社區的中高收入者；Beaufort County的仕紳則主要為紐約市區	1.本研究將仕紳化的農村成不同的類型，其中Chester County為都會的農村、Teton County屬於具高度寧適性的農村、Beaufort County為氣候合宜且具寧適性的農村。由於這三個郡具有不同的地理特性，因此Chester County的仕紳化為都市蔓延所形成，Teton County則為科技新貴追求寧適環境的結果，Beaufort County則係退休族的遷移場所。

表10-2：農村仕紳化個案研究彙整（續）

年代	作者	研究地區	主要方法	仕紳化者	主要結論
			化所採取的是實地觀察訪問（site visits）	域的高所得退休族。	2.雖然三個郡的地理特性與仕紳有所不同，但是仕紳化的結果都促使該地不動產價格增漲快速，導致原居住於該地的低所得者難以取得住宅。 3.此外，仕紳化亦使當地文化受到衝擊，特別是原有的傳統文化與認同，因受到新遷入者的影響而消失或改變。
2005	Phillips	英國Norfolk郡的Shotesham及Thornage兩個村落	土地產權與人口資料分析、訪談	1.追求社區田園景緻者（有兒童或希望社區參與的中上階層）遷入Shotesham。 2.追求寧靜或和平者（退休或購買第二住宅的中上階層）遷入Thornage。	1.村落保有18、19世紀的農村特徵及開放的空間，成為吸引遷入者的原因。大地主的影響力及土地利用規劃使此區的土地開發受到嚴格限制。因此，農村的仕紳化與當地的歷史脈絡和土地規劃制度密不可分。 2.村落周圍農地變更困難，但原有穀倉等可以變更使用，使本地具有大片的農綠地，寧靜安祥為本地特徵，但相對地可提供的服務設施用地較少。因此，既有建築用地與不動產價格增漲快速，遷入者須有一定的所得水準者。
2005	Smith & Holt	英國West Yorkshire郡Hebden Bridge鎮	深度訪談（滾雪球方式尋求受訪者）	女同性戀者。	1.多元文化的氛圍，使本地可以包容不同群體，以及交通便利和特有的半農村景緻吸引遷入者。 2.女同性戀者在此塑造了他們的文化消費空間，同時為此地仕紳化的促成者。
2010	Stockdale	英國Black Isle、Crief、Mearns、	地價及人口等量化資料與深度訪談	研究地區的仕紳及非仕紳。	1.不論在仕紳化的原因及影響上，各個觀察地區都不相同。 2.對仕紳而言，經濟因素（不動產價格與交通成本）的考慮經常先於生活方式。

表10-2：農村仕紳化個案研究彙整（續）

年代	作者	研究地區	主要方法	仕紳化者	主要結論
		N. E. Fife 及Kyle and Carrrrick五個地區			3.仕紳不僅來自於鄰近的城市，也有許多是跨區域者。 4.取代經常發生，但不一定是將原來的居民驅離，而是新蓋的住宅較貴，當地的低所得者無法購買所致。
2010	Solana-Solana	西班牙Em-porda地區	人口遷移及地價資料與深度訪談	自鄰近都市遷入之中上階層。	1.遷入的原因並非為了就業，而是因為當地的景觀及生活環境。 2.許多遷入者並非長期居住於移入區，其於本地購屋主要作為週末及假期的度假場所。 3.造成當地房價上升，以致當地年輕族群難在當地購屋，因此造成排擠的效果。 4.雖然遷入者進行部分的建物保存，但房屋的用途與外觀和內部裝修，已經和以往不同。 5.許多農地已經不做原有生產使用。 6.新進駐者占據了原有通往海岸道路，對當地原有居民而言，形同占用了他們公共空間。 7.遷入者與原居民之間的正面衝突雖未發生，但存有潛在衝突的危機。

* HAC為美國Housing Assistance Council之縮寫

　　透過上述農村仕紳化個案研究的回顧與整理，可歸納其特徵如下：1.在時間上，農村仕紳化的個案觀察主要都在1990年代以後，相較於都市仕紳化的研究，晚了許多；2.在空間上，農村仕紳化的個案觀察仍然在英國居多；3.在研究方法上，雖然部分研究利用了二手的統計資料，但主要仍以訪談或深度訪談為主；4.在解釋農村仕紳化的原因上，各有不同，但大部分的研究顯示，最主要係因農村的特殊景緻與氛圍與都市不同，因此吸引了居住於都市或市郊中的中上階層到來，農村儼然成為現代性的避難所；5.在仕紳化的群族及階層上，主要為中上階層，其具有多元

性；又，仕紳對於地方之居民階層結構及建成環境的形塑與影響，各研究地區亦有不同的結果；6.在仕紳化的主導者上，有可能是私部門（包括個人與團體），也有可能是公部門（法規、政策及制度），或者為二者合作的結果。7.觀察仕紳化的面向雖有不同，但主要包括居民階層的改變、不動產市場價格的變動，以及建成環境的改變等。上述這些特徵充分地顯示出農村仕紳化在區域上的差別性，因此強化了在不同地區進行農村仕紳化個案研究的必要性，亦提供本研究個案觀察的參考。

第二節　個案觀察

　　若依據仕紳化的因果關係為基準，仕紳化的研究可分為「重果輕因」與「重因輕果」兩類。前者著重的是仕紳化地區社會結構變遷、建成環境、地價變動情況等，這些亦成為仕紳化的象徵；後者則從個人偏好、不動產市場和機關制度等因素來解釋仕紳化的形成。由於本研究係普遍性地觀察三星鄉仕紳化發生的情形、成因及影響，因此首先觀察研究地區的居民階層結構變遷、不動產價格變動及建成環境改變情況，以觀察研究地區仕紳化的情況，其次再探討引起上述各項變動的原因（即形成仕紳化的原因），最後觀察這些變動對地方產生何種影響（本研究將這部分放在下一部分——研究發現與檢討來分析）。但是，在進行這些觀察分析之前，先進行二項基本工作：(1)個案研究方法；(2)簡要介紹本研究研究地區，以便對研究地區有基本之理解，本研究個案研究的流程與內容如圖10-1所示。

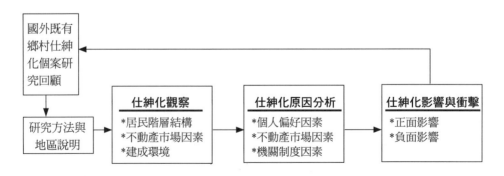

圖10-1：農村仕紳化個案研究流程與內容

一、研究方法

如前述國外的個案研究所示，仕紳化的觀察雖然也採用相關統計資料，但主要仍以訪談為主，原因是公私部門的相關統計資料通常無法滿足研究需要（Phillips 2002；Ghose 2004；Stockdale 2010；Solana-Solan 2010），本研究亦遭遇同樣的問題，以下說明本研究個案研究的方法：

(一)統計資料與文獻整理分析

仕紳化的觀察需用的基本資料主要為不動產價格與居民階層結構變動，如果政府部門的統計資料足供使用則甚為理想，但是國內的地價與人口資料並無法滿足仕紳化研究的需要。首先，國內的地價資料主要為公告現值，其係以鄉鎮為變動統計公告最小單位，此使得仕紳化的不動產價格變動觀察最小只能以鄉鎮為空間單位。其次，在人口統計上，自1992年開始不再調查職業別，因此失去了仕紳化重要的指標（階級別）資料；宜蘭縣政府則從2004年起開始進行村里的人口變動資料統計，使本研究可進行村里的研究，但因其從2004年才進行統計，亦使本研究無法進行較長期的觀察。綜合而言，政府的相關統計資料，只能作為本研究仕紳化觀察的一部分依據。在相關文獻方面，主要是三星鄉相關的報導，這些文獻雖然不連續，但卻可做為單一面向（如遷入者的身分、不動產價格變動）指標的輔佐資料。

(二)深度訪談

由於相關統計資料及既有文獻無法完全滿足研究需要，因此本研究採取了深度訪談方式作為個案的主要研究方法，訪談集中在大洲、大隱、行健三個村。以此三個村為訪談區是因為這些村落，人口近年來呈現增加趨勢[14]，人口增加為農村仕

---

[14] 三個村2004年3月與2009年6月人口數量如下表：

	大洲村	大隱村	行健村	三星鄉	宜蘭縣
2004年	1663人	4272人	863人	21530人	462286人
2009年	2005人	4410人	884人	21968人	461268人
	+338人 （+20%）	+138人 （+3.2%）	+21人 （+2.4%）	+438人 （+2.0%）	-1018人 （-0.2%）

上表中大洲、大隱及行健三個村的人口數量為2004年3月及2009年6月，三星鄉及宜蘭縣為縣

紳化重要的潛力指標（Stockdale 2010；Solana-Solana 2010）。另一方面，仕紳化的發生基本上很少以整個鄉為範圍，較常集中在特定小範圍地區（例如村里，參閱表10-2），在這些地區進行深度訪談的進行較為可行。本研究深度訪談的對象如本章後之附表10-1，受訪者可分為新遷入的仕紳、當地居民、房仲業者三類[15]。

二、研究地區簡介

從臺灣發展的歷史來看，位於臺灣東北部的宜蘭縣，因群山阻隔，交通不便，自十八世紀末葉開發以來，一直屬於邊陲地區。但是，從1980年代開始，宜蘭縣採取與一般地方不同的發展策略——「親環保、反污染」與「重文化、遠市儈」，使宜蘭跳脫發展落後的框架。根據遠見雜誌與天下雜誌的調查，宜蘭縣環境生活品質與人民願意留在當地生活方面，十餘年來都在全臺灣各縣市中名列前茅（王力行1997；李雪莉2004；中國時報2009/01/20[16]）。因此，吸引許多民眾至宜蘭觀光、投資、甚至遷移至此定居，並形成近年來所謂的「蘭陽移民熱」，其中三星鄉正是移民熱點之一（王榮章2004；劉俞青2004；聯合報2004/07/03/C3版；經濟日報2004/05/30/3版；陳慶佑2007）。

宜蘭縣三星鄉古稱「叭哩沙」或「叭哩沙喃」，為昔日舊蘭陽八景之一的「沙喃秋水」所在地。清光緒元年（1875年），清朝於宜蘭設行政官廳時，計有十二堡，其中溪州堡即為現在之三星鄉，此亦為漢人政府組織正式於三星鄉管理之始。「三星」一名起於二次大戰結束後，國民政府因其靠近三星山（位於太平山與大元山之間，海拔2351公尺），將其劃歸為「臺北縣羅東區三星鄉」，1950年宜蘭獨立設縣，三星鄉劃屬宜蘭縣（參閱http://www.sanhing.gov.tw [最後瀏覽日期：2009/06/15]）。

三星鄉地勢西高東低，東隔羅東溪和羅東鎮為鄰，西北分別以蘭陽溪與大同鄉及員山鄉為界，南邊緊鄰冬山鄉，為蘭陽沖積扇平原起始點的所在地，亦為羅東地

政府統計的年度資料。（資料來源：http://hrs.e-land.gov.tw [2009/8/15]）

[15] 本研究深度訪談的分別於2005年3、4月、2006年7月、2009年8月及2010年4月進行。

[16] 網址：http://www.matsu-ytp.com.tw/archiver/tid-8060.html [18, Aug 2010]，以及宜蘭縣政府網站（網址：http://www.e-land.gov.tw/ct.asp?xItem=26185&ctNode=627&mp=4 [最後瀏覽日期：2010/08/18]）

區向西發展的重要門戶。由於地形與區位的關係，三星鄉的經濟產業首推農業，農業人口約佔全鄉人口49%，耕地面積達4,200公頃，其中水稻種植面積占最大宗，其他尚有青蔥、白蒜、梨、茶與花卉等經濟作物。因此，三星鄉一直屬農業鄉（參閱http://www.sanhing.gov.tw [最後瀏覽日期：2010/06/15]）。不過，三星這個傳統的農業鄉，近年來卻成為移民宜蘭熱衷的焦點地區之一，特別是農地與農舍更為熱門（劉俞青2004: 315）。更重要的是，來此購買農地與農舍的主要為外地人，其原因在於：「三星鄉風景好，…，都市人一看就喜歡，反而當地居民沒有這麼喜歡。因為當地的居民認為三星鄉發展落後，人口又不多，所以本地人要遷移都會選擇礁溪、壯圍等開發較早區域」（受訪者A）。外地人的進駐與投資，正是仕紳化的基本要件之一，因此三星鄉應為理想的個案研究地區，本研究研究區域位置如圖10-2與圖10-3。

圖10-2：宜蘭縣與三星鄉

資料來源：http://tourism.e-land.gov.tw/Default.asp?PageId=CR06_F_F01 [最後閱覽日期：2009/8/15]

圖10-3：三星鄉與其村里

資料來源：http://www.sanshing.gov.tw/map.htm [最後瀏覽日期：2009/8/15]

三、仕紳化觀察

　　依據本研究前述農村仕紳化的界定，農村仕紳化可以從居民階層結構、不動產市場與建成環境三個面向的改變來觀察[17]，以下逐一說明三星鄉在這三方面的觀察結果。

---

[17] 本研究將農村仕紳化界定如下：「因中上階層進駐或資本流入所造成的農村改變，這些改變包括居民階層結構、建成環境的改變與不動產價格上漲等；所謂進駐，包括長期的居住或間斷性的居留（如僅於週末或假期使用其購置之不動產）。」（參見前述「仕紳化的意義」最後部分），同時參閱國外既有研究的觀察面向（參見表8-2），因此以居民階層結構、不動產市場與建成環境三個面向來進行個案地區仕紳化的觀察。

(一)居民階層結構[18]

居民階層結構改變主要是指仕紳化地區因為仕紳的進駐，使得該地區居民的教育、職業、所得等階層結構發生改變。依據農村仕紳化的個案研究（Phillips 1993, 2002, 2005；Smith and Phillips 2001）顯示，仕紳一般具有下列特徵：

1. 在教育上，他們具有相當高的水準且具有專業知識。
2. 在職業上，因為具有較高的教育水準且具有專業知識，因此仕紳以白領階級居多。
3. 在所得上，因為職業收入豐富，其屬中高所得階層。
4. 在認知上，由於有一定的所得水準及對社會文化的認同或追求，包括一定水準的居住環境。
5. 在家庭結構上，遷入農村的仕紳家庭人口較少，甚至為雙人家庭或單人家庭。

因此，說明仕紳化中居民階層結構改變時，最好的依據是官方的人口統計資料，不過這方面的資料難以獲得，因為自1992年起，戶政單位的戶籍遷移資料中不再填寫職業別，已如前述。此外，在戶口登記上，本研究地區的進駐者，似乎並未完全辦理戶口登記[19]，因此透過戶政人口資料難以完全反映人口結構變遷的真實狀況。表10-3為三星鄉的人口數及戶數統計結果，在三星鄉人口逐漸減少的趨勢下，從2001年到2009年6月戶數卻逐漸增加。另外，本研究進行實地觀察與深入訪談的三個村落從2004年1月至2009年6月的戶數與人口數變動如表10-4[20]。在此期間，三個村的人口數各有增減，但從2004年1月到2009年6月三個村的總人口都呈現增加，且在戶數上，亦都呈穩定增加，這些表示三星鄉及本研究實地觀察的三個村落的平均家庭人口數都快速下降。就仕紳化的觀點而言，仕紳主要為頂客族、中上階層、退休之公務人員或投資客，其與傳統農村家庭人口結構，包括較多家庭人口數與三代同堂等的特性，頗有不同。據此推測，從外地遷入三星鄉者的每戶人口數應相對

---

[18] 這一面向的觀察有不同的用語，有稱之為「社會文化」（socioculture）面向（London at al. 1986），亦有稱之為「人口學上的改變」（demographic change）（Ley 1986）。

[19] 本研究受訪者D-1表示：「我搬來這裡，還沒登記戶口，因為還常回臺北，那邊的房子還有。」C表示：「我們一家五個人，經常住在這邊，但只有一個人辦理戶籍遷入，因為二邊都有房子。」

[20] 三星鄉的人口統計資料從2004年1月才有村里的資料公開，因此本研究僅能以2004年1月為起始日期。

較少，可以自仕紳的特徵歸納其原因如下：

1.若遷入者為退休者，退休者可能經常住於三星鄉，但其家庭的遷入人口數，可能僅為一或二人（即退休者本身或與其配偶）。

2.若遷入者為未退休的其他中上階層，其遷入係為週末度假、或為炫耀（農村豪宅），但其就業地點可能尚在鄰近的都會，因此其家庭主要仍居住於鄰近都會區。在此一情況下，遷入者若其辦理遷入登記，極可能每戶僅有一人。

3.若遷入者係以農村置產為目的或屬不動產的投資（機）者，因其本身可能不居住於此地，但在節省不動產相關稅費的考慮下，可能辦理遷入登記，此種遷入登記最大可能為僅一人辦理遷入。

再進一步整理2004年1月到2009年7月間，大洲、大隱、行健村與宜蘭縣人口遷入、遷出、出生與死亡的情形（表10-5）。遷入與遷出表示人口流動，特別是遷入，雖然不知遷入者的社會階層，但基本上顯示一個地區具有一定的吸引力，某種程度具有仕紳化的可能，特別是在遷入與遷出頻繁的地區，或許具有潛在的取代作

表10-3：三星鄉2001年至2009年人口數及戶數統計

年（月）	01(12)	02(12)	03(12)	04(12)	05(12)	06(6)	06(12)	07(06)	07(12)	08(06)	08(12)	09(06)
人口數	22,711	21,999	21,734	21,530	21,712	21,513	21,295	21,209	21,203	21,202	21,268	22,542
戶數	6,153	6,217	6,306	6,507	6,670	6,725	6,808	6,886	6,988	7,069	7,198	7,347

資料來源：http://sshhrr.e-land.gov.tw [最後瀏覽日期：2006/7/10]及http://hrs.e-land.gov.tw [最後瀏覽日期：2009/8/15]

表10-4：三星鄉大洲村、大隱村及行健村戶數與人口數變動（2004-2009年）

	2004年1月		2004年6月		2004年12月		2005年06月		2005年12月		2006年06月	
	戶數	人口數	戶數	人口數	戶數	人口數	戶數	人口數	戶數	人口數	戶數	人口數
大洲村	454	1,661	453	1,663	475	1,680	494	1,775	501	1,751	508	1,736
大隱村	1,222	4,283	1,256	4,250	1,287	4,236	1,300	4,237	1,313	4,265	1,320	4,236
行健村	264	860	266	869	280	870	283	868	288	873	289	855
	2006年12月		2007年6月		2007年12月		2008年06月		2008年12月		2009年06月	
	戶數	人口數	戶數	人口數	戶數	人口數	戶數	人口數	戶數	人口數	戶數	人口數
大洲村	516	1,726	527	1,734	534	1,749	541	1,732	549	1,727	572	2,005
大隱村	1,331	4,224	1,346	4,236	1,358	4,238	1,377	4,243	1,394	4,259	1,425	4,410
行健村	288	854	292	860	294	867	299	868	300	865	308	884

資料來源：http://sshhrr.e-land.gov.tw [最後瀏覽日期：2006/7/10]及http://hrs.e-land.gov.tw [最後瀏覽日期：2009/8/15]

用。另外，若遷入人口大於遷出人口數量時，可以假定此一地區具有高度仕紳化的可能。遷入和遷出方面，整個宜蘭縣遷出人口大於遷入人口；三個村當中，大隱村遷出大於遷入，但在大洲和行健村則遷入人口多於遷出人口，其發生仕紳化的情況更有可能。

對於以居民階層結構來觀察研究地區的仕紳化，因受既有人口統計資料的限制，其佐證能力仍嫌不足。因此，本研究透過相關報導及深度訪談，進一步整理觀察地區社會結構改變的情況。

按照不動產仲介及銷售業的觀察，近來於宜蘭地區購置不動產者許多係來自臺北都會區，太平房屋羅東直營店的吳小姐即說：「現在來買地買房子的七成都是臺北人」（聯合報2004/07/03/C3版）。宜蘭市伯升不動產公司經理林先生也認為：「到宜蘭來看土地者，有八成都是外地人，其中又以臺北人最多。這些人雖然穿著輕便，卻都駕駛雙B名車，手上帶著名錶，很快就能成交決定。」（引自聯合報2004/07/03/C3版）另外，依據戴德梁行代理部協理徐鳳麟分析，新一波赴宜蘭購地的民眾共同特徵就是與宜蘭有地緣性的臺北中年夫妻（經濟日報2004/05/30/3版）。以這些經驗推測，這些購買不動產者不僅主要來自緊鄰的臺北都會區，且其社會階層亦屬中上階層居多[21]。

表10-5：大洲村、大隱村及行健村與宜蘭縣遷入和遷出人口數

	大洲村		大隱村		行健村		宜蘭縣	
	遷入	遷出	遷入	遷出	遷入	遷出	遷入	遷出
2004	161	99	278	387	41	51	23,748	26,014
2005	209	154	373	384	63	60	27,389	28,966
2006	93	120	323	371	64	69	25,830	27,725
2007	109	86	245	297	39	36	20,931	21,450
2008	83	96	301	282	43	42	22,759	22,497
2009	311	154	324	231	33	24	16,756	16,440
總計	966	709	1,844	1,952	283	282	137,413	143,092

資料來源：整理自宜蘭縣政府網站http://hrs.e-land.gov.tw [最後瀏覽日期：2009/8/15]

---

[21] 這些購買不動產的進駐者尚有股市名流、各行各業的精英或創業有成者（中國時報 2005/01/11，A8版/；施君蘭2004）以及退休或即將退休的公務人員等（自由時報 2005/01/15，第25頁；劉俞青2004）

本研究深度訪談也有相同的結果,受訪者M(房仲業)亦表示:「來此地的偏向商業型客戶居多,也是有公教人員是考量未來退休的角度,而商業型的客戶多是以投資的角度進入。像是一些比較高收入的醫生、老師、銀行人員、科技人才也是有。」受訪者I也有相同的說法:「最近來看或買房子的,外地來的講國語的較多,有退休公務人員,也有醫生。」I-1更強調:「最近申請辦理戶籍登記的,有時候會跟他們談兩句,他們有一些是退休的公務人員,一些是投資不動產的,也有一些是醫生,...,看起來收入都不錯,至於純粹來此地工作或耕種的很少。種田大部分不賺錢,不會來這裡買貴的農地耕種,買來蓋房子的比較多。」

上述這些資訊更具體地說明,觀察地區的遷入者許多確實屬於中上階層,至於遷出者如何?受訪者E指出:「有一些老人家,小孩子都在外面工作,年紀大了需要人照顧,就搬到臺北去了。不過土地還是捨不得賣,就給隔壁的種。」J提到:「隔壁鄰家的小孫子要到臺北的學校唸書,戶口要早一點辦。不過人還在這邊,時常到我這邊來玩。」L則指出:「現在的年輕人想到都市發展,在這裡機會比較少,剛開始的時候戶口還留在這邊,如果在別的地方買房子了,那就要辦戶口遷移,我們這邊就有好幾個是這樣子。」從上述的訪談當中發現,三個村子的人口流動,可能無關取代。遷入者與遷出者因個別的需要及發展而安排,這一點與國外的一般研究發現——仕紳排擠當地中下階層——的取代經驗有所不同[22]。

(二)不動產市場

在不動產市場面向的觀察,許多研究常以不動產價格變動表示(參閱表10-2),這是因為仕紳化地區不動產價格常因中上階層的進駐及土地開發商的投資(投機)而提高。由於中上階層的所得較高,對於其所偏好的環境,能夠依照意願支付較高的不動產價格,此造就了仕紳化地區不動產價格的異常上漲,宜蘭已有此一現象[23]。此外,不動產開發者的投入資本,進行不動產開發,也可能帶動地區不動產價格的提升。有關於不動產價格的變動,本研究除了以政府公布資料為依據外,另外尚以相關報導及訪談結果作為佐證。

---

[22] 不過也有一部分國外的研究指出,農村仕紳化與都市仕紳化不同的表徵之一,在於農村仕紳化可能透過新建住宅來引進中上階層,因此取代的現象較都市仕紳化不明顯(Phillips 2002;Solana-Solana 2010)。

[23] 王榮章(2004: 316)指出,宜蘭這一波房市熱潮,外來客大約占40%-45%,區域客是宜蘭房市的基本盤,但外來客才是主導市場價格波動的主要力量。

　　表10-6為宜蘭縣各鄉鎮民國90年至97年公告土地現值調幅，表中三星鄉的公告現值調整情形，除了90及92年的降幅大於全國平均及宜蘭縣平均之外，其他各年的增漲調幅都較全國和宜蘭縣平均高。

　　除了政府相關土地價格顯示宜蘭房地產價格上漲以外，依據實際交易經驗來看，宜蘭地區近年來實際交易數量及價格都有增加。例如中信房屋蘭陽加盟店總監指出，2004年宜蘭地區房地產交易大約成長五成，土地價格漲幅在二成至二成五之間，房價則上揚一成至一成五，農地每坪價格約7千元至1萬元，預期尚有二成漲價空間（王榮章2004: 314、316）。依據觀察，2004年1月至9月，宜蘭縣農地價格依地區不同漲了一到二成（聯合報2004/09/17/B2版）。本研究主要研究地區的農地價格增漲更是驚人，例如在文化界工作的江先生2003年在三星購得一塊農地，一坪3,200元，一年後漲了一倍；另，蘇澳冷泉業者陳先生2001年於三星鄉大洲葫蘆堵大橋旁以每坪6000元購得二分半農地，2004年有人開價到每坪18,000元，價格增漲了三倍（聯合報2004/07/03/C3版）。透過深度訪談得到結果也類似。

　　受訪者E表示：「農地價格幾年前一坪約4、5千元，最近附近的成交價格有到每坪1萬5千元的。」

　　受訪者N亦表示：「三星鄉的農地用來與建農舍蠻好的，因為許多地方有農地重劃，重劃後地形方整與農路又比較寬直，用來建別墅很適當。所以這裡來看的人蠻多的，價格比二、三年前漲了一兩倍。」

　　上述呈現了三星鄉農地價格的確具有增漲的趨勢，從仕紳化的角度來看，這些

表10-6：宜蘭縣各鄉鎮市近年公告土地現值調幅

鄉鎮 年	宜蘭 (%)	頭城 (%)	礁溪 (%)	員山 (%)	壯圍 (%)	羅東 (%)	五結 (%)	冬山 (%)	蘇澳 (%)	三星 (%)	大同 (%)	南澳 (%)	平均 (%)	全國 (%)
90	-9.08	-15.82	18.91	12.11	-12.53	-9.87	-10.79	-12.90	-15.09	-11.31	-11.83	-16.56	-12.80	-4.93
91	2.7	2.80	10.00	23.60	2.90	10.86	19.09	25.37	8.5	31.67	56.56	60.78	15.11	0.27
92	-1.59	0.70	-6.10	-3.60	-11.40	-2.31	-3.24	-2.35	-0.46	-2.08	-4.83	-4.83	-2.69	-0.24
93	5.06	12.18	5.31	3.26	2.81	2.09	2.31	6.10	4.14	6.56	-0.99	3.41	4.77	0.02
94	15.17	6.91	16.04	37.03	18.60	8.34	11.43	6.68	7.54	15.75	-0.28	0.21	13.88	2.40
95	13.64	12.05	18.70	16.91	16.00	17.18	15.73	18.20	17.73	18.47	21.15	27.03	16.64	4.56
96	-	-	-	-	-	-	-	-	-	-	-	-	-	4.11
97	-	-	-	-	-	5.59	3.23	4.16	2.04	4.22	3.31	4.68	-	3.24

"-"：未取得資料（資料來源：宜蘭縣政府地政局提供及內政部網站http://www.land.moi.gov.tw/filelink/uploadlink-962.xls [最後瀏覽日期：2009/08/15]）

趨勢，正是三星鄉仕紳化的徵候之一。

　　不過，隨著北宜高速公路通車，97年開始宜蘭地價似乎有回穩的趨勢。受訪者O表示：「近兩年北宜高速路通車以後，房地產價格比較穩定，漲價的幅度縮小。原因可能是一些較便利的地區價格早已經漲起來，其他地區，在通車之後已經知道情況，所以漲幅有限。」P也有類似的說法：「北宜線通車以後，宜蘭與臺北之間的交通便利情況，已經成為常態，外來投資客，特別是一些建商，在還沒通車之前該買的都買了，現在反而比較平淡。」交通便利一般為促進農村仕紳化的因素，在三星鄉的觀察地區似乎比較特別，因為交通便利的實踐，反而使地價平穩，而其原因，則是在北宜高速公路通車之前，地方的不動產價格已經提早上漲。

(三)建成環境改變

　　仕紳化除了使仕紳化地區的居民階層結構改變及不動產價格提高以外，也會使仕紳化地區建成環境改變。都市地區的仕紳化結果之一為仕紳化地區的建成環境改善，其改善主要來自於仕紳（遷入者）的品味（如透過整修維護舊有建築的風貌）及所得支配能力。農村地區的仕紳化將因為遷入者享受環境品質與寬敞空間的訴求，而在住宅建築型態與土地使用方式上凸顯出與傳統農村建築與土地使用型態的差異，這種差異即造成農村地區建成環境的變動。

　　宜蘭最近興建的住宅主要為透天二至三層的透天住宅，特別是在農地上興建之農舍，相對於傳統農舍，新建的農舍豪華一如別墅，式樣、樓層數及占地都不相同[24]，參見圖10-4及圖10-5（本研究實地拍攝）。除此以外，傳統農舍多半結合農

---

[24] 新建的農舍絕大多數是獨棟或雙拼，日風、歐風、禪風各不同（聯合報2006/05/10）。又，在房地產價格提升的同時，觀察地區有一部分興建中的非傳統形式之住宅（農舍），半途停工或廢棄，此一情況似乎顯示出，觀察地區在不動產市場上的發展趨勢與仕紳化矛盾。因此，藉由訪談進一步了解部分新建中的農舍停建或廢棄的原因，結果顯示，大部分中途停工或廢置的新式住宅（農舍），係因為法律糾紛或建造廠商財務問題而起，並非因為本地不動產市場萎縮所造成。
「是有一些農舍蓋了一半停工，據我了解一部分是因為建商財務的問題。有一些是自己蓋，但是兄弟姐妹之間分不平或意見不一致，就停工了，跟這個地區的不動產景氣，沒什麼關係。之前也有人來打聽，那些房子是怎麼回事，打聽行情，因為那邊地點還不錯。」（受訪者Q）
「不太知道，不過聽說是建商的問題。真可惜，停工很久了。」（受訪者L-2）
「聽說是有一些法律上的糾紛，有的是搶建後來有一些問題。這樣子不好，影響景觀。…哪有人會買，沒蓋完，而且還有糾紛。」（D-3）

業生產使用，因此其設有曬穀場，周邊連接土地亦大部分供作生產或養殖使用。相對於此，新建農舍的使用者或擁有者，並非以務農為主要職業，其取得農舍之周邊土地，多供作農舍庭院，並以休閒使用居多（如供作自家庭院、花園等）。受訪者K指出：「你們可以看到那邊農地上新建的，它們樣子跟我們傳統的不一樣，我們的只有一層，前面有曬穀場，以前都在這個地方曬穀；它們的都蓋了二、三層，是別墅的樣子，四周有圍牆，裡面的空地，不知道用來做什麼？有時候會停一些車。」受訪者J：「新蓋的都是歐式的，看起來很氣派，不像我們的樣子。」受訪者O表示：「這一帶蓋了許多新房子，你們沿路過來應該有看到，都是二、三層的洋樓，主要是賣給外地人，他們不會耕種，因此不需要像以前一樣。」受訪者G則指出：「現在有一些是當民宿使用，特別是在大隱那邊。他們的住房不多，三到五間的比較普遍，他們外表跟傳統的不一樣，外面也有特別整理布置，有的具有異國風味，這樣會比較吸引客人。」

圖10-4：三星鄉傳統農村建築（作者拍攝2008年7月）

　　上述就居民階層結構、不動產市場及建成環境的改變來觀察三星鄉（三個村）仕紳化的情形。觀察結果顯示，觀察地區在這三方面的改變，包括人口結構的變動（遷入遷出頻繁，以及遷入者許多為中上階層）、不動市場市場（價格增漲）及建成環境的改變（許多不同於傳統農舍的建物被建造起來，以及新建物的用途及內部裝潢都與傳統型式不同），多符合本研究農村仕紳化的界定，此即意味著三星鄉三個村已具仕紳化的基本徵候。

圖10-5：三星鄉新建農舍（仕紳化的表徵）（作者拍攝2008年7月）

四、仕紳化原因分析

　　仕紳化的原因具有多重性，前經本研究歸納農村仕紳化的原因為個人偏好、不動產市場及機關制度三個因素，以下依據觀察所得說明研究地區仕紳化的因素。

(一)個人偏好因素

　　如前所述，仕紳化個人偏好的原因可以分為二項，即節省家計成本與買取想要的生活樣式，經由訪談顯示，這兩項似乎都是中上階層移入三星鄉三個村的原因。

仕紳如果追求其特殊的生活品味，特別是農村的環境景緻、田園生活樂趣及親近的人際關係等，這些人可能會遷往農村地區。宜蘭由於保有較多的傳統文化、較純樸的民風及清新的環境品質（中國時報2005/01/11/A8版），對此種農村特色[25]有特別偏好者，即可能進駐。據本研究訪談結果顯示，接受本研究訪問的遷入者大部分顯示出其對觀察區景觀與環境的偏好。

從臺北市遷移來兼營房屋仲介的受訪者A表示：「三星鄉風景好，面山且又有安農溪流經，很容易就可以達成兒歌中所謂我家門前有小河、後面有山坡的意境，都市人一看就喜歡，反而當地居民沒有這麼喜愛。」

受訪者B表示：「因為這裡靠近安農溪，且規劃又好，所以選擇這裡。」

C更表示：「就是喜歡這裡的自然環境，若是更有錢，也還是會繼續尋找更自然的環境居住。」

D則認為：「在通車以後，30、40分鐘就到臺北了，和我住在基隆桃園時間還不是一樣？且那裡可能像這裡環境漂亮？」

上述受訪者除了個人偏好優美的景觀與自然環境以外，也顯示出他們對交通成本（包括時間）的考量，上述的受訪者D即屬考慮了此一因素。許多從小於宜蘭長大現於臺北都會區居住上班的中上階層，於北宜高速公路即將通車之際，紛紛於宜蘭購地，準備回遷，他們準備「每天從宜蘭開車上班」（王榮章2004:313；經濟日報2004/05/30/3版）。在雪山隧道通車之後，接受本研究訪談的D-1亦認為：「雖然假日雪山隧道會塞車，但一般情況50幾分鐘就到臺北市了，原先我住臺北縣，交通也經常擁塞，停車很困難。但是這邊環境好、開闊，我這棟房子離下一棟房子有多遠？不像臺北都是高樓大廈。」

---

[25] 按照遠見雜誌（1997，11）及天下雜誌（2004，9）的調查評估，環境競爭力與生活幸福度宜蘭都名列前矛。另引述相關報導如下：

周先生（人稱周老爹，原住臺北）：「兩年前，在友人的介紹下，愛上好山好水的蘭陽平原，決定擺脫世俗，移民宜蘭。….現在周老爹每天早、晚定時餵雞養鴨、整畦耕種，扮演農夫角色，快樂的過著自給自足的生活，空閒時，騎著機車出遊，飽覽蘭陽美景。」（引自中國時報，2005/01/11/A8版）

蔡淡中（原住臺北）：「人生七十才開始，我六十就開始，開始學農夫、學工人，學當宜蘭人珍愛好山好水好空氣。」（引自中國時報，2005/01/11/A8版）

徐璐（前華視總經理，已在宜蘭買下綠地）：「一想往鄉下住，就想到宜蘭。」（引自施君蘭2004:120）

(二)不動產市場因素

　　促成農村仕紳化的不動產市場因素，可分為二個層次，其一指的是仕紳化地區具有土地增值的優勢，因此吸引土地開發者及資金的投入。另外一個層次為農村地區具有價格上的競爭優勢，即相對便宜。有關於宜蘭縣及三星鄉的不動產價格變動，已在前文中述及，三星鄉地價在近年確有快速增長的現象。另依據本研究深入訪談的結果，說明了三個村也有相同的狀況。

　　「三星鄉農地5年前一坪約4~5千元；去年一坪約7~8千元，到現在一坪約一萬元，我很早就看準了會有這樣的行情才會過來。而且我預期在北宜高通車後，三星鄉農地價格一坪至少會達到2萬元。」（受訪者A）

　　「就目前的我們的交易個案來講，有一大部分幾乎都是以投資的角度。之前一兩年來講農地大約3、4千塊就可以買到一坪，到目前當地的農地約要八、九千左右一坪，甚至好一點的地段都可以賣到上萬元。」（受訪者M）

　　在相對價格方面，宜蘭縣與臺北都會區其他鄰近地區如三峽、桃園的地價比較，三峽與桃園都已被開發，其中三峽被炒高到一坪10萬元，宜蘭則仍在7萬元左右（聯合報2004/05/02/C1版）。研究地區的農舍似乎更為便宜，因此吸引了許多投資客的到來。

　　「因為當地的居民認為三星鄉發展落後，人口又不多，所以本地人要遷居都會選擇礁溪鄉、壯圍鄉等開發較早的區域，所以三星鄉地價才會便宜，且便宜約一半。且來這裡置產的外地人都不會只買一戶，因為會告知親朋好友一起過來居住。」（受訪者A）

　　「以目前的地價和臺北的客戶來講，宜蘭的地價相對較低；就投資總價來講，花大約一千萬就可以買到如此的一棟透天別墅，很大的，就都市臺北人居民來講，這樣的價位應該不算高，且在臺北的居民多是華廈公寓一層的，比較沒有機會住到這樣透天別墅的機會。所以他們可能會有一個夢想說，如果錢夠的話就可以在這買到一個這樣的居住空間，然後以後退休或是平時作為度假用途、有一個屬於自己的地方居住休閒的考量。」（受訪者M）

　　「購買的價格大約是在一坪8,000元到12,000元，再去配件蓋農舍，也就是臺

北人說的別墅，弄到好的價格大約是800萬到1,200萬左右，大家都覺得很划算。」
（受訪者N）

「我們一些朋友，一起到宜蘭來買農地蓋房子，主要是這邊的價格便宜，大約1,500萬到2,000萬就可以蓋到像台北的上億的豪宅，也有朋友花到2,005萬左右，那又更大更好。主要是這樣的價格有很好的自然環境，像我們這邊，四周都還是農地，可以看到那邊的山，感覺還是很划算。還有一些朋友是跟建商買的，比較便宜一些。」（D-2）

「有啊！建商很早就來買農地或跟地主合建，然後再轉賣。主要是這邊的農地加上建築物的總價，普通都可以賣到1,200萬上下，看大小和建材。這個價格來講還是有利潤，因為農地以前很便宜。」

(三)機關制度因素

由於公共部門或準公共部門有意和無意的措施與作為，也可能促使一個地區社會結構改變、地價的增加及建成環境的改善，此即機關制度的因素。因此，所謂機關制度，其範圍甚為廣泛，包括所有公共部門與準公共部門直接或間接造成仕紳化的政策與措施。由此，促成觀察地區仕紳化的機關制度因素大約可包括三項，即交通設施興建與產業用地開發、建築與容積規範，以及地方發展政策。

1. 交通設施興建與產業用地開發

交通設施的改善可以增加可及性和便利性，因此吸引人口遷入。宜蘭現在北宜高速公路雪山隧道導坑貫通後，可使宜蘭納入臺北都會區一小時的時圈內，此造成一波新的宜蘭移民熱，房地產價格因此快速增加（中國時報2005/01/11；自由時報2005/02/25/25頁）。根據觀察，許多購地民眾在宜蘭購地、進駐，都是衝著北宜即將通車而來（經濟日報2004/05/30/三版）。不動產市場專家認為，一如臺北捷運沿線地價、房價持續高攀一樣，北宜高速公路通車之後，所創造的宜蘭新面貌，恐非通車之前可以想像（劉愈青2004: 317）。本研究受訪者D即表示，選擇三星鄉居住的原因在於，三星與臺北之間的通勤條件，他說：「在通車以後，30、40分鐘就到臺北了，和我住在基隆桃園時間還不是一樣？且那裡可能像這裡環境漂亮？」受訪者D-1也有相同的看法，已如前述。

除了北宜高速公路開闢促使移民遷入以外，科學工業園區及高等教育機構可能設置於宜蘭縣（分散於宜蘭市、五結鄉、三星鄉及員山鄉等地區），亦為造成此次

移民蘭陽熱的原因之一（聯合報2004/09/17/B2版）。

2. 地方建築與容積的規範

　　土地使用的規範與限制，直接影響土地使用密度與地方景觀。為了維護地方特色，宜蘭縣非都市土地建蔽率及容積率，對非都市土地的開發使用都較內政部規定嚴格[26]。另外，在建築式樣與高度上規定：「農業區農舍之簷高不得超過3層（10.5m），最大基層建築面積不得超過220平方公尺，並應以斜屋頂設計，其斜率不得小於25%，覆蓋率不得小於二分之一」，這些都有助於形塑地方建物的特色。另外，「宜蘭縣政府獎勵縣內建築物採斜式屋頂實施要點」造就了「宜蘭厝」的造型——具有斜屋頂、綠地、採光好的特色，高貴不貴，極受外來者的歡迎（中國時報2005/01/11/A8版）。本研究受訪者A、B及D對地方政府對建築物採取嚴格的管制與獎勵措施，都表示讚許。受訪的房仲業者M表示：「目前因為宜蘭地區的容積率與建蔽率有管制，因此住宅的型態多可以維持在一定的規範下，且限制了部分工業的進入，所以環境可以維持到一個很好的水準。」

　　對於日漸放寬的建蔽率與容積率管制，與仕紳化的關聯如何？受訪者D-3表示：「我們已經遷進來好幾年了，當初就是因為這裡風景、環境好，才遷移過來，不是因為管制鬆嚴的關係。我們的房子不會因為管制放寬就加蓋，但是擔心慢進來的，會蓋得比較密，怕主要是建商吧！」受訪者L-2（當地農民）則表示：「我的土地暫時不會賣，不會因為管制降低了就把它賣掉，是祖公仔業。那是對財團、建商較有利，對我們種田的，沒什麼差！」受訪的仲介業Q表示：「放寬管制對想要蓋房子的人有好處，特別是建商，因為可以蓋比較密，價格會較高。不過，如果是追求好環境的人，說不定還會排斥，所以不一定會吸引較多的人。但是，因為還是比內政部的規定，以及其他地方的管制還嚴格，所以應該沒什麼差啦！到現在，也沒聽到有這方面影響的案例。」綜合而言，儘管農地的管制越來越寬鬆，但由於還

---

[26] 宜蘭縣非都市土地建蔽率、容積率從游錫堃縣長、劉守成縣長到呂國華縣長都有變更，陳定南任內規定：甲種建築用地的建蔽率為40%、容積率則為100%；乙種建築用地的建蔽率為50%、容積率則為120%；丙種建築用地的建蔽率為40%、容積率則為80%；丁種建築用地的建蔽率為60%、容積率則為140%。劉守成擔任縣長時略加放寬，甲種建築用地的建蔽率為50%、容積率則為120%；乙種建築用地的建蔽率為60%、容積率則為150%；丙種建築用地的建蔽率為40%、容積率則為100%；丁種建築用地的建蔽率為70%、容積率則為240%。呂國華擔任縣長任內（2007年12月19日）再度放寬，甲種及乙種建築用地的建蔽率為60%、容積率則為180%；丁種建築用地的建蔽率為70%、遊憩用地容積率100%，但限制建築高度不得超過4層樓14公尺。儘管放寬建蔽率、容積率，但都較內政部的規定（甲、乙種建地建蔽率60%，容積率240%）更為嚴格。（以上中國時報2006/12/20 C2/宜蘭新聞）

是較中央及其他地方的嚴格，因此目前對研究地區的影響還不顯著。不過，如果因此而產生更多的土地開發利潤，可能吸引更多的建商與投資客進入，未來對研究地區的不動產價格、景觀等都可能產生更大的影響。

3. 地方發展政策

　　宜蘭地方發展方向具有相當的特色，從陳定南擔任縣長時推動的「青天計畫」、游錫堃的「環保立縣」、「觀光立縣」和「文化立縣」到劉守成的「科技縣、大學城」，其路線與一般純粹追求經濟成長的發展策略正好相反。宜蘭縣十餘年來走的地方發展方向可以定調為「鄉土、環保、文化」，這種發展方向的結果，使宜蘭成為具有文化、環境與景觀上的競爭優勢，居住環境品質更為臺灣各縣市之冠（王力行1997；李雪莉2004）。這些優勢使得宜蘭縣政府在行銷策略上喊出的「有宜蘭不必移民紐西蘭」口號，深深地打動台北人的心，吸引了眾多的外來遷移者（王榮章2004: 313；自由時報2005/01/15第25頁）。在本研究前述的個人偏好因素分析中，已說明外來的四名受訪者，三星鄉好山好水的環境為其進駐的主要原因之一。

　　由上述的觀察結果說明，可以發現，三星鄉三個村仕紳化的成因與既有國外個案研究結果尚稱一致。概括而言，觀察地區的仕紳化係由多種原因──個人偏好、不動產市場及機關制度──共同促成。

第三節　個案研究發現與檢討

　　本研究以既有的仕紳化論述及近年來農村仕紳化個案研究為基礎，觀察了宜蘭三星鄉（三個村）的仕紳化情況與因素，其結果已如前述。在個案觀察中，有一些發現及問題值得進一步說明如下。

一、研究發現

　　在三星鄉個案觀察中的主要發現，可分為仕紳化徵候、仕紳化因素及仕紳化的

影響來說明：

(一)三星鄉仕紳化的徵候

本研究透過相關資料分析與實地察訪，發現三星鄉三個村具有仕紳化的徵候，這些徵候呈現在三個面向上，包括：1.三個村居民階層結構已有改變，這主要是因為近年遷出遷入的情況甚為普遍。從相關文獻與訪談中得到的資訊顯示，遷入者主要為中上階層，雖然未發生明顯的取代作用，但再過一段時間，原以農業生產（初級產業）人口結構為主的社會，將會有更高比例的二級及三級產業人口；2.在不動產市場普遍不太景氣中，三星鄉三個村不動產市場普遍仍屬熱絡，至少具有極佳的抗跌性。在北宜高速公路通車後，當地不動產價格雖增漲較為平緩，但在北宜高速公路通車前，當地價格已經高幅度成長。不過，三星鄉三個村的不動產價格仍然比臺北都會區的價格低廉許多，加上良好的環境，其仍具有吸引具有農村偏好的中上階層購買的潛力；3.在建成環境上，具有日本或歐洲風的農舍（別墅型住宅）及民宿等隨處可見，與傳統臺灣農村的建築式樣和田園構成的景觀，差別甚大。這種建成環境的改變，極易辨識，可以說是仕紳化的典型呈現。

雖然，本研究認為三星鄉三個村已經有仕紳化的現象，但似乎仍在初始階段，未來觀察區的仕紳化現象可能會持續加深，這是因為：1.觀察區的居民階層結構雖然逐漸改變，但是並未構成取代，但從趨勢來看，原有居民逐漸外移或農民逐漸老去，遷入的中上階層人口比例將會愈高；2.觀察區的不動產價格增漲的幅度雖然減緩，但包括不動產的供給與需求者雙方都認為，以觀察區的環境條件來看，它比台北都會區低了許多，具有一定的吸引力，因此不動產價格未來增漲仍然極具潛力；3.建成環境的改變固然顯著，但是這些建成環境的改變既不夠連貫，也不夠集中[27]，但隨著島內移民熱的興起（林孟儀2006），對於農舍的需求將增加，此地建成環境的改變將會更顯著。

(二)多元複雜的仕紳化因素

本研究將農村仕紳化的原因歸納為個人偏好、不動產市場及機關制度等三個

---

[27] 因為受到農地0.25公頃以上才能興建農舍的規範，使得臺灣農村發生集中性仕紳化的可能性極低。

因素，在觀察區仕紳化的觀察中，促成三星鄉仕紳化的原因，可以說涵蓋了前述三項，而且這些因素互相交織影響，很難分辨出那些因素較為重要。不過，與都市仕紳化的因素相比較，農村仕紳化的原因具有下列的獨特性：

1.在農村仕紳化中，追求獨特的生活空間—美好的景觀與清新的環境的重要性，似乎遠遠超過都市仕紳化。由於追求這些生活空間的仕紳，往往是退休、即將退休或事業有成者，因此農村仕紳化的仕紳，與都市仕紳化的仕紳（往往是年輕時尚的追求者）比較，在年齡上可能較長[28]。也就是說，三星鄉的仕紳主要來自戰後嬰兒潮中出生，現已是中、壯年的中上階層（林孟儀2006：126）。

2.被宣稱為是都市仕紳化最精密的理論依據（Hamnett 1984: 298）的租隙理論，在農村仕紳化的作用還須檢驗。因為，雖然在農村仕紳化的原因當中，不動產市場的因素甚為重要，但是三星鄉不動產的開發主要以新建為多（即農舍新建），與都市仕紳化以舊有建物的維護和修繕為主有所不同，此突顯租隙理論應用在農村仕紳化上的侷限性。

(三)仕紳化對地方的影響逐漸浮現

在都市或農村仕紳化的研究中，都討論到仕紳化的可能影響，有些研究者認為仕紳化具有正面影響，有些研究者則認為具有負面影響，前已述及。三星鄉三個村的仕紳化雖仍在初始階段，但已有一些影響浮現。

1. 地方景象的改變

地方景象的改變可以分成二方面說明：其一為帶來地方榮景，另一為景觀的改變。在地方榮景方面，由於中上階層的移入、住宅（豪華農舍）的興建，以及建成環境的改善，使得原本蕭瑟的農村，顯現出異常繁榮的景象。仕紳階級的到來，將會積極尋求建設，以及改善公共設施，如道路的鋪設、路燈的建置等。這些人口的進駐將引起各項需求增加，進而有各種消費場所的設置，例如雜貨店、便利商店乃至較高級的餐飲（如咖啡廳、音樂餐廳及民宿等的開設）（聯合報2003/10/29：E8版）等，都將帶動地方的繁榮。

在地方景象改變方面，三星鄉於地方繁榮展現之際，也產生了景觀的改變。

---

[28] 在都市仕紳化的研究中，也把戰後嬰兒潮出生者遷入都市視為都市仕紳化形構的遠因（Ley 1986: 522-523），不過都市仕紳化的研究較本研究個案研究早約二十年，當時嬰兒潮出生者的年齡約在25-40歲之間。

這種景觀的改變，包括從傳統農舍建築型態轉變成豪華的歐式建築式樣，和其外圍土地使用型態的差異（生產性用地vs.消費性用地）（參見本研究前述建成環境改變部分）。另外，民宿的崛起，也改變了傳統農地的使用型態。農舍的零散興建，使大面積的農田綠野景觀不再，山稜天際線的景觀破碎化；而且獨立農舍需要的電力、路燈、用水等公共設施成本較高，生活廢水排入農田亦可能造成污染（聯合報2006/05/10）。本研究的受訪者L-1表示：「我從小在這裡長大、種田，看到農田變成別墅，雖然地價很好，但是農地蓋了別墅以後，附近的土地也沒再種田了，感覺可惜。」上面的結果呈現出，仕紳化對傳統農地使用不利的一面。

2. 經濟與人口結構的改變

農村原本以農業生產為主，在仕紳階級取得農地並興建農舍之後，許多農地已不作傳統的農業生產使用，而成為休閒、怡情養性的消費用地。即使違反使用規定，亦在所不惜，本研究的受訪者A（兼營房地買賣）表示：「政府是會查，要作農業使用啊。但是只要大家在要查的時候，趕緊移一些作物過來做做樣子，也就這樣過去了。」受訪者D亦有類似的看法。此外，農民在出售農地之後，售地所得足可使老農民安度餘生，這些老農即使繼續從事農業生產，變成只是其停不下來的生活習慣。另外，受訪者J及K（二位均為農民），在不動產價格高漲的引誘下，表示有意從事土地的投資，受訪者L則表示想轉行從事民宿工作。這些顯示，農村仕紳化可能為當地帶來更多的消費性的土地使用模式，這與傳統的農村經濟（生產為主的土地使用）有很大的不同。

農村仕紳化另外一項意外的結果為農村人口年齡結構的改變，受訪者A指出：「目前進入宜蘭三星鄉的仕紳階級主要分為三個年齡層次：約30幾歲的高科技從業人士、約40幾歲的退休公教人員，以及50歲以上的生意人。且大部分都是現在看準通車之利，供未來養老定居。」這樣的情形與農村地區以移出青壯年人口而留下高齡化人口的情形完全不同。這批中壯年仕紳的移入，可能使農村地區人口的年齡老化減緩[29]。

---

[29] 觀察地區人口遷出的情形請參閱本研究「四、個案研究」「（四）仕紳化情況觀察」「1.居民階層結構改變」最後部分，訪談顯示遷出者主要為年輕人及小孩（因就業及就學）。又根據調查，我國農民平均年齡為61歲（陳武雄2009），若遷入者主要為中壯年（參閱附錄一），農村仕紳化可能帶來農村人口年齡年輕化，但此為推測，實際情形有多顯著，尚須等觀察地區持續進行仕紳化，以及足夠的資料才能驗證。

3. 原居民與新遷入者之間關係疏離[30]

　　農村一般具有居民互相幫助、氣氛祥和及安全等的特色（Little and Austin 1996），三星鄉亦具有這樣的特徵。受訪者K表明了這種特徵：「我們老農大家都是非常熟的，相互幫助。你們都不知道，像我們這兒一戶家裡人去世，是由大家合資辦喪禮的，根本不用擔心死了怎麼辦。這和你們都市人可能連鄰居是誰都不知道不同吧？」其他的世居於此的村民受訪者，也都表示對附近鄰居仍然非常熟稔。但是，對於新進駐的外來住戶，卻有著不同的反應，雖然他們知道那一戶不是本地人，也都不反對外地人士遷入[31]，但卻沒有深入認識，受訪者K表示：「門都關起來了啊，沒有特別的事也不會去打擾人家。」（受訪者L也有類似看法）這顯示，進駐的仕紳由於本來就對當地不熟悉，都市的生活又習慣以高牆作為屏蔽，因此新建的農舍大多具有圍牆且大門深鎖，本地人面對圍牆及大門的豎立，即產生不便打擾之意，人際關係的交流，自此已經有了阻隔。不過，相對於世居的農民，外來的仕紳階級（五位受訪者），雖然都認為農村地區人民親切樸實。但是，受訪者A及D認為本地人較封閉且較難有相同的話題，因此會和同樣自外地遷入的人士保有較密切的聯繫。受訪者D更認為：「這裡的人際關係？就像和臺北一樣啊！沒有多大的不同。」僅有受訪者C表示自己正努力的融入當地的濃厚人情味中，並表示：「會過來這裡的人多半都想與世隔絕，但是都在這麼美的環境了，何必還要把自己困在圍牆鐵門中呢？」

　　此外，從「柑仔店」變成便利商店（聯合報，2004/10/16：C1版），也部分地瓦解了當地人的人際網絡的聯繫。受訪者E指出：「傳統的柑仔店是我們這裡很重要的人際網絡聯繫點，在柑仔店購物時，大家會坐下來聊幾句，話家常。」受訪者J特別提到：「以前的柑仔店有人情味，農民平常沒有收入，到柑仔店買東西，經常是先欠賬，到有收割的時候，或到農曆年底再結清，對農民很方便。現在新的店都是年輕人，不認得，東西買了就走。」

　　上述的情況顯現出，原居民與新遷入者之間接觸較少，新進駐的仕紳階級似乎不能真正融入當地的人際網絡，反而因為過去的生活習慣、背景與階層的差異，產生隔閡。這種隔閡是否使得農村地區原有的緊密網絡關係逐漸瓦解，值得注意。因

---

[30] 這裡指的是人際網絡關係，傳統的農村一般具有非常緊密的人際網絡，彼此相互熟稔，從農事換工，到婚喪喜慶，幾乎無不互相幫助。

[31] 受訪者E表示：「宜蘭人就是熱情啊，這麼漂亮的環境當然歡迎大家來居住。」

為，Solana-Solana（2010）在觀察西班牙農村仕紳化的情形後，曾經警告，在仕紳化初期，原居民與新遷入者之間的隔閡若無法除去，隨著仕紳化持續加深，一旦其間有利益不一致時（例如對地方發展觀點的差異），階層衝突的情形就可能發生，Clocke and Thrift（1996）及Ghose（2004）即曾經分別在英國與美國的農村觀察到這種衝突。

二、個案檢討

本研究以三星鄉作為個案研究地區，但在研究觀察上有以下問題存在：

(一)仕紳化認定問題

本研究雖然認定，三星鄉具有仕紳化的現象，但是若依據Pacione的標準，以農村地區的中產（仕紳）級人口占40%以上為仕紳化地區（Phillips 1993: 124）時，那麼研究地區似乎尚未達到完成仕紳化的標準。不過一如前述已經提到，以這種固定比例作為標準，無法呈現仕紳化的過程Phillips（1993）。此即牽涉到農村仕紳化標準認定問題，如果把仕紳化看作是一個動態過程，則研究地區已經出現仕紳化，此再度凸顯仕紳化界定的缺乏一致性。

(二)資料取得與運用問題

本研究在個案中所收集的資料及應用，實際上都有不足，一方面固然由於缺乏既有可用的二手資料（例如人口屬性、就業、階層別，以及精確可信的不動產價格資料等），以致於在解讀各項觀察結果上（如前述是否仕紳化的問題），仍然缺乏足夠的可接受度。這些統計資料的不足，應可藉由全面性的調查來解決，不過因為這類的調查需要大規模的人力與較長的時間，本研究乃透過質化研究——深度訪談來替代，雖然因此而獲得了一部分資料，但仍不夠全面。因此，對於農村仕紳化的個案觀察，需要更深入與廣泛的資料蒐集與分析。

(三)仕紳化與郊區化差別問題

本研究研究顯示，三星鄉的三個村具有初步仕紳化的現象，不過這種現象與一般的郊區化有何差別？雖然，Phillips（2002）指出英國農村仕紳化與郊區化本質上的不同，這是因為英國經過了顯著的郊區化，之後才有農村仕紳化。郊區化是指原先居住於都市的居民遷移至都市周圍（即「市郊（suburban）」）的過程或現象，農村仕紳化與郊區化的主要差別有三（Phillips 2002; Stockdale 2010）：第一，相對於郊區化，農村仕紳化更強調中上階層的遷移與取代作用；第二，在觀念上，農村仕紳化的區位較郊區化的區位距離都市中心更遠，因此有一部分農村仕紳化的仕紳是為了逃離郊區化的生活而來到農村；第三，在空間特性上，郊區化地區已經具有相當程度的都市化現象，例如大規模的土地開發用以興建公共設施和住宅等。本研究觀察地區顯示出，一方面，雖然遷入者大都屬中上階層（參閱前述（四）仕紳化觀察1.居民階層結構改變部分），但是觀察地區尚無明顯的取代作用，因為遷入者主要遷入於新建的住宅（農舍）中；另一方面，就本研究觀察地區，雖在產業與景觀特性上屬於農村，也沒有大規模興建公共設施和住宅等都市化現象，但是否就能斷言觀察區屬農村仕紳化，而無郊區化疑慮？本研究未作仔細探討與區隔，仍待未來澄清。

(四)觀察空間大小問題

在觀察空間上，本研究將三個村視為一體，主要原因為三個村連接一起，且主要圍繞著羅東鎮，在地形上亦無太大差別。不過在區位上，大洲村較接近宜蘭市，且若經由雪山隧道至臺北都會區，其較行健村及大隱村稍具近便性。交通成本與便利性為仕紳考慮遷移與選擇地點的因素之一，本研究深度訪談結果亦顯示，遷入者確實將交通因素列為考慮因素之一。如此，本研究三個村因為區位的差異，可能造成三個村仕紳化的差異，例如在人口增加數量和遷入人口數量上都較高（參閱表10-3與表10-4），就此而言，與宜蘭市和臺北都會區較具近便性的大洲村仕紳化的徵候較其他二個村更為顯著。此顯示出仕紳化的觀察空間尺度可能影響其觀察結果（Phillips et al. 2008），因此，在選擇個案地區的空間尺度上，未來須有更多的討論。

三、小結

　　仕紳化的研究從1960年代的都市仕紳化開始，逐漸受到重視，到1980年代並延伸到農村仕紳化的研究。其中農村仕紳化的觀察主要集中在歐美，特別是英國與美國，在亞洲（包括臺灣）都還沒有深入的研究，基於此，本研究進行了臺灣農村仕紳化的研究，並以個案觀察的方式來進行。為了進行個案觀察，本研究首先整理仕紳化的界定與仕紳化的原因，並藉此整理歸納農村仕紳化的特徵及其形成的主要因素，以為本研究個案研究的基礎。

　　本研究個案係以宜蘭縣三星鄉（三個村）為例，因為三星鄉已成為近年來蘭陽移民者的主要目的地之一，大洲、大隱及行健三個村具有優美的農村景色，以及農地與農舍交易活絡的特性，因此具有農村仕紳化的基本要件。本研究透過相關文獻與深度訪談來進行個案研究，結果發現：

(一)觀察地區呈現初步仕紳化的現象，這些現象包括：

　　1.近年人口有增加趨勢，且遷入者多為中上階層；

　　2.不動產價格上漲明顯；

　　3.景觀改變，例如農舍（住宅）多為歐式、日式等風格。

(二)個案地區的仕紳化係由多重因素構成，其包括：

　　1.個人偏好，例如偏好農村景觀與生活環境等；

　　2.不動產市場，例如農村雖然不動產價格日漸高漲，但相對於都市而言仍具有競爭力；

　　3.機關制度因素，宜蘭長期的環保立縣政策，管制較嚴格的土地使用管制等。

(三)由於三星鄉觀察到的仕紳化表徵，以高級農舍的興建為主，其屬於土地的新開發，與一般都市仕紳化舊建物修繕美化的情況不同。此意味著在都市仕紳化中經常被視為具綜合解釋能力的租隙與值差，在本研究三星鄉三個村的仕紳化中可能不適用。

(四)仕紳化雖然為三星鄉帶來了繁榮景象，但也開始產生一些衝擊，包括：

　　1.新遷入者經常不以耕種為業，其取得之土地因此經常不再繼續供作農業使用，容易形成土地使用上的衝突，甚至破壞鄰近的農業生產環境。

　　2.由新建的建物形式與傳統建築顯著差異，不同的建築式樣，將改變原有傳統的農村特色，並因此而影響田園景觀；

3.由於遷入者與原居住者對於土地使用觀念、生活習慣與態度上的差異，他們之間的關係較為疏離，此和傳統農村的緊密人際網絡關係，有所不同。

　　由於本研究著重在農村仕紳化的一般原因及結果的觀察上，這種一般性的觀察需要廣泛的資料來佐證，本研究所取得的相關資料並非充足。因此，就相關論證及分析而言，可將本研究視為臺灣農村仕紳化的初期研究，後續對臺灣農村仕紳化的研究，需要有更多資料來驗證，且需要更細密深入的研究，其中尤以下列面向特別值得繼續研究：

　　(一)仕紳化從開始的都市現象描述，到最近成為新自由主義都市政策的新型態（Atkinson and Bridge 2005: 4），顯示仕紳化在活化地方上扮演了積極的角色。不過在這方面的研究尚少，未來值得深入研究，特別是仕紳化作為城鄉發展策略的可能性和其侷限（Smith and Graves 2005）。

　　(二)本研究對於農村仕紳化的觀察系在2010年以前，2010年通過了農村再生條例，此將有助於農村聚落的發展，亦因此可能進一步農村仕紳化的發生，但其影響及結果如何？需待實證來觀察。

　　(三)對於農村仕紳化結果，現有的研究主要都為事實的描述，未來應可把空間認識論（spatial epistemologies）（特別是列斐伏爾（H. Lefebvre）與索雅（E. W. Soja）的空間論述）與仕紳化做結合（Phillips 2002），並作更深入的個案觀察，使仕紳化的結果（對空間的影響）具更完整的理論支撐。

附表10-1：農村仕紳化受訪者基本資料表

受訪者類別	受訪者代號	職業	年齡	年收入〈萬元〉	訪問時間地點	遷入地
仕紳階級	A	退休自由業兼房屋仲介	50~60歲	100~150	2005.3（自家）	臺北市
	B	軍公教人員	31~40歲	100~150	2005.3（自家）	臺北縣
	C	自由業	21~31歲	50~70	2005.4（自家）	宜蘭縣市區
	D	服務業	20~30歲	不願透露	2005.4（服務處）	臺北市
	D-1	自由業	50~60歲	100~150	2006.7（民宿）	臺北縣
	D-2	自由業	40~50歲	100~150	2009.8（自家）	臺北市
	D-3	服務業	40~50歲	80~100	2010.4（自家）	臺北縣
世居村民	E	退休公教人員兼房仲業	65歲以上	70~100	2005.3（自家）	
	F	軍公教人員	41~50歲	不願透露	2005.3（服務處）	
	G	服務業	31~40歲	70~100	2005.3（服務處）	
	H	農業兼公職	21~30	70~100	2005.4（自家）	
	I	軍公教人員	41~50歲	50~70	2005.4（服務處）	
	I-1	軍公教人員	50~60歲	70~100	2006.7（服務處）	
	J	農業	65歲以上	30~50	2005.3（自家）	
	K	農業	65歲以上	30以下	2005.4（自家）	
	L	農業	51~60歲	30以下	2006.7（自家）	
	L-1	農業	41~50歲	30以下	2006.7（自家）	
	L-2	農業	50~60歲	不願透漏	2010.4（田邊）	
房仲業者	M	力霸房屋	30~40歲	不願透露	2005.3（服務處）	
	N	太平洋房屋	30~40歲	不願透露	2005.4（服務處）	
	O	永慶房屋	30~40歲	50~70	2009.8（服務處）	
	P	中信房屋	30~40歲	不願透露	2009.8（服務處）	
	Q	太平洋房屋	30~40歲	50~70	2010.4（服務處）	

註：受訪者居住或就業於三星鄉大洲、大隱及行健村，或業務範圍在此三村者

第二次世界大戰之後，除了農業體制及農村發展路徑改變之外，規劃思潮亦產生極大的改變。由於土地利用規劃實際影響到農業的發展及農村空間的形塑，因此本章以農地使用規劃為研究主題。本章分為兩節，第一節為規劃理論的簡要回顧，第二節提出本研究的農地使用規劃理念。

第一節　規劃理論的演進

作為國家進行土地分派土地使用的主要工具，土地規劃隨這社會的發展而有不同的思維，此為規劃理論的形成基礎。規劃理論的發展雖然在二次大戰以後才較有體系（Hall 1996, 2002），但對於規劃理論的內涵及其變遷的研究，卻非常豐富且成熟（參閱如Hall 1996；Taylor 1998；Allmendinger 2002；李承嘉與廖本全2005）。規劃理論的轉折有不同切割方式，一般說來，戰後規劃思潮的變遷大致如下：1940年代中期到1960年代，城鄉規劃的重點在都市，並且以實質規劃及都市設計為內容；1960至1980年代城鄉規劃進一步把區域規劃納入，並且以理性及程序為實踐的依據；1980至1990年代溝通式規劃逐漸興起；1990年代中期以後，則有一些規劃論述開始對溝通式規劃進行批判（Taylor 1998；Allmendinger 2001, 2002）[1]。全面的將這些觀點於此作說明既無可能亦無必要，因此本研究把重點放在土地規劃

---

[1] Smith（2005）認為，20世紀的規劃可劃分為三個典範（如下表），但是要特別注意，這三個典範並不是完全的取代，而是共存於現有的規劃體系中。

	規劃的性質	規劃的技術	規劃的支配	權力的分配	假設的關係性質	哲學的基礎
第一典範	固定的未來願景（被設計出來的藍圖）	主要計畫、使用分區	國家的計畫人員	政府支配	大眾共識存在	理性主義

的起源、國家與規劃思潮及近年討論較多且相互競爭的程序理性、溝通理性與後現代的權力論述的規劃觀點上。這樣做的原因是：1.規劃理論的研究已經非常豐富，無需全面討論；2.上述的重點與本研究前述討論的內容關係密切。

一、土地規劃的起源

　　就人類的歷史而言，人類對土地進行使用計畫可能甚早，因為在都市形成時就可能隱含有某種形式的土地使用規範，所以可推測土地規劃最早源自於對都市的土地利用計畫。但是最早有計畫的都市起於何時何地，基本上難於定論（Hoffmeister 1987: 3-4；Pietsch und Kamieth 1991: 22-24）。儘管對都市的土地利用計畫可溯至紀元前，但是比較有體系的都市計畫則形成於二次大戰之後（Hall 1996, 2002；Taylor 1998），因此奠定現代都市計畫的先鋒啟航者的論述與行動約在1880-1945年間（Hall 2002）。

　　現代都市計畫的論述與行動之所以產生在1880-1945年間，與當時的社會環境有關。其一，經過工業革命及人口集中於都市的後果，造成了都市居住品質的惡劣，特別是中下階層的住屋環境更屬不堪，這種都市當時被稱為「貧民窟城市（slum city）」，在資本主義初盛行之際，此貧民窟城市遍及了歐美主要都市，包括倫敦、巴黎、柏林、芝加哥及紐約皆然，都市普遍缺乏基礎設施，衛生條件惡劣，富裕之家固蒙其害，工人階級更無從改善其居住環境（Hall 2002: 13-46），因此都市人居民平均壽命甚短。其二，人口集中促使都市蔓延，其結果在都市周圍建造出許多不合環境衛生的貧民住宅，此不但使得住在都市外圍的居民通勤時間越來長，同時也侵占了農村土地，此引來各方人士積極關注城市規劃（Hall 2002: 18-25），並且提出土地使用規劃的理念，其中最重要的應屬霍華德（Ebenetzer

	規劃的性質	規劃的技術	規劃的支配	權力的分配	假設的關係性質	哲學的基礎
第二典範	彈性的願景和特殊的行動（「系統」）	結構計畫、行動計畫、特定發展區域	公私合夥	政府與私部門	應建立大眾共識	理性主義
第三典範	無故定願景	上述的技術加上參與式規劃	協商討論	政府、私部門與公民社會	衝突需予協商	相對主義

（資料來源：引自Smith（2005）：40表3.1）

Howard 1850- 1928）的花園城市（Hall 1996: 87）。

1898年霍華德出版了他一生中的唯一著作《明日：邁向真正改革的和平途徑》（*Tomorrow: A Peaceful Path to Real Reform*），在1902再版時則更改為「明日花園城市（Garden Cities of Tomorrow）」。在明日花園城市中，霍華德呈現了他理想的城市規劃基本理念：

(一)釐清農村與都市居住的優劣點

透過有名的三個馬蹄鐵圖像（Three Magnets diagram）說明居住於都市與農村的個別優缺點。城市馬蹄鐵的優點為高工資、高就業機會、具有提升地位的希望，但是這些都因高租金與高物價而受抵銷；城市的社交機會（social opportunities）及其娛樂場所特別迷人，但是，「坐擁群眾猶孤寂（isolation of crowds）」減低了前述美好事物的價值；另外，城市中住屋擁擠，陽光污濁，貧民窟林立，也減損了城市的吸引力。相對於城市，農村則具有優美的景色、清新的空氣與絢爛的陽光，但是農村少有工作機會及社交機會，工資與地租都低，更經常看見「入侵者依法究辦（Trespassers will be prosecuted）」的警語。霍華德認為，城市與農村馬蹄鐵都無法滿足規劃與自然的目的，人類社會與自然美景應該一同被享受，此意味著城市與農村兩個馬蹄鐵應該融合在一起，「城市是與農村應該結成連理（Town and country must be married）」，這個就是「城鄉馬蹄鐵（Town-country magnet）」。城鄉馬蹄鐵擁有城市與農村的優點，而無其缺點，這是城市規劃者所要追求的規劃目標（Howard 2003）。

(二)城鄉結合的辦法

霍華德用來達成城鄉馬蹄鐵的方法有兩項，其一為透過可及性的提高來維護城市的優點，另一為透過大面積綠地的保留來維護農村的特色。其具體的作法是，有計畫的疏散居民（特別是工人）與工作場所，把城市的優點轉移到新的遷徙安置區（settlement）。這些遷徙安置區將成為新鎮，其位置是在舊城市的通勤範圍以外，且規模較小。按照霍華德的構想，這個新的城鎮將可容納32,000人，總面積至少有6,000英畝（2,400公頃），其中至少有5,000英畝（2,000公頃）留作綠地（帶），其餘不到1,000英畝才供作建築使用。重要的是這些新城鎮並不是孤立的，它與許多類似的新城鎮之間（霍華德設計有六座這種新城鎮），以及與中心城

市之間都有便捷的城際鐵路與水道（Inter-Municipal Railway and Canal）連結（在霍華德設計圖中，中心城市可以容納58,000人），六個新城鎮加上中心市的總人口為25萬人，霍華德稱此種多核心的聚落架構為「叢聚城市（social city）」。透過叢聚城市的設計，使得居民既擁有農村般的田園生活環境，又享有大城市的經濟與社交機會，城市與農村的好處因此被巧妙地結合起來。

(三)土地及地租社區化

在結合城鄉優點的城鄉居住環境優點的構想後面，花園城市與叢聚城市所要建構的遠超過單一城市（more than just a town），花園城市是一個第三社經體系（third socio-economic system）——超越維多利亞式的資本主義（Victorian capitalism）與科層式的中央集權社會主義（bureaucratic centralized socialism）（Hall 1996: 94）。在規劃中的叢聚城市，除了由每一個遷徙移置區（新設城鎮）提供居民眾多的就業機會與服務外，同時每一城鎮藉由快速運輸系統作緊密連結以外。

常常令人疏忽的是，在花園城市的設計中，霍華德主張由社區（community）取得土地，此即土地公有（李瑞麟1982: 58；辛晚教1986: 215）或地方土地的市有化（local land municipalization）（Howard 2003: 69）。土地為地方所有的好處，在於可使不勞增值歸地方所共享，他指出：「簡言之，其目標為提高所有真正勞工，不管任何階層勞工的健康與舒適標準——達到這些目標的方法為城鄉生活的健康、自然與經濟的組合，以及以土地由城市所擁有為基礎。」（Howard 2003: 13）又說：「某些倫敦地區的地租每畝高達30,000英鎊，但在農地每畝地租4英鎊已經很高，這種地租報酬巨大差距的原因主要在於前者擁有眾多人口，而後者則無。這種地租的差異與個人的貢獻無關，通常此被稱為「不勞增值」（unearned increment），即非由地主努力而來，所以它更正確的用語應為『集體努力增值』（collectively-earned increment）……在花園城市裡，土地是由公設管理人管理，在該土地還清債務之後剩餘的所有增值，將會成為城市所擁有的財產，人口增加地租上漲，增漲的地租不會歸於任何私人所有，而是將它用來減輕地方稅（relief of rates）。」（Hall 2003: 21-22）地方政府取得的增漲地租，則用來建設勞工租宅、老人住宅，以及其他地方公共設施。如此，不需要依靠地方或中央稅收就可以建立「地方福利國家（local welfare state）」，地方政府直接向其市民負責（Hall 1996:

93-94）。

　　整體而言，霍華德所要建立的不只是花園城市，實際上要建立的是一個土地
產權社區化的烏托邦共同體。霍華德花園城市概念的形成，其實融入許多不同思
想的精華，例如，霍華德花園城市所呈現的激進與浪漫烏托邦社會主義，即分別
受到早期社會主義者莫里斯（Williams Morris）、歐文（Robert Owen）與史賓士
（Thomas Spence）乃至馬克思（Karl Marx）的影響，社會主義者的思想使花園城
市建立在土地公有制上。另外，土地改革學派的主張及費邊社的許多構想也都影
響到花園城市的構想，包括地租歸公的觀點及地方福利國家的概念（Hall 1996；
Howard 2003）。

二、國家干預與規劃思潮的演進

　　戰後規劃思潮演變（或稱為規劃理論）的劃分方式，依切入點的差異有所不
同（參見Taylor 1998；Lawrence 2000；Allmendinger 2002），本部分的切入點放在
國家干預自由市場的大小上面，採取這樣的切入點，主要因為其涉及土地規劃的核
心價值問題，也牽涉到規劃的重大轉向（Taylor 1998）。在此一切入點下，戰後城
鄉規劃思潮可以分成兩大階段，即社會民主的規劃理念與新右派的規劃觀點兩種路
線。

(一)社會民主的規劃理念

　　霍華德「花園城市」的偉大構想影響之後的規劃極為深遠，許多城市規劃的
先驅者都企圖設法實踐其構想（Hall 1996），第二次世界大戰之後才算成熟的規劃
體制，受其影響尤深。在霍華德花園城市的構想中，把土地為集體所有的社會主義
者構想和英國具傳統保守特徵的新哥德式浪漫主義結合起來。因此，花園城市規劃
運動對二十世紀城鄉規劃的影響完全展現在這種激進與傳統價值的混合上（Taylor
1998: 21）。

　　第二次世界大戰後，在這種社會改革與保守情愫的混合價值影響下，即
產生了所謂「共識政治」（consensus politics）或稱為「社會民主」（social
democratic），這種情形在城鄉規劃開創上居領導地位的英國特別顯著。英國戰後

的共識政治兼具有激進與保守思想的特性，並且在極端自由主義（支持私人企業和自由市場）與社會主義（擁護較多的公共擁有和管制）之間建立「中間路線」（middle way）。在英國戰後的規劃體系中，此一中間路線透過「1947年的城鄉規劃法」（Town and Country Act 1947）完整的呈現出來，為了要創造規劃的「驗證性體制」（positive system）——國家可以適度地規劃都市土地使用及從事土地開發的體制—某些社會主義者認為，應透過土地國有制度來確保管制土地市場的權力。實際上，烏茲渥特委員會（Uthwatt Committee）在戰時（1942年）已經討論相關土地使用規劃補償與改良的議題，並且差一點就頒布上述土地國有辦法。然而，在討論1947年討論城鄉規劃法時，工黨的領導階層認為，土地國有化在政治上已不流行，他們撤回了這項構想，並代之以土地開發權國有化（nationalized the right to development）的措施。其替代構想即是一種混合經濟（mixed economy）的法制，一方面藉由土地及財產的私有權而保有市場體制，另一方面藉由國家對發展權的控制來管制私有市場。（Taylor 1998: 21-22）這種「混合經濟」、「中間路線」或「社會民主」的做法延續了30年之久，一直到1970年代中期，才有所轉變。

(二)新右派的規劃觀點

第二次世界大戰以後，歐美自由資本主義國家的城鄉規劃都在左派與右派的高度共識政治範疇下運作，亦即在「社會民主」的意識形態下運作。其運作的概括情形為，在土地開發產業（例如財產開發者）保有相當大部分的私部門的同時，藉由城鄉規劃法的控制，開發土地的權力仍然由公部門管控，開發者必須獲得國家（地方主管機關決定）的許可。在此一情形下，國家獲得權力來監督管制資本主義的土地市場，這就是典型戰後民主社會的市場提供與國家管制的特殊混合物。這種規劃體制雖然不能避免不完善，因此而受到一些批評，但是戰後社會民主的國家干預角色一般來說都是被接受的，而批評也都針對改善其運作，而不是完全的將它放棄（Taylor 1998: 131-132）。但是，到了1970年代，西方資本主義國家因通貨膨脹、經濟成長停滯及維持福利國家所需的公共預算支出壓力等，刺激了古典自由主義的復甦。

1970年代，自由主義論者採取了海耶克的觀點，把當時西方資本主義社會產生的諸項問題，歸因於國家的過度干預，這種干預導致無效率的官僚決策，而且阻礙私人企業發展競爭及削弱競爭與效率。為維護福利國家的公共支出而課徵的

高稅率，也被視為是「生產性」私部門的負擔（Taylor 1998: 133）。基於此，自由主義者主張回到古典自由主義的原則—自由競爭市場（O'Connor 1973；Nozick 1974）。1980年代整個西歐與北美都受到自由主義復甦浪潮的影響，因此，英國有柴契爾主義，美國則有雷根主義，二者遙相呼應。到了1980年代末期，蘇維埃社會主義在蘇聯及東歐的瓦解，增加了自由主義者的信心，使這股的自由主義（為了與老的自由主義相區隔其通常被稱為「新自由主義」、「新右派」或「新保守主義」）更為壯大，並且對國家政策產生實質影響，例如從追求社會福利的「需求面經濟政策」轉變成親資本家的「供給面經濟政策」（Baradat 2000: 53-59）。新自由主義最顯著的特徵之一為反對福利國家，新自由主義者把福利國家視為一切罪惡的泉源，正如早期的革命左派把資本主義視為一切罪惡的泉源一樣。由於新自由主義這種觀點，使原社會民主下的城鄉規劃，也受到極大的影響。其結果為減少規劃對自由市場的干預，從抑制自由市場，轉向促進市場的發展。也就是David Harvey所稱的，由1960年代的管理路徑（managerial approach），轉向1980年代的企業路徑（entrepreneurial approach）（周志龍2001: 98-99）。新右派在城鄉規劃上的作法包括，縮短開發許可的時程，並以正面積極的態度來看待市場導向的開發（Taylor 1998: 130-154；Allmendinger 2002: 92-113；Rydin 2003: 48-68），同時鼓勵公私合夥的規劃與開發模式（Heinz 1993）。

由上觀之，從霍華德花園城市開始，城鄉規劃有了它自己的論述。這些論述影響到二次世界大戰之後的城鄉規劃實踐，當時城鄉規劃的論述（雖然不完全）基本上延續了霍華德的構想，國家有責任也有權力對土地的使用進行分派，最起碼土地開發使用需獲得國家許可，而國家在分派土地使用及發給許可是以社會整體利益為主，即使抑制市場的運作也在所不惜。到了1970年代，因為社會及經濟產生的問題，以及新自由主義的抬頭，原有抑制市場的觀點與作法逐漸有了轉變，代之而起的是促進市場的論述與實踐。

三、現代與後現代觀點下的規劃理論競爭

在現代化觀念的引領下，理性規劃在第二次世界後，長期地支配規劃思潮。不過，隨著日益多元的觀點出現，以及理性規劃本身的問題，而有不同於理性規劃觀點的規劃思潮被提出來，包括溝通式規劃及後現代的規劃觀點，以下分別說明其內容。

(一)理性規劃

理性規劃（或稱理性程序規劃）一般性的原則為強調「科學的（scientific）」與「客觀的（objective）」方法（Allmendinger 2002: 42），不同的理性觀點形成了不同的規劃路徑[2]，從1960年以後理性規劃主導了城鄉規劃，Sanderrock（1998: 27）把理性規劃或現代主義的規劃（modernist planning）的「智慧（wisdom）」歸納成五項：

1.規劃——指城市及區域規劃——關心的是使公共的決策更理性，因此，其焦點主要在高深的決策（advanced decision making）：聚焦在未來的發展視野，以及謹慎地考慮和評估選擇與可行方案的工具理性。

2.如果計畫是全盤的（comprehensive）會最有效，全盤性被明訂在規劃法規中，其規定了多功能／多部門的空間計畫及經濟、社會與環境和實質規劃的交集（intersection）。

3.規劃既是科學也是藝術，但依據經驗，其強調的通常是科學。規劃者的權威主要來自社會科學理論與方法上的優勢，因此規劃的知識與經驗係奠基在實證科學上，其偏好量化模型與分析。

4.作為現代化綱領的一部分，規劃是一個國家指導未來的綱領。在這裡面，國家被看作具有促成進步及改革主義者的傾向，並且和經濟分開的組織。

5.規劃處理公共利益，規劃者的教育特許他們能夠辨認什麼是公共利益。規劃者代表中立性的公共想像（public image of neutrality），且基於實證科學，規劃在性別與種族上是中立的。

---

[2] Rydin（2004: 111）將規劃的理性分成三種，包括：科學理性（scientific rationality）、經濟理性（economic rationality）與溝通理性（communicative rationality）[2]，這三種理性在現在的城鄉規劃上經常出現，它們之間的主要內容對照如下表所示，傳統的理性規劃比較注重的應為此處的科學理性。有關於規劃理性的它種分類，請參閱Sager（1994: 42-45）。

	科學理性	經濟理性	溝通理性
對規劃對象（如土地、環境等資源）的觀點	科學研究的物質實在客體（physical reality object）	經濟過程中消費範疇的資源客體（resource object of consumption context）	物質與社會生活品質的社會性建構介面（social constructed interface）
對規劃問題本質的認知	起因於對規劃對象的缺乏理解與知識；導致貧乏的管理	起因於無市場價格、過度被使用的資源，以及缺乏財產權；無法併入經濟的決策中	起因於未適度地把關係人納入、拒絕非專業的知識、以及不充足的資源利用教育
解決規劃問題的偏好	以固有的科學知識導向為基礎	以市場為基礎的工具（介入了財產權和準市場價格）	與關係人諮商，建立願景與共識

（資料來源：依據Rydin 2004: 111, Fig. 6.10修改）

到了1980年代，具有上述所謂智慧的理性規劃受到許多質疑[3]，這些質疑主要集中在工具理性、規劃者所扮演的角色上面，此撼動了長期以來被視為理所當然的規劃觀，代之而起的是另一種理性及規劃方式——溝通式規劃。

(二)溝通式規劃的興起及其內涵

溝通式規劃主要以德國社會哲學家哈伯瑪斯（Jugen Habermas）的溝通行動理論（Theory of Communicative Action）為基礎，哈伯瑪斯提出溝通行動理論的出發點之一，在於現代性中所強調的工具理性（instrumental rationality），因受到後現代理論家的攻擊，而變得搖搖欲墜。作為現代性的辯護者，哈伯瑪斯於是提出了溝通理性（communicative rationality），其最主要的用意為試圖發展出「清楚、計量與同質的工具理性」的替代方案（Harris 2002: 26），此即哈伯瑪斯試圖透過溝通理性進行理性的重建（rational reconstructive）（林信華1993）。

如前所述，為了彌補實質規劃理論的理性真空，規劃理論學者引用了哈伯瑪斯的溝通行動理論作為新規劃理論典範的基礎，在這裡面以溝通理性取代了工具理性。溝通理性核心是語言的角色及尋求不受扭曲（distorted）的溝通作為共識及行動的基礎，在哈伯瑪斯所謂的「理想談話狀況」[4]下，溝通不會被權力、自我利益

---

[3] Friedmann提出對工具理性規劃的六項質問（引自Allmendinger 2002: 195）：(1)自工具理性路徑產生的知識係以過去的事件為基礎，但是規劃者需要的是能涵蓋未來事件的知識。為了能夠堅持基於過去事件產生的知識與未來之事件有關，需要提出何種假設？(2)展現所有科學知識的命題、理論與模型都極度地簡化世界，但是在『真實世界』中的規劃則極為複雜。將聲稱構成真實的假設放寬時，是否會使知識失去其「客觀」的特性？(3)所有的科學及技術知識不是理論的就是方法論的，在不同理論之間，規劃者依據什麼標準進行選擇？選擇一項理論以替代其它理論，是否即為一項政治行動？(4)他種「知識」的主張是什麼？基於何種道理，科學與技術知識可以堅持優於他種知識？特別是在他們之間會產生不同結果的時候。(5)所有的經驗知識（科學的及其他的種類）都因驗證而成為有效，因此知識的建構必須被視為一種社會過程。此種以溝通為基礎的過程是政治與理論地安排，我們具有這種程序的知識是以「這個世界的知識（knowledge of the world）」為基礎，其為事實（facts）、經驗（experiences）、信念（beliefs）與願景（visions）的知識，結果所有的知識都是社會程序所創造。基於此，規劃者有什麼理由主張他們的世界觀點獨具優先性？(6)就取得客觀的知識而言，個人或共同的有關於世界的信念是一項重大的阻礙物。規劃者如何能夠堅稱其能優先獲取客觀的知識？如果行動者的個人知識與規劃者的科學知識衝突時，有任何理由去設想其一或另一者本質上較優，因此而應被追隨嗎？依據Foster（1989）看法，此一問題的答案圍繞在他所稱的「扭曲（distortion）」上。雖然理性與漸進式規劃在實踐上是真實的，但它們並未捕捉到規劃者日常工作的真實性。

[4] 哈伯瑪斯自己提出達成「理想談話狀況（ideal speech situation）」的「四個有效聲稱（four validity claims）」——真實（Truth）、合法性（Rightness）、真誠（Truthfulness）與可

和忽視等的效果所扭曲（Allmendinger 2001: 124）。雖然有許多的註解與實際行動的準則條件，但是溝通行動理論仍然被認為是「重要但遙不可及的著作（important but inaccessible work）」（Harris 2002）。規劃學者將溝通行動理論應用在規劃上，就某種程度而言，可以視為溝通行動理論的意外實踐。溝通行動理論被應用在規劃理論上，而成了溝通式規劃，其並成為二十一世紀的主要規劃論述之一，這種轉變被稱為「溝通轉向（communicative turn）」，其已經成為土地規劃的重要議題，Innes（1995）甚至宣稱已經產生規劃理論的新典範。「溝通轉向『指的是』溝通式規劃理論（communicative planning theory）」的構成與實踐[5]。雖然有許多溝通式規劃的研究[6]，溝通式規劃的內涵並不非常一致，本研究採取Allmendinger（2001: 124）的觀點，因為Allmendinger的觀點較具綜合性，他認為溝通式規劃的內涵如下：

1. 規劃是一項互動與解釋的過程；
2. 規劃是在不同的與流動的論辯社群間進行；
3. 尊重人際間與不同文化間對話的方法論；
4. 聚焦於公共討論發生與區別問題、討論策略及手段、評估價值、以及調解衝突所在的「鬥爭場域（arenas of struggle）」；
5. 增進各種不同政策發展的形式主張；
6. 發展有助於參與者評估與再評估的反省能力；
7. 策略討論充分開放至包含對創造新規劃論辯有益的所有群體；
8. 在論辯中參與者可以獲得其他參與者的知識，藉此學習新的關係、價值與理解；

理解性（Comprehensibility），不過這四個條件一般被認為並不容易達成（Allmendinger 2002: 188）。因此，Dryzek主張盡量在下列的條件下來進行溝通（引自Allmendinger 2002: 188）：(1)免於宰制（權力運作）的互動；(2)不受其他行動者所提策略影響的互動；(3)（自我）忍讓（（self) deception）；(4)所有的行動者都是平等的，而且完全有能力提出自己的觀點，並且對他人觀點提出質疑；(5)參與不受任何限制；(6)唯一的權威就是好的主張。

5　溝通式規劃理論之所以在1990年代成為支配規劃的理論，Allmendinger（2001: 123）綜合歸納溝通式規劃的興起，具下列四個歷史性因素：
(1)從1980年代的個人主義態度走向1990年代的含有社會化的態度；
(2)回應對環境的關懷，特別是地方21世紀議程強調的以地方為主導「由下而上」的程序；
(3)需要填補在規劃上實質理論的「後—全盤式—理性真空（post-comprehensive- rational vacuum）」；
(4)在1980年代去管制路徑的陰影下，使規劃者仍有繼續存在的理論正當性。

6　參閱諸如Forester（1989）、Sager（1994）及Healey（1997）等人對溝通式規劃的闡釋。

9.參與者能夠透過合作來改變既存的條件；

10.鼓勵參與者挖掘特殊達成其想要的規劃期望的途徑，而非僅為簡單的同意或列出他們的目標而已。

上述的內涵充分顯示溝通式規劃為一種由下而上的路徑，因此特別強調擴大相關者的參與，並透過參與者之間的溝通來達到相關者所期望的規劃，也充分顯現出，「溝通」為溝通式規劃的核心。其與理性規劃強調的程序理性（因此，理性規劃又稱為理性程序規劃），並由上而下地進行規劃，有極大的差異（Flyvbjerg and Richardson 2002）。

(三)後現代規劃理論：規劃理論的黑暗面

儘管溝通式規劃具有可實踐性，但是在規劃理論上，溝通行動理論仍被視為「高度抽象的哲學性著作（rather abstract philosophical work）」，這些導致對溝通行動理論的錯誤解讀、過度簡化及選擇性的應用（Harris 2002）。對於溝通式規劃進行最嚴厲的批評係來自後現代的規劃理論學者[7]，他們引用了後現代巨擘——傅柯的觀點，針對溝通式規劃中兩項互有關聯的論點——理性和權力[8]進行檢討。

1. 溝通式規劃的問題

哈伯瑪斯的理想言談狀況具有烏托邦世界的傾向，在此一情況下，四個有效宣稱是建基在平等參與者的共識，且權力的負面和扭曲效果已被排除的基礎上。這樣的主張使哈伯瑪斯被視為對政策改變所需的權力關係缺乏具體的了解，因為哲學家如尼采（Nietzsche）、馬基維（Machiavelli）、傅柯、達理德（Derrida），以及其他許多的思想家，大多認為，所有的溝通均受權力穿透，傅柯更直言，權力恆常存在（power is always present）。另就權力的研究者而言，溝通一般具有非理性與利益維護的典型特性，而非哈伯瑪斯所言的藉由免於宰制及尋求共識來達成。因此，哈伯瑪斯只告訴我們一個溝通理性的烏托邦，但並未告訴我們如何達成它，哈伯瑪斯遂被批評為理想主義者（以上參閱Flyvbjerg and Richardson 2002: 44-45）。在規劃理論上，部分學者採取了傅柯的理性與權力論述，提出了規劃理論的黑暗面（the dark side of planning theory）——權力宰制——的觀點。

---

[7]　其他對溝通式規劃的批評還有來自調節理論、制度主義地理觀點和政治經濟觀點（Harris 2002：32-33）。

[8]　有關理性與權力的專門研究可謂汗牛充棟（參閱Flyvbjerg 1998），本研究僅能略述其要。

　　提出規劃理論黑暗面的規劃學者認為，傅柯的理性與權力觀點強調的是「實然（what is actually done）」，哈伯瑪斯的溝通倫理則顯示了「應然（what should be done）」。因此，規劃理論家想要創造一個接近哈伯瑪斯理想社會——免於宰制、更民主、更強壯的市民社會，其首要的工作不是去理解溝通行動理論的烏托邦，而是應去理解權力的實在（realities of power），傅柯的權力相關著作，正好提供這方面的最佳理解。對傅柯而言，理性是偶發事件（contingent），其由權力關係所形塑，而非與社會背景無關（context-free）及客觀的。這種分析觀點信奉的理念是，「理性被權力所滲透（rationality is penetrated by power）」。因此，對政治家、行政人員及研究者而言，操弄缺乏權力論述的理性觀念將會是無意義的或者產生誤導（請參閱Flyvbjerg and Richardson 2002: 50；Flyvbjerg 2003）。

　　傅柯的權力觀點經常被規劃理論學者解讀為負面的制度性壓迫，不過傅柯論述的權力後來轉向生產性的權力（productive power）[9]（Merquior 1998: 139-152）。此即，哈伯瑪斯與大部分的研究者都把社會中的衝突視為對社會秩序的危險、腐蝕與潛在性的解構，因此須被限制與排除；與此相反，在傅柯的解釋中，抑制衝突即抑制自由，因為衝突的進行是自由的一部分。而且，越民主的社會，越允許群體自行界定他們自己的特殊生活方式，且越會把群體之間不可避免的利益衝突視為具有合法性（Flyvbjerg and Richardson 2002: 62）。傅柯的這些權力觀點，可以「以力制力是必要的（Power is needed to limit power）」（Flyvbjerg and Richardson 2002: 49）觀點稱之。這種生產性的權力觀也被用來批評溝通式規劃的烏托邦本質，他們認為，為了要達成哈伯瑪斯的非強迫性溝通（non-coercive communication），強迫是必要的。另外，要理解溝通時那些團體個人被納入、那些被排除，乃至於理解規劃思考，充分地理解衝突（非共識）與權力是必要的基礎條件。採取傅柯權力觀點的規劃理論者基本上把規劃認為是衝突的過程，而拒絕把規劃視為論辯、公平與共識的過程。Huxley（2002: 137）更直陳，從國家的角度來看，規劃可以被視為一種傅柯所謂的「治理性（governmentality）」的型式，此意味著國家在規劃上仍然扮演著關鍵性的干預角色，只是其所採用的干預方式不同而已[10]。

---

[9] 事實上，權力生產事物；它創造實在；它生產對象的值域和真理的儀式。可以被個人所獲得的個體和知識，屬於這個生產（Merquior 1998:140）。

[10] 治理性源自於傅柯1970年代對現代統治本質的拒斥，傅柯把治理性解釋為「指揮中的指揮（conduct of conduct）」—促進指揮他人的技術與實際。其焦點係在如何治理，以及主管機關如何部署實踐和推動他們政治綱領的特殊機制、技術與程序。可使綱領運作與實踐的一組機制、技術與程序，Rose and Miller（1992）將之稱為「統治技術（technologies of

2. 傅柯權力觀點下的規劃路徑特徵

上述對於溝通式規劃的批評，主要針對溝通行動理論忽視了權力的影響力，這種批評係因溝通行動理論本身只聚焦於規劃的溝通元素所致。這種過度重視規劃的溝通元素導致了另一種批評，亦即由於只強調規劃的關鍵溝通事件——如公共會議（public meetings）的重要性，因此忽略了非溝通程序與行動的重要性。實際上，溝通只是政策的一部分，許多政策是在溝通以外形成，所以僅透過溝通並不能掌握規劃的全部，規劃有一大部分是經由溝通以外的衝突過程所決定。也就是說，許多規劃程序並不在公共領域發生，且非經由論辯事件完成，因此純粹的溝通焦點被排除在外，成為無用武之地。Flyvbjerg and Richardson（2002: 59）整理出傅柯權力觀點及其應用在規劃上的路徑特徵如下：

(1) 規劃者要具有權力的語言和理論分析能力，同時還須具有指導完成規劃調查的權力技術與策略；

(2) 規劃係奠基在豐富的脈絡性及詳細的個案上面；

(3) 權力與理性之間的關係是中心焦點所在；

(4) 焦點須超越溝通事件；

(5) 語言是一種衝突而不是溝通；規劃程序與事件是策略與衝突的成果，不是論辯與主張的成果；

(6) 所謂規劃者的主要角色為理性與溝通程序的促成者，這樣的假設並不存在，有一些規劃者的可能會扮演這樣的角色，但非常清楚地，其他規劃者會選擇其他路徑來進行工作。

在此一觀點下，權力關係與運作變成是規劃的核心，因此規劃者不僅需具有語言溝通能力，還需具有權力的技術與策略。此外，溝通式規劃的核心——溝通——只是規劃的一部分，規劃決策的實際形成過程遠遠超過溝通行為。

Mather et al.（2006）指出，對於新農業體制的研究與實踐，需要對土地利用更多的關注，本研究即在回應此一呼應。透過規劃思潮演進的理解，應有助於提出適當的農村土地利用規劃模式，因為規劃思潮與農村體制的演變，都是社會價值認知的產物，它們之間存在著演進的一致性。就前述規劃思潮的簡要回顧中可以

---

government）」。在先進的自由民主國家中，其所採取的統治技術主要包括：國家透過稽核（audit）、目標達成（targeting）及財政控管（financial controls）等由上而下地對地方進行遠距治理（參閱第九章）。

發現，當理性規劃、溝通式規劃與後現代規劃理論被應用在農地的土地使用分派時，顯然地1980年代以前，理性規劃可以滿足以追求經濟成長為目標的農村發展需要。亦即，理性規劃與農業生產論的邏輯相一致，因此其也成為農業生產論時期的主要農地利用規劃模式。在新農業體制下，從決策邏輯的一致性（由下而上）、價值決定的程序、以及尊重財產權的角度來衡量，溝通式規劃較為符合農地利用分派的需要。但是，在規劃實踐的層面，溝通式規劃的成效可能頗受限制，特別是在新農業體制的農地政策實踐上面。一如前述提到的，農業後生產論被認知為應是由下而上的實踐路徑，但在實際的實踐上往往並非如此。因為，根據前述提到Wilson（2004）對「澳洲土地保護運動（Australian Landcare movement）」所作的觀察顯示，被視為澳洲推行農業後生產論典型策略的土地保護運動，實際上多半是經過政府獎勵或地方農民團體運作的結果[11]。此外，Burton and Wilson（2006）在英國Bedfordshire地區農民所作的調查顯示，農業後生產論是國家推動的策略。在多功能農業的實踐方面，從國家到農場的空間層級，都需從民眾的認知著手。特別是在農場層級，農場的所有權人及土地使用人的態度，才是多功能農業實踐的關鍵。這些說明了，如果新農業體制是未來農業政策的走向，而且也是必然要走的道路的話，國家的權力因素及民眾態度都不應受到忽視，此即顯示了，後現代規劃理論中的權力觀點及溝通式規劃，在新農業體制中的土地利用分派上，具有同等的重要性。因此，規劃理論與新農業體制的關係如何連結，還需更深入的探究。

第二節　地方農地利用規劃的理念

　　臺灣農地與農村的問題相當繁雜，其中農地利用規劃即屬問題的重要環節，特別是在農業體制與農村發展路徑改變下，如何調整農地利用規劃，使農地利用符合新農業體制及民眾的需求，應屬重要課題。本節結合規劃思潮的變遷與新農業體制的到來，提出地方層級的農地規劃理念建議如下：

---

[11] 以臺灣而言，如果行政院農業委員會提出的三生並重的農業發展政策，係代表對農業後生產論的回應，此正顯示出農業後生產論的形構，是一項由上而下的政治過程。

一、以需求導向為出發點

我國現行土地的分派使用，主要透過土地規劃體系來指定土地使用類別，也就是所謂土地使用分區，在農地部分也不例外。透過規劃的方式來分派土地使用，基本上可以視為一種「供給導向」的策略，亦即以規劃來提供或限制各種土地的數量，例如臺灣地區98年的法定農業用地計約有252萬公頃、法定耕地約76萬公頃、實際做為農作物生產之耕地約82萬公頃、特定農業的農牧用地約有27萬公頃等（顏愛靜等2004: 4-6；歷年農業統計年報）。在這種體制策略下，一旦土地被規劃做某種土地使用時，土地所有權人或使用人，僅能按規定為許可範圍內之使用。如果未予使用，在農業用地即可能成為「荒地」、「廢耕地」、「閒置地」、「休耕地」，如果違反使用規定，即成為違規使用的土地，應受到處罰。

透過供給導向來提供或限制各種土地使用，雖然容易管控各種土地的供給數量，但由於規劃後各種用地的供給通常缺乏彈性，且規劃通常只做消極使用管制——即對違規使用或閒置不用的土地進行處罰。由於缺乏彈性，以及未能積極地誘導促使土地依規定使用，因此只要主、客觀因素有所改變，很容易產生土地未依規定使用的情況。我國現有許多「廢耕地」，乃至於違規使用的情況（中國土地經濟學會2008；賴宗裕2010），即為在供給導向策略下，不可避免的「必然結果」。

雖然供給導向的策略有上述的問題，本研究認為其仍為不可或缺的土地經營管理手段，特別是在較大範圍（或高層級）的國土利用規劃上。但在較小空間（或較低層級）的土地利用計畫時，其直接約束了每一土地的使用權限，因此也直接約束了每一土地所有權人的財產權，此時每一土地所有權人或使用人對土地使用的認知與行動就非常重要，如果所有權人與土地使用人的認知與行動與土地利用計畫一致，則土地利用計畫可以順利地實踐。相反的，如果所有權人與土地使用人的認知與實踐行動與土地利用計畫衝突時，原有土地利用計畫將因違規使用充斥而難以落實。所以，對於小空間範圍的土地利用計畫的實踐，除了合理的計畫（供給導向的策略）以外，尚須考慮土地所有權人及使用人的認知與行動。土地所有權人及使用人的認知與行動的實踐結果，可以看做是對土地的需求，因此從考慮土地所有權人及使用人的認知與行動著手，可以稱之為「需求導向的策略」。

土地規劃的層級可以分為全國、區域、地方，通常地方層級的土地規劃對於土地所有人和使用人的影響（或拘束）最大，特別是它可能拘束每一筆土地的利用。因此，地方層級的農地利用計畫，除了重視供給導向所做的土地利用分派以外，尚

須結合需求導向策略。此外，本節的重點係在土地經規劃確定為做農地使用後（即依據供給導向的策略完成土地使用分派後），如何促使農地維持農用，原供給導向的農地分派使用方式，可以視為已經完成，所缺的為需求導向策略的導入。因此，本研究認為宜以需求導向出發點，從了解和誘導土地所有權人或土地使用人對土地使用的認知與行動著手，使土地所有權人或使用人在使用土地的需求上，能與規劃（供給導向）的土地使用一致，如此供需均衡，農地才能較長期地供作農地使用。

總的來說，供給導向的策略對於土地的分派使用並未把土地所有權人的認知與行動列入考慮，這樣的策略亦可以稱之為「無人（性）的規劃」；相對於此，需求導向的土地使用分派，尚顧及土地所權人與使用人的主觀需求。

二、以溝通式規劃為主要方法

由於採取需求導向的策略，在規劃方法上即須與傳統方法有所不同。傳統的土地規劃採用的是所謂的「理性規劃」[12]，這種規劃方式通常係由規劃者採取「科學」的方法，來決定土地使用的分派，其基本邏輯係建基在「客觀理性」的意識形態上，強調規劃者及其所採用的規劃技術或工具，具有客觀或中立的可能性，因此符合「理性」與「科學」的準繩，也因此規劃所得結果是值得信賴（Taylor 1998；Allmendinger 2002）。我國現行土地利用規劃亦大致採取此一規劃邏輯[13]，這樣的規劃方式也被視為「由上而下」的方式，亦即由規劃者或規劃機關透過一定的（理性）程序，對規劃地區進行規劃。在操作這些程序中，規劃者通常建立一些可以數量化指標，再將這些指標用作土地使用分派的依據，在這樣的規劃方式下，只要有

---

[12] 其全名為「規劃的理性程序理論（rational process theory of planning）」，一般簡稱為「理性規劃（rational planning）」。

[13] 近年來，在農地資源空間規劃方面引進了策略性規劃（參見100年度推動農地資源空間規劃交流平台，網址http://www.ntpu.edu.tw/~clep/clep/blog/ [最後瀏覽日期2011/05/27]），透過願景式規劃，經由一套由下而上的程序，進行縣市與鄉鎮層級的農地規劃。此種規劃方式，比較符合溝通式規劃的概念，不過仍有極大的差距，主要是因為農地資源空間規劃過度依賴所設置的「委員會」，第一，該委員會有被視為地方意見代表的傾向。第二，委員會對於決定農地的使用分派，具有相當的權力。過度依賴委員會之所以產生問題原因在於，第一，委員通常為各方面的專家或縣市政府（鄉、鎮）各局、處（課、股）的代表，它們應該屬於地方菁英或官僚，並不能真正代表本研究所強調農場（或土地）的所有人與使用人。第二，委員會的成員通常由地方首長決定，如果成員產生的過程及成員的結構不透明，縣市首長可以直接影響委員會的可能性會很高。因此，更多民眾參與的農地規劃，仍然亟待推行和落實。

資料輸入即有結果產生，這對決策者而言，甚為方便。因此，在1970年代以前，理性規劃成為土地利用規劃的標竿。但是，這種規劃方式很容易產生「垃圾進、垃圾出」的問題，而且在現實的社會狀況中，許多元素並無法量化，諸如農民對土地的感情等。此外，理性規劃看起來似已建立了一套科學化的標準，正因為如此，使得規劃者不需深入去瞭解規劃地區，特別是地方民眾的想法，也能做出「科學的」規劃，結果是這些規劃往往不能符合地方真正的需要與期待，計畫的實踐自無可能。

由於缺乏與地方居民溝通，理性規劃可能產生規劃結果與地方期待脫節的現象。特別是，理性規劃經常忽視弱勢團體的利益[14]，因此規劃學者引用德國社會學家哈伯瑪斯（Jugen Habermas）的溝通行動理論（theory of communicative action）作為規劃的理論依據，此即形成了溝通式規劃（communicative planning）。在溝通式規劃下，規劃者不再只是資料的蒐集與分析者，也不只是在計畫室內傳達公文而已，規劃者每日的工作是徹底地溝通（fundamentally communicative），且溝通的對象除了有權力的開發者以外，也應該要與較少權力者或邊際團體溝通，以積極地保護所有團體的利益（Forester 1989）。在此意味著，規劃者有責任促進民主與參與的規劃，且對地方所有民眾的意見都必須傾聽、傾聽、再傾聽[15]。

溝通式規劃使規劃者由技術專家變成溝通者，也使國土計畫在實踐的過程上，由過去的「由上而下」走入真正地「由下而上」，此即規劃者或者政府在規劃的心態上必須由「為民眾規劃」，調整為「與民眾一起規劃」甚或是「由民眾規劃」。1990年代以後，這種規劃方式已經在社區（community）層級的規劃中，甚至在地方發展的策略上獲得了實踐性的支持（李承嘉2005）。本研究主張溝通式規劃為主軸的原因，不僅在於「由下而上」的規劃已經成為主流，更重要的是在地方層級的農地使用計畫比較適合溝通式規劃，此種規劃模式能與本研究前述主張的「需求導向」策略銜接，透過徹底地溝通正可以傾聽、了解農民（土地所有人與使用人）的觀點，落實需求導向的使用計畫，以達到保存農地的目的。

溝通式規劃與理性規劃的差異主要在規劃者的心態與技術的應用，理性規劃強

---

[14] 這是因為理性規劃程序中也有民眾參與，但是這種民眾參與實際上很容易被特定的個人與團體所把持，屬於社會弱勢的邊際團體與個人，往往沒有參與的機會（Taylor 1998）。

[15] Healey and Gilroy（1990:22）明白地指出：「有意義的對話—學習客戶的語言—為有效協商的核心，就協商而言，並不是給予客戶指導或拉攏甚至特殊的路徑，而是讓客戶完全地看清他自己，並且經此發現達到自我成長。當地方政府機構尋求包括有市民參與決策的途徑的時候，他們必須引用許多協商技巧—積極的傾聽、無判斷地接受、以及感同身受的能力。除非我們能夠讓它們這樣做，否則民眾如何能夠在決策程序中扮演其應有的角色？」

調的規劃者的專業技術，認為規劃者可以透過工具理性的方式為民眾規劃：溝通式規劃則認為，全盤理性並不存在，代之而起的是溝通理性，只有透過溝通，並與民眾一同規劃，甚或由民眾規劃（規劃者僅從旁協助或提供建議），計畫才能達到公平。

三、以土地為基盤的整全性計畫

　　本章雖以農地利用為對象，但土地利用實際上是社會的產物，其與地方的歷史、文化與技術密不可分（Kivell 1993），因此土地利用計畫不宜單由某一面向出發。揆諸事實，雖然農村地區所依賴者主要為土地的生產（或經濟）功能，但1990年中期以後，土地利用規劃之所以在新保守主義崛起後，仍然能夠維持其重要性，主要是土地利用規劃把土地在空間文化與生態環境上的功能納入（Taylor 1998），此即前文所述，隨著全球化的結果，農地逐漸由生產論——僅具有生產單一功能，逐漸走向後生產論及多功能性的新體制——具有其他諸如生態、文化等消費性功能（Ilbery and Bowler 1998），國內近年來在農業發展及規劃上，提倡生產、生態、生活（及文化）三生並重，可視為對此一走勢的適當回應。在農地利用上，三生並重所彰顯的不只是農地生產性的經濟功能的重要性，還同時重視社會資本（social capital）的重要性，社會資本之所以重要，因為它是支撐經濟發展的極重要因素（Francois 2002）。

　　為順應全球規劃走勢與對農地功能認知的改變，本研究認為，土地不應以生產為唯一面向，而是綜合將文化與生態面向納入，由於兼顧了生產、生態與生活三面向，本研究將此種構想稱之為「整全性計畫（holistic plan）」。這種計畫雖然較為複雜，但卻較為全面，同時更可以回應及落實前二項基本理念，因為透過溝通式規劃來解決土地使用及環境生態等問題，其實就是一種整全性計畫（Pennington 2002）。

　　最後，本章雖然引進新的策略與規劃理念，並將其用作實踐的基礎，但本研究並不排斥既有的供給導向策略與理性規劃的成果。換言之，農村與農地規劃宜同時兼採各種策略與規劃理論的長處，一方面承繼既有計畫的成果，同時採用新的策略與理念，使計畫能符合地方需要，並能長期落實。

四、以行動者網絡為手段

　　雖然溝通式規劃可以落實由下而上的規劃或過程，不過，溝通式規劃是否實踐仍然決定在行政官僚或規劃者的手中，如果沒有外在的力量促使行政官僚或規劃者接受溝通，顯然由下而上的溝通式規劃仍然不易實踐。另外，一如規劃的黑面的觀點所言，規劃經常是權力運作的結果，為了避免規劃最後係由國家權力所把持統治，或少數人的專斷，而藉由國家之手來達成其所希望的規劃結果，以致破壞溝通式規劃的進行，呼應第八章及第九章的研究結果，地方行動者網絡的組成與行動是必要的。

　　經由行動者網絡理論的觀點[16]將ANT應用在農地利用規劃上，ANT就成為解釋「有權力者的解構（deconstructing of the powerful）」的利器（Murdoch 2000）。所以，在農地利用規劃時，促使地方行動者網絡的組成，透過地方行動者網絡，地方行動者積極地參與農地規劃，與溝通式規劃結合，一方面規劃者與地方行動者溝通，另一方面地方行動者積極參與規劃，使地方的農地規劃符合地方的需求，亦即達成以需求為導向的土地規劃。

　　本研究提出的農地利用規劃基本理念包括四項，即「以需求導向為出發點」、「以溝通式規劃為出發點」、「土地為基盤的整全式計畫」，以及「以行動者網絡為實踐工具」。這些基本理念可以分別從土地利用規劃、政治權力與農業政策三方面賦予理論基礎，以下分別說明其與各項基本理念之間的關係。

　　1.在土地規劃理論方面：本研究採用哈伯瑪斯的溝通理論，溝通理論強調以溝通理性取代純粹理性，其在規劃行動上，即形成了「溝通式規劃」取代「理性規劃」。同時，溝通式規劃亦強調探求規劃地區相關人的真意，以作為規劃的依據，因此，溝通理論不但為溝通式規劃了理論基礎，同時也為本研究出發點「以需求為導向」的行動理論基礎。

　　2.在政治權力理論方面：本研究把行動者網絡理論拿來做為實踐溝通是規劃的工具，即由地方組成行動者網絡，由此一行動者網絡作為地方發展與規劃的促進者，以使地方的發展及土地規劃符合地方的需求與期待。

　　3.在農業發展理論方面：本研究引用了新農業體制為基礎，新農業體制認為，農地不應僅具有生產的功能，同時還具有旅遊、休閒、生態維護等的功能，亦即農

---

[16] 參閱第八章及第九章。

地應具有多面向的功能，本研究以其作為進一步支撐整全式計畫的論述基礎，強調即使在農業生產區域的農地利用計畫，亦宜將農地的生態與生活（文化）功能一併考慮，才能使農地的生產功能得以永續。

　　本研究引用之相關理論或觀點均為近來在農業、農村、農地利用方面共同關注，並積極實踐落實者，這些理論雖然在不同領域中被提出及應用，但其之間並不互相衝突，反而具有共同的取向，這些取向包括重視地方需求、政府適度對扶持、農地利用的彈性化與農村發展的多元化。本研究農地利用規劃理念與各面向理論之間的關係如圖11-1所示。

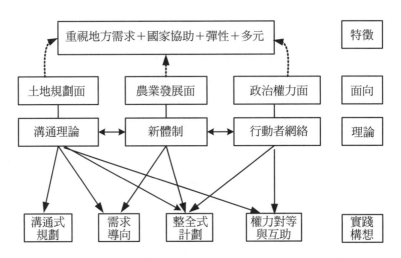

圖11-1：農地使用規劃理念與各面向及理論間之關聯

在這個結論章中，第一節檢討現行農地政策，特別是在回應新農業體制上的農地政策問題，第二節則摘述本研究各項結果做為結論，使讀者可以一窺本書成果的全貌。

第一節　臺灣當前農地政策評議[*]

前述相關研究主要從全球農業體制、農村發展路徑與規劃思潮的變遷來檢驗國內的情況，在本研究的最後一部分，將把焦點放在國內現有農地政策問題上。這是因為：第一，國內目前農地面臨了許多問題，而農地與農業及農村之間的關係，就如「皮」與「毛」的關係，如果農地的問題不解決，失去了農地，農業與農村就會面臨「皮之不存，毛將焉附？」的窘境。此外，農地問題與農地政策可謂一體兩面，農地問題的解決有賴於良好的土地政策，錯誤的土地政策則必然衍生出農地問題。第二，前述各章研究獲得的成果，還沒有運用到國內農地政策問題的解決上，既然農地為農業經營及農村發展的基礎，以臺灣農地政策為試金石，相對合適。

在第三章第二節回顧了我國戰後農地政策，顯示出在不同的時期有不同的農地政策，農地政策的改變基本上是為了回應全球農業體制與解決國內的農地問題。因此，農地政策、全球農業體制與國內農地問題息息相關。雖然，第三章第二節得到結論是，臺灣的農地政策在1990年代開始已經對新農業體制有正面的回應，不過更重要的是，這些回應能夠解決或已經解決臺灣的既存農地問題嗎？因此，本節把重點放在現有臺灣農地政策問題上。同時，由於當代政策的特性之一為問題導向（丘

---

[*] 本節曾以「臺灣當前農地政策評議」為題，發表於「土地問題研究季刊」，Vol. 10, No.4（建國百年、創刊十年特刊），頁12-27，但曾經略加修改增補。

昌泰1995），農地政策與農地問題具有因果性，二者關係密不可分，因此本部分以「矛盾」一詞來凸顯，臺灣現行農地政策問題與農地問題。據此，臺灣現行農地政策問題與農地問題可分為「基本矛盾」、「內部矛盾」與「外部矛盾」三項來說明，它們的界定如下：

- 「內部矛盾」是指農業部門本身（包括中央與地方農政主管機關）造成的矛盾，這種矛盾由農業部門即可解決；
- 「外部矛盾」是指矛盾的產生主要來自非農業部門，因此矛盾的解決需得到其他部門的協助與支援；
- 「基本矛盾」則是指非解決不可的矛盾，如果此矛盾沒有獲得解決，臺灣的農業與農村發展及農地利用，都無法永續。

在上述矛盾分類下，現行臺灣農地政策問題與農地問題可歸納為一個「基本矛盾」、二個「內部矛盾」及四個「外部矛盾」。

一、基本矛盾

臺灣農地的最大問題在於農場耕作面積過小，平均每一戶的耕作面積僅有1.08公頃[1]。臺灣每戶平均耕作面積與南朝鮮（1999年1.374公頃）及日本（2001年1.56

---

[1] 實際上，有很大一部分的農戶其耕地面積是在0.5公頃以下，擁有5公頃以上的農戶占總農戶的比例不到1%。如果加入時間來觀察，0.5公頃以下的農戶在1955年還只占34.4%，到了2008年則高達52.6%，已經超過半數；一公頃以下之戶數一直超過70%，2008年則高達76.8%（請參見下表）。

耕地規模 （公頃）	占總戶數比 （1955年）	占總戶數比 （1990年）	占總戶數比 （1995年）	占總戶數比 （2001年）	占總戶數比 （2008年）
0.5以下	34.4	46.8	42.8	46.5	52.6
0.5-1.0	28.4	28.3	29.4	26.1	24.2
1.0-2.0	25.5	17.9	20.0	15.8	15.0
2.0-3.0	7.8	4.3	4.9	4.1	4.8
3.0-5.0	3.2	2.0	2.3	2.2	2.5
5.0-10.0	0.7	0.6	0.7	0.9	0.7
10.0以上	0.0	0.1	0.0	0.2	0.2

資料來源：1995年、1990年及1995年依據黃樹仁2002:232表七之四修改；2001年及2008年依據農業統計要覽整理（http://stat.coa.gov.tw/dba_as/asp/a34_1.asp?start=90&done=97）[最後瀏覽日期：2011/07/05]

公頃）相當，但約只有瑞士的1/18，英國的1/60，美國的1/170。農場耕作面積過小是臺灣農地的基本問題（黃樹仁2002；彭明輝2011），臺灣農戶平均耕作面積過小的主要原因推測為：

(一)耕地稀少，耕作人數眾多

由於地形限制，臺灣的耕地[2]極為有限，加上傳統上耕種人口較多[3]，耕地少耕種人口多的結構性因素，導致每戶耕作面積狹小。

(二)實施耕者有其田，減少農地大戶

實施耕者有其田，使一般保留的農地規模限制在中等水田三甲，因此許多超過中等水田三甲的耕地所有權人，土地被徵收並分配給佃農。依據統計，當時（1953年）徵收放領耕地的面積總計143,568甲，承領農戶數為194,832戶，平均每一農戶承領的面積平均約為0.737甲，並且造成6.0甲以上規模的農戶大量降低[4]。

2　依據農業發展條例第3條第1項規定，農地與耕地有極大的差距，其中農業用地係指，非都市土地或都市土地農業區、保護區範圍內，依法供下列使用之土地：(一)供農作、森林、養殖、畜牧及保育使用者；(二)供與農業經營不可分離之農舍、畜禽舍、倉儲設備、曬場、集貨場、農路、灌溉、排水及其他農用之土地。(三)農民團體與合作農場所有直接供農業使用之倉庫、冷凍（藏）庫、農機中心、蠶種製造（繁殖）場、集貨場、檢驗場等用地。（第10款）耕地則指，依區域計畫法劃定為特定農業區、一般農業區、山坡地保育區及森林區之農牧用地。（第11款）依據行政院農業委員會統計，臺灣的農業用地面積2009年有2,527,421公頃，同年耕地面積為815,467（參閱農業統計年報，網址http://stat.coa.gov.tw/dba_as/As_root.htm[最後瀏覽日期：2011/07/08]）。

3　依據統計，2009年臺灣的農戶數為744,147戶，農戶人口數為2,983,560人，其中農戶人口數雖然逐年降低，但農戶數維持相當穩定的數量。（參閱農業統計要覽，網址：http://stat.coa.gov.tw/dba_as/asp/a35_1.asp?start=90&done=98 [最後瀏覽日期：2011/07/08]）

4　大規模實施耕者有其田主要在1953年，在未實施耕者有其田之前（1952年）時的耕地規模分組情形如下表。與註176的表比較，1952年（實施耕者有其田之前）與1955年（實施耕者有其田之後）主要差異為，實施耕者有其田之後降低了0.5公頃（或甲）的農戶百分比，增加了0.5到3.0公頃（或甲）組距的農戶百分比，但3.0公頃（或甲）以上的農戶百分比則下降。以超過6甲的農戶所擁有的面積來看，在未實施耕者有其田以前達166,461甲，占當時臺灣省私有耕地總面積（681,154甲）的24.62%。

耕地規模（甲）	0.5以下	0.5-1.0	1.0-2.0	2.0-3.0	3.0-6.0	6.0-10.0	10.0以上
占總戶數比	47.28	23.34	16.92	5.69	4.69	1.26	0.82
面積（甲）	67,511	102,576	143,895	83,996	116,713	58,352	108,109
占總面積百分比	9.21	15.06	21.13	12.33	17.13	8.75	15.87

（資料來源：依據臺灣省文獻農業委員會1989: 124-125表修改）

(三)農地開放自由買賣，加速耕地細分

2000年修正農業發展條例，由所謂「管地又管人」，改為「管地不管人」，此係指解除耕地取得者必需具有自耕作能力的限制，除法人有所限制外（請參照農業發展條例第33條），自然人都可取得耕地。除此之外，按照農舍興建辦法第3條第1項第3款的規定：「申請興建農舍之該宗農業用地面積不得小於0.25公頃。」因此，擁有0.25公頃以上耕地者，原則即可申請興建農舍。這樣的政策規定，有利於資本及中產階級進入農地市場，促成農地細分成0.25公頃左右的面積，此或許是0.5公頃以下的農戶數比例，由2001年的46.5%，驟增至2008年的52.6%的主要原因（參閱註1），換算為戶數，八年間0.5公頃以下的農戶數增加超過45,000戶。

農戶耕作面積過小，之所以成為基本矛盾，可以分別從傳統生產論及新農業體制的觀點來分析：

(一)從傳統的生產論面向來看

耕作規模過小，有下列問題：

1.生產成本高：在生產論的思維下，農地主要用來生產糧食衣物，一方面用來滿足國內的民生需求，另一方面也銷售前述農產品，但此將面對國際的競爭。生產成本無法降低，農產品在國際市場即無競爭力，在WTO架構下，本國的農業生存與維繫，面臨更大的壓力。

2.難以培養專業農戶：由於每戶農業耕作面積過小，農地生產收入無法維持家計。因此，農戶必須兼業始能維生，此造成了兼業農多於專業農的現象[5]。兼業農為主的農業結構，很難想像對於農業的生產與研發會具有積極性。

(二)從新農業體制面向來看

新農業體制主要的措施，包括提供多元的功能及直接給付措施，農戶面積過小將會有下列問題：

1.農地使用衝突：在新農業體制下，農地在使用方式（包括不使用）上會形成

---

[5] 依據統計，2009年臺灣總農戶（774,147戶）中的22.94%（163,239戶）為專業農戶，其他77.06%為兼業農，兼業中以農業為主者占總農戶8.76%（65,225戶），兼業為主的兼業農戶占總農戶的69.30%。

多元性，以臺灣休耕為例，如A及B為二塊相鄰土地，A地休耕，B未休耕，A地休耕蟲害肆虐殃及鄰地B（吳惠萍2008），主要因為農耕作面積狹小，休耕面積及區位零碎，容易與相鄰農地使用發生衝突。

2.**降低直接給付效果**：多功能農業的主要措施，為對農地直接給付，這對於農戶耕作規模較大的國家，可產生相當大的作用。例如，瑞士所實施的直接給付措施，使每一農戶每年可獲得120至140萬臺幣的補貼（參閱第六章），不過瑞士的農戶平均經營面積為17公頃，在同樣的直接給付條件下，臺灣每一農戶所能獲得的補貼只在7至8萬元。它對於農地維護、生物多樣性等多功能農業的達成效果，顯然不能與瑞士的成效相提並論。

3.**多功能獎勵的措施難以落實**：以瑞士實施的多功能農業為例，對於粗放、輪種、多色休耕、田間保護帶及農田鑲邊地等都給予直接給付，這些給付措施在耕作面積狹小（如我國）的情況下，都沒有實踐的條件。

面對農戶耕地面積過小的基本矛盾，臺灣的農業發展與農地利用，一直存在無法超越的瓶頸，不過並不表示農政主管機關，不事設法解決。相反的，近年來農政主管機關提出一些政策，謀求改善，但這些政策也產生一些問題，這可以歸納到內部矛盾的政策問題範疇來討論。

二、內部矛盾

農地政策的二個內部矛盾，除了因為要解決基本矛盾（農戶經營面積過小）而提出對策，所衍生的矛盾（小地主大佃農與休耕獎勵的矛盾）之外，另一個為農村再生與農地保存的矛盾，其矛盾分別說明及評論於下。

(一)小地主大佃農與休耕獎勵的矛盾

按照行政院農業委員會官方網站的說明[6]，小地主大佃農的重要內容如下：

1.「小地主大佃農」政策係指：「政府輔導無力或無意耕作之農民或地主，將自有土地長期出租給有意願擴大農場經營規模之農業經營者，促進農業勞動結構年

---

[6] 行政院農業委員會官方網站，網址http://www.coa.gov.tw/view.php?catid=19095 [最後瀏覽日期：2011/07/09]

輕化，並使老農安心享受離農或退休生活。同時，政府協助農業經營者（大佃農）順利承租農地，擴大經營規模，降低生產成本，並輔導改善經營設備（施），提高農業經營效益及競爭力。」

2.「小地主」：為持有農地之所有權人，且為自然人；

3.「大佃農」：指符合政府政策輔導資格條件且承租農地擴大經營規模之自然人或農民組織，包括專業農民、組織型大佃農、產銷班、農會、合作社或農企業公司等。

4.「長期出租」：指租期3年以上者；

5.經營條件：(1)以輔導大佃農從事擴大農地規模、經營企業化及提高競爭力之農糧、畜牧或農牧綜合經營為主；(2)大佃農應優先考慮種植「進口替代」或「出口擴張」等無產銷之虞之農作物；(3)大佃農承租耕地不得申請休耕補助或平地造林。

6.為了鼓勵參與小地主大佃農，相關鼓勵措施包括：協助租地[7]、租賃獎勵、農地利用改善獎勵、企業化經營輔導，並另訂有「小地主大佃農貸款要點」，貸款分為租金貸款及經營貸款二類。

7.除了上述規定之外，對於專業農、農民組織及各類作物栽種面積門檻另有詳細規定。

從上述小地主大佃農的內容來看，它主要透過補貼、低利貸款及租賃媒合措施來促使無力或無意耕作的農地所有權人，將土地出租予有耕作能力及有意願的農民（包括個人及法人團體）。它的主要目的在擴大農場經營規模，並間接促成老農退休，使農村人力年輕化。小地主大佃農落實的第一步，在於如何讓無力及無意耕作之地主出租其農地，但目前都遭遇到困境，困境形成的關鍵因素有二，一為租金高低的物質問題，另一為出租耕地收回的心理疑慮，這二者恰巧都是由現行或過去農地政策所形構出來的問題。

1. 出租耕地收回的心理疑慮問題

此問題的產生，可追溯至臺灣在第二次世界大戰後實施的三七五減租。按照規

---

[7] 主要是透過農地銀行來獲知農地出租及出售的訊息。農地銀行主要由各地農會建立農地租售平台（廖安定2007），其構想來自日本農地保有合理化法人，不過二者在農地保存的積極性和政策目的，有極大的差別（韓寶珠及林珈芝2008）。

定，屬於三七五減租之耕地，耕地所有權人收回出租耕地的條件極為嚴苛[8]。儘管在2000年1月28日修正的農業發展條例對於新出租的耕地已經排除三七五減租條例的適用，農政主關機關在推動小地主大佃農時，亦針對此點加以釐清[9]，不過農民心理疑慮似乎仍然存在。此顯現出，一項農地政策的提出，固然可以解決某一些農地問題，但也可能因此衍生出另一些問題，而這些問題出現的時間與空間，通常極難預測。

2. 租金高低的物質問題

　　從無力及無意耕作的耕地所有權人角度來看，耕地是否出租最關鍵的考慮因素，應是租金的高低。不過，租金的高低並不是耕地所有權人片面決定，而是還要考慮承租人的意願及支付價格。亦即，耕地租金的高低一般由對這塊耕地的供需而定，而其基礎則在該耕地所能產生的報酬（或收益）。但是，現行耕地租金的高低完全受到另一項政策的扭曲，這個政策就是休耕獎勵。

　　臺灣的主要作物為稻米，在傳統的生產論下，採取了稻米價格支持政策（例如保價收購）。不過因為連年稻米豐收，政府面臨資金和糧倉不足的問題，以及為了處理餘糧實施出口補貼，引發美國干預。因此，政府採取了一系列的稻米減產措施，包括「稻米生產及稻田轉作六年計畫」（1984年）、「稻米生產及稻田轉作後續計畫」（1989年）、「農業綜合調整方案六年計畫」（1991年）、「水旱田利用調整計畫」（1997）、「水旱田利用調整後續計畫」（2001年）。大規模的休耕獎勵起於「水旱田利用調整計畫」，從2004年開始，每一年的休耕面積都超過20萬

---

[8] 三七五減租的實施，係為解決當時臺灣耕地租佃盛行，但主佃雙方不平等的問題（臺灣省文獻農業委員會1989；李承嘉1998）。三七五減租條例第17條規定，耕地租約在租佃期限未屆滿前，非有左列情形之一不得終止：
一、承租人死亡而無繼承人時。
二、承租人放棄耕作權時。
三、地租積欠達兩年之總額時。
四、非因不可抗力繼續一年不為耕作時。
五、經依法編定或變更為非耕地使用時。
依前項第5款規定，終止租約時，除法律另有規定外，出租人應給予承租人左列補償：
一、承租人改良土地所支付之費用。但以未失效能部分之價值為限。
二、尚未收穫農作物之價額。
三、終止租約當期之公告土地現值，減除土地增值稅後餘額三分之一。

[9] 參閱行政院農業委員會小地主大佃農問答集（http://www.coa.gov.tw/view.php?catid=19215[最後瀏覽日期：2011/07/10]）。

公頃（二期合計）[10]。所謂休耕獎勵，是一種對水稻田停止耕作給予金錢獎勵的措施。我國的休耕獎勵金額與條件，常有調整[11]。以2010年水旱田利用調整後續計畫來看，休耕獎勵如表12-1，休耕獎勵的金額依項目而有不同，但最常見的為綠肥作物，每期每一公頃耕地的休耕獎勵金額為45,000元。這個額度就構成了小地主大佃農租地的機會成本，也就是說，除非大佃農能夠支付超過每公頃每年90,000元的租金，否則追求較大報酬的理性小地主將會先選擇休耕，而不出租土地。

表12-1：2010年輪作、契作獎勵及直接給付標準　　（單位：元／公頃／期作）

項　目		給付（獎勵）金額	備　註
輪作獎勵	輪作地區性特產及雜項作物獎勵	24,000元	—
契作獎勵	飼料玉米	45,000元	依「獎勵契作飼料玉米作業規範」辦理。
	青割玉米或牧草	35,000元	依「99年度獎勵契作牧草及青割玉米作業規範」辦理契作生產。
直接給付	休耕　綠肥作物	45,000元	含綠肥種子費、翻耕整地費、田間管理及至少1次蟲害防治費用等。
	休耕　生產環境維護	34,000元	包括翻耕、蓄水等，依各縣市政府核定項目辦理。蓄水依「生產環境維護措施蓄水項目辦理原則」執行。
	休耕　特殊休耕地基礎給付	27,000元	限早期有案污染地，每年可兩期。
	景觀作物	45,000元	需經縣市政府規劃之專區，另補助種子費（中央及地方各負擔1/2）。
	造林	45,000元（20年補助240萬元）	依林務局綠色造林計畫辦理，其中由本計畫每年每公頃支付9萬元。

資料來源：行政院農業委員會農糧署（http://www.afa.gov.tw/peasant_index.asp?CatID=1306）
[最後瀏覽日期：2011/07/10]

---

[10] 因為受到國際糧荒的影響，從2008年開始計畫降低休耕面積，但是按照行政院農業委員會農糧署2010年水旱田利用調整後續計畫，計畫的休耕面積二期仍然超過20萬公頃（第一期92,384公頃，第二期115,053公頃）。（參閱http://www.afa.gov.tw/agriculture_news_look.asp?NewsID=821及http://www.afa.gov.tw/peasant_index.asp?CatID=1306）[最後瀏覽日期：2011/07/10]

[11] 早期休耕獎勵主要在減少稻米產量，近年則兼顧環境生態的維護條件。

　　為了避免上述情形發生，並使農地減少休耕，提高出租意願，在2010年水旱田利用調整後續計畫中，另外允許連續領取休耕獎勵的休耕田出租[12]，並且提供休耕田長期租賃額外的獎勵金[13]，此即所謂的「活化休耕地」[14]。儘管有上述租賃獎勵金，小地主大佃農及活化休耕地的成果仍然極為有限，根據估計2010年兩項合計約為5千公頃（陸雲2010），僅有休耕地面積的2.5%。以政策的重要性而言，解決基本矛盾的政策應最為重要，因此小地主大佃農應優先於休耕獎勵，但是因為政治的考量，休耕獎勵一時難以做合理的調整或廢止[15]。由此可見，用來解決我國農地

---

[12] 允許連續休耕田租賃的規定如下（參閱行政院農業委員會農糧署網站：http://www.afa.gov.tw/peasant_index.asp?CatID=1306）[最後瀏覽日期：2011/07/10]）：

(一)適用農地：為95年或96年同一年連續兩期依「水旱田利用調整後續計畫」辦理休耕有案之農地。

(二)出租人：農地所有權人，且為自然人。

(三)承租人：有意從事農耕之專業農民、產銷班或團體，且符合「小地主大佃農」政策之大佃農身分條件者。

(四)承租面積：1.每一承租人須依本要項規定，於同鄉鎮承租連續休耕農地2公頃（含）以上，惟為達「小地主大佃農」產業經營規模，承租一個鄉鎮以上之連續休耕農地，可有一個鄉鎮承租面積小於2公頃。2.承租人採一種以上作物綜合栽培者，得以其中一項作物為其產業經營規模條件。

(五)租期：租期由訂約雙方約定之，以一年（含）以上之整數年為原則，且應涵蓋最後一年之第2期作種植期間。惟為達「小地主大佃農」產業經營規模，承租一個鄉鎮以上之連續休耕農地，可有一個鄉鎮承租面積小於2公頃。

[13] 連續休耕田租賃獎勵標準如下表：

項目	出租給付	承租獎勵	備註
水稻	1.租期3年以下：45,000元。 2.租期3年（含）以上：(1)種植承租作物50,000元。(2)種植綠肥作物45,000元。	－	得辦理稻穀保價收購。
得輪作獎勵作物		－	不給付承租獎勵。
飼料玉米		20,000元	依「獎勵契作飼料玉米作業規範」辦理。
青割玉米或牧草		5,000元	依「99年度獎勵契作牧草及青割玉米作業規範」辦理契作生產。
有機作物		15,000元	依「99年度連續休耕農地租賃種植有機作物作業規範」辦理。

資料來源：行政院農業委員會農糧署（http://www.afa.gov.tw/peasant_index.asp?CatID=1306）[最後瀏覽日期：2011/07/10]

依據2011年「100年連續休耕農地租賃執行要項」（中華民國99年11月12日農授糧字第0991094068號函訂定）的規定（http://www.afa.gov.tw/Public/peasant/201011191216247055.rtf）[最後瀏覽日期：2011/07/11]，上表中的出租給付情形包括：(1)給付出租人每期作每公頃五萬元（含）以上（包括政府給付四萬元，及承租人支付一萬元（含）以上之租金），當期作承租人應依第5條第5項第2款種植作物。(2)給付出租人每期作每公頃四萬五千元（由政府給付，承租人得免付該期作租金），當期作承租人應依第5條第5項第3款種植綠肥作物。

[14] 參閱行政院農業委員會「農地銀行既小地主大佃農」網站，網址：http://ezland.coa.gov.tw/law/law-1-1.aspx?no=20091216151609&num=1[最後瀏覽日期：2011/07/11]

[15] 廢止休耕獎勵每年支出的費用約一百億元，因此排擠許多農業政策的推動（包括小地主大佃

政策基本矛盾（農場規模過小）的策略—小地主大佃農措施，因為休耕獎勵而難以有較大的成效，二者之間的政策矛盾不言可喻。

(二)農村再生與農地保存的矛盾

農村再生與農地使用各有不同，此地的農村是指農村聚落，原本即供作聚落建居住建築使用，與農地使用不應有所矛盾，但因國內相關土地政策造成了二者的衝突。以下先說明農村再生的內涵，再分析相關政策的矛盾。

1. 農村再生的內涵

農村再生的提出，起源於馬英九總統2008年的總統選舉政見，馬總統當選後積極實踐各項政見[16]，並於2010年8月4日通過了「農村再生條例」（以下簡稱農再條例），作為推動農村再生的法律依據。重要的規定如下：

(1) **農村再生的目的**：依據農再條例第1條規定，是為了促進農村永續發展及農村活化再生，改善基礎生產條件，維護農村生態及文化，提升生活品質，建設富麗新農村。

(2) **農村社區之定義**：指非都市土地既有一定規模集居聚落及其鄰近因整體發展需要而納入之區域，其範圍包括原住民族地區。（農再條例第3條第1款）

(3) **農村再生發展區之定義**：指直轄市或縣（市）主管機關依農村發展需要，擬訂計畫報經中央主管機關核定實施土地活化管理之區域。（農再條例第3條第3

在內），而且休耕獎勵發生許多問題（例如蟲災、農地破壞等），加上近年來全球性的糧荒問題，從農業發展及農地利用的角度來看，休耕獎勵應予縮減甚以廢止，供作其他農業推動之用。儘管在2010年9月「農產品受進口損害基金」到今年底只剩下十五億元，無法再支應休耕補助，原本是停止休耕獎勵的最好時機，但因領取補助的農民，一期作有17萬7千人、二期作有22萬1千人，基於選票的考量，行政院農糧署力保會編列預算，繼續實施休耕獎勵（自由時報電子報2010-9-15網址：http://www.libertytimes.com.tw/2010/new/sep/15/today-t2.htm[最後瀏覽日期：2011/07/11]）。另外，依據立法院第7屆第6會期經濟委員會第7次全體委員決議：「……農業委員會應自101年度起，分年補撥充實農損基金預算，以穩定休耕補助財源；並因應全球糧食短缺問題擬定政策，鼓勵農地復耕。（提案人：潘孟安及翁金珠；連署人：蘇震清及葉宜津）」（立法院公報第99卷第76期委員會紀錄）（http:// lci.ly.gov.tw/lcew/communique/work/99/.../LCIDC01_997601_00002.doc)[最後瀏覽日期：2011/07/11]這些顯示，不論是執政黨或在野黨，基於領休耕補助的農民數量龐大，對於休耕政策的態度都是一致的。

16 馬英九總統2008年競選總統時提出「愛臺十二建設」，其中包括「農村再生」的競選政見。馬總當選後，行政院於2009年11月26日第3172次院會通過「愛台12建設總體計畫」，其中在城鄉發展方面即包括了農村再生（請參閱行政院網站：http://www.ey.gov.tw/ct.asp?xItem=64739&ctNode=2313）[最後瀏覽日期：2011/07/13]。

款）

(4) **農村再生之活化之推動原則**（農再條例第3條第4項）：

A. 以現有農村社區整體建設為主，個別宅院整建為輔。

B. 實施結合農業生產、產業文化、自然生態及閒置空間再利用，整體規劃建設。

C. 創造集村居住誘因，建設兼具現代生活品質及傳統特質之農村。

(5) **經費來源**：由中央主管機關設置農村再生基金新臺幣一千五百億元，並於農再條例施行後十年內分年編列預算。（農再條例第7條第1項）

(6) **推動方式**：推動方式可分為地方主管機關推動及社區組織推動兩類：

A. 直轄市及縣（市）政府：

(A) 於徵詢轄內鄉（鎮、市）公所意見後，就轄區之農村再生擬訂農村再生總體計畫（農再條例第8條），並訂定農村再生執行計畫，向中央主管機關申請補助（農再條例第11條）。

(B) 就實施農村再生計畫之地區，依土地使用性質與農村再生計畫，擬訂農村再生發展區計畫，進行分區規劃及配置公共設施。（農再條例第15條）

B. 在地組織及團體：農村社區內之在地組織及團體應依據社區居民需求，以農村社區為計畫範圍，經共同討論後擬訂農村再生計畫，並互推其中依法立案之單一組織或團體為代表（以下簡稱社區組織代表），將該農村再生計畫報直轄市或縣（市）主管機關核定。（農再條例第9條第1項）

2. 農村再生的矛盾

農村再生的矛盾可分兩方面分析，一為農再條例本身的問題；另一為農村再生的效果問題。

(1) 農村再生條例本身的問題，主要為農再條例規定不足或不妥所產生，其主要問題如下：

A. 農村的界定不清楚：整個農再條例既然以農村為對象，但對於農村確切的範圍並未明確界定。雖然農村的界定有其困難（參見第一章），但作為法律的專門用語，應該有清楚的界定，以免它的適用範圍因模糊性，而產生疑義。

B. 農村社區範圍問題：農再條例未對「農村」具體界定，卻界定了「農村
社區」，農再條例中的「農村社區」除了既有農村聚落，還可以擴及周
圍農地，在條例中並未規範具體條件，僅以「整體發展需要」模糊的概
念為條件，此可能造成藉農村再生之名，擴大農村聚落範圍，實行農地
變更之實。除此之外，因為「農村社區」的界定，使得未在農再條例中
明確界定的「農村」，似乎包括「農村社區」以外的範圍，而擴及整個
非都市土地，此使「農村」的界定更為模糊。

或許為了避免漫無限制地籍由農村進行農村土地開發，「農村再生計畫
審核及執行監督辦法」（2010年12月31日發布）第2條進一步規定[17]：
「農村社區為，一定規模集居聚落，指集居聚落達五十戶或二百人以
上，或原住民族地區及離島地區人口集居聚落達二十五戶或一百人以
上。同款所稱因整體發展需要而納入之區域，係指因聚落生活、生產、
生態及文化等整體發展需要彼此密切關連之區域。」此一規定，一方面
以戶數及人數的數量節制農村發展，另一方面對「整體發展需要」進行
補充。這更凸顯農村再生的問題，其中以戶數及人數做為農村再生門檻
的規定，極有可能排除一些具有特殊景觀、耕作方式（如自然農法）的
村落，參加農村再生的機會；其次對於整體發展需要的補充界定，並沒
排除原來任意擴大農村開發範圍的疑慮。

C. 再生的意義不明：雖然再生條例第二章章名為「農村規劃及再生」，不
過何謂「再生」並不清楚，在相關條文中似乎以設施及產業補助為再生
的主要手段（農再條例第12至14條），特別是硬體設施補助的手段為
多數。如果農村再生最後淪為只是硬體的重建或整建，其結果可能造成
農村更多的閒置空間，愛爾蘭的農村再生結果可為殷鑑（Gkartzios and
Norris 2011）。

---

[17] 「農村再生計畫審核及執行監督辦法」（2010年12月31日發布）第2條進一步規定農村社區
為，一定規模集居聚落，指集居聚落達五十戶或二百人以上，或原住民族地區及離島地區人
口集居聚落達二十五戶或一百人以上。同款所稱因整體發展需要而納入之區域，係指因聚落
生活、生產、生態及文化等整體發展需要彼此密切關連之區域。農村再生計畫應以農村社區
為計畫範圍，其範圍之劃定以村里行政區域或明顯之地形、地物界線為原則，且無下列情形
之一：
一、社區範圍與已核定農村再生計畫範圍重疊。
二、社區範圍分散不完整。
三、社區範圍內含其他非該農村再生計畫之農村社區。

D. 推動程序問題：農村再生強調兼顧「由下而上」及「由上而下」的過程，但是包括農村再生方針、農村再生總體計畫、農村再生發展區計畫、年度農村再生執行計畫等，都是由中央政府或直轄市、縣（市）政府主導，只有農村再生計畫係由農村社區由下而上提出，顯示農村再生主要仍是「由上而下」的過程。關於農村發展的路徑的問題，在第七、八及九章中的討論，已經清楚地呈現出農村發展的實際狀況，是一個內生與外生路徑混合的結果，所以「由上而下」或「由下而上」的爭論，並非重要。關鍵在於政府要如何讓地方行動者網絡更為發達，這在特別困難農村更尤其重要。農再條例第30條，雖然規定有人力培育計畫，但對於真正困難的社區，仍然無法使其具有競爭能力。

(2) 農村再生的效果問題，可分為再生扶持對象差誤及對農地利用的衝擊二方面說明。

A. 再生扶持對象差誤問題：所謂扶持對象差誤是指，農村再生的做法及補助對象與實際需要補助扶持的農村之間的落差。在第一章中已經提到，由於現在的農村型態多元（參見第一章第一節），使得對農村的界定和對農村發展的政策都需要更有彈性。以農再條例規範的做法來看，必須經由計畫競爭，才能成為合格的農村再生地區[18]，而獲得補貼，此即涉及那一些農村比較可能通過篩選的問題。在第一章中說明了農村類型的分化，Marsden認為有一些農村可以自行發展，有一些則必須仰賴政府協助。於此，依據農再條例及農村再生計畫審核及執行監督辦法的規定，可以以實質資本及社會資本的條件，將臺灣農村分為四種類型：第一類為實質資本及社會資本都豐厚的農村、第二類為實質資本豐厚社會資本缺乏的農村、第三類為實質資本及社會資本都缺乏的農村、第四類為實質資本缺乏但社會資本豐厚的農村，各類農村如圖12-1所示。面對農再條例的補助條件，透過競爭型的計畫，第一類的農村最易獲得補助，第二及第四類農村其次，第三類農村不易獲得補助。但就是否需要政府扶持補助而言，第三類最需要政府的補助與扶持，第一類農村即使沒有政府的補助亦可自行發展。對照農再條例可能提供的補助農村類型與實際需要補助的農村類型，二者有顯著的落差，這種落差將造成各類鄉村之間的發展更加不平衡。

---

[18] 更詳細的審合內容請參閱「農村再生計畫審核及執行監督辦法」。

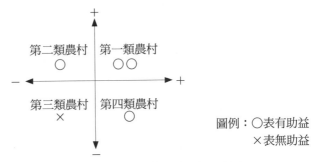

圖12-1：農村再生對不同類型農村的助益

B. 對農地利用的衝擊：我國現在推行的農村再生，對特別及最重要的特色在於透過國家資本（農村再生基金）的投入，來吸引更多的資本及人口進入農村。資本和人口的流入農村很容易和農村仕紳化聯結（參閱第十章），因此農村仕紳化所引發的一切衝擊效果，在農村再生社區及其周圍都會發生，這些包括景觀的改變、土地價格高漲、人際網絡的疏離及農業生產環境的破壞等。農村再生如果促成了農村仕紳化，它就是典型的第三波仕紳化——由國家促成的仕紳化（Hackworth 2000；He 2007），這時候仕紳化已經被國家拿來當作為農村發展的政策工具，所以國家政策造成負面影響，更需加以討論，特別是對於農地利用的影響。

農村再生的結果可能造成農村仕紳化的負面衝擊當中，其中特別令人憂心的在於，它對臨近農地利用的影響。農再條例的農村社區涵蓋了既有農村聚落周圍的農地，因此農村再生不免擴及或波及附近農地，使農地利流失，前已述及。更有甚者如果一個農村社區獲得成功地再生，它將迫使農村社區以外的農地難以再做農業經營使用，此可稱為「波及效果」。波及效果的成因有三：

(A) 農村再生促成了農村社區價格上漲，連帶帶動鄰近農地價格上漲，高地價迫使農地轉用，甚或變更使用。這些農地就像都市範圍內的農業區一樣，逐漸變成了建築預備地。即使未轉用，農地價格提高，將使需地耕作者取得農地的成本提高，因此不利農業發展。

(B) 現行規定允許0.25公頃以上的農地，得興建農舍（農業發展條例第16及18條）。雖然，在農舍的興建申請、建築式樣、高度及容積有一

些限制，不過實際上興建並不困難，而且農舍經常成為各式的「豪宅」（參見第十章），造成了許多良田的流失。這種允許農地興建農舍成豪宅的規定，在全世界的農地利用上，堪稱奇蹟，也使農村再生與農地保存之間產生嚴重的矛盾。

(C) 另外一項因農村再生使農地利用受衝擊的規範，來自於特種貨物及勞務稅條例（俗稱「奢侈稅」）中的規定，奢侈稅原本用來解決都會地區房地產價格高漲的問題，不過奢侈稅不適用於農地（及地上的農舍）（第5條第4項）。因此，原先在都會地區的投機性資本，即可能大量地流向農村及農地[19]，此將意外地使農村再生促成的農地流失加劇。

前述(C)或許不屬於內部矛盾，不過農村再生所引發的對農地利用的衝擊，仍然可以透過行政院農業委員會的把關來降低，這就是要嚴格限制（甚或禁止）農地興建農舍的許可。

三、外部矛盾

農地政策的外部矛盾來自於非農業部門或產業，這主要是因為其他部門或產業對農地造成的壓力，這些主要包括農地課稅、國土規劃部門對農地的態度、異業的競爭與總體土地政策路線等四個矛盾。

(一)農地課稅

農地課稅屬於國家總體財政及賦稅政策的一環，現行農地課稅並非農政機關可片面決定，因此列為外部矛盾。

1. 我國現行農地課稅特徵

我國現行農地課稅，主要包括保有稅（田賦）、增價稅（土地增值稅）、移轉

---

[19] 依據統計，在從奢侈稅開始討論到通過（2011年4月15日）後，全台2011年上半年，農地交易暴衝2.19倍，其中桃園交易最活絡，半年成長了6.2倍，其次高雄市成長了4.5倍，苗栗縣則成長4倍。（http://money.chinatimes.com/news/news-content.aspx?id=20110706002140 [最後瀏覽日期：2011/07/15]

行為稅（遺產及贈與稅）（殷章甫2005）。雖然這些稅都各自有法令作為課稅的依據，規定又相當完備，看起來我國農地賦稅非常龐雜，負擔沉重。但是，現行農地的賦稅，包括保有稅、增價稅、移轉行為稅幾乎都是免徵或不課徵。因此，農地不必負擔賦稅，可視為我國現行農地賦稅的第一個特徵。

除了農地幾乎免稅或不課徵之外，有關農地的範圍依土地稅法第10條與農業發展條例第3條第10款規定：「指非都市土地或都市土地農業區、保護區範圍內土地，依法供下列使用者：一、供農作、森林、養殖、畜牧及保育使用者。二、供與農業經營不可分離之農舍、畜禽舍、倉儲設備、曬場、集貨場、農路、灌溉、排水及其他農用之土地。三、農民團體與合作農場所有直接供農業使用之倉庫、冷凍（藏）庫、農機中心、蠶種製造（繁殖）場、集貨場、檢驗場等用地。」

依據民國97年內政部之都市及非都市土地使用分區編定面積最新統計資料顯示，我國依都市計畫法劃定為農業區內之土地約為99,368公頃，保護區內之土地則約為135,261公頃，都市土地屬最廣義定義農地部分面積共計234,629公頃；另外非都市土地中依法編定為農牧用地面積約為822,859公頃、林業用地約為1,129,944公頃、養殖用地約為27,475公頃、水利用地約為53,734公頃、生態保護用地約為1,197公頃、國土保安用地約為125,376公頃，以及暫未依法編定用地別為88,380公頃，非都市土地屬最廣義農地部分面積共計2,483,594公頃。

另外，有關於土地稅法第10條第2款及農業發展條例第3條第10款第2目後段所稱「供農路使用之土地」，以及土地稅法第10條第5款及農業發展條例第3條第10款第5目所稱「國家公園區內按各分區別及使用性質，經國家公園管理機關會同有關機關認定」，受限於資料限制無法得知其面積，故就目前可得資料顯示，農地面積合計至少為248萬公頃。我國農地免徵田賦、農地增值稅不課徵、及農地遺產及贈與稅免徵，所謂「農地」之適用範圍雖略有不同，但大致適用前述農地範圍[20]。適

---

[20] 土地稅法第22條第1項及平均地權條例第22條第1項規定：「非都市土地依法編定之農業用地或未規定地價者，徵收田賦。都市土地合於左列規定者亦同：一、依都市計畫編為農業區及保護區，限作農業用地使用者。二、公共設施尚未完竣前，仍作農業用地使用者。三、依法限制建築，仍作農業用地使用者。四、依法不能建築，仍作農業用地使用者。五、依都市計畫編為公共設施保留地，仍作農業用地使用者。」另依土地稅法施行細則第21條與平均地權條例施行細則第34條規定：「所稱非都市土地依法編定之農業用地，指依區域計畫法編定之農牧用地、林業用地、養殖用地、鹽業用地、水利用地、生態保護用地、國土保安用地及國家公園區內由國家公園管理機關會同有關機關認定合於上述規定之土地。」田賦免徵之適用範圍與土地增值稅及遺產稅略有不同。依據民國97年內政部之都市及非都市土地使用分區編定面積最新統計資料顯示，非都市土地依法編定為農牧用地面積約為822,859公頃、林業用

用免徵與不課徵農地賦稅之農地範圍廣大，為我國農地賦稅第二特徵。

2. 我國現行農地課稅問題

我國現行農地課稅的問題主要如下[21]，而前述我國現行農地賦稅的特徵，也是造成我國農地課稅的主要原因：

(1) 全面免稅問題

按現行相關農地課稅之規定，農地所有權人等，不論保有或於農地移轉而有增值，以及移轉行為，幾乎都可不必負擔租稅，而且農地的範圍非常廣泛，形成農地猶如「無稅國」。廣大的農地不必納稅，有以下問題：

A. 賦稅不公

主要是指農地與非農地之間的賦稅差異，因農地免稅其他用地需負擔租稅，而變得極端，此即違反了華格納租稅原則的「普遍原則」。土地保有稅是否課徵以有無農地事實為依據；土地增值稅之課徵以是否因土地移轉而獲得特別所得（增值）的事實為依據；課徵遺產和贈與稅則以土地有無繼承和贈與行為事實為依據。例如，某甲擁有建地的公告地價為二千萬元，某乙擁有農地之公告地價同為二千萬元，二者均應課徵保有稅，其稅負可以不同，但不宜有無之別；同樣地，建地與農地如果移轉的增值同為一千萬元，稅負高低可以不同，但不宜建地課稅農地免稅。我國現行農地免稅或不課徵的原因，很大一部分是因為農地收益不高及農民所得偏低，這兩原因都涉及農民所得的問題，應該用其他方式加以救濟，不宜張冠李戴，以農地免稅方式來解決。

B. 無法落實農業及農地政策

現在農地幾乎全部無需負擔租稅，就農地這個次市場而言，它幾乎回到自由市場的狀態。農地次市場如果是完全市場，一個不受干預的自由機制可以使農地的分配使用，達到最適狀態。不幸的是，農地與一般土地相同，不具完全市場的條件，需透過干預才能達到最適狀態（Harvey 1996），農地稅是一項經常被使用的干預手段。由於世界性的農業政策改變（例如多功能性農業政策的推動），以及我國所

地約為1,129,944公頃、養殖用地約為27,475公頃、鹽業用地約為4,532公頃、水利用地約為53,734公頃、生態保護用地約為1,197公頃、國土保安用地約為125,376公頃。惟土地稅法施行細則第21條與平均地權條例施行細則第34條後段有關「國家公園區內按各分區別及使用性質，經國家公園管理機關會同有關機關認定」，受限於資料限制無法得知其農地面積外，前述農地面積合計至少為216萬公頃。

[21] 此處提出之問題為個人認為較重大的問題，並非全部的問題。

處的農業環境，更需要透過適當的干預手段，來扶持農業的發展。但是農地大規模的免稅，已經使一項有用的政策工具毫無用武之地。

(2)農地課徵田賦問題

田賦雖然現在已經停徵，但是它隨時可以復徵，因此討論田賦的問題還是有意義。農地課徵田賦有其時代背景，主要是可以確保軍糈糧源的充足，這在戰時、有戰爭之虞或糧食缺乏的時候特別重要，我國農地課徵田賦即在這樣的情況下被沿用下來，過去田賦徵實確實發揮了它的功能。田賦另一項優點在於，農民以其生產的農作物繳稅，可以省去籌措現金繳稅的困擾。但是，隨著環境的改變，田賦的問題比他的優點多得多。其一，田賦的課徵成本很高，而且繳稅亦不方便，包括實物的運送及儲存等都造成負擔；其二，農地等則失實，造成農地納稅義務人之間的稅負不公平；其三，農地課徵田賦非農地課徵地價稅，同為土地之保有，卻一稅兩制，在租稅體制的妥適性上，甚難自圓其說。

2. 我國農地課稅改進方向

依據前述問題，農地課稅宜朝下列方向調整。

A. 農地全面性地適度回復課稅

如前所述，大規模的農地免稅，造成了農地持有者與非農地持有者之間，在保有稅、增值稅與行為稅上的賦稅不公平。另外，大規模的農地免稅，亦造成無法藉由租稅來促成農業及農地政策。因此，要解決農地課稅問題，首先須全面性的適度回復對農地課稅。

B. 農地保有稅部分

(A)田賦改課地價稅：除了恢復農地課稅之外，在農地保有稅部份，尚需將田賦廢除，改徵地價稅。主要原因有四：第一，土地依據其價格課徵保有稅，早已成為世界常規；第二，減少課徵實物所需耗費的成本與不便；第三，避免一稅二制（即農地課徵田賦，其他土地課徵地價稅）；第四，避免農地等則失實問題。

(B)農地地價稅採比例稅制：農地改採地價稅之後，若依現行土地稅法進行課徵，將採累進稅率。由於地價稅為地方稅，無法藉由累進稅率來達成公平的所得重分配的作用。另外，現在農地問題不在產權集中，而在農地細分無法達到經濟規模，透過累進稅來避免農地集中壟斷的理由已經不存在。因此，農地地價稅宜改為比例稅率。

(C)農地地價稅以輕為原則：採比例稅率的農地地價稅，以輕稅為原則，以避

免農地所有權人課徵地價稅，負擔驟然增加太多的稅負。同時，對於農民不致造成過重負擔，其稅率或以現行地價稅基本稅率千分之十為妥。

(D)視農業或農地政策目標減免或增加農地地價稅：農地應使用、不使用及如何使用等方能符合國家農業及農地政策，以及符合社會期待，可以透過農地地價稅的減免等手段來達成。以現在我國農業環境，減免地價稅者可包括：a.農地使用產生正的外部性（如具有環保、文化、景觀維護作用者）、b.出租農地而有益於擴大農場經營者及c.配合國家糧食政策進行休耕者；相對地，應加重其地價稅者包括：a.農地使用產生負外部性者、b.應使用而未使用者（荒地稅）及c.違規使用者。

C. 農地增值稅部分

(A)農地增值稅採取比例稅率：現行土地增值稅係地方稅，稅採累進稅率並不合適，因此宜改比例稅制；同時，考慮農地價值之維持與提升和農地所有人（或使用人）長期之經營與維護有密切關係（例如，農民每天巡視農地，隨時維護其農地等），其稅率不宜過高，因此建議以現行增值稅最低稅率（20%）課徵之。

(B)符合國家農業及農地政策者減免土地增值稅：農地如果移轉符合國家農業及農地政策者，國家可減免其土地增值稅以為獎勵，例如農地移轉有益於擴大農場經營規模者。

(C)農地經核准變更使用而移轉者加重土地增值稅：一般農地移轉課取較輕之土地增值稅，但若土地變更編定為其他較高之土地使用時，其自變更編定後之增值應課較重之土地增值稅（例如40%或者更高之稅率）。因為，此時之增值與地主之努力關聯性較低。

(D)奢侈稅的課徵：為了避免因都市地區課徵奢侈稅，導致資本過度流向農地，宜將特種貨物及勞務稅條例第5條第5項，經核准不課徵土地增值稅者，免徵奢侈稅的規定刪除。

D. 農地遺產與贈與稅部分

農地遺產與贈與稅之調整，前述農地增值稅調整之概念大致適用，於茲不再贅述。

本研究前述已經提到，全球性的農業（地）政策已經產生轉變，特別是農業（地）功能的界定，有別於傳統將農業（地）專注於糧食衣物的生產，新的農業（地）政策把農業的擴張到其他的功能，包括環境生態、文化景觀、農村生活的維護等，此即多功能的農業。農地為農業經營的主要因素，實踐多功能的農業因此經常藉由對農地的使用與管理來達成，此時農地課稅就成為有用的工具。到目前為

止，我國還是把農業與農地視為全面相同的客體，忽略了農業與農地其實已經產生了重大的變化，也就是它們在不同的地方存在著極大的差異，因此對於不同的農業與農地需有不同的策略。

(二)國土規劃對農地的態度

土地的使用分派由國土規劃機關負責辦理為各國的通例，我國也大致如此，但是其中亦有我國特殊的作法，這些特殊作法造成農地政策外部矛盾。這些作法如下：

1.城鄉二元的國土規劃體制：現行規劃體制分為都市土地與非都市土地二套系統，分別適用不同的法規，作為各該土地管理及利用的依據，並且各自有由內政部營建署及地政司為業務主管部門。這樣劃分就暗示或明示了都市土地供作建築使用為主，非都市土地則以供非建築使用為主，要提高土地的市場價格，最好的方法就是將非都市土地轉變成都市土地，因此經常可以看到透過都市範圍擴大，將非都市土地中的農地劃為都市土地的情況（賴宗裕2010）。儘管這些被劃入都市計畫範圍內之農地劃入都市計畫範圍後或仍屬農業區，但其價格已與非都市土地不可同日而語。回顧第一章討論的聚落連續性，它是城鄉難以劃分的原因。臺灣現行法制幾乎以都市計畫之有無，據以判定城鄉，一線之隔往往造成暴利與暴損。但不管誰因此受損，或誰因此獲利，流失的總是農地或者是耕地。

2.規劃體制輕忽農地：在國土計畫法草案[22]中，明顯地將「農業發展地區」視為「殘餘地區」（Lowe et al. 1995），亦即城鄉發展地區、國土保育地區及海洋資源地區之外的殘存土地。在國土計畫法草案第23條第1項第2款更規定：農業發展地區，依農業整體發展需要與產業類型及特性予以分類，並依農地資源特性就主、次要或「可優先釋出農地」等，予以分級。其「可優先釋出農地」之劃定，凸顯規劃部門把農地當作其他土地之預備地的心態。整個國土計畫法草案信奉的不是經濟決定論，就是生態中心主義，使得最能兼顧經濟與生態價值的農地（參閱第二章第二節多功能農業的論述），淪為殘餘地（李承嘉2010）。在這樣的心態下，農地的保存必然相對困難。比較正面的做法應該是瑞士的土地規劃方式，即規定由中央政府

---

[22] 民國98年10月8日陳報行政院審議之版本，請參閱內政部營建署網站，網址：http://www.cpami.gov.tw/chinese/index.php?option=com_content&view=article&id=10182&Itemid=50 [最後瀏覽日期：2011/07/16]。

決定優良農地總量，再透過國土規劃畫出優良農地所在位置，以確保優良農地（參閱第六章）。

　　3.**容許使用項目浮濫**：不管非都市土地之農牧用地或都市計畫範圍內之農業區，另由內政部、省及直轄市政府分別規定容許使用項目，這些容許使用項目實際上經常並不利於農業經營（賴宗裕2010）。這些容許使用項目的設定，等於是使破壞農業經營環境的農地使用合法化，也使農政主管機關難於對農地進行嚴格的使用管制。

(三)異業競用農地的矛盾

　　在經濟產值上，農業的競爭力相對弱勢，在農地上亦屬如此。亦即，農地的單位報酬不如其他工業、商業及住宅用地。以土地利潤極大化的理論而言，農地應隨時變更作利潤更大用地。據此，其他產業及國家重大建設用地，經常對農地予取予求。以耕地面積而言，2001年為848,743公頃，到2010年則僅剩813,126公頃[23]，10年間平均每年減少3,500公頃。這些變更當中以國家帶頭變更為主，特別是新訂或擴大都市計畫、交通建設、變更為工業區（吳清輝2004；朱淑娟2011）。不過前述的數據，實際上未包括：1.違規使用、2.興建農舍及3.容許使用項目等三類造成的農（耕）地流失面積。如果將前述項目列入，農地流失的數量將更為提高。

　　特別值得注意的是，近年來政府以開發工業區、科技園區、交通建設為名，透過徵收或區段徵收方式，強制將數百公頃農地（其中許多是特定農業區土地）變更使用。這種作為，除了呈現了政府經濟掛帥的發展意識形態，忽視農業與農地在國家總體安全—包括糧食安全及生態環境的重要性[24]，更凸顯出國家對私人財產權及基本人權保障的輕忽，因此動輒採取徵收或區段徵收方式取得用地，造成了徵收的

---

[23] 參閱民國九十九年農業統計年報，網址：http://www.coa.gov.tw/view.php?catid=23780 [最後瀏覽日期：2011/07/16]。

[24] 行政院農業委員會曾經舉辦「氣候變遷調適政策會議」（2010年6月15日）、「全國農業與農地研討會」（2011年1月12日）及「全國糧食安全會議」（2011年5月11、12日），會議中將糧食安全列為國家安全層級的問題，並且肯定農業經營與農地利用環境生態價值與功能。相關會議結論，請參閱行政院農業委員會網站：http://www.coa.gov.tw/htmlarea_file/hot_news/coa_webuser1_20100617163826/990920_8.pdf；http://www.coa.gov.tw/show_news.php?cat=show_news&serial=coa_diamond_20110112190838；http://www.coa.gov.tw/show_news.php?cat=show_news&serial=coa_diamond_201105111150551，[以上網址最後瀏覽日期：2011/07/18]

浮濫。特別是，以開發工業區及科技園區等在公共利益上有疑義的徵收案例，受到各界的質疑，並且引發民眾上街抗爭，不過政府對於民眾減少徵收農地的訴求，回應消極，似乎仍然堅持現行徵收農地的合法性，並且樂在其中[25]。

(四)總體國家土地政策的矛盾

總體國家土地政策的矛盾是指，國家土地政策改變所造成的問題。中華民國憲法第142條規定：「國民經濟應以民生主義為基本原則，實施平均地權，節制資本，以謀國計民生之均足」，第143條第4項規定：「國家對於土地之分配與整理，應以扶持自耕農及自行使用土地人為原則，並規定其適當經營之面積。」[26]整個國家土地政策被視為具有高度社會主義的色彩，特別是平均地權對土地價值增益之社會化，以及對於土地分配在身分上及土地使用上的扶持與限制，更充分授予國家干預的權利（李承嘉2008）。不過，這些具有社會主義色彩的想法與政策，在1980年之後已經逐漸被放棄，代之而起的是強調競爭、自由化、市場化及減少國家干預的新自由主義（或稱新保守主義），這些從各項土地稅的調降、土地規劃管制的鬆綁可以獲得說明（李承嘉1998、2008）。在農地政策方面，實施耕者有其田條例廢

---

[25] 在撰寫這一部分的時候，由全台十四個地區自救會，數十個農運、社運團體發起的「七一六農民重返凱道」正在展開（2011年7月16日及17日）。此一抗爭活動的訴求，主要在呼籲政府停止浮濫徵收農地、重視農業等，特別是在土地徵收法制的改進上。不過，這些訴求並沒有獲得真正有權力的總統馬英九及行政院長吳敦義的正面積極回應，在抗議期間，二人反而南下拜訪農民，刻意迴避。從農地政策的角度來，農地徵收帶來的問題屬於外部矛盾，因為對於徵收農地的需求都是來自其他部會（如行政院國家科學委員會、經濟部及交通部等），徵收時，農政單位僅得以事業主管機關的身份發表意見。因此，對於農地徵收浮濫的問題，屬於部會之間的認知問題，只有總統與行政院長的態度與行動，才能解決這種矛盾。又，對於農民而言，農地就是他們的生產工具，也是他們生活的主要依賴，沒有了農地，農民就沒有了生活，也沒了生命的意義。於此再度引用中國唐朝偉大詩人白居易的詩—杜陵叟：「杜陵叟，杜陵居，歲種薄田一頃餘。三月無雨旱風起，麥苗不莠多黃死。九月降霜秋早寒，禾穗未熟皆青乾。長吏明知不申破，急欲暴徵求考課。典桑賣地納官租，明年衣食將如何！剝我身上帛，奪我口中粟。虐人害物即豺狼，何必鉤爪鋸牙食人肉。」（引自王文ената1988：233）專制時代橫徵暴斂的官員與朝廷被視為豺狼，民主時代，刻意維護徵收農地者，比之豺狼有過之而無不及。部分領導人與官員對於農地徵收的態度，空言人民之生存權、工作權與生存權（憲法第15條），可以說是民國百年之恥。

[26] 憲法第143條第1項至第3項之規定如下：
中華民國領土內之土地屬於國民全體。人民依法取得之土地所有權，應受法律之保障與限制。私有土地應照價納稅，政府並得照價收買。
附著於土地之礦，及經濟上可供公眾利用之天然力，屬於國家所有，不因人民取得土地所有權而受影響。
土地價值非因施以勞力資本而增加者，應由國家徵收土地增值稅，歸人民共享之。

止、三七減租條例停止適用，到2000年農地開放自由買賣，國家體制走向新自由主義的步調更為明顯。其中農地開放自由買賣，就是解除對農地取得者身分的限制，一方面加速農地交易，另一方面則開放資本進入農地市場。更積極地邁向新自由主義，則是2010年的農村再生，因為它的主要手段為透過國家資本吸引私人資本進入農村聚落及周圍農地的開發，此在前述已經說明[27]。在此要補充說明的是，前述分析中，將農地開放自由買賣歸納為基本矛盾，農村再生則屬於內部矛盾，但是在某種程度上，這二者也都受到上層結構——國家體制改變的牽引。

　　在農地上，國家體制改變在我國所產生的關鍵的問題在於，國家的角色的改變，這項改變總的趨勢是：「國家由農地的保護者，變成農地的掠奪者」進一步說明如下：

　　1.在2000年以前，國家對於農地的保護基本上延續「耕者有其田」及「三七五減租」的規範，對於農地取得者採取嚴格措施，同時保護農地的實際使用人，這使得農地流失受到相對嚴格的管控。特別是在耕地取得部分，在土地法修訂前（2000年1月26日），第30條規定，農地承受人「以能自耕者為限」，嚴格阻止無耕作農地者取得農地。這些管制措施需要國家投入諸多人力與經費，在此一時期，國家確實扮演了農地保護者的角色。

　　2.在2000年以後，國家對於農地改以市場機制取代國家管制，農地開放自由買賣就是例證。不過對於農地的處理，不僅在解除土地取得者的身分而已，還進一步允許0.25公頃以上的土地所有權人，興建農舍，這可視為第一波促進資本流入農地的措施，農地成為純商品在市場上被交易。除此之外，國家一連串的法律放寬得徵收土地之事業，國家藉此徵收農地供作其他事業使用，使國家成為最大的農地變更者。最後為2010年的農村再生條例的通過，並透過國家資本吸引私人資本及非農業人口進入農村，此舉必將進一步加速農地流失。這些國家都有責任，因為它們都與國家體制改變有關，國家是這些體制或政策的施為者。國家變成農地最大的掠奪者之後，非常諷刺地，民間反而成為主要的農地保護力量來源，在這樣的情況下，民間的力量必須與國家對抗。這樣的情況極不尋常，因為就理論而言，與其他產業競

---

[27] 面對新自由主義的崛起，在農業部門即產生了新農業體制，其中後生產論採取的是順應新自由主義的路線，多功能性則屬對抗的路線（參閱第二章）。我國所採取的農業（地）政策中，比較典型的有二：1.農村再生屬於後生產論的措施；2.休耕與平地造林的獎勵屬多功能性的措施。至於其成果，農村再生初步實施，成效還待觀察，休耕與平地造林，則因實施的主要目標淪為減少稻米產量，對於達到多功能農業的目標，助益實際有限，此在前面已經述及。

爭，農業與農地使用處於劣勢，如果任由市場運作，農地很容易變更他用，因此多由國家基於農業或農地使用的公共性（或正的外部性）加以保護。即使政府不獨自對農地特別保護，至少亦須結合民間力量加以保護，帶頭解除對農地保護的措施，又成為最大的農地掠奪者，誠屬罕見。

第二節　研究總結

本研究除了第一章討論關於農村界定、分類及摘述本書各章內容之外，分別介紹了各種農業體制與農村發展路徑（第二章及第七章），並以新農業體制及農村發展路徑來觀察及研究臺灣的狀況，包括臺灣近年來的農業（地）政策調適情形（第三章）、我國合適的農地功能和農地利用模式的選擇（第四章）、民眾對農地價值功能的認知調查比較（第五章）、介紹外國（瑞士）多功能農業的實踐方式（第六章）、農村發展第三條路的個案觀察（第八章）、農村發展的權力分析（第九章）、新農業體制下的農村空間轉變（第十章）及農村土地使用規劃理念（第十一章），最後為現行農地政策的評論與研究總結。整體而言，本研究係以1980年以後發展出來的新農業體制和農村發展路徑為起始點，引用的相關農業體制、農村發展路徑、理論、觀點及研究方法如下：

一、**農業體制**：生產論（productivism）、後生產論（post-productivism）與多功能性（multifunctionality）；

二、**農村發展路徑**：外生發展（exogenous development）、內生發展（endogenous development）及第三條路（the third way）；

三、**規劃思潮**：理性規劃（rational planning）、溝通式規劃（communicative planning）及規劃理論的黑暗面（the dark side of planning theory）；

四、**相關觀點和理論**：行動者網絡理論（actor-network-theory）、溝通行動理論（the theory of communication action）、治理性（govermentality）、仕紳化（gentrification）；

五、**研究方法**：文獻評析、制度分析、個案比較、深度訪談、參與式觀察、分析層級程序法（AHP）及李克特（Likert）問卷調查等。

　　上述相關體制、路徑、理論、觀點、方法等與研究內容之間的關係如圖12-2所示。整個研究以農業體制和農村發展路徑為起始點，農業體制在第二次世界大戰後，從生產論逐漸（1980年代）邁向後生產論及多功能性，生產論與多功能性之間則存在著競爭性；農村發展的路徑則由外生與內生路徑的競爭中，演化出第三條路。農業體制和農村發展路徑都在1980年以後產生巨變，不過二者的改變並非兩個獨立的事件，而是基於（或回應）共同的觀念和認知，特別是它們二者都受到更大框架的社會典範——後現代性（post modernity）及政治形態——新自由主義（或新保守主義）（neo-liberalism）的影響。新農業體制的推動和實踐，同時也牽動農村發展（例如歐盟共同農業政策與農村發展的關係），農村發展也改變了農業經營型態（例如中上階層遷入改變農地利用形式）。

　　由於農業議題已經不是單一國家的事務，而是全球性的議題，因此在全球性的農業體制變遷下，臺灣的農業（地）政策應當會受影響，並且會有所回應。不過，臺灣對新農業體制的回應，並不只是在政策規範上，而是同時需理解在回應過程中，合適於臺灣的農地功能選擇，以及民眾對新農業體制的認知情形，同時列舉瑞士多功能農業的具體實踐內容，作為理解實踐的案例。圖12-2的左半部，即呈現本書在新農業體制各項研究的關聯性，同時將所採取的研究方法，以灰色方框顯示出來。

　　除了農業體制的變革之外，圖12-2的右半部表示本研究關於農村發展路徑的部分及採用的理論或觀點（灰色方框部分）。在新農業體制下，農村發展的路徑也同步產生改變，這個改變為由外生、內生，再到第三條路。本研究農村發展路徑部分，著重在第三條路的理論（行動者網絡理論（ANT））連結，以及農村發展的權力運作，權力的運作聚焦在ANT與傅柯（Foucault）治理性之間的適用檢驗上。除了機制性的行動者網絡與治理性影響發展理論之外，一個因新農業體制形成而產生的農村空間改變——農村仕紳化，也在農村發展中加以討論觀察，這是因為新一波的仕紳化已經成為國家發展地方的工具之一。最後，土地規劃為國家影響農村與農地使用的最主要手段之一，本研究將新農業體制、農村發展路徑與規劃理論融入在農地利用規劃理念中。

　　上述各單元的主要研究結論與問題分別摘述如下：

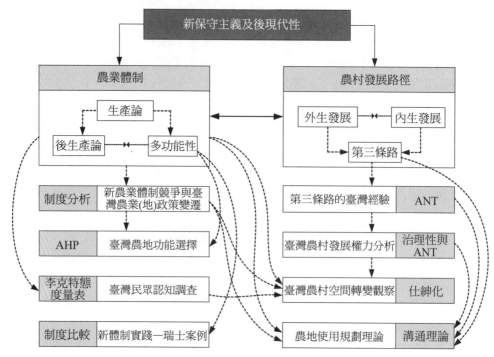

圖12-2：體制、路徑與檢驗的關係

一、農村的界定與分類

　　「農村」一詞雖然在學術及日常生活中經常被使用，但是世界各國對於農村的界定不論在法律層面或學術層面上，都沒有一致的認定標準。造成農村難以界定的傳統原因有三：1.聚落的連續性；2.聚落特性的改變；3.官方指定的差異。近年來，由於農業體制及人們對於鄉村想像與期待的改變，使農村的界定更加不易。因此，一些研究（Halfcree 2006）引用列斐伏爾的空間三元辯證觀念，以農村的地方性、農村的要式再現及農村的日常生活三個面向共同觀察農村空間，此一界定農村的觀點具有彈性動態的優點，可以更適切地描繪現在農村的多元面貌。僅管如此，農村還是一個相當混亂的觀念，因此另有研究建議從農村類型劃分著手。農村類型的劃分，實際上也涉及到劃分基準的問題，不過它可以依據農村實際發展狀況加以分類，例如Marseden（1998）依據新農業體制的特性對英國農村進行分類，就是一

個很好的例子，它可以更清楚地了解及剖析新農業體制下的農村。關於農村的界定與分類，國內雖然有一些研究，但是針對臺灣現況及考慮新農業體制影響的農村界定與分類，更屬缺乏。

二、新農業體制的形成與內容

　　所謂新農業體制包括後生產論與多功能農業（或稱多功能性），新農業體制的形成主要原因有二：第一，人們對於農村和農業認知的改變，生產論下的農業生產無法滿足大眾對農業及農村的期待；第二，新自由主義的崛起使許多國家的農業在生產論之下難以維續，因此必須另求出路。結果前者促成了後生產論，後者造就了多功能農業。雖然後生論的內容不盡一致，但基本上後生產論認為，1980年代之後的歐美農村，已經由從事「物質的生產」為主的空間（生產論），轉變成「物質生產」與「服務提供」並重的空間。質言之，後生產論把農村從生產論時期的「生產空間」，轉變成「消費空間」。多功能農業認為，農業經營的結果不僅有經濟（或市場）財貨（如糧食衣物）的產出，同時還有非經濟財貨（例如環境、景觀、文化維護）的產出，因此農業是多功能的。從供給面來看，就是傳統經濟學所言「聯合生產（joint production）」的概念；從需求面來看，就是農業經營滿足社會對農業的期盼。在後生產論與多功能農業的實踐的檢驗結果來看，後生產論是否各占其半；多功能農業則在歐盟、日本、瑞士及挪威等國家（被稱為「多功能農業之友」）成為國家具體實踐的農業政策。

三、新農業體制競爭與臺灣農業（地）政策變遷

　　雖然，後生產論與多功能性都是因為生產論無法因應1980年之後的全球性結構改變而起，二項新農業體制也都認為農業及農村具有多重價值與功能，不過二者之間觀念並不全完一致，因此引發何者較能呈現1980年以後的農業與農村實際情況的論戰。在這此論戰中，有些認為後生產論較優，有些則主張多功能性較佳，更有些認為農業體制係由生產論到後生產論，再到多功能性，也就是後生產論與多功能性具有承繼性。本研究分析結果認為，二者主張有相同，也有差異之處。在

相同的部分,二者都認為,農業、農村與農地可以提供不同的功能,也具有不同的價值。在不同的部分,可分為二:第一,在形成面上,後生產論從農業及農村的認知及現象出發,多功能性則從建立可執行的政策出發(以對抗農業新自由主義)。第二,二者雖然都認為農村、農業及農地具有多重價值與功能,不過後生產論主張農業、農村及農地可以轉作他用,因此農村可以是消費的空間;多功能性則強調,在農業經營過程當中的聯合產出,就是農業的多功能,並不強調轉用(例如轉作休閒、觀光、建築使用)的多功能。因此,在貿易上,後生產論基本上順應了新自由主義的農業體制,多功能性則採取對抗新自由主義的措施,即主張對農業生產以外的功能進行補貼,因此多功能性在農業貿易上被稱為「新重商主義」。

在臺灣農業(地)政策變遷的觀察上,臺灣農業政策的調整,基本上與全球農業體制相當一致。從第二次世界大戰到1990年,臺灣農業(地)政策奉行的是生產論,但是在1990年代初期,臺灣提出了「生產、生活及生態」的三生農業開始,臺灣農業(地)政策逐漸邁向新農業體制。在邁向新農業體制的過程當中,實際上有極為明顯的由上而下的傾向,政策是否完全落實?以及政策的相關者(包括農地所有權人、使用人及一般大眾)對於政策的認知如何?都有待評估。

四、國家層級的農地功能與農地使用模式選擇

新農業體制的實踐(特別是多功能農業)依空間層級來看,可分成全球、國家、區域、社區及農場。另外,從研究路徑來看,多功能性的研究可分成市場調節、土地使用、行動者導向及公共調節四種路徑。本研究從國家層級的空間尺度及透過土地使用路徑來選擇臺灣農地功能及農地使用模式[28],並且採用層級程序法(AHP)進行決策選擇。調查結果如下:在多功能性下的農地最受重視的主要功能仍然是生產(農地產出優質化),其次為生態(農地耕種自然友好化),最後為生活(農地經營社會化);在13項農地次功能方面,排序前3項功能依次為「確保糧食自給率」、「達到糧食品質安全」、「維護土壤地力」;在實踐多功能性的土地使用方式的排序方面依次為:1.「有機耕作」;2.「精緻農業」;3.「平地造

---

[28] 其中國家層級扮演的角色為解釋多功能性社會意涵,它具有指導一個國家多功能性實踐的策略意義;土地使用路徑關心的為區域空間的土地使用,區域土地使用的決策通常很少由農民或社區決定,因此為整體性(國家或區域)的層級(Renting et al. 2009;Wilson 2009)。

林」；4.「集約式耕作」；5.「休閒與體驗農業」；6.「輪作」；及7.「休耕」。
這些結果顯示，專家學者認定在國家空間層級上，透過有機耕作的農地使用模式，
既可兼顧糧食質與量的安全，同時可以達到生態維護的功能，這也是各國推動多功
能農業，所採用的主要農地使用模式。最後，本研究對於農地功能與使用模式的選
擇以AHP法進行操作，有兩個層面尚待加強：第一，本研究屬於初次對臺灣農地功
能與使用模式選擇得出此研究，在問卷中各層級農地經營模式、農地次功能及農地
可能的使用方案，尚有調整空間，此需要更多的研究累積來加以改善；第二，AHP
法假設各層級中的因素具獨立性，但本文所設各因素或有部分因素間可能存在內部
相依的問題，此可以在後續研究中採用分析網路程序法（Analytic Network Process,
ANP），比較二者的結果，增加這方面的研究深度（徐慧民等2007）。

五、一般民眾及農民對農地功能認知

新農業體制是否能實踐，最後及最重要的關鍵仍為民眾及關係人的認知與態
度，此處所謂關係人是指農地所有權人及使用人。另外，在新農業體制下特別強調
農村的差異，農村的差異是否呈現在農村居民對農地認知的差異上[29]？一般民眾與
農民（農地所有權人與農地使用人）農地功能的認知是否一致？都屬推動新農業體
制的基礎研究（Hall, et al. 2004）。因此，本研究透過的問卷調查（李克特態度量
表），來瞭解臺灣一般民眾及不同農村中的農民對農地功能與價值認知的狀況。對
農地功能（非農業功能）認知進行調查，主要是延續本研究採取的土地使用路徑。
在農村類型上分為「傳統型」及「調適型」兩類，前者是指仍然以農糧生意為主的
農村，在研究中選擇了臺南市後壁區菁寮社區；後者是指已經轉型成生產與消費並
重的農村，在研究以宜蘭縣三星鄉大洲村為例進行調查。問卷調查結果如下：

(一)在對農地具有多重功能的認知部分：不論一般民眾或農民大多數認同農地
具有不同的功能，包括農糧生產、生態環境、景觀文化等。此顯示，我國若推動新
體制，在基礎觀念上不難獲得一般民眾及農民的認同。

(二)一般民眾與農民的差異部分：在農地的生態功能、生活功能及生產糧食品

---

[29] 對於農村間認知差異的調查，本研究將農村分成傳統型及調適型（邁向新農業體制的農村）
二類。

質上，一般民眾認同的程度高於農民。

(三)**不同農村空間的差異部分**：傳統型農村的農民較調適型農村的農民更重視生產功能，但是在重視糧食品質上，則同意的比例較低。

上述調查結果意味著我國若推動多功能農業，從一般民眾及農民的認知上來看，都容易被接受。不過，由於農村既有結構及發展差異所導致的不同農村居民（農民）對於農地功能認知的差異，也凸顯出在推行新農業體制時，對於不同農村宜有不同的策略。

最後，本研究將研究範圍聚焦在農民與一般民眾對農地功能認知的調查，並比較其差異，而有上述的發現。但關於一般民眾與農民對農地功能認知的研究取向相當廣泛，除了本研究研究面向之外，仍有下列面向或課題有待進一步研究：

(一)關於農村空間的差異，本研究僅將臺灣農村分成傳統型及調適型，據以進行差異比較研究。但是，此一農村分類並不具全面性，未來應可將臺灣農村作更全面的分類，並進行其他農村類別的調查比較，以對臺灣農村的差異有更全面完整的了解。

(二)本研究比較了不同農村空間中農民對農地功能認知的差異，但並未探討哪一些因素影響到這些差異，未來值得進一步就此問題專文探討。

(三)本研究重點在比較農民與一般民眾對農地功能的認知，認知與實際行動之間，以及與政策制定仍有差距，未來可以本研究為基礎，進一步透過深度訪談或專家學者問卷調查，藉以提出合適於臺灣農地利用的政策。

六、多功能農業實踐案例──瑞士

瑞士向來以精密工業及觀光業文明於世，很少人會把瑞士與農業聯結在一起，不過在新農業體制當中，特別是在多功能農業上，瑞士扮演非常重要的角色，因此成為「多功能之友」的一員。由於高科技、觀光與農業的巧妙結合，加上在地形與國土面積上與臺灣較為類似，以及有系統與明確地多功能農業規範，瑞士的多功能農業實施情形，相當適合當作臺灣觀察與取經的對象。歸納瑞士把多功能性當作國家農業政策，而且加以實踐的特色有三項：

(一)**法制健全**：從憲法、農業法、空間規劃法到各種行政命令，有系統而緊密

地規範了多功能農業的原則與具體操作程序，可以說已經到了層層節制的地步。特別是在憲法的層次，把多功能性明示為國家的農業政策，這在世界各國幾乎絕無僅有。

　　(二)多元的直接給付項目：多功能農業的實踐與農業補貼措施（非貿易事項的補貼）密不可分，瑞士對於農業的補貼堪稱為世界典範。對於農業的補貼可分為一般直接給付、生態補貼及倫理補貼三項。一般直接給付是植物栽種的土地面積補助；生態補貼則包括生態平衡補貼、穀類和油菜籽粗放生產補貼及生態農作補貼三項；倫理補貼則包括對動物友善的飼養體系補貼及自由活動場所補貼。經由這些補貼，2006年瑞士河谷地區的每一農戶獲得直接給付為40,486法郎（約120萬臺幣），在高山地區平均每一農戶獲得的直接給付為48,958法郎（約140萬臺幣）。

　　(三)與土地規劃緊密結合：多功能的實踐與農地利用密不可分，因為直接給付必須與農地的類別與使用方式做為準據。瑞士透過土地規劃將農地分級，透過分級一方面指定必須保留的優良農地，另一方面則劃定了需予補貼的農地及補貼多寡的準據。

　　我國雖然逐漸邁向新農業體制，但若從瑞士多功能農業的相關措施來看，我國離多功能農業的真正落實還有很大的差距，包括政策的法制化、直接給付措施的具體化與明確化、農地分級和特別保護地區的劃定等，我國都有待加強。特別重要的是，如何評定或決定直接給付的額度，這必須吸取更多的國外經驗，同時考慮國內環境特性後建立國內的標準。

七、農村發展路徑變遷

　　第二次世界大戰後，隨著都市快速蓬勃地擴張與發展，農村成為相對落後的地區，不過農村始終扮演提供都市糧食衣物的角色。因此，農村必須維持一定的發展程度，農村發展也常「套用」都市的發展模式，這在追求「現代化」的戰後四十年中，特別顯著。這種「套用」及追求「現代化」的農村發展模式主要引用「外面」的力量來推動，因此稱為「外生發展」。不過到了1980年代，隨著外生發展所引發的問題，以及後現代哲學的興起，在意象上，農村由落後衰敗的地區變成代表理想的社會（包括有秩序的、和諧的、健康的、安全的、和平的），甚至是現代性的避難所。農村發展策略在前述對農村認知改變及對過去發展結果的質疑下，從1990年

代開始產生了轉向,由過去的「外生發展」轉向「內生發展」方式。內生發展主要以地方可獲取的資源為基礎,充分的使用一個地區的生態、勞力及知識,而達到地方想要的發展型式;發展結果可以使地方資源復甦,並提供原來屬於多餘之地方資源新動力,而且極大部分由此發展型式所創造出來的總價值,會被重分配在該區域本身,此可避面外生發展的缺點,內生發展因此受到積極的支持。

　　如果城鄉劃分是二元論的,內生與外生的劃分也是二元論的;如果城鄉二元論不妥,內生外生二元論也就不妥。因此,農村發展路徑非內生即外生的論點就值得檢討。觀察農村發展的實際面貌,既不是純粹內生,也非純粹外生,而是內生與外生混合的結果,此構成了農村發展的第三條路。第三條路將一直處於相互對抗及排斥中的農村發展範型二大主流──外生與內生──作了一個思想上的重整,並且以行動者網絡理論(actor-network theory, ANT)為理論基礎,使農村發展多了一個可以選擇的道路。不過,與任何新的觀點與理論應用一樣,農村發展的第三條路及它的理論合適性,需要經過更多的檢驗,才能獲得更多的支持。

八、農村發展第三條路的觀察

　　農村發展的第三條路有其特殊的觀點及理論構成,但較缺乏實際驗證(特別是在臺灣的農村發展上),因此本研究以九份聚落1895-1945年的發展為例,來檢驗農村發展第三條路的解釋能力,並把重點放在人與非人在農村發展的扮演同等重要的角色,以及行動者及相關資源同時來自本地與外地上面。在觀察行動者網絡的時候,則分成政策、資金、資源、市場結果及參與者等五個面向進行檢驗。個案觀察結果顯示,以九份金礦開採為核心的行動者網絡,上述五個面向都呈現出混合的形式,也就是同時經由外生的力量及內生的力量形塑而成,或者同時具有內生及外生作用(在市場結果上)。同時,在九份的發展中,非人的行動者(金礦及狸掘式採礦法)也扮演了決定性角色,此說明了行動者網絡在農村發展中具有極佳的解釋能力。在九份的案例中,也具體的呈現出社會環境與行動者網絡互構的作用,亦即一方面社會環境構成了九份金礦行動者網絡的基礎;另一方面,金礦行動者網絡的成功組合,開採出大量的黃金,也重組了九份的社會。

　　以行動者網絡理論來做為農村發展第三條路的依據,雖然解決了歷來農村發展內生與外生二元論的問題,但在個案觀察上,行動者網絡也產生了一些問題,這些

問題包括：網絡究竟應多大？分內生與外生的空間如何切割？內生因素與外生因素如何界定？針對這些問題必須提出更具體的答案，才能使ANT應用在第三條路的驗證上，更具說服力。

九、農村發展的權力分析

在前述的九份金礦行動者網絡組構的分析中，金礦網絡的組成與瓦解，日本政府實際上有絕對的影響力，且它的力量似乎凌駕於金礦網絡組構力量之上，這就涉及到權力分析。除了ANT之外，西方學者把傅柯的治理性（governmentality）拿來當作農村發展中的權力分析基礎，並且將ANT與治理性做比較。治理性指的是國家透過統治言說、理性與技術來指揮它的公民，因此強調的是國家權力的運作模式，它與ANT強調網絡的轉譯力量可以對抗國家權力，相當不同。

為了檢驗ANT與治理性權力觀點的適用性，本研究選擇新竹市香山濕地與苗栗通霄鎮白沙屯的發展做為觀察地區。在這兩個案例中，香山濕地是全國重要的生態保育地帶，白沙屯則是屬於一般的，甚至是資源缺乏的邊陲農漁村。本研究觀察結果顯示，在香山濕地的空間形塑過程中，ANT的權力運作凌駕治理性；白沙屯則是治理性優於ANT。之所以出現這樣的結果，關鍵在於二個個案地區擁有的資源差異，香山濕地的空間形塑受到全國關注，行動者網絡徵召動員的行動者擴及全國，行動者網絡夠大，因此轉譯力量足以與國家權力匹敵；白沙屯雖組成了地方發展網絡，但其發展少受關注，地方組構的行動者網絡不夠大，因此最後受到國家治理性的左右。這也說明了農村的確實存在極大的差異性，並不是所有的農村都具有足夠的動員能量，因此而有農村分類的必要性，國家並應針對不同的農村採取不同的發展策略。

在白沙屯的發展觀察中，意外地發現地方選出的中央民意代表對地方發展的影響力。中央民意代表以其具有的權力，影響白沙屯發展補助機關的決策（例如補助項目和補助金額的發放），此不僅扭曲國家農村發展的政綱，也扭曲了地方行動者網絡想要達成的農村發展目標。因此，就臺灣農村發展的權力分析而言，似乎不宜忽略傳統權力（地方政治人物）的介入，以致可能扭曲農村發展目標，這種情況在一些邊陲的農村，將可能極易發生。

十、新體制下的農村空間轉變

　　新農業體制（特別是後生產論）對於農村空間的期待與認知有很大的轉變，尤其是後生產論將農村由糧食衣物的生產場所，重新認知為消費的空間，也把農村視為一個反映社會、道德與文化價值的世界。這樣的轉變意味著會有更多的人口與資本流入農村，進而發生「農村仕紳化（rural gentrification）」。「仕紳化」現象最早在1960年代的倫敦舊市中心被觀察到，它原來的意義是指，都市中的窳陋地區，因中上產階級家庭移入，使得該地區財產價值提高且引起排擠貧困家庭的負效果的現象，它是在郊區化與反都市化之後的一項「回歸都市運動」，它的現象與一般都市發展邏輯迥異，因此在1980年代之後受到極大的重視。

　　1980年代開始把都市仕紳化的現象，引用來觀察農村的發展，此即所謂的「農村仕紳化」。本研究把「農村仕紳化」定義為，中上階層遷移至農村，而使農村地價上漲、地景、人口結構改變的現象。1990年代末期，開始有較多農村仕紳化的研究，並將它與新農業體制結合，不過臺灣很少有相關的研究，因此本研究以宜蘭縣三星鄉大洲村、大隱及行健村三個村落（邁向新體制的農村類型）為對象，進行觀察。觀察結果發現如下：

　　(一)觀察地區呈現初步仕紳化的現象，這些現象包括：

　　　　1. 近年人口有增加趨勢，且遷入者多為中上階層；

　　　　2. 不動產價格上漲明顯；

　　　　3. 景觀改變，例如農舍（住宅）多為歐式、日式等風格。

　　(二)個案地區的仕紳化係由多重因素構成，其包括：

　　　　1. 個人偏好，例如偏好農村景觀與生活環境等；

　　　　2. 不動產市場，例如農村不動產價格雖然日漸高漲，但相對於都市而言仍具有競爭力；

　　　　3. 機關制度因素，宜蘭縣長期的環保立縣政策，管制較嚴格的土地使用管制等。

　　(三)個案地區因仕紳化而產生的衝擊，包括：

　　　　1. 新遷入者經常非以耕種為業，其取得之土地因此經常不再繼續供作農業使用，容易形成土地使用上的衝突，甚至破壞鄰近的農業生產環境；

　　　　2. 由新建的建物形式與傳統建築顯著差異，不同的建築式樣，將改變原有傳統的農村特色，並因此而影響田園景觀；

3. 由於遷入者與原居住者對於土地使用觀念、生活習慣與態度上的差異，導致彼此之間的關係較為疏離，此和傳統農村的緊密人際網絡關係，有所不同。

上述的觀察結果顯示，農村仕紳化固然帶來了農村繁榮（復甦）的景象，不過它帶來的負面影響亦不容忽視，特別是對於農業環境、農村景觀及農村人際關係的衝擊。近年來，國家積極推動農村再生，它極可能引發農村仕紳化，農村再生的後果如何？它到底會把農村帶向什麼方向？特別值得關注，這些都亟待後續觀察。

十一、新體制下的農地使用規劃理念

除了農業體制與農村發展路徑的變遷之外，規劃思潮（或規劃理論）也幾乎同步產生改變。三者之間關係相當密切，特別是做為國家重要干預手段之一的土地規劃，例如農地面積分派的多寡、區位、農地使用許可項目等，經常影響農村景觀、農地使用密度與農業發展。在新農業體制及農村發展路徑下，社會對於農業及農村有不一樣的期待，農地規劃應如何調適，才能滿足社會對農業及農村的期待，為必須面對的規劃議題。因此，本研究從規劃理論的變遷著手，最後結合本研究前述各章的重要結果，提出農地利用規劃理念。

第二次世界大戰之後，規劃理論的演變約略如下：從二戰期間到1960年代，城鄉規劃以都市為範疇，並且以實質規劃及都市設計為內容；1960至1980年代都市規劃擴及到區域性的規劃，並且以理性及程序規劃為路徑；1980至1990年代溝通式規劃（communicating planning）逐漸興起；1990年代中期以後，則有以權力觀點為思考基礎的觀點，對溝通式規劃進行批判，此開啟了現代與後現代規劃理論的對話。對應新農業體制及農村發展路徑興起的年代，農地使用規劃應宜服膺溝通式規劃，以及了解權力，並借力使力，提出合適的規劃成果。這是因為：

(一)面對社會對農業和農村新的期待及農村的多樣性，透過溝通式規劃，採取更厚實的由下而上的規劃路徑，使農地使用與管制更能符合地方的需要。

(二)在新農業體制與農村發展路徑下，權力運作的仍然無所不在，單以溝通並無法真正提出符合民眾期待的農地規劃，而必須從權力的面向思考，避免不合適的權力扭曲規劃結果。

　　基於此，本研究認為，新的農地使用規劃理念須包含下列四項原則：

(一)以需求導向為出發點；

(二)以溝通式規劃為主要方法；

(三)以土地為基盤的整全性計畫；

(四)以行動者網絡為手段。

　　雖然提出了上述農地使用規劃理念，但上述理念必須透過實際的規劃程序與規劃者的體認來落實。因此，農地使用規劃的程序調整與規劃者的訓練，為必須面對的農地規劃的核心課題。

十二、現行農地政策評論與總結

　　面對全球性的農業體制變遷（從傳統的生產論到後生產論及多功能性，以及臺灣從具有社會主義色彩的土地政策轉向到新保守主義的開放及自由路線，臺灣的農地政策究竟有何問題？本章分為基本矛盾、內部矛盾及外部矛盾來評論現行農地政策。基本矛盾只有一項，即經營規模過小；內部矛盾分為二項：(1)小地主大佃農與休耕獎勵的矛盾，及(2)農村再生與農地保護的矛盾；外部矛盾分為四項：(1)農地課稅；(2)國土規劃對農地的態度；(3)異業競爭農地的矛盾，及(4)總體國家土地政策的矛盾。這些矛盾許多源自於政府的措施，也使政府從農地保護者，變成農地的最大的掠奪者，特別是來自非農業政府部門的掠奪。這些問題都亟待檢討及改善，才能因應氣候變遷所帶來的糧食危機，以及社會對農業及農地功能的期待。

參考文獻

中國土地經濟學會（2008），農地利用管理法草案內容之研究，行政院農業委員會九十七年度管理計畫研究報告。

中國土地經濟學會（2009），農地利用管理法草案內容之研究，行政院農業委員會九十八年度管理計畫研究報告。

王力行（1997），別讓垃圾污掉執政權，遠見雜誌，第139期，頁22-23。

王文甲（1988），中國土地制度史，臺北：國立編譯館。

王元山（1990），九份金城聚落空間結構及社區成形之研究，中原大學建築研究所碩士論文。

王佳煌（2005），都市社會學，臺北：三民書局。

王俊豪（2007），農地多功能使用範疇及界定指標之探討，農地資源與使用政策研討會－農業多功能使用政策與規劃研討會論文集，國立臺北大學不動產與城鄉環境學系，頁1-18。

王榮章（2004），移民紐西蘭不如移民宜蘭！財訊，2004年第5期，頁313-316.

毛育剛（1996），農地政策，收錄於李鴻毅主編，土地政策論，臺北：中國地政研究所，頁89-117。

方能建與余炳盛（1995），金瓜石—九份金銅礦床導覽，臺北：臺灣省立博物館。

臺灣省文獻委員會（1969），臺灣通志，臺北：臺灣省文獻委員會。

臺灣省文獻委員會（1989），臺灣土地改革紀實，臺北：臺灣省文獻委員會。

臺灣礦業會（1933），雜綠，臺灣金礦會報，第175號，臺北：臺灣礦業會。

丘昌泰（1995），公共政策：當代政策科學理論之研究，臺北：巨流圖書公司。

司馬嘯青（1994），臺灣五大家族（上），臺北：自立晚報文化出版部。

史印芝（2009），農業文化襲產之價值評估—以嘉義縣竹崎鄉紫雲社區為例，國立臺北大學自然資源與環境管理研究所碩士論文。

行政院農業委員會（1991），農業綜合調整方案，臺北：行政院農業委員會。

行政院農業委員會（1995），農業政策白皮書，臺北：行政院農業委員會。

行政院農業委員會（1997），跨世紀農業建設方案，臺北：行政院農業委員會。

行政院農業委員會（2001），邁向二十一世紀農業新方案，臺北：行政院農業委員會，http://www.coa.gov.tw/view.php?catid=60[最後瀏覽日期：2008/04/08]。

行政院農業委員會(？)，中程施政計劃，臺北：行政院農業委員會，http://www.coa.gov.tw/view.php?catid=62[最後瀏覽日期：2008/0408]。

行政院農業委員會（2006），新農業運動—臺灣農業亮起來，臺北：行政院農業委員會，http://www.coa.gov.tw/view.php?catid=11134[最後瀏覽日期：2008/04/08]。

行政院農業委員會（2009）年，九十八年農業統計年報，臺北：行政院農業委員會。

行政院農業委員會漁業署（2004），漁村新風貌補助作業要點。

行政院農業委員會漁業署（2005），九十四年度漁村新風貌計畫複審審查原則。

行政院環境保護署（1997），「新竹香山區海埔地造地開發計畫環境影響評估報告書初稿」第二次初審會會議記錄。

行政院環境保護署（2001），行政院環境保護署環境影響評估審查委員會第七十八次會議記錄。

呂宛書（1996），九份意象的社會建構—多重認知觀點的分析，臺灣大學考古人類學系碩士論文。

余玉賢（主編）（1975），臺灣農業發展論文集，臺北：聯經。

余玉賢先生紀念及既論文及編輯委員會（？），余玉賢先生論文集，？：？。

朱淑娟（2011），徵地不公義（3-2）浮濫土地徵收民怨四起，http://shuchuan7.blogspot.com/2011/05/3-2.html[最後瀏覽日期：2011/07/17]

作山巧（2006），農業の多面的機能を巡る國際交涉，東京：筑波書房。

李永展（2005），各類型鄉村之永續營造模式研究，臺北：行政院農業委員會水土保持局研究報告。

李舟生（2002），WTO農業談判第一階段簡介，臺灣銀行臺灣經濟金融月刊，第38卷第2期，頁40-48。

李承嘉（1997），仕紳化及其條件之研究，法商學報，第33期，頁219-257。

李承嘉（1998），臺灣戰後（1949-1997）土地政策分析-「平均地權」下的土地改革與土地稅制，臺北：正揚出版社。

李承嘉（2000），租隙理論之發展及其限制，臺灣土地科學學報，創刊號，頁

67-89。

李承嘉（2007），戰後臺灣鄉村體制轉變之研究：從農業生產論走向農業後生產論？2007第五屆土地研究學術研討會論文集，臺北：國立臺北大學。

李承嘉（2008），土地、人民與國家—民眾對土地政策選擇的歷史觀察，土地問題研究季刊，No. 25，7(2): 1-33。

李承嘉（2010），臺灣農地管理與使用之探討—回應，收錄於簡明哲、雷立芬、陳育信、黃炳文、楊明憲主編，後ECFA時代臺灣農業新思維，臺北：翰蘆圖書出版有限公司，頁156-165。

李承嘉、廖本全（2005），平均地權與國土計畫：國土政策理念與實踐的片斷性考古，新平均地權之展望學術研討會論文集，中國土地改革學會主辦，臺北，頁51-81。

李承嘉、詹士樑及洪鴻智（2010），水梯田濕地生態保存及復育補貼政策之研究，行政院農業委員會林務局九十九年度補助計畫。

李雪莉（2004），25縣市人民幸福調查—把幸福還給人民，天下雜誌，第307期，頁106-111。

李雄略（1998），香山潮間帶填海造陸案之環評史前史，環耕，第12期，頁58-63。

李瑞麟（1982），都市及區域計劃目標與三民主義，收錄於國立中興大學都市計劃研究所主編　三民主義與都市及區域計劃，臺北：國立編譯館，頁25-46。

辛晚教（1985），都市與區域計劃，第四版，臺北：中國地政研究所印行。

吳田泉（1993），臺灣農業史，臺北：自立晚報社文化出版部。

吳明隆（2006），SPSS統計應用學習實務：問卷分析與應用統計，臺北市：知城數位科技。

吳清輝（2004），農地釋出政策之探討——解析「農地釋出」與農地使用管理，http://old.npf.org.tw/PUBLICATION/TE/093/TE-R-093-002.htm [最後瀏覽日期：2011/07/16]

吳惠萍（2008），農民老化人力斷層嚴重，國政評論（November 27, 2008），財團法人國家政策研究基金會，http://www.npf.org.tw/post/1/5084 [瀏覽日期：2011/07/08]

邱皓政（2005），量化研究法（二）：統計原理與分析技術，臺北市：雙葉書廊。

林妙玲（2006），農舍變豪宅：全臺鎖定長宿拼經濟，遠見雜誌，第239期，頁

160-164。

林孟儀（2006），600萬人掀起島內移民潮：35歲的退休進行式，遠見雜誌，第239
　　期，頁123-133。

林彥佑（2004），非營利組織參與地方空間形塑之研究─以新竹香山海埔地土地開
　　發事件為例，國立政治大學地政研究所碩士論文。

林信華（1993），從「真理理論」和「社會演化」論哈伯瑪斯的溝通倫理學，國立
　　臺灣大學三民主義研究所碩士論文。

林國慶（2003），加入WTO農地政策調適之研究，行政院農業委員會九十二年度
　　科技研究計劃研究報告。

周志龍（2001），臺灣國土經營管理制度結構變遷，人文及社會科學集刊，第13卷
　　第1期，頁89-132。

施君蘭（2004），在願景中，團結向前：宜蘭縣，天下雜誌，第307期，頁
　　118-120。

酒井隆（2004），問卷設計、市場調查與統計分析實務入門，臺北縣：博誌文化。

許文進（2004），白沙屯漁村文化新風貌計畫，苗栗縣：苗栗縣白西社區發展協
　　會。

許寶強（1999），前言：發展、知識、權力，收錄於許寶強及汪暉選編「經濟發展
　　的迷思」，臺北：OXFORD，頁vii-xxxiii。

許寶強及汪暉選編（1999），經濟發展的迷思，OXFORD，臺北。

高隸民（1997），企業家、跨國公司與國家政權，收錄於Winckler, E. A. and
　　S.Greenhalgh編著（漢譯張苾蕪），臺灣政治經濟學諸論辯析，臺北：人間出版
　　社，頁237-278。

殷章甫（1984），中國之土地改革，臺北：中央文物供應社。

殷章甫（2005），土地稅，臺北：五南圖書。

徐世榮（2001），土地政策之政治經濟分析─地政學術之補充論述，臺北：正揚出
　　版社。

徐世榮、李承嘉、黃金聰及陳奉瑤（2005），農地利用綜合規劃─農業生產區域之
　　農地利用規劃與推動計畫，行政院農業委員會九十四年度農地管理計畫報告。

徐慧民、衛萬明、蔡佩真（2007），應用分析網絡程序法於建設公司住宅企劃方案
　　優先順序選擇之研究，建築學報，第62期，頁49-74。

流金歲月─九份懷舊之旅（2004），http://vm.rdb.nthu.edu.tw/chiufen/ [最後瀏覽日

期：2004/08/11]。

黃樹仁（2002），心牢—農地農用意識形態與臺灣城鄉發展，臺北：巨流圖書公司。

黃麗明（2003），藝術山海‧劇場之村，通霄鎮白沙屯地區社區總體營造心點子創意構想期末報告書，苗栗縣：黃麗明建築師事務所。

彭明輝（2011），臺灣農業的困境與挑戰，http://mhperng.blogspot.com/2011/04/blog-post_1440.html[最後瀏覽日期：2011/07/05]

張興國（1990），九份聚落空間變遷的社會歷史分析，淡江大學建築研究所碩士論文。

張黎文（1994），九份口述歷史與解說資料彙編，行政院文化建設委員會委託。

莊淑姿（2001），臺灣鄉村發展類型之研究，臺灣大學農業推廣學系博士論文。

陳世一（1995），九份之美，晨星出版社。

陳向明（2002），社會科學值的研究，臺北：圖書公司。

陳志南主編（2003），白沙屯誌：苗栗縣白沙屯媽祖信仰圈文史調查報告，苗栗縣：苗栗縣白西社區發展協會。

陳志南（2004），白沙屯社區總體營造之實務與經驗，收於李英周編2004推展漁村社區總體營造研討會論文集，國立臺灣大學漁業科學研究所，頁38-48。

陳武雄（2008），迎向臺灣農業的新春天，農政與農情，第192期，http://www.coa.gov.tw/view.php?catid=17664 [最後瀏覽日期：2011/07/25]。

陳武雄（2009），「小地主大佃農」政策種子師資及承辦人員教育訓練開訓致詞，行政院農業委員會網站，http://www.coa.gov.tw/view.php?catid=19469 [最後瀏覽日期：2011/07/18]。

陳明燦（1995），農地價格與農地利用問題之研究，行政院農業委員會委託研究報告。

陳盈卉主編（1999），九份、金瓜石，臺北：小知堂文化出版社。

陳博雅（2006），研擬不同農業發展差異下農村地區農地規劃模式，行政院農業委員會九十五年度科技研究計劃研究報告。

陳慶佑（2007），大趨勢：島內移民，時報週刊，第1528期，http://magazine.sina.com/chinatimesweekly/1528/2007-06-05/ba34688.shtml [最後瀏覽日期：2008/09/10]。

陸雲（2010），農業政策需作改變，財團法人國家政策研究基金會，http://www.

npf.org.tw/post/2/7811#_ftn1 [最後瀏覽日期：2011/07/12]

曾曉強（？），科學的人類學——考察科學活動的無縫之網，http://www.phil.pku.edu.cn/post/paper/36.htm [最後瀏覽日期：2004/06/30]。

馮正民、林楨家（2000），都市與區域分析方法，新竹：建都文化事業，頁7-9~17-15。

楊綠茵（1995），國土開發之環境社會學分析——以新竹香山區海埔地造地開發計畫為例，國立清華大學社會人類學研究所碩士論文。

蔡必焜（2001），鄉村發展的後現代義涵，農業推廣學報，第18期，第123-137頁。

鄧振源、曾國雄（1989），層級分析法（AHP）的內涵與應用（上），中國統計學報，第27卷第6期，頁5-22。

鄧振源、曾國雄（1989a），層級分析法（AHP）的內涵與應用（下），《中國統計學報》，第27卷7期，頁1-15。

廖正宏與黃俊傑（1992），戰後臺灣農民價值取向的轉變，臺北：聯經。

廖正宏、黃俊傑與蕭新煌（1986），光復後臺灣農業政策的演變——歷史與社會的分析，臺北：中央研究院民族究所。

廖安定（2001），農業政策與法規，農業政策與農情，第103期，http://www.coa.gov.tw/view.php?catid=3860[最後瀏覽日期：2007/3/27]。

廖安定（2007），新農業運動——農地銀行之推動與建制，農政與農情，第180期，http://www.coa.gov.tw/view.php?catid=12876）[最後瀏覽日期：2011/07/09]。

廖美莉（2000），九份再發展之研究——聚落再發展理論之建構，國立臺北大學都市計劃研究所碩士論文。

劉俞青（2004），宜蘭房屋是一大新選擇，財訊，2004年第5期，頁317-319。

劉維公（2001），第二現代理論較紹貝克與紀登斯的現代性分析，收錄於顧忠華主編，第二現代——風險社會的出路，臺北：巨流圖書，頁1-15。

劉健哲（1997），農漁村規劃建設之內涵及其問題與對策之探討，臺灣土地金融季刊，第34卷1期，頁215-234。

賴世培、丁庭宇、莫季雍（2000），民意調查，臺北縣：空中大學。

賴宗裕（2010），都市計畫農業區合理利用與管理制度之研究，行政院農業委員會九十九年度科技計畫研究報告。

戴政新（2003），一個農村聚落人地關係轉化之研究——以新竹六家地區為例，國立

臺北大學地政學系碩士論文。

戴寶村（1987），創建臺陽礦業王國—顏雲年、顏國年，張炎憲、李筱峰及莊永明編臺灣近代名人誌　第二冊，臺北：自立晚報，頁051－062。

藍逸之（2006），城鄉發展或是農業發展的鄉村？——由臺灣城鄉特性初探國土計劃法下鄉村區的調整方向，土地問題研究季刊，第5卷2期，頁30-41.

羅明哲（1999），臺灣農業政策效果評估與改善政策—農業經營政策方向，行政院國家科學委員會專題研究計畫成果報告（NSC88-2415-H005-006-J15）。

魏美莉（2001），世紀交替間的塹城香山濕地—工業區變保護區，收錄於打造海洋新故鄉，頁165-190。

韓寶珠、林珈芝（2008），日本農地保有合理化事業制度分析及其對我國農地銀行推動之啟示，農政與農情，第189期，（http://www.coa.gov.tw/view.php?catid=13934）[最後瀏覽日期：2012/07/09]。

Abler, D. (2005), Multifunctionality, land use and agricultural policy, in S. J. Goetz, J. S. Shortle and J. C. Bergstrom (eds), Land use problems and conflicts: causes, consequence and solutions, London: Routledge, pp. 241-253.

Allemendinger, P.(2001), Planning in Postmodern Time, London: Routledge.

Allemendinger, P.(2002), Planning Theory, London: Palgrave.

Amin, A. and Thrift, N(1995), Institutional issues for the European regions: from markets and plans to socioeconomics and powers of association, Economy and Society, 24(1): 41-66.

Arovuori, K. and J. Kola, 2004, Experts' opinions on policies and measures for multifunctional agriculture. http://www.tiedekirjasto.helsinki.fi:8080/dspace/bitstream/1975/639/1/DP5.pdf [最後瀏覽日期：2008/06/24]

Arovuori, K. and Kola, J.(2006), Farmers' choice on multifunctionality targeted policy measures. http://www.tiedekirjasto.helsinki.fi:8080/dspace/bitstream/1975/649/1/DP15.pdf [最後瀏覽日期：2008/06/24]

Atkinson, R. (2000a), Measuring Gentrification and Displacement in Greater London, Urban Studies, 37(2): 149-165.

Atkinson, R. (2000b), The Hidden Costs of Gentrification: Displacement in Central London, Journal of Housing and Built Environment, 15(4): 307-326.

Atkinson, R. and Bridge, G.(2005a), Gentrification in a Global Context, London:

Routledge.

Atkinson, R. and Bridge, G. (2005b), Introduction, in Atkinson, R. and G. Bridge (eds) Gentrification in a Global Context, London: Routledge, pp. 1-17.

Anderson, K. (2000), Agriculture's "multifunctionality" and the WTO, The Australian Journal of Agricultural and Resource Economics, 44 (3): 475-494.

Argent, N. (2002), From pillar to post? In search of the post-productivist countryside in Australia, Australian Geographer 33 (1): 97-114.

Baradat, L. P.原著，陳坤森、廖揆祥、李培元等譯（2000）政治意識形態與近代思潮，臺北：韋伯文化事業出版社。

Bauer, S. (2002), Gesellschaftliche Funktionen landlicher Raume, in: von Urff, W., Ahrens, H. und Neander, E. (Hrsg) Landbewirtschaftung und nachhaltige Entwicklung landlicher Raume, Hannover: Verlag der ARL, S. 26-44.

Beatley, T. (1994), Ethical land use: principle of policy and planning, Baltimore: The John Hopkins University Press.

Beauregard, R. A. (1986), The Chaos and Complexity of Gentrification, in N. Smith and P. Williams (ed.), Gentrification of the City, Boston: Allen & Unwin, pp. 35-55.

Bergstrom, J. C. (2005), Postproductivism and changing rural land use values and preferences, in Goetz, S. J., Shortle, J. S. and Bergstrom, J. C. (eds), Land use problems and conflicts: causes, consequence and solutions, London: Routledge, pp. 64-76.

Blair, J. P. (1995), Local economic development-analysis and practice, London: Sage.

Bourne, L. S. (1993), The Myth and Reality of Gentrification: A Commentary Emerging Urban Forms, Urban Studies, 30 (1):183-189.

Bradshaw, B. (2004), Plus c'est meme chose? Questioning crop diversification as a response to agricultural deregulation in Saskatchewan, Canada, Journal of Rural Studies, 20: 35-48.

Brokhaug, H. and Richards, C. A. (2008), Multifunctional agriculture in policy and practice? A comparative analysis of Norway and Austria, Journal of Rural Studies, 24: 98-111.

Burchell, G. (1996), Liberal governmentalities and technologies of the self, in A. Barry, T. Osborne and N. Rose (eds), Foucault and political reason: liberalism, neo-liberalism and rationalities of government, London: UCL Press, pp. 19-35.

Bugmann, W. (1990), Werdende Raumplanung Schweiz, Eine Einfuehrung in Entwicklung und Einsatz des Planungsintrumentariums, 2. Auflage, St. Gallen : Ostschweiz Druck & Verlag,

Bundesamt fur Landwirtschaft (2008), Die landwirtschaftlichen Erschwerniszonen der Schweiz, Bern.

Bundesamt fur Statistik (2007), Schweizer Landwirtschaft: Taschenstatistik 2007, Schweiz: Eidgenossisches Department des Innern.

Burgess, J., J. Clark and Harisson, C. M. (2000), Knowledges in action: an actor-network analysis of a wetland agri-environment scheme, Ecological Economics, 35: 119-132.

Burton R. and Wilson G. A. (2006), Injecting social psychology theory into conceptualizations of agricultural agency: Towards a post-productivist farmer self-identity?, Journal of Rural Studies, 22: 95-115.

Callon, M. (1986), Some elements in a sociology of translation: domestication of the scallops and fishermen of the St. Brieuc Bay, in J. Law (ed.) Power, action, belief, London: Routledge, pp. 83-103.

Carpenter, J. and Lees, L. (1995), Gentrification in New York, London and Paris: An International Comparison, International Journal of Urban and Regional Research, 19 (2): 286-303.

Chaney, P. and Sherwood, K. (2000), The Resale of Right to Buy Dwellings: A Case Study of Migration and Social Change in Rural England, Journal of Rural Studies, 16 (1): 79-94.

Chang, K. and Ying, Y.-h. (2005), External benefits of preserving agricultural land: Taiwan's rice fields, The Social Science Journal 42: 285-293.

Cherni, J. (2001) Social-local identities, in O'Riordan, T. (ed.) Globalisum, localisum and identity: fresh perspectives on the transition to sustainability, London: Earthscan, pp. 61-81.

Cheshire, L. (2009), A corporate responsibility? The constitution of fly-in, fly-out mining companies as governance parteners in remote, mine-affected localities, Journal of Rural Studies (2009), doi:10.1016/jrurstud. 2009.06.005.

Clare, L. and David, L. (1996), Place and identity processes, Journal of Environmental Psychology 16: 205-220.

Clark, E. (1992), On gaps in gentrification theory, Housing Studies, 7 (1): 16-26.

Clark, J. and Murdoch, J. (1997), Local knowledge and the precarious extension of scientific network: a reflection on three case studies, Sociologia Rurails, 37 (1): 38-60.

Clarke, J. and Newman, J. (1997), The managerial state: power, politics and ideology in the remaking of social welfare, London: Sage.

Cloke, P. (1993), On problems and solutions, the reproduction of problems for rural communities in Britain during the 1980s, Journal of Rural Studies, 9 (2): 113-121.

Cloke, P. (2000), "Rural", in Johnson, R. G., G, Pratt, D. Gregrory and M. Watt (eds), Dictionary of Human Geography, 4th ed., Oxford: Blackwell.

Cloke, P. and J. Little (1990), The rural state? limits to planning in rural society, Oxford: Clarendon Press.

Cloke, P., Doel, M., Matless, D., Phillips, M. and Thrift, N. (1994), Writing the rural: five cultural geographies, London: Paul Chapman.

Cloke, P. and N. Thrift (1996), Intra-class conflict in rural areas,G. in Crow(ed.) The sociology of rural communities, London: Edward Elgar Publishing Company, pp. 320-422.

Cole, S. (1996), Voodoo sociology: recent development in the sociology of science, Annals of the New York Academy of Sciences, 775: 274-287.

Convington, J. and Taylor, R. (1989), Gentrification and crime, robbery and larceny changes in appreciating Baltimore neighborhoods during 1970s, Urban Affairs Quarterly, 25 (1):142-172.

Cristovao, A., Oostinde, H. and Perira, F. (1994), Practices of endogenous development in Barroso, North Portugal, in J. D. van der Ploeg and A. Long , (eds) Born from within: practice and perspectives of endogenous rural development, Assen: Van Gorcum, pp. 38-58.

Darling, E. (2005), The city in the country: wilderness gentrification and the rent gap, Environment and Planning A, 37 (6): 1015-1032.

De Groot, R. and Hein L. (2007), Concept and valuation of landscape functions at diffent scales, in U. Mander, H. Wiggering and K. Helming (eds) Multifunctional land use: meeting future demands for landscape goods and services, Berlin: Springer, pp. 15-36.

Dean, M. (1999), Governmentality-power rule in modern society, London: SAGE.

Delgado, M., Ramos, E., Gallardo, R. and Ramos, F. (2003), Multifunctionality and rural development": a necessary convergence, in G. van Huylenbroeck and G. Durand (eds) Multifunctional agriculture: a new paradigm for European agriculture and rural development, Hampshire: Ashgate, pp. 19-36.

Der Fischer Weltalmanach 2007.

Der Fischer Weltalmanach 2008.

Durand, G. and van Huylenbroeck, G.. (2003), Multifunctionality and rural development: a general framework, in G. van Huylenbroeck and G. Durand. (eds) Multifunctional agriculture: a new paradigm for European agriculture and rural development, Hampshire: Ashgate, pp. 1-18.

Eidg. Justiz- und Polizeidepartment Bundesamt fur Raumplanung (1995), Raumplanung, Bern.

Elden, J. (1990), Land reform and rural development in Zimbabwe: policy and practice, in H. Buller and S. Wright (ed.) Rural development: problems and practices, Sydney: Avebury, pp. 109-123.

Engels, B. (1994), Capital flows, redling and gentrification: the pattern of mortgage lending and social change in Glebe, Sydney, 1960-1984, International Journal of Urban and Regional Research, 18 (4): 628-653.

Ergun, N. (2004), Gentrification in Istanbul, Cities, 21 (5): 391-405.

Estrada, E. M., Limon, J. A. G., Fernandez, F. E. G. and Toscano, E. V. (2007), Individuals' opinion on agricultural multifunctionality performance, Documentos de trabajo, No. 6. http://www.iesaa.csic.es/archivos/documentos-trabajo/2005/06-05.pdf [最後瀏覽日期：2008/06/24]

Evans, N., Morris, C. and Winter, M. (2002), Conceptualizing agriculture: a critique of post-productivism as the new orthodoxy, Progress in Human Geography 26 (3): 313-332.

Fleming, R. C. (2009), Creative economic development, sustainability, and exclusion in rural areas, The Geographical Review, 99 (1):61-80.

Flyvbjerg, B. (1998), Rationality and power: democracy in practice, Chicago: The University of Chicago Press.

Flyvbjerg, B. (2003), Rationality and power, in S. Campbell and S. S. Fainstein (eds)

Reading in planning theory, Oxford: Blackwell, pp. 318-329.

Flyvbjerg, B. and Richardson, T. (2002), Planning and Foucault: in search of the dark side of planning theory, in P. Allmendinger and M. Tewdwr-Jones (eds) Planning futures: new directions for planning theory, London: Routledge, pp. 44-62.

Forester, J. (1989), Planning in the face of power, Berkeley: University of California Press.

Foucault, M.原著劉北成、楊遠嬰譯（1998），規訓與懲罰──監獄的誕生，臺北：桂冠圖書公司。

Foucault, M. (1991), Governmentality, in: G. Burchell, C. Gordon and P. Miller (ed.) The Foucault effect: studies in governmental rationality, pp. 87-104.

Francois, P. (2002), Social capital and economic development, London: Roultledge.

Gaffney, M. (1969), Land rent, taxation, and public policy, Papers of Regional Science Association, 23: 141-153.

Gale, D. E. (1984), Neighborhood revitalization and the postindustrial city: a multi-national perspective, M.A.: Lexington Books.

Garzon, I. (2005), Multifunctinality of agriculture in the European Union: is there substance behind the discourse's smoke? (http:// igov.berkley.edu/workingpapers/index.html)〔最後瀏覽日期：2007/09/28〕

Ghose, R. (2004), Big sky or big sprawl? rural gentrification and the changing cultural landscape of Missoula, Montana, Urban Geography, 25 (6): 528-549.

Gilgen, K. (2001), Kommunale Richt- und Nutzungsplanung, Zurich: vdf-Verlag.

Gilgen, K. (2006), Kommunale Richt- und Nutzungsplanung, 2.Auflage, Zurich : vdf-Verlag.

Gkartzios, M. and Norris, M. (2011), If you built it, they will come: Governing property-led rural regeneration in Ireland, Land Use Policy 28: 486-494.

Goodman, D. (1990) Farming and biotechnology: new approaches to rural development, in H. Buller and S. Wright (ed.) Rural development: problems and practices, Sydney: Avebury, pp. 97-108.

Gordon, C. (1991), Governmental rationality: an introduction, in G. Burchell, C. Gordon and P. Miller (eds) The Foucault effect: studies in governmentality, London: Harvester, pp. 1-15.

Groenfeldt, D. (2005), Multifunctionality of agricultural water: looking beyond food production and ecosystem service, conference paper, FAO/Netherlands International Conference on Water for Food and Ecosystems, The Hauge, Jan. 31-Feb. 5, 2005. http://www.maff.go.jp/inwepf/en/news/groenfeldt.pdf [最後瀏覽日期：2008/01/25]

Ha, S. K. (2004), Housing renewal and neighborhood change as a gentrification Process in Seoul, Cities, 21 (5): 381-389.

Hackworth, J. (2000), Third-wave gentrification, Dissertation of The State University of New Jersey, New Jersey: UMI.

Hackworth, J. (2002), Postrecession gentrification in New York City, Urban Affairs Review, 37: 825-843

Hagedorn, K. (2004), Multifunctional agriculture: an institutional interpretation, contributed paper in 90th Seminar Multifunctional agriculture, Policy and markets: understanding the critical linkage, Renne, October 28-29. 2004. http://merlin.lusignan. inra.fr:8080/eaae/website/Contributed Papers [最後瀏覽日期：2008/01/22]

Hall, C., MvVittie, A. and Moran, D. (2004), What does the public want from agriculture and the countryside? A review of evidence and methods, Journal of rural studies, 20: 211-225.

Hall, P.原著　張麗堂譯（1995），都市與區域規劃，臺北：巨流圖書公司。

Hall, P. (1996), Cities of tomorrow, Oxford: Blackwell.

Hall, P. (2002), Urban and regional planning, London: Routledge.

Halfacree, K. (1993), Locality and social representation: space, discourse and alternative definitions of the rural, Journal of Rural Studies, 9: 1-15.

Halfacree, K. (1996), Neo-tribers, migration and the post-productivist countryside, in P. Boyle and K. Halfacree (eds) Migration into rural areas: theories and issues, pp. 200-214.

Halfcree, K. (2006), Rural space: constructing a three-fold architecture, in P. Cloke, T. Marsden and P. Mooney (eds) Hand book of rural studies, London: SAGE, pp. 44-62.

Halfacree, K. (2007), Trial by space for a 'radical rural': Introducing alternative localities, representations and lives, Journal of Rural Studies, 23: 125-141.

Halfacree, K. and Boyle, P.(1996), Migration, rurality and the post-productivist countryside, in Boyle, P. and Halfacree, K.(ed.), Migration into rural areas: Theories and Issues, New York: John Wiley & Sons, pp. 1-20.

Hamnett, C.(1984), Gentrification and residential location theory: A review and assessment, in D. T. Herbert and R. J. Johnston (eds), Geography and the Urban Environment: Progress in Research and Application, Chichester: John Wiley & Sons, pp. 283-319.

Hannigan, J. A.(1995), The postmodern city: a new urbanization?, Current Sociology, 43(1): 152-217.

Harenberg Aktuell 2007.

Harenberg Aktuell 2008.

Harper, S.(1989), The British rural community: an overview of perspectives, Journal of Rural Studies, 5(2): 161-184.

Harris, N.(2002), Collaborative planning: from theoretical foundations to practice forms, in P. Allmendinger and M. Tewdwr-Jones (eds), Planning futures: new directions for planning theory, London: Routledge, pp. 3-17.

Harvey, J.(1996), Urban land economics, London: Macmillan Press.

He, S.(2007), State-sponsored gentrification under market transition: the case of Shanhai, Uban Affairs Review 43(2): 171-198.

Healey, P.(1997), Collaborative planning: shaping places in fragmented society, Basingstoke: Macmillian.

Healey, P. and Gilory, R.(1990), Towards a people-sensitive planning, Planning Practice and Research, 5(2): 21-29.

Hediger, W.(2006), Concepts and definitions of multifunctionality in Swiss agricultural policy and research, European Series on Multifunctionality - n° 10: 5-39.http://www.inra.fr/sed/multifonction/textes/EuropeanSeriesMultifunctionality10-5.pdf [最後瀏覽日期：2008/01/25]

Heinz, W.(1993), Public Private Partenership - ein neuer Weg zur Stadtentwicklung? Berlin: Deutscher Gemeinder Verlag.

Herbert-Cheshire, L.(2000), Contemporary strategies for rural community development in Australia: a governmentality perspective, Journal of Rural studies, 16: 203-215.

Herbert-Cheshire, L.(2003), Translating policy: Power and action in Austrialia's country towns, Sociologia Ruralis, 43(4): 454-473.

Herbert-Cheshire, L. and Higgins, V.(2004), From risky to responsible: expert knowledge and the governing of community-led rural development, Journal of Rural studies, 20: 289-230.

Higgins, V. and Lockie, S.(2002), Re-discovering the social: neo-liberalism and hybrid practices of governing in rural natural resource management, Journal of Rural studies, 18: 419-428.

Hjort, S.(2009), Rural gentrification as a migration process: evidence from Sweden, Migration Letters, 6(1): 91-100.

Hodder, R.(2000), Development geography, London: Routledge.

Hoff, M. D.(1998), Sustainable community development: origins and essential elements of a new approach, in M. D. Hoff (ed.) Sustainable community development: studies in economic, environmental, and cultural revitalization, London: Lewis Publishers, pp. 5-21.

Hoffmeister, J.(1987), Grundlagen der Stadt- und Regionalplanung, Dortmund: Fachgebiet der Ranmplanung der Universitaet Dortmund.

Hofmeister, B.(1993), Stadtgeographie, 6.neubearbeitete Auflage, Braunschweig: Westermann.

Hoggett, P.(1996), New modes of control in the public service, Public Administration 74: 9-32.

Hollander, G. M.(2004), Agricultural trade liberalization, multifunctionality, and sugar in the south Florida landscape, Geoforum, 35: 299-312.

Holloway, L.(2000), Hell on earth and paradise all at the same time: the production of smallholding space in the British countryside, Area 32(3): 307-315.

Holloway, L. and Kneafsey, M.(2004), Geographies of rural cultures and societies: introduction, in L. Holloway and M. Kneafsey (eds) Geographies of rural cultures and societies, Aldershot: Ashgate, pp. 1-11.

Holmes, J.(2002), Diversity and change in Australia's rangeland: a post-productivist transition with a difference? Transactions of the Institute of British Geographers NS, 27: 362-384.

Holmes, J.(2006), Impulses towards a multifunctional transition in rural Australia: gap in the research agenda, Journal of Rural Studies, 22: 142-160.

Housing Assistance Council(HAC)(2005), The paved paradise: gentrification in rural communities, Washington: HAC.

Howard, E.(2003), To-morrow: a peaceful path to real reform, London: Routledge.

Huxley, M.(2002), Governmentality, gender, planning: a foucauldian perspective, in P. Allmendinger and M. Tewdwr-Jones (eds), Planning futures: new directions for planning theory, London: Routledge, pp. 136-153.

HYYTIA, N. and J. Kola(2005), Citizen's attitudes towards multifunctional agriculture, Dept. Economics and Management, Helsinki Univ. Discussion Paper no 8. http://www. mm.helsinki.fi/mmtal/abs/DP8.pdf [最後瀏覽日期：2008/06/24]

Iacoponi, L., Brunori, G. and Rovai, M.(1995), Endogenous development and agroindustrial district, in J. D.van der Ploeg and G. van Dijk (eds) Beyond modernization: the impact of endogenous rural development, Assen: Van Gorcum, pp. 28-69.

Ilbery, B.(1998), Dimensions of rural change, in B. Ilbery (ed.) The geography of rural change, Longman, London, pp. 1-10.

Ilbery, B. and Bowler, I.(1998), From agricultural productivism to post-productivism, in B. Ilbery,(ed.) The Geography of rural change, London: Longman, pp. 57-84.

Isalm T.(2005), Outside the core: gentrification in Istanbul, in R. Atkinson and G. Bridge (eds), Gentrification in a global context, London: Routledge, pp. 121-136.

Jenkins, T. N.(2000), Putting postmodernity into practice: endogenous development and the role of traditional cultures in the rural development of marginal regions, Ecological Economics, 34: 301-314.

Jessop, B.(1995), The regulation approach, governance and post-fordism: alternative perspectives on economic and political change? Economy and Society, 24(3): 307-333.

Jone, A. and Clark, J.(2000), Of vines and policy vignettes: sectoral evolution and institutional thickness in the Languedoc, Transactions of the Institute of Brirish Geographers 25(3): 333-353.

Jones, G. A. and Varley, A.(1999), The reconquest of the historic center: urban conservation and gentrification in Puebla, Mexico", Environment and Planning A, 31(9): 1547-1566.

Jongeneel, R. and Slangen, L.(2004), Multifunctionality in agriculture and the contestable public domain in the Netherlands, in F. Brouwer (ed.) Sustaining agriculrure and the rural environment - governance, policy and multifunctionality, Cheltenham: Edward Elgar, pp.183-203.

Kivell, P.(1993), Land and the city: patterns and processes of urban change, London: Routledge

Kloosterman, R. C. and van der Leun, J. P.(1999), Just for starters: commercial by immigrant entrepreneurs in Amsterdam and Rotterdam neighbourhoods", Housing Studies, 14(5): 659-677.

Kortelainen, J.(1999), The river as an actor-network: the Finnish foresee industry utilization of lake and river system, Geoforum, 30: 235-247.

Kousis, M. and Petropopolou, E.(2001), Local identity and survival in Greece, in T. O' Riordan,(ed.), Globalism, localism and identity: fresh perspectives on the transition to sustainability, London: Earthscan, 185-109.

Kratke, S.(1991), Strukturwandel der Stadte: Stadtesystem und Grundstucksmarkt in der >Postfordistischen< Ara, Frankfurt/M.

Kristensen, L. S., Thenail, C. and Kristensen, S. P.(2004), Landscape changes in agrarian landscape in the 1990s: the interaction between farmers and the farmed landscape - a case study from Jutland, Denmark, Journal of Environmental Management, 71: 231-244.

Langhagen-Rohrbach, C.(2003), Raeumkliche Entwicklung in Deuschland und der Schweiz im Vergleich, Frankdurt/Main: Selbstverlag.

Latour. B.(1983), Give me a laboratory and I will raise the world, in K. D. Knorr-Cetina and M. Mulkay (eds) Science observed: perspectives on the social study of science, London: Sage Publications, pp. 141-170.

Latour. B.(1987), Science in action: how to follow scientist and engineers through society, Cambridge: Harvard University Press.

Law, J.(1986), On the methods of long-distance control: vessels, navigation and the Portuguese route India, in J. Law (ed.) Power, Action and Belief: a new Sociology of Knowledge, London: Routeledge, pp. 264-280.

Law, J.(1992), Note on the theory of the actor network: ordering, strategy and heterogeneity. http://www.comp.lancs.ac.uk/sociology/soc054jl.html)[最後瀏覽日

期：2004/08/06]

Lawrence, D. P.(2000), Planning theories and environmental impact assessment, Environmental Impact Assessment Review, 20: 607-625.

Ley, D.(1986), Alternative explanation for inner-city gentrification: a Canadian assessment, Annals of the Association of American Geographers, 76(4): 521-35.

Little, J.(1987), Gentrification and the influence of local-level planning, in P. Cloke (ed.) Rural planning: policy into action? London: Harper and Row, pp. 185-199.

Little, J. and Austin, P.(1996), Women and rural idyll", Journal of Rural Studies, 12(2): 101-111.

London, B., Lee, B. A. and Lipton, S. G.(1986), The determinants of gentrification in the United States: A city-level analysis", Urban Affairs Quarterly, 21(3): 369-387.

Long, N.(2001), Development sociology: actor perspective, London: Routledge.

Loveridge, S.(1996), On the continuing popularity of industrial recruitment, Economic Development Quarterly 10(2): 151-158.

Lowe, P., Murdoch, J. and Ward, N.(1995), Networks in rural development: beyond exogenous and endogenous models, in J. D. van der Ploeg and G. van Dijk (eds) Beyond modernization: the impact of endogenous rural development, Assen: Van Gorcum, pp. 87-105.

MacKinnon, D.(2000), Managerialism, governmentality and the state: a neo- Foucauldian approach to local economic governance, Political Geography 19: 293-314.

MacKinnon, D.(2002), Rural governance and local involvement: assessing state community relations in the Scottish Highlands, Journal of Rural Studies, 18: 307-324.

Magnani, N. and Struffi, L.(2009), Translation sociology and social capital in rural development initiatives, a case study from the Italian Alps, Journal of Rural Studies, 25: 231-238.

Mander, U., Wiggering, H. and Helming, K.(eds)(2007), Multifunctional land use: meeting future demands for landscape goods and services, Berlin: Springer.

Marsden, T.(1998), Economic perspectives, in B. Ilbery (ed.) The Geography of Rural Change England: Longman, pp. 13-30.

Marsden, T. and Sonnino, R.(2008), Rural development and the regional state: denying multifunctional agriculture in the UK, Journal of Rural Studies, 24(4): 422-423.

Mather, A. S., Hill, G. and Nijnik, M.(2006), Post-productivism and rural land use: cul de sac or challenge for theorization? Journal of Rural Studies 22: 441-455.

McCarthy, J.(2005), Rural geography - multifunctional rural geographies - reactionary or radical, Progress in Human Geography, 29(6): 773-782.

Merquior, J. G.原著　陳瑞麟　譯（1998），傅柯，臺北：桂冠圖書公司。

Moench, M. and Gyawali, D.(2008), Desakota: reinterpreting urban-rural continuum. http://www.nerc.ac.uk/research/programmes/espa/documents/Final%20Report%20Des akota%20Part%20II%20A%20Reinterpreting%20Urban%20Rural%20continuum.pdf [最後瀏覽日期：2011/07/24]

Moran, W.(1993), Rural space as intellectual property, Political Geography, 12(3): 263-277.

Morris, C.(2004), Network of agri-environmental policy implementation: a case study of England's Countryside Stewardship Scheme, Land Use Policy, 21: 177-191.

Munt, I.(1987), Economic restructuring, culture and gentrification: a case study in Battersea, London, Environment and Planning A, 19(9): 1175-1197.

Murdoch, J.(1997a), Inhuman/ nonhuman/ human: actor-network theory and the prospects for a nondualistic and symmetrical perspective on nature and society, Environment and Planning D, 15: 731-756.

Murdoch, J.(1997b), Governmentality and territoriality: the statistical manufacture of Britain's national farm, Political Geography, 16(4): 307-324.

Murdoch, J.(1998), The spaces of actor-network theory, Geoforum, 29(4): 357-374.

Murdoch, J.(2000), Networks - a new paradigm of rural development? Journal of Rural Studies, 16: 407-419.

Murdoch, J.(2001), Ecologising sociology: actor-network theory, co-construction and the problem of human exemptionalism, Sociology, 35(1): 111-133.

Murdoch, J. and Marsden, T.(1994), Reconstituting rurality: class, community and power in the development process, London: UCL Press.

Murdoch, J. and Marsden, T.(1995), The spatialization of politics: local and national actor-space in environmental conflict, Transaction of the Institute of British Geographers, 20: 368-380.

Murdoch, J. and Pratt, A.(1993), Rural studies: modernism, postmodernism and the 'post rural', Journal of Rural studies, 9(4): 411-427.

Newby, H.(1986), Locality and rurality: the restructuring of rural social relations, Regional Studies, 20: 209-215.

Nowicki, P. T.(2004), Jointness of production as a market concept, in F. Brouwer (ed.) Sustaining agriculture and the rural environment - governance, policy and multifunctionality, Cheltnham: Elgar, pp. 36-55.

Nozick, R.(1974), Anarchy, state and utopia, Oxford: Blackwell.

O' Connor, J.(1973), The fiscal crisis of the state, London: St James Press.

OECD(2001), Multifunctionality: towards an analytical framework- summary and conclusions. http://www.oecd.org/dataoecd/43/31/1894469.pdf)[最後瀏覽日期：2008/01/26]

O'Malley, P.(1996), Indigenous governance, Economy and Society, 25(3): 310-336.

O'Sullivan, A.(2005), Gentrification and crime, Journal of Urban Economics, 57(1): 73-85.

Pahl, R.(1966), The rural-urban continuum, Sociologica Ruralis, 6: 299-327.

Panelli, R.(2006), Rural society, in P. Cloke, T. Marsden, and P. Mooney (ed.), Handbook of rural studies, London: SAGE Publications, pp. 63-90.

Paracchini, M. L., Pacini, C. Jones, M. L. M. and Perez-Soba, M.(2009), An aggregation framework to link indicators associated with multifunctional land use to the stakeholder evaluation of policy options, Ecological Indicators(2009), doi: 10.1016/j.ecolind. 2009.04.006.

Parker, G.(2002), Citizenship, contingency and the countryside: rights, culture, land and the environment, London: Routledge.

Parra-Lopez, C., Calatrava-Requena, J. and de-Haro-Gimenez, T.(2008), A systemic comparative assessment of the multifunctional performance of alternative olive system in Spain within an AHP-extended framework, Ecological Economics, 64: 820-834.

Parsons, P.(1980), Rural gentrification: The influence of rural settlement planning policies, Department of Geography Research Paper No.3, Brighton: University of Sussex.

Pennington, M.(2002), A Hayekian liberal critique of collaborative planning, in P. Allmendinger and M. Tewdwr-Janes (eds) Planning futures: new directions for planning theory, pp. 187-205.

Peterman, W.(2000), Neighborhood planning and community-based development: the potential and limits of grassroots action, London: SAGE.

Phillips, M.(1993), Rural gentrification and processes of class colonization", Journal of Rural Studies, 9(2): 123-140.

Phillips, M.(1998a), Social perspectives, in B. Ilbery (ed.) The geography of rural change, Longman, London, pp. 31-54.

Phillips, M.(1998b), The restructuring of social imaginations in rural geography, Journal of Rural Studies, 14(2): 121-153.

Phillips, M.(2002), The production, symbolization and socialization of gentrification: impressions from two Berkshire villages", Transactions, Institute of British Geographers, 27(3): 282-308.

Phillips, M.(2004), Other geographies of gentrification", Progress in Human Geography, 28(1): 5-30.

Phillips, M.(2005), Differential productions of rural gentrification: illustrations from North and South Norfolk", Geoforum, 36(4): 477-494.

Phillips, M., Page, S., Saratsi, E., Tansey, K. and Moore, K.(2008), Diversity, scale and green landscapes in the gentrification process, Applied Geography, 28(1): 54-76.

Philo, C.(1992), Neglected rural geographies: a review, Journal of Rural Studies, 8(2): 193-207.

Pietsch, J. und Kamieth, H.(1991), Stadtboeden: Entwicklungen, Belastungen, Bewertung und Planung, Taunusstein: Eberhard Blottner Verlag.

Piorr, A., Muller, K., Happe, K. Uthes, S. and Sattler, C.(2007), Agricultural management issues of implementing multifunctionality: commodity and non-commodity production in the approach of the MEA-Scope project, in U. Maander, H. Wiggering , K. Helming (eds) Multifunctional land use: Meeting future demands for landscape goods and services, Berlin: Springer-Verlag, pp. 167-181.

Potter, C.(2004), Multifunctionality as an agricultural and rural policy concept, in F. Brouwer (ed.) Sustaining Agriculture and the Rural Environment: Governance, Policy and Multifunctionality, Cheltenham: Edward Elgar, pp. 15-35.

Potter, G. and Burney, J.(2002), Agricultural multifunctionality in the WTO - legitimate non-trade concern or disguised protectionism? Journal of Rural Studies, 18: 35-47.

Potter, C. and Tilzey, M.(2005), Agricultural policy discourses in the European post-Fordist transition: neoliberalism, neomercantilism and multifunctionality, Progress in Human Geography 29(5): 581-600.

Pratt, A.(1996), Discourses of rurality: loose talk or social struggle? Journal of Rural Studies 12: 69-78.

Randall, A.(2007), A consistent valuation and pricing framework for non-commodity outputs: progress and prospects, Agriculture, Ecosystems & Environment, 120: 21-30.

Ray, C.(1998), Culture, intellectual property and territorial rural development, Sociologia Ruralis, 38(1): 3-20.

Ray, C.(1999), Endogenous development in the era of reflexive modernity, Journal of Rural Studies, 15(3): 257-267.

Renting, H., Rossing, W.A.H., Groot, J.C.J., van der Ploeg, J. D., Laurent, C., Perraud, D., Stobbelaar, D. J. and van Ittersum, M. K.(2009), Expolring multifunctional agriculture: a review of conceptual approaches and Prospects for an integrative transitional framework, Journal of Environmental Management(2009), doi: 10.1016/j.jenman.2008.11.014

Richter, R. und Furubotn, E. G.(1999), Neueinstituionenokonomik, 2. Auflage, Tubingen: Mohr Siebeck.

Rigg, J. and Ritchie, M.(2002), Production, consumption and imagination in rural Thailand, Journal of Rural Studies, 18: 359-371.

Roberts L, and Hall D.(2001a), Rural tourism and recreation: principles to practice. Wallingford: CABI Publishing.

Robinson, G. M.(1990), Conflict and change in the countryside, London: Belhaven.(4): 483-513.

Rodger, K., S. A. Moore and Newsome, D.(2009), Wild tourism, science and actor network theory, Annals of Tourism Research, 36(4): 645-666.

Rose, N.(1996), Governing advanced liberal democracies, in A. Barry, T. Osborne and N. Rose (eds) Foucaolt and political reason: liberalism, neo-liberalism and rationalities of government, London: UCL Press, pp. 37-64.

Rose, N. and Miller, P.(1992), Political power beyond the state: problematics of government, British Journal of Sociology, 42(2): 173-205.

Roy, A.(2009), Civic governmentality: the politics of inclusion in Beirut and Mumbai, Antipode, 41(1): 159-179.

Rydin, Y.(2003), Urban environmental planning in the UK, New York: Palgrave.

Rydin, Y.(2004), Conflict, consensus, and rationality in environmental planning: an institutional discourse approach, New York: Oxford University Press.

Saaty T. L.(1980), The analytic hierarchy process, New York: McGraw-Hill.

Saccomandi, V.(1995), Neo-institutonalism and the agrarian economy, in J. D. van der Ploeg and G. van Dijk (eds) Beyond modernization: the impact of endogenous rural development, Assen: Van Gorcum, pp. 1-9.

Sager, T.(1994), Communicative planning, Sydney: Avebury.

Sanderrock, L.(1998), Towards Cosmopolis, Ch ichester: John Wiley.

Sandhu, H. S., Stephen, D., Cullen, R. and Case, B.(2008), The future of farming: the value of ecosystem services in conventional and organic arable land: an experimental approach, Ecological Economics, 64: 835-848.

Schaffer, R. and Smith, N.(1986), The gentrification of Harlem?, Annals of the Association of American Geographers, 76(3): 347-365.

Scheuner, S.(2004), Darum braucht die Schweiz eine eigene Landwirtschaft, LID-Dossier Nr. 405. http://www.lid.ch [最後瀏覽日期：2008/03/12]

Schmid, E. and Sinabell, F.(2004), Modelling multifunctionality of agriculture - concepts, challenge, and an application, DP-08-2004 Institut für nachhaltige Wirtschaftsentwicklung, Unversitat für Bodenkultur Wien. http://www.boku.ac.at/wpr/wpr_dp/dp-08-2004.pdf [最後瀏覽日期：2008/01/25]

Sharp, J. S., Agnitsch, K., Ryan, V. and Flora, J.(2002), Social infrastructure and community economic development strategies: the case of self-development and industrial recruitment in rural Iowa, Journal of Rural Studies, 18: 405-417.

Shucksmith, M.(1993), Farm household behavior and the transition to post- productivism, Journal of Agricultural Economics 44(3): 466-478.

Slee, B.(1994), Theoretical aspects of the study of endogenous development, in J. D. van der Ploeg and A. Long (eds) Born from within: practice and perspectives of endogenous rural development, pp. 184-194.

Smith, H.(2005), Place identity and participation, in H. Smith and P. Jenkins (eds) Place identity, participation and planning, New York: Routledge, pp. 39-54.

Smith, D. P.(2007). The 'buoyancy' of 'other' geographies of gentrification: going 'back to the water' and the commodification of marginality, Tijdschrift voor Economische en Sociale Geografie 98(1), 53-67.

Smith, D. P. and L. Holt(2005), Lesbian migrants in the gentrified valley and "other" geographies of rural gentrification, Journal of Rural Studies, 21(3): 313-322.

Smith, D. P. and Phillips, D. P.(2001), Socio-cultural representations of greentrified pennine rurality, Journal of Rural Studies, 17(4): 457-469.

Smith, H. and Graves, W.(2005), Gentrification as corporate growth strategy: the strange case of Charlotte, North Carolina and The Bank of America, Journal of Urban Affairs, 27(4): 403-418.

Smith, N.(1979), Toward a theory of gentrification: A back to the city movement by capital, not people, Journal of the American Planning Association, 45(4): 538-548.

Smith, N. and P. Williams(1986), Gentrification of the city, Boston: Unwin Hyman.

Soja, E. W.原著王志弘、張華蓀、王民玥譯（2004），第三空間：航向洛杉磯以及其他真實與想像地方的旅程，臺北：桂冠圖書公司。

Solana-Solana, M.(2010), Rural gentrification in Catalonia, Spain: a case study of migration, social change and conflicts in Empordanet Area, Geoforum, 41(3): 508-517.

Stockdale, A.(2010), The diverse geographies of rural gentrification in Scotland", Journal of Rural Studies, 26(1): 31-40

Taylor, N.(1998), Urban planning theory science 1945, London: SAGE Publication.

Terluin, I. J.(2003), Differences in economic development in rural regions of advanced countries: an overview and analysis of theories, Journal of rural Studies, 19: 327-344.

Thompson, J.(2005), Inter-institutional relations in the governance of England's national parks: a governmentality perspective, Jounal of rural studies, 21: 323-334.

Thorns, D. C.(2002), The transformation of cites: urban theory and urban life, Macmillan: Palgrave.

Tilt, J. H. and Bradley, G.(2007). Understanding rural character: cognitive and visual perceptions. Landscape and Urban Planning 81: 14-26.

Tiwari, D. N., Loof, R. and G. Paudyal, N.(1999), Environmental-economic decision making in lowland irrigated agriculture using multi-criteria analysis techniques, Agricultural System, 60: 99-112.

Uitermark, J.(2005), The genesis and evolution of urban policy: a confrontation of regulationist and governmentality approaches, Political Geography, 24: 137-163.

Umweklt(2008. 2), Markt, Landwirtschaft als Schluesselfaktor der Zukunft, S.10.

Umweklt(2008.2a), Agrarpolitik, Umwelt und Markt brachten die Wende, S.6-8.

Umweklt(2008.2b), Direktzahlung, S.42.

Umweklt(2008.2c), Oekologische Ausgleichsflaeche, S.17.

Umweklt(2008.2d), Biodiversitaet, Natur inbaeuerlicher Hand, S.14.

van Dam, F., Heins, S. and Elbersen, B.(2002), Lay discourses of the rural and stated and revealed preferences for rural living, Some evidence of the existence of rural idyll in the Netherlands, Journal of Rural Studies, 18: 461-476.

Vandenberghe, F.(2002), Reconstructing humants: a humanist critique of actant-network theory, Theory, Culture & Society, 19(5/6) : 51-67.

van der Ploeg, J. D. and Long, A.(ed.)(1994), Born from within: practice and perspectives of endogenous rural development, Assen: Van Gorcum.

van der Pleog, J. D. and Saccomandi, V.(1995), On the impact of endogenous development in agriculture. In J. D. van der Ploeg and G. van Dijk (eds) Beyond modernization: the impact of endogenous rural development, Assen: Van Gorcum, pp. 10-27.

van der Ploeg, J. D. and van Dijk, G. (eds)(1995), Beyond modernization: the impact of endogenous rural development, Assen: Van Gorcum.

van Huylenbroeck, G.(2003), Preface, in G. van Huylenbroeck and G. Durand (eds) Multifunctional agriculture: a new paradigm for European agriculture and rural development, Hampshire: Ashgate, pp. xii-xv.

van Huylenbroeck, G., Vandermeulen, V., Mettepenningen, E. and Verspecht, A.(2007), Multifunctionality of agriculture: a review of definitions, evidence and instruments, Living Reviews in Landscape Research. http://www.livingreviews.org/lrlr-2007-3 [最後瀏覽日期：2008/01/22]

Vereijken, P. H.(2002), Transition to multifunctional land use and agriculture, NJAS, 50(2): 191-179.

Visser, G.(2002), Gentrification and South Africa cities, Cities, 19(6): 419-423.

Voisey, H., Walters, A. and Church, C.(2001), Local identity and empowerment in the UK, in T. O'Riordan (ed.) Globalism, localism and identity: fresh perspectives on the transition to sustainability, London: Earthscan, pp. 210-236.

Walford, N.(2002), Agricultural adjustment: adoption of and adoption to policy reform measures by large-scale commercial farmers, Land Use Policy, 19: 243-257.

Walford, N.(2003), Productivism is allegedly dead, long live productivism - Evidence of continued productivist attitudes and decision-making in South-East England, Journal of Rural Studies 19: 491-502.

Ward, N.(1993), The agricultural treadmill and the rural environment in the post-productivist era, Sociologia Ruralis XXXXIII(3/4): 348-364.

Ward, N., and McNicholas, K.(1998), Reconfiguring rural development in the UK: Objective 5b and the new rural governance, Journal of Rural Studies 14, pp.27-40

Warde, A.(1991), Gentrification as consumption: issues of class and gender, Environment and Planning D: Society and Space, 9(2): 223-232.

Weidmann, B.(2007), Hat der Schweizer Ackerbau Zukunft?, LID-Dossier Nr. 420.(http://www.lid.ch)〔最後瀏覽日期：2008/03/12〕

Wiggering, H., Muller, K., Werner, A. and Helming, K.(2005), Landscape research - implications of demand oriented approach of multifunctionality, Living Reviews in Landscape Research. http://www.livingreviews.org/2005-1) [最後瀏覽日期：2008/01/26]

Wiggering, H., Dlachow, C., Glemnitz, M., Helming, K., Muller, K., Schultz, A., Sachow, U. and Zander, P.(2006), Indicators for multifunctional land use - Linking socio-economic requirements with landscape potentials, Ecological Indicators, 6: 238-249.

Wilson, G. A.(2001), From productivism to post-productivism... and back again? Exploring the(un)changed natural and mental landscapes of European Agriculture, Transactions, Institute of British Geographers, 26: 77-101.

Wilson, G. A.(2004), The Australian Landcare movement: towards 'post-productivist' rural governance?, Journal of Rural Studies, 20: 461-484.

Wilson, G. A.(2009), The spatiality of multifunctional agriculture: a human geography perspective". Geoforum(2000), doi:10.1016/j.geoforum.2008.12.007

Wilson G. A. and Rigg, J.(2003), 'Post-productivist' agricultural regimes and the South: discordant concepts?, Progress in Human Geography, 27(6): 681-707.

Williams, R.(1985), The country and the city, London: Hogarth.

Woods, M.(1998), Researching rural conflicts: hunting, local politics and actor-networks, Journal of Rural Studies, 14(3): 321-340.

Woods, M.(2005), Rural geography, London: SAGE Publications.

Woolcock, M.(1998), Social capital and economic development: toward a theoretical synthesis and policy framework, Theory and Society, 27: 151-208.

Wright, S.(1990), Development theory and community development practice, in H. Buller and S. Wright (eds), Rural development: problems and practices, Sydney: Avebury, pp. 41-63.

Yrjola T. and Kola, J.(2004), Consumer preferences regarding multifunctional agriculture, International Food and Agribusiness Management Review, 7, Issue 1.

Zander, P. and Kachele, H.(1999), Modelling multiple objectives of land use for sustainable development, Agricultural System, 59: 311-325.

Zander, P., Knierim, A., Groot, J. C. J. and Rossing, W. A. H.(2007), Multifunctionality of agriculture: Tools and methods for impact assessment and valuation, Agriculture, Ecosystem and Environment, 120: 1-4.

Zukin, S.(1980), A decade of the new urban sociology, Theory and Society, 9(4): 575-601.

Zukin, S.(1987), Gentrification: culture and capital in the urban core, Annual Review of Sociology, 13: 129-147.

索　引

國家圖書館出版品預行編目資料

農地與農村發展政策：新農業體制下的轉向／
李承嘉著.--初版.-- 臺北市：五南, 2012.06
面；　公分
ISBN 978-957-11-6623-0（平裝）
1.農業政策

431.1　　　　　　　　101005215

1R86

農地與農村發展政策——
新農業體制下的轉向

作　　者 — 李承嘉(84.6)

發 行 人 — 楊榮川

總 編 輯 — 王翠華

主　　編 — 劉靜芬

責任編輯 — 李奇蓁　蔡卓錦

封面設計 — P.Design視覺企劃

出 版 者 — 五南圖書出版股份有限公司

地　　址：106台北市大安區和平東路二段339號4樓

電　　話：(02)2705-5066　傳　　真：(02)2706-6100

網　　址：http://www.wunan.com.tw

電子郵件：wunan@wunan.com.tw

劃撥帳號：01068953

戶　　名：五南圖書出版股份有限公司

台中市駐區辦公室/台中市中區中山路6號

電　　話：(04)2223-0891　傳　　真：(04)2223-3549

高雄市駐區辦公室/高雄市新興區中山一路290號

電　　話：(07)2358-702　傳　　真：(07)2350-236

法律顧問　林勝安律師事務所　林勝安律師

出版日期　2012年6月初版一刷
　　　　　2014年3月初版二刷

定　　價　新臺幣480元